书在版编目（CIP）数据

登的资本路线/莽宇编译.-北京：京华出版社，2011.3

BN 978-7-5502-0188-0

.①马… Ⅱ.①莽… Ⅲ.①成功心理-通俗读物 Ⅳ.①B848.4-49

国版本图书馆CIP数据核字(2011)第043202号

马登的资本路线

译 / 莽　宇
任编辑 / 徐秀琴
帧设计 / 浩　典·南　戈
任印制 / 臧威威
版发行 / 京华出版社
(北京市朝阳区安华里一区13楼2层　100011)
(010) 82027091　82027093（发行部）　62022161（FAX）
(010) 62013583　62371080（编辑部）
刷 / 北京泰山兴业印务有限责任公司
本 / 720mm × 1000mm　1/16
数 / 520千字
张 / 32
次 / 2011年4月第1版
次 / 2011年4月第1次印刷
号 / ISBN 978-7-5502-0188-0
价 / 39.80元

资本路线

The Capital Route of Orison Marden

莽宇◎编译

京 华 出

Preface

成功是什么？香车？美女？豪宅？……说到底，成功对于人们来说意味着幸福，意味着物质生活与精神生活的满足，追求成功源于人们对幸福的渴望。

我们每个人都希望自己能获得成功，于是忙碌着，寻找着，可怎样才能成功呢？我们明白，成功不会凭空而来，它需要资本。成功的资本又是什么？大多时候，我们把其归结为外在的各项条件——金钱、人脉等。殊不知，这些外在条件的存在归根结底源于自身。所以，成功的资本就是你自己，关键在于你会不会经营。

成功需要健康，所以经营好你的身体；成功需要自信，所以经营好你的心态；成功需要正直诚信，所以经营好你的品格；成功需要勇敢，所以经营好你的勇气；成功需要目标远大，所以经营好你的理想；成功需要头脑清醒，所以经营好你的判断力……最后，你拥有了健康的身体、积极的心态、高贵的品格、准确的判断力等，成功离你就不远了。

被誉为成功学之父的奥里森·马登，在本书中，细致地列下了如何经营自己的清单，改变了无数人的命运。打开此书，让美国最伟大的成功励志导师来教你怎样经营自己，踏上自己的成功之路吧。

CONTENTS 目录

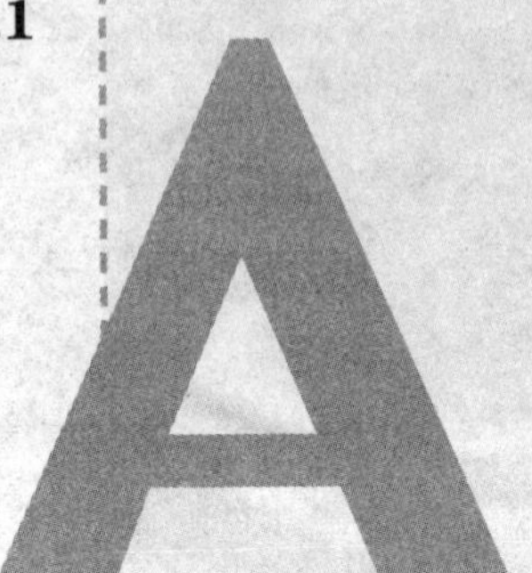

路线四 / 高扬个性的风帆......83

路线五 / 发挥自我暗示的力量......105

路线六 / 树立起你的自信心......137

CONTENTS 目录

路线十 / 要确立远大的目标......237

路线十一 / 经受住挫折的考验......271

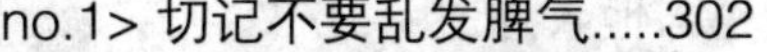

路线十二 / 一定要管住自己......301

CONTENTS 目录

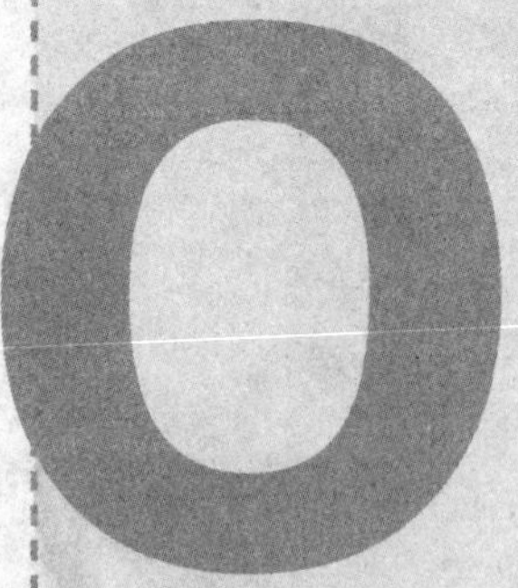

路线一

要成功就要有好身体

A

NO.1/ 健康的身体是终生的财富

法国有位作家曾说："其实，人的生命力是非常顽强的。很多人的死，都是自己的原因造成的。"

1500年5月17日，英国约克郡降生了一个不普通的男孩，因为他此后的寿命达到了170岁高龄，这就是亨利·杰肯斯。每天，他都很早起床，早餐前必须要喝水，生活非常有规律，饭食以冷肉和沙拉为主。他在世的时候，最喜欢穿的是法兰绒和保暖衣。平时，他只是偶尔喝一点啤酒，生活很节制。

托马斯·帕尔，1483年出生，是英国历史上著名的老寿星。88岁时，他第一次结婚，120岁时第二次结婚。到了145岁，他还能坚持跑步，甚至能干给谷子脱粒这样的农活。在常人看来，这是不可能的。他的饮食很有规律，而且饭菜简单。后人曾为他做传，在谈到他的死因时说："如果不是他改变了多年的饮食结构，如果他没有搬到伦敦，或者，他可以更加长寿。因为，乡下的空气远远好于伦敦。再有，在众人的劝说下，他开始吃那些比较油腻的饭菜，而且每天喝很多酒。原本，他希望这样能够给身体提供更多的营养，结果却适得其反，身体原有的自然规律被打破，最终导致了生命的结束。尽管如此，他还是活到了152岁。"

伽林，也是位长寿老人，公元271年去世的时候，已经140岁高龄。他自己说："其实，我的身体并不是很好。不过，我能够严格地克制自我，保持平和的心态，不急不躁，所以寿命比别人长些。"他长寿的一个诀窍是：每餐不要吃得过饱。

距波士顿约80里的一个小镇上，有位老人已经81岁，仍然精力充沛，称得上鹤发童颜，有许多年轻人的精神状态和身体状况都不如他。有一天，老人的一位朋友登门拜访，这位朋友比老人还要小几岁，看到老人精神抖擞的样子，羡慕不已。但是，老人对自己的状态却不满意，说道："虽然你看我现在的精神状态很好，但是，我已经感觉到身体不如从前了。上星期，在我进行每月一次的波士顿徒步旅行时，回来的途中不得不坐车回家。"老朋友听了大叫道："难道你的意思是，你每次都从家徒步往返波士顿？"老人回答："这有什么奇怪的?我才81岁啊，以前，每月一次，我从这里走到波士顿，然后再走回来。我的朋友，你知道吗？上周我坐车回来时，忍不住对自己说：'马丁·福斯特，如果照这样发展下去，很快，你就要被人抬回来了！'兄弟，我觉得再这样下去，我活不了多久了呢，才81岁啊，就得坐车从波士顿回来！”

当年，亚历山大大帝征服印度后，准备把印度国王莫卧儿的那头勇猛的大象作为祭品，献给太阳神。这头大象，曾经为印度国王出生入死，立下了汗马功劳。亚历山大派人在大象的身上刻下：“亚历山大，太阳神阿波罗之子，把阿吉克斯奉献给伟大的太阳神。”令人惊奇的是，350年后，这头刻着字的大象仍然活着。

人类从有了生命开始，对长生不老的企盼就没有停止过。古代埃及的医生，想尽办法帮助人体排汗，认为这样可以长寿。于是，当时的埃及非常普及这一活动，以至于人们见面时的问候都不是“你好吗”而是“今天你出了多少汗”，人们把出汗的多少作为身体健康状况的尺度。

自信来源于强健的身体，上帝对人的厚爱就在于他赐予了他们健康的身体、坚强的意志和勇敢的心灵。

人站在生命之门时，年富力强、精力充沛，对自己的前途胸有成竹，认为命运掌握在自己手中，甚至自信能够主宰世界，这样的气魄，谁人能比？健康的身体是资本，因为健康的身体代表着希望，拥有着力量。但是，任何形式的虚弱都会降低人的力量，使它的能力缺失。不管这种虚弱来自精力，还是意志力，哪怕是健康状况的欠佳，都会影响到一个人的整体状态。

对一个人来说，面对困难时，自信是不可缺少的。自信来源于强健的身体，上帝对人的厚爱就在于他赐予了他们健康的身体、坚强的意志和勇敢的心灵。人的强大，绝不是以身体的高矮来决定，旺盛的生命力、顽强的精神才是不可战胜的。

布瑞汉姆，曾经连续工作176个小时；拿破仑，24小时不离马鞍；富兰克林，70岁高龄还露营野外；格莱斯顿，84岁时仍然紧握船舵，并且能够每天行走数公里，85岁时，还能砍倒大树……正是这些常人难以想象的事情，铸就了生命的辉煌。要实现这些常人所不及的理想，必须具备充沛的体力和旺盛的精力。可以想象，一个垂头丧气、无精打采、双眼无神、办事拖拉的人，就算他拥有百万家产，可以高枕无忧，但是，生命的意义在哪呢？永远也只能是一个吃喝拉撒的活物。成功，理想，对他们来说是遥不可及的。

据说，衣阿华州有这样一个年轻人，被大家公认为花花公子。不管你什么时候

看到他，都觉得他好像被人抽了筋骨一样，浑身提不起力气，更别提精神了。如果认为这样的人能够成就伟业，无异于白日做梦。虽然也有人拖着虚弱的身体而取得一些成就，但这与常人相比，他所付出的艰辛要成倍地增长，而成功的可能也是微乎其微的。

可以说，健康为人的事业成功提供了强大的基础。卡莱尔曾说："如果和健康相比，整块的黄金或者百万的财产又算得了什么呢？"如果他的身体更强壮些，那么，他可能创下更加辉煌的伟业。正是他糟糕的身体，阻碍了他去做更多的事，为此，他大声呼吁人们关注自己的身体健康状况。

米开朗基罗的绘画作品中，强健的身体，被作为力量的象征，出现在天堂和地狱中，表达了意大利人对身体力量的热爱。我们当然知道，赛马和运货的马是不能同等对待的。所以，脑力劳动者要想使自己拥有更佳的状态，吃的食物必须能对人的精神力量有促进作用。食物中要含有磷和蛋白，以此来给大脑提供所需的营养。如果只让脑力劳动者吃些烤牛肉和咸猪肉，那么，他只能获得强健的肌肉，而大脑和神经却没有收益。所以，鱼、鸡肉、开胃小菜、精制谷类以及大量的蔬菜和水果，都是脑力劳动者不可缺少的食物。体力劳动者呢，他们的食物应该能增强肌肉力量，让自己的体力更充沛，耐力更持久。因为体力劳动需要很多的能量，才能完成工作。比如，一个老师和一个从事繁重体力劳动的人所需要的食物，区别是很大的。而学生们呢，学习时很费脑力，就像在从事脑力劳动，同时，他们又处在身体发育的关键时期，因此，身体的成长又非常重要，而且孩子们每天运动量很大，所以他们需要大量能够帮助骨骼、神经和肌肉生长的物质。

卡莱尔一直以为自己是个幸运儿，这种感觉直到他发现自己的胃出问题了才被打破。忽然有一天，他的胃出现了不适，从此开始严重地消化不良，而他的生活也因此陷入了不幸。与此相反，俾斯麦的胃结实耐用，一顿晚饭能吃下十几个煮得又老又硬的鸡蛋，啤酒、香槟酒、香肠，都不在话下。就是在不吃东西的时候，他的嘴里也总是叼着烟斗。

洛伦兹·弗尔教授，享年85岁。他在总结自己的长寿经验时说过："工作是必须要认真对待的，但是，要注意工作量适度。过分的焦虑感和恼怒，都会影响到人的身体健康。要努力使自己的心态平和，最大限度地发挥自己的优势，这样才能事半功倍。太大的压力，不但会影响心情，甚至会扭曲人性，做事要量力而行。每天的饮食，要注意营养搭配，水果、蔬菜、谷类、鸡蛋和牛奶，都是必不可少的。

一定要远离烟酒，日常生活作息要有规律。记住，讲究卫生对身体健康是非常必要的。浓咖啡或者浓茶，对身体是有害的。如果感到疲倦，就要让自己坐下来休息一会，适时适当的休息，对身体的恢复是非常必要的。如果能做到以上几点，自然就会长寿。”

健康的身体是资本，因为健康的身体代表着希望，拥有着力量。

丹尼尔·韦伯斯特，是约翰·亚当斯的老朋友。在约翰去世前，丹尼尔亲自去拜访他。当时，约翰躺在沙发上，已经奄奄一息。丹尼尔对老朋友说：“约翰，很高兴见到你，别灰心，你会好起来的。”约翰回答：“我的朋友，现在，我觉得自己好像一个可怜的房客，不过临时占据着一所空房子。而这房子，已经摇摇欲坠，哪怕是一阵风，都会吹得房倒屋塌。实际上，它已经不堪一击，更糟糕的是，我看不到有人想来修复这座危房。”

前首相格莱斯顿，曾经和丁尼生一起参加一个盛大的宴会。当时，格莱斯顿尽兴地享受着美味佳肴，同时与周围的人闲聊，笑声不断，整个宴会上，他的聪明才智，他的生机活力，让人大开眼界。而丁尼生呢，在一旁沉默不语，而且面带悲伤，再好吃的东西，也提不起他的兴趣。虽然，诗人丁尼生比格莱斯顿要年轻，但是，他的身体和精神状态都没法和这位首相相比。因为，他的烟抽得太凶了，甚至能连续几个小时坐着不动，只有烟斗不停地在工作，一支又一支。而格莱斯顿对自己的身体是十分在意的，总是小心呵护着。所以，在人们看来，他是健康的，快乐的，痛苦、忧郁好像很难从他身上看到。

NO.2/ 大事业需要好身体

工作效率的提高，能力的增加，自信心的培养，都需要有健康的身体。健康的身体是一个人取得成功的保障，没有健康，所有的一切都是奢望。

身体是否健康，决定了一个人能否有足够的勇气去面对生活中的坎坎坷坷，能否有信心去迎接来自各方面的挑战。健康是成就事业的必备条件。身体羸弱的人，做事时常常感到精神疲惫，萎靡不振，这样就不可能对突发事件做出准确快速的反应，也不可能具有多大的创造精神。

成功的取得，需要良好的精神状态。而良好的精神状态，又依赖于健康的身体。如果一个人做事时，大脑中一片混沌茫然，浑身有气无力，不仅大脑中有窒息的感觉，而且也没有充足的力量去面对各种事件。那么，一旦大难临头，我们怎么能够奢望他力挽狂澜、扶大厦于将倾呢？

只有付出我们全部的精力，我们才可能在我们一生所系的大事业上取得成功。如果你拥有一个健康的体魄，无论做什么事，你都能游刃有余，充满活力；在困难面前，知难而进；遭遇挫折，毫不气馁，一心一意向着目标前进；而如果你的身体素质非常糟糕，稍微的一点风雨变化，就使你卧床不起，你哪里还会有精力去迎接来自社会中的风风雨雨呢？一个无论做什么事都死气沉沉、情绪低落、意志不坚、缺乏自信的人是不可能取得成功的。

一个善战的将军，不会率领一支疲惫不堪的队伍去作战。因为他知道，这样做的结果只有一个，那就是失败。一个优秀的指挥官，只有在队伍精神饱满、士气旺盛时，才肯去迎战危险的敌人。

一个人能否取得渴求的成功，依赖于他能否照顾好自己的身体，依赖于他能否一直有旺盛的精力。即使是一匹千里马，如果吃不饱，也会力不足，到那时就算是一匹很普通的马也跑得比它快。一个精力充沛、斗志旺盛的人，要远远优于一个整日精力衰弱的人。在现实生活的奋斗中，精力充沛的人，即使遭遇困难，也会知难而进，直到成功为止。与之相反，精力衰弱的人，则会一触即溃，不堪一击。

如果一个人有良好的身体条件，并有极强的自信心，他就能从不利的环境中解脱出来。所有的紧张、焦虑、无奈、疲惫等精神束缚对他都不会产生太大的影响，也阻止不了他奔向远方的脚步。

身体强健的人，做事效率更高，取得的成就也更大。

在现实生活中，我们经常可以看到一些人，尤其是年轻人，在无谓地消耗着自己的体力。他们拥有强健的体魄，可是，他们并没有用它来换取自己成功的资本。也有一些人，他们有远大的志向，但是缺乏强健的身体条件来助他们一臂之力。因此，这两种人到最后都没有一个圆满的结局。

西奥多·罗斯福曾经说过：“我生来就体弱多病，因此平时我就注意锻炼，到现在身体日趋健康，精神日渐充沛，所以在做每一件事时，我都能全力以赴，设法达到预先确立的目的。”罗斯福之所以成功，不正是由于他坚持锻炼身体、保持身体健康吗？

只有身体各部分的均衡发展，才能维持健康的体魄；只有身体和精神两个方面的均衡发展，才会有成功的取得。许多人只侧重于发展其中的一个方面，结果导致了最终的失败。比如，我们以为身体健康，就要强加锻炼，所以我们过分以某种锻炼方式来刺激身体某一机能，但却忽略了要加强营养。因为营养不足也会引起体力的衰弱。

身体强健的人，做事效率更高，取得的成就也更大。

不断地运动和持续工作，是保持身体健康的最好方式。人体的各个器官，就像是一台机器之间的各个零件，如果平时不使用，机能就会逐渐退化，直至消失。无论何时何地，空闲无事是最容易引起疾病的。人类的一切犯罪行为，绝大部分是发生在人们百无聊赖时。当人们忙于一件事时，种种不良的诱惑是不容易侵入的。

英国的一位著名医生说过，如果想使自己的寿命更长，那么，除了保证充足的睡眠以外，一定要让自己的神经活跃起来。这是很有道理的，要知道，生命在于运动，完全的静止就是死亡。此外，除去你所从事的职业，你还要有一两种对生活有益的爱好，他们可以增进你对生活的兴趣，可以使你的生活更加丰富多彩。

瓦尔特·惠特曼说：“12年前，我来到坎登，是为了在那里迎接死亡。但是，在这里，明媚的阳光，欢快的小鸟，活泼的松鼠，成了我的朋友。每天，我沐浴着阳光，在大海里和鱼儿嬉戏。出人意料的是，死亡离我越来越远，最终，大自然再次赋予了我健康。”

人们常说，睡眠可以消除疲倦。有人曾经这样比喻：“再美的佳肴，也比不过甜美的酣睡！”水、空气和阳光，是人生命中不可缺少的，而这些最重要的必需品，大自然免费为我们提供。

有位哲人说：“良好的精神状态，会使人的身体更加

强健。”是的，精神是身体健康的保护神。人的精神健康，受过良好的智力训练，那么他的身体也会相应地与之协调一致。同样，一个虚弱的、优柔寡断的、狭隘自私的人，会把原来强健的身体卷入同样糟糕的状态。纯洁健康的思想，对真理的渴求，对美好生活的向往，对事业成功的努力，都会使人的身体更加强壮、协调。

同样的道理，严重的精神缺陷、心理疾病、无休止的欲望，最终会作用在人的心灵上，继而，会在身体上再生和复制出来。人的大脑，不断地承受着来自外界的各种刺激——真与假、好与坏。接受这些刺激后，会产生或者公正或者腐化、或者美丽或者残缺、或者正确或者错误的反应，同时，反映在人的身体上。

良好的精神状态，会使人的身体更加强健。

纯洁、高尚、神圣、正直，拥有这些良好的品质，会使人长寿。因为，远大的理想，高尚的生活，宽广的胸怀，仁慈的心地，博爱的精神，都对人的身体健康有利。反之，则会使人的寿命缩短。幸福往往与善良相伴。试想，一个性情急躁、心理变态的人，改变起来的难度是非常大的。身体健康，头脑健康，才会使人的道德素质更高。精神、道德、身体，是生命的三大支柱，它们互相依托，互相映衬，互相影响，而且，同时在一个人身上起作用。稍不留神的放纵和堕落，都会给纯洁的心灵染上污点，当然也会影响到人的寿命。

成功，往往可以更好地激发人体内的潜能。因此，成功的感受，使人更加自信，让人感觉到实现了人生价值。成功，使人的雄心壮志与现实达到了统一，而这，会促使人的身体和心灵更加健康。当一个人明确了自己的人生目标，并且为之不懈地努力时，从事着自己喜欢的工作，一定是健康而快乐的。人的内心深处，都渴望着幸福，企盼着家庭美满，事业有成，而这些成为现实后，会最有力地改善人的健康状态，使人感受到生活的美好和快乐。我们都知道，人的潜能是无法预测的，每个人都是个巨大的能量宝库。生活中有很多这样的人，开始的时候，他们身体健康状态不佳，甚至会有残缺，并且因此而失去了生活的信心，但是，偶然的被认可（即他们的闪光之处被人发现，或者取得了出人意料的成就），会使他们突然间像变了一个人，继而达到一种意想不到的健康状态。

NO.3/ 体力和精力是成功的保障

将来要靠自己的身体去打拼，这是每一个青年人都应该知道的常识。只有爱惜自己的身体，一个人才会过上幸福、健康的生活。对于身体这架机器，我们一定要十分爱惜，要小心翼翼地保护它，避免使它受到不必要的损伤。

想要成功，最大的敌人是自己。许多立志成才却壮志难酬的人，就是败在了自己手中。

为了自己的目标，有些人日日奋斗，好像从来没有吃过一顿可口的饭菜，也没有睡过一次安稳的觉。他们常常不以为然地欺骗自己，总想着忙过了这一阵子就给自己放假。可是直到他们的精神开始衰退，身体也出现了巨大的损伤时，他们也没有给自己休息的时间。有时连他们自己都很奇怪，为什么自己年纪轻轻，就变得头发斑白、胃口不好、腰酸腿痛了呢？其实他们不懂得，之所以会有这种现象产生，是因为他们让自己吃了太多的苦。由于自己贪多求快的欲望、急功近利的心态，他们的身体受到了损坏，精神也变得疲惫不堪。

我们可以过两种不同的生活，而选择权全在你自己手中。一是，每天拼命地工作，过着乱七八糟、毫无规律的日子。为了所谓的理想，剥夺自己的休息和娱乐的时间，即使是因此大病一场，或者是折寿几年也在所不惜；二是，过一种有规律、有节制的生活，使自己的身体健健康康、心灵快快乐乐，从而也让自己可以活得更久一些。

强健的体魄，是我们取得成功的最佳助手。身体是无价之宝，我们一定要倍加珍惜才行。

现代社会快节奏的生活方式，造成了多少人间悲剧啊！在大都市里，无论我们

要使自己的才能充分发挥，强健的体魄、旺盛的生命力都是必需的条件。

立于何处，都能看到这样一些人，论年龄他们还很年轻，只不过30岁左右。可是看上去，他们已经是腰弯背驼、两鬓斑白了。在他们身上没有蓬勃的朝气，只有暮气沉沉。在他们脸上，过早地爬满了皱纹。每一次见到这样的人，我都会替他们感到惋惜。他们原本都是一些志向远大，并且有杰出才能的人，但就是由于过度劳累，过早地把自己的精力消耗殆尽。他们的身体就像是废弃的机器一样，已是锈迹斑斑。他们本该大有作为，可最终是一事无成。所以，我们一定要合理地利用自己的精力，让它得到合理有效的使用。

一定要给自己充足的营养，只有这样，我们的身体才会健康、充满活力。有很多人平时不注意这一点，他们认为自己很聪明，每天都可以在饭桌上节省一点钱。可是，由于没有足够的营养，他们的身体却为之付出了惨重的代价。如果我们能够好好坐下来，认认真真地吃一顿有营养的饭菜，然后再好好休息一下，接着再去工作的话，我们的工作效率一定会大大提高，我们收获的东西肯定也会比以前多出许多。

节俭是一种美德，但是过度的节俭，不仅不是美德，反而是一种浪费。由于吝惜金钱，而不愿意给自己的身体补充足够的营养，这是一种极其愚蠢的做法。一个真正懂得节俭的人，是会尽自己的最大能力，保护好自己最宝贵的东西的。他们总是千方百计地增加自己的体力和精力，时刻使自己保持清醒的头脑和充沛的精力。因为他们都明白，只有有了充沛的精力、强健的体魄，他们才可能成就一番伟大的事业。

由于不爱护自己的身体，最后导致事业失败，这样的人，在现实生活中比比皆是。他们不太重视自身拥有的财富，而是把眼光紧盯在其他的地方。他们不爱护自己的成功机器，只知使用，不知保养。

不爱惜自己身体的人，就像是一个疯子。他们就像是拿着一柄钢钻，不断地在自己的人生宝库上钻洞，让自己的成功资本白白流失。可是，在现实生活中，这样的疯子还真不知有多少。他们在自己的人生宝库上钻洞，一刻也不停歇，好像在竞赛似的，争着要把自己所有的生命资本都泄漏干净。

他们不仅不爱惜自己的身体，而且还无限制地挥霍掉自己的生命力，将自己残存的一点精力都消耗殆尽。

许多不良的生活习惯，都会导致你大量泄漏自己的宝贵精力。不能保持充足的睡眠；不经常做运动；不肯适时地补充营养；不给自己放假休闲的时间；不肯把过重的负担分作几份……都是会对自己的精力和体力造成极大的伤害的。

什么样的人走路最有气势？无疑是军人。当你在街头看到一个昂首挺胸、步伐矫健、气宇轩昂的人，如果你上前询问他的职业的话，没准就是一名海军军官或者陆军校尉。人人都羡慕他们挺拔的身姿，可是却没有人愿意付出像他们那样的艰苦训练。实际上，即使是残疾人，只要刻苦训练、保持有规律的生活，也能获得强健的体魄、优雅的身姿。

有了良好的身姿，就能给别人留下一个好印象。其实这并不难做到，只要你下定决心，在走路或者站立的时候都保持身体挺直、两肩向后展、胸脯前挺，经过一段时间的刻意锻炼后，你的姿势自然而然地就会变得美观而有生气。

走路的时候，要像行云流水一般，万不可东摇西晃、摇摆不定。如果走路时两脚拖拉着，不是太急就是太慢，那么你只会给别人留下不好的印象。

影响自己良好形象的众多坏毛病当中，最严重的莫过于整天弯着腰了，这是许多人的通病。之所以会形成这种毛病，是由于他们整天把自己埋在椅子或沙发里，不注意锻炼。这种坏毛病对我们最大的伤害还不仅仅在此，它还会钝化我们的思想，消减我们的志趣。

如果一个人因为没有挺拔的身姿，结果影响了自己的性格，使自己的学识和才能难以进步，那将是很遗憾的一件事情。由于一个人的才能、学识与身体的各部分都有密切的关系，所以，有时即使是身体的某一部分出了一点小毛病，也会导致全身不舒服。

任何一个细微的环节不注意，都有可能使自己染上不良的习惯。就拿看书为例吧，有些人习惯躺在床上看书，或者是找一个有支撑的地方看书，结果他们养成了站立时东倒西歪的坏毛病。这些坏习惯都会对我们造成极大的损害，它会使我们的性格变得越来越急躁。所以，从现在开始挺起你的胸膛、神采奕奕地生活吧。即使你地位卑微、衣着简陋，你也有使自己活得轻松潇洒的权利。

不良的姿势，很容易妨碍一个人的血液循环、降低他的心脏的活力。所以，一个常常弯腰驼背的人，消化功能是不会太强的。

有才能而不发挥出来，才能就失去了意义。要使自己的才能充分发挥，强健的体魄、旺盛的生命力都是必需的条件。

> 强健的体魄，是我们取得成功的最佳助手。

如果一个传教士缺乏强健的体魄和旺盛的生命力，那么在讲道时他的措辞就会缺乏力量和生气，也就不会获得听众的注意力；如果一个作家身体羸弱、精神萎靡，那么他写的作品势必也淡而无味，无法引起读者的兴趣；如果一个教师体力不支、精神迟钝，那么在授课时他就不能吸引学生的注意力。如果一个人缺乏勃勃生机和满腔的热忱，那肯定是平时不注意保养自己身体的原因。

古今欲成大事者，必先保持自己的身体健康，旺盛的生命力和充沛的体力是成就事业的基石。工作时保持劳逸结合，不仅可以提高工作效率，而且对于身体健康也有极大的帮助。另外，一个宽松愉悦的家庭环境，对于迅速恢复丧失的体力和精力都是有好处的。无谓地浪费自己的体力和精力，就是在慢性自杀。与浪费钱财相比，浪费自己的体力和精力更可惜。

工作效率是取得成功的一个重要因素。保证充沛的体力和旺盛的生命力，可以提高工作效率。所以对于自己的体力和精力，千万不要轻易浪费掉。

体力和精力是一个人最宝贵的财富，拥有强健的体魄和旺盛的精力，即使身无分文，也要比那些过早地将自己的体力和精力消耗殆尽的人富裕得多。体力和精力，不是可以无限支取的，因此，无论做什么事，我们都要慎用自己的体力和精力。在现实生活中，我们就好像是溺水的人，紧抱着漂浮的木杆，所以要格外地谨慎，千万不可使木杆折断。事实上，我们的体力和精力就是那根木杆，一旦折断，我们就会沉于海底，永远不可能获得成功。

我们会嘲笑一名工程师是一个笨蛋，如果他不经常给机器加油，使机器过早报废掉的话。可是，在现实生活中，这样的笨蛋不仅没有受到我们的嘲笑，反而有越来越多的人加入了他们，这真是一个可悲的现象。

NO.4/ 保持旺盛的生命力

人们往往只关注一些自身之外的东西，对于自己则很少留意。比如说，他们会很小心地保护着家里的钢琴，经常维修，时常擦洗，以此来保证钢琴的音色和美。可是，他们却不肯花费一些精力，来保护他们自己的身体。人身体的各个器官，就像钢琴内部的各个部件一样，如果不经常保养，就会被损坏。一旦人的身体被损坏，又怎能奢望靠这部活的乐器来弹奏人生的华美乐章呢?

人生最重要的事，就是注意保持自己的体力和精力，并在此基础上不断地提高身体的健康水平。这也是一个人的神圣职责。唯有这样，我们才有足够的体力和精力，去迎接将来可能发生的一切意外事件。

在生活中，我们经常可以看到一些年轻人，终日在平凡的工作岗位上忙忙碌碌。其实，以他们的才能，完全可以成就一番大事业，是什么原因导致了这种不幸事件的发生呢？缺乏旺盛的精力和生命力，是其中一个最重要的原因。没有充沛的精力和良好的身体素质，就难以克服前进道路上的种种险阻磨难，就难免会半途而废。

要想释放自己的全部才能，首先要学会的就是自尊。“你想要成为什么样的人，你就能成为一个什么样的人。”人是有意志力的动物，人的意志力会通过自己的行为表现出来。如果高扬自己的人生之帆，立志做一个成功的人，那么，你体内的卑微和怯懦就无处藏身。

在世界的每一个角落里，在各个行业里，我们总可以看到这样一些雇员。他们在物质上追求醉生梦死、花天酒地的生活。在精神上，不仅没有远大的追求，还沾染了种种恶习，为人卑劣、可恶。实际上，这样做等于在向自己体内灌输毒药，是在毒害自己的身体和心灵。

有些人平时不注意保持自己的体力和精力，白白浪费了自己宝贵的生命。一旦机会来临，他们又缺乏足够的勇气和自信心，处处表现出怀疑和胆怯，不能适时抓住，这就是他们失败的直接原因。

只有极少一部分人懂得，健康和成功之间有着紧密的联系。因此，在他们的一生中，他们就像爱护自己最珍贵的东西一样，爱护着自己的身体。

保持身体健康，要适时地补充营养。在我们的身体中，消化系统供给我们全身的能量，可是，有一些人的消化能力却浪费在不必要的饮食上，结果导致种种奇怪病症的发生。还有一些人，平时不注意自己的膳食营养，结果导致面黄肌瘦，病病恹恹，整日没精打采。另外有一部分人，整日操劳、终年忙碌，连休闲娱乐的时间都没有，结果身心疲惫、难以支撑。这些情况对于身体健康都是有害无益的。

一个立志要成功的人，是会在平时注意锻炼自己身体的。如果一个人能够时时激励自己，对自己的将来抱有强烈的期盼，那么，他就会明白身体健康对自己有多么重要。

最浪费的事情，不是胡乱地挥霍金钱，而是把自己的才智、精力、体力都虚耗在一些无聊的事情上。

要做到保持自己的身体健康，是要付出很多代价的。一名体育运动员为了自己的荣誉，必须每天不停地锻炼，而不管是刮风下雨，还是酷暑寒冬。为了能够保持每天有充沛的体力、振奋的精神，他们不得不自我克制，保持有节制的生活习惯。他们知道自己应该吃些什么东西，此外还有睡眠、运动，对此他们也都极有计划性。就是这种凡事有条有理、恪守规律的生活态度，才最终决定了他们能够保持健康的身体。

为了能够全力以赴地参加一次10分钟的竞赛，运动员们通常要严格锻炼自己几个月。他们花费了大量的精力和时间在这上面。每一个细微的环节，都是他们反复练习的内容。因为他们知道，虽然竞赛的时间很短，可是自己的毕生荣誉却都在这上面。

为了赢得在竞赛中的宝贵荣誉，运动员们往往觉得自己的训练不够刻苦、准备得还不够充分。很多人不理解他们，为了短暂的辉煌，结果每天早睡早起、弄得自己满头大汗，这样做真的值得吗？

不仅仅是运动员们，那些研究专门学问的人也通常不被人们理解。为了一个文字，要花上几年的时间去学习、研究。还有那些在钻研物理、数学和历史的人，在人们通常的认识中，只要知道它们的常识就够了。但是再让我们看一下那些赢得胜利奖杯的都是什么样的一些人。在平常无事的时候，这种见解也许是正确的。可是一旦面临危难，只有那些有高深学识的人，才能够引领我们走向光明。当陷于失败的境地时，那些平时不努力的人就会懊悔不已。书到用时方恨少，讲的也是这个道理。

最浪费的事情，不是胡乱地挥霍金钱，而是把自己的才智、精力、体力都虚耗在一些无聊的事情上。每一个渴望成功的人，都会对自己的人生做出仔细的安排，他们是会让自己的体力和精力发挥到最大的效能的。

不要以为自己的精力就归自己管。精力像水一样，在不经意间，就从我们的身边溜走了。所以，每一个想要成功的人都应该知道珍惜精力的重要性。

现实生活中，有很多人不仅将自己的精力白白浪费掉，甚至连自己的另外一样宝贵财富也轻易挥霍掉。这种宝贵的财富就是他们的身体健康。一个人的身体就好比是一件机器，不合理地利用只会使它提前报废。不注意保养自己的身体，会使健康受损。至于那些动不动就发怒，经常被烦躁、苦恼、忧郁等不健康心理困扰的人，是会使自己的脑力大受损伤的。这样的损害比前者更是有过之而无不及。

只有那些把自己的每一分钟，都用在最有效的地方的人，才会为自己赢得成功的机会。不懂积累的人，是永远没有成功的一天的。他们是今天有了精力就今天用光，明天有了脑力就明天用光。这种人把自己的身体全部掏空，唯恐留下一点东西。如果是这样的话，他们怎么还有可能做成功其他事情呢？

如果一个人不积聚起自己的体力和脑力，不注意保持自己身体的强健，那么他就永远不会有成功的一天。

自己的成功资本是要仔细计划着来用的。过早地将自己的脑力、智力、才能消耗殆尽，在中年过后，就会使自己处处落后于他人。有很多只不过是30岁左右的年轻人，从外表看起来是老态龙钟。之所以会有这种现象产生，不善于合理利用自己的成功资本是一个重要原因。

很可惜的是，这种人通常都是一些天赋异秉的人。在早年，他们精力充沛，体力过人。别人都觉得他们前程似锦、希望远大、有充分的领导能力。可是在他们叱咤风云的时候，却已经埋下了失败的种子。他的存放成功资本的箱子，已经被人偷偷打开了。最后他的身体被劳累这个坏蛋洗劫一空，只剩下了一具空壳。

当一个人失去自信心以后，很显然，人们也就不会再相信他了。失去了自己宝贵的精力，做事情时，他就不会再有条理性。当他开始胡乱应付自己的各种事情

> **如果一个人不积聚起自己的体力和脑力，不注意保持自己身体的强健，那么他就永远不会有成功的一天。**

时，人们就知道他这个人已经不会再有多大的成就了。对比以前他那精力充沛、希望无限的样子，现在的他就是废人一个。

神经过敏、易躁易怒是自己精力开始丧失的征兆。这时你一定要注意了。当你稍遇挫折就极度沮丧时，当你略受困难就异常烦恼时，当你稍不如意就大发雷霆时，那也是成功的敌人正在窃取你成功资本之时。

过度抽烟和饮酒会使你精力枯竭、活力全无；无节制的游戏娱乐，只会耗费你大量的精力、降低你的工作效率。如果养成了不好的生活习惯，你的学习和工作效率就会降低，你会感觉到睡眠不足，终日昏昏欲睡、提不起精神。

如果你一天从早到晚都提不起精神，并且感到满腹忧愁无处排遣，那么，你的身体就肯定是出问题了。身体不健康会导致精神疲惫、愁容满面。在这个时候，你可千万要冷静，仔细查一下是由于什么原因才导致这种结果的。知道了病因，也就不会再害怕担忧了，只要把它改正过来就行了。

无规律地使用你的大脑和心灵，会使你的精神遭受巨大的创伤。当你精神疲倦、头脑混沌、心神不安时，你的工作效率必然是无比低下的。唯一能帮助你走出困境的，就是养成健康合理的生活方式。

有规律的生活，会指引一个人走向成功的大道。我们每一个渴望取得成功的人都应该学会这一优点。

NO.5/ 意志影响健康

通常来说，健壮的身体是成就伟大事业的必备条件。斯通沃尔·杰克逊成功的例子，就是这句话的最好诠释。早年，他就下决心要克服自己身上的全部弱点，无论是身体上的，还是精神上的。他有非凡的自我约束力和控制力，凡事都遵从严格的生活纪律要求。比如说，他的医生建议他每天晚上九点睡觉，因此，无论身处何地，只要到了晚上九点，他总是会找到一张床睡觉。他的决心是如此坚定，以至于他会为了锻炼身体而完全不顾天气的变化。在严寒的冬天，他也不肯穿上大衣，他总是说："我不能屈服于寒冷的天气。"有时，他的执著已经到了别人无法理解的程度，在弗吉尼亚军事学院任教期间，由于消化不良，整整一年他只能靠奶酪和面包维持体能。可即使如此，他依然遵从医嘱只穿一件衬衫。像他这样具有巨大能力的人，他本身的存在就是一个奇观。

坚强的意志力会给人极大的勇气。

格兰特曾经说过："如果每天没有9个小时的睡眠，我几乎任何事情都做不成功。"

年轻人最大的资本就是年轻。在这个世界上，没有任何东西能够与此相媲美。对于年轻人而言，处在人生的初级阶段，充满好奇心、青春活力和对未来的美好憧憬，同时，他们还有对任何不良情况的预先感知力。只要对这些能力合理运用，它们就会是一个人成功的最好助手。

当今社会是那些优秀的男男女女的社会，时代的脉搏在他们手中律动。人类高度发达的文明带来了前所未有的精神压力，因此，立志成功的男男女女必须要有生气勃勃的个性、强健的身体和坚强的意志力。他们必须要具备健康的身体，这并不是仅指不生病，而且还意味着要有昂扬的精神、勃勃的生气和充沛的精力。

除了上面所说的那些优点，通常来说，坚强的意志力通常还会战胜身体上的虚弱。

勇敢的精神是医治创伤的灵丹妙药。

高贵的思想足以治愈任何伤痛。

精力集中可以使人不顾病痛、勇往直前。一位表演走钢丝的著名杂技演员向我们描述了这样一件事情："一天，我签署了一份某天在钢丝上表演手推车的合同。但在这之前的一两天，我突然感到自己的腰很痛。我立刻打电话告诉了医勇敢的精神是医治创伤的灵丹妙药。

生，并且要求他在那之前保证我必须痊愈。尽管医生尽了最大的努力，我依然没有能够在那之前痊愈。但是，无论如何我都决定试一试。这是因为如果不履行合同，我不仅会失去一大笔钱，还会影响到我的诚信、美誉。那天，当我到达指定地点时，医生还劝我不要冒险，但我的内心却告诉我要坚持下去。我准备好了长杆和手推车，然后握着把手走上了钢丝，就像平常一样，我轻松地走到了另一端，完成了规定动作。在走钢丝的过程中，我没有感觉到任何病痛，可等一下来我又变成了一只病痛不堪的青蛙。事后，我探究自己能够做到这件事情的力量从何而来，最后得出的答案是：由于我能集中自己全部的精力。”

一位哲人这样问道：“这个世界上，谁没有经历过苦难呢？”大诗人席勒难道不是在病痛中，创造出了他最值得自豪的诗篇吗？亨德尔最伟大的时刻，难道不是麻痹症把他推到死亡边缘时吗？贝多芬在几乎丧失了全部听力后，用全部的精力扼住了命运的咽喉，才创作出了他最伟大的作品；弥尔顿在身体极度虚弱、穷困潦倒和双目失明时，仍然在他的书中写下这样一句话：最能承受苦难的人，将来定能取得最大的成就。尽管我不该违背自己的本性，但是我不能放弃年轻时的理想和追求。我要用极大的忍耐力和自我克制力，坚定地朝着既定目标前进。

政府内阁大员、令人尊敬的威廉·米伯恩，在童年时不幸双目失明。但他有要成就一番伟业的雄心壮志。抱着这个目的，他开始了自己的学习生涯。通过了无数次严峻的考验，他一共写了6本书，其中有一本获得了世人的普遍赞誉，被认为是不可替代的经典作品。到后来，他长期担任国会下议院的牧师，取得了巨大成功。

纽约盲人范妮·克劳斯比多年来一直是盲人学校的教师，一生中，她大约写了3000首赞美诗，其中有很多是脍炙人口的著名篇章，比如说：《救救痛苦挣扎的人们吧》、《对我来说并不仅仅只有生命》以及《耶稣使我接近了十字架》等。

“我们所能给予烦恼者的最大帮助，”布鲁克斯主教说，“不是替他们分担痛苦，而是教会他们如何唤醒体内的伟大力量，让他们自己懂得去承担危难。”

达尔文的身体状况一直很差，长期受着病痛折磨。可是他的忍耐力是多么惊人，他的力量又是多么巨大啊！他承受的一切苦难，几乎没有人可以想象得到。“40年来，”他儿子这样说，“他从来没有健康愉快地生活过一天。”在这40年中，每天他都强迫自己工作，以一种自我克制的精神来逼迫自己。他的工作量之大，令那些最聪明、最强健的人也瞠目结舌。在达尔文身上，仿佛有一股神秘的力量在支持着他，而他却常常为自己担忧，害怕承受失败，好像这是个弱点似的。

疾病是困扰我们的最大因素。布尔沃曾经告诉过我们：永远不要认为自己生病了，永远不要告诉别人我们病了，永远不要让疾病支配你的行为。原则上来讲，任何疾病人类都能抵挡。老是幻想自己会生病，你就会郁郁寡欢、萎靡不振。那样做，只会使你感觉到你已不是自己命运的主人。要相信自己身体对疾病的控制能力，保持健康、和谐的生活状态。

思想是我们的天然保护神。我们的命运不能交给药物支配，其实，有很多疾病，仅仅靠意志的力量就能治愈。我们应该学会用健康的精神和坚强的意志力保护自己。许多人虽年逾百岁，却仍然能够保持年轻时代的风采和朝气，这不得不归功于健康思想的力量。他们之所以能够保持身体的年轻、容貌的美丽，就是因为他们有强健的体魄和坚强的意志力。

只有那些在精神和道德上取得巨大成就的人，才会活得长久。他们是社会中的精英人物，那些折磨大多数人的痛苦和挫折，对他们根本就没有影响。

任何一个医学家都知道，具有坚强意志力、勇敢不惧磨难的人是不容易感染上疾病的。他们患病的可能性远远小于那些意志不坚的人。例如，一个邮件快递人员，要把4万元送到黄热病流行的奥尔良去。只要这些钱还在他身上，只要他的任务还没完成，他感染这种病的几率就非常小。而一旦任务完成，他最好立刻离开那座城市。

坚强的意志力会给人极大的勇气。拿破仑曾经访问过一家瘟疫医院，所有的医生都不敢随同前往，而他却敢握着病人的手嘘寒问暖。不用怀疑，这样的意志力无疑是使身体强壮的一剂补药。有时，坚强的意志力能够把一个人从死亡边缘挽救回来，能够创造出人间奇迹。当道格拉斯·杰拉尔德得知自己身患癌症后，他说：“难道我要离开自己的家庭和那些无助的孩子们吗？不，我绝不会让那样的事情发生的，我绝不会死的。”果然，依靠坚强的意志力，他没有食言，一直活了很多年。

NO.6/ 懂得善待自己

一个人要想在这个世界上有所作为，就要注意保持自己的身体健康，就要善待自己。

一个人的体力是有限度的，因此要对它合理地加以利用，万不可随意地将它消耗掉。注意保养自己的身体，就要学会自爱。在现实生活中，我们常常无意识地欺骗自己、损害自己，在不自觉的时候对自己的身体造成极大的伤害。很多人在外出办事时，总是不能合理地安排自己的饮食。有东西时就暴吃暴喝，没东西时就一点也不吃，这是一种极坏的做法。如果在吃饭这方面没有问题的话，他们也会剥夺自己应有的睡眠和休息时间，去做一些无用的事情。正是由于这种不健康的生活方式，摧残了他们的身体，让他们终日精神颓废，不知自己在做什么。由于不爱惜自己的身体，有许多人在还不到40岁时，就已经是白发苍苍，显得极为衰老。其实，他们根本不懂得，想获得成功，是需要体力作为后盾的。

只要保养好了自己的身体，就一定会有成功的机会。工欲善其事，必先利其器。比如，如果一个理发匠用一把钝剪子来招呼自己的顾客，生意就一定不会好。

由于身体的原因，很多原本可以做出辉煌成就的人，结果终其一生，也只是做着极其平凡的工作。许许多多的人，直到晚年才发现自己根本不可能完全实现年轻时的梦想，有时甚至1%也不曾达到。直到老年，他们才明白保养自己身体的重要性。可是，到那时已经是为时已晚，他们已经毁灭了自己成功的可能性。

如果一个人能了解自己身体的种种需要，适时地为自己添加均衡的膳食、补充充足的水和阳光，经常性地运动和锻炼，他就能够避免和清除困扰自己的种种疾病。

养成健康合理的生活方式，我们的生活就会减少很多麻烦。平时，在自己的饮

保持适当的营养和充足的睡眠，过一种简单、有规律和有节制的生活，这是能够使我们的身体保持持久健康的好习惯。

食和起居上，一定要注意保持适当的营养和充足的睡眠，过一种简单、有规律和有节制的生活，这是能够使我们的身体保持持久健康的好习惯。但是，很可惜，在我们周围却充斥着很多违背正常生活规律的人，他们过的是一种有损于自己健康的生活方式。

我们为了节省金钱，往往会剥夺自己身体应该吸取的营养。在每个早晨，我们都可以看到这样一些忙忙碌碌的身影——他们奔到了快餐店，匆匆忙忙地吞了一块三明治，然后喝一杯牛奶，早餐就结束了。事后，他们抹抹嘴就向自己的公司跑去。他们自以为这样既可以节省时间，又可以节省金钱，可是，他们没有想到自己的身体却因此深受损失。如果我们能够心平气和地吃一顿有营养的早餐，再留下一点时间慢慢消化，我们的身体就有了足够的营养保障，我们的工作效率也会因此大大提高。有了健康的身体，我们可以做到许多的事情。对比这两种做法，怎样做才是划算的，就已经很明了了。

上述情况下的节省，不仅不能叫做节省，反而是一种很糟糕的浪费。在生活中，一个人最经济、合理的打算就是要积聚大量的精力和体力。

在这世间，没有任何东西，比自己的身体更宝贵了。有了健康的身体，我们就能在工作上不断进步，获得事业上的成功。因此，我们要不惜一切代价来保证自己的身体健康。

还有一些人，在刚开始做事时，还懂得珍惜自己的身体，可是到了后来就慢慢地疏忽和怠慢了。由于不能坚持善待自己，结果给自己造成了终生难以追回的损失。

导致身体受损的原因有很多，睡眠和营养不足、户外运动缺乏、工作无度，都会使自己的体力衰减、精神萎靡。

无聊而琐碎的事情，有时比工作更能消耗人的体力。愤怒、忧虑、仇恨是成功的大敌，我们万不可因为它们虚耗太多的精力。

当感觉到很疲劳时，你就要及时休息。适量的饮食、充足的睡眠都会使你的体力得到尽快的恢复。如果可以的话，尽量多去乡下走走，那样做不仅不会耗散你过多的精力。就是耗散了，也会及时地补充过来。如果你一直坚持在疲劳状态下工作，那么一辈子你也别想做出什么成绩来。

我们都应该做一个珍惜自己体力和脑力的人，不要让自己过度操劳。如果不懂得自我珍重，经常为外界的某种物质利益所引诱，那么你是永远不可能拥有健康的生活和强健的体魄的。

只要保养好了自己的身体，就一定会有成功的机会。

如果没有足够的睡眠、没有适量的饮食，那么，即使生活再有规律，也不会给自己带来任何益处。

为了能有一次舒适的旅游，你要时时注意保养自己的汽车。同样，如果你想要使自己的生活舒适，你就要时时注意保养自己的身体。我们每天都会给机器添加一些油和燃料，用来保证它们能够良好地运转。同样，每天我们也要给自己留下充分的休息时间。

不管一架机器的做工是如何的精良，如果不注意保养、无限制地运转，它必然会过早地损坏，使用寿命也会非常有限。人也一样，终日埋头工作、不辞劳苦、不注意休息，那么，迟早有一天，他会一蹶不振、再也不能恢复往日的健康。有些人虽然知道那样做有损于自己的健康，但是为了追求某种东西，他们还是一直工作工作再工作。直到自己的身体快要报废了，还是不肯休息。实际上那样做对自己是极不划算的。

如果你想成就一番事业，就要保证自己有充足的体力。凡是有损健康、摧残活力、浪费精力、阻碍前程的事，我们都要加以克制，尽量不要让自己在其中犹豫徘徊。你应该常常这样问自己，我现在做的事对我的健康有没有好处、能不能增加我的体力并使我能够精力充沛地面对明天的工作呢？只要有了这种对人生负责的态度，我们就一定会走上善待自己的正途。

路线二

让乐观始终伴随你

B

NO.1/ 乐观伴成功

“爸爸，什么叫乐观主义？”儿子问父亲。父亲是位农夫，听了儿子的话，想了想答道：“约翰，我的孩子。爸爸没有读过什么书，不知道字典上是怎么解释的，我想，每个人的理解会有所不同吧。还记得你的叔叔亨利吗？我觉得，像他那样就是乐观主义。在他的心里，不会对任何事情或者任何人不满意，就是生活的贫困和劳累，在他看来，也是有乐趣可寻的。再繁重的工作交给他，他也不会皱下眉头，他就是那种对生活、工作都充满了信心和希望的人。”

停了一下，父亲继续给儿子讲道：“就拿割稻子这件事来说吧。在我看来，没有什么比在烈日炎炎之下割稻子更难受的事了。可是，你叔叔亨利在田里割稻子时，却没有一点烦闷的情绪。他看到我满头大汗、一肚子的不高兴，就劝我说：‘这有什么难的啊，吉姆!加油！你看，已经割掉两行，再割18行，就胜利一半了！’看到他说话时的样子，没有谁能不被感染，他让我觉得眼前的事也没那么烦人了。心情好了，看着田里的稻子都觉得可爱了。

“其实，割稻子在农活当中，算不上是最累的。比这更不好干的活有的是，像捡石头，一般人是受不了那苦的。那时，我们的农场里，石头多得像天上的星星，永远都捡不完。要是想在地上种点什么，首先要做的就是清理地面上的石头。可是，明明看着石头已捡完了，等耕地时会发现，地里还有那么多的石头。想种田么？那就再重新捡一遍吧，手上磨出血泡，是再平常不过的事。

“可是，你想不出亨利会怎么说捡石头这件事。他会兴致极高地告诉你，没有比捡石头更有意思的事了。所有的人都会反对他，但他仍然乐此不疲。有一回，好不容易盼着稻子割完了，还有些时间可以自由玩耍，我打算去钓鱼，忽然你爷爷就叫我们去捡石头。天呐，听到这消息，我急得眼泪在眼眶里直打转，你猜亨利怎么说：‘吉姆，快，我们马上就可以捡到很多金块了！’

“知道他说的金块是什么吗?唉，他还把这件事当成游戏，告诉我要把整片田野看成一个巨大的金矿，然后说我们一起去淘金。你想想，淘金是多么令人兴奋的事啊！于是，我觉得自己已经置身于加利福尼亚，每块石头都是我要淘的金子，天呐，那天的石头捡得又多又快。天快黑的时候，我们捡完了地里的石头。亨利风趣地说：‘任务圆满完成，美中不足的是，如果你想发财，那就赶快扔掉这些金块吧，收藏它们是没有经济价值的。’虽然那天真的很累，但在兴头上时，并没有觉得这是件极枯燥的事，相反却很有成就感，因为我们捡干净了那块田里的石头。”

父亲好像讲累了，喘了口气说：“还记得我刚才说的话吗？字典上是怎么解释‘乐观主义’的我不清楚，但是，看看你的亨利叔叔，就应该知道什么是乐观主义了，还能有谁比他更乐观呢？记住，凡事都有利弊两方面，要想乐观，遇事就要多想想好的一面。”

乐观的人更容易发现事物的积极因素，这样即使面对困难和挫折，也能够自如应战，最终取得成功。

朝气蓬勃、积极向上的人，总会受到大家的欢迎。繁忙的生活和汹涌的人群中，阳光般灿烂的笑容是最具魅力的。约翰逊博士说：“不要忽视笑的作用，因此，我们应该有意让自己去笑。”如果缺少笑的天性，那么多看看喜剧和杂耍节目吧。这类娱乐节目，会使人们被动地忘却生活中那些烦人的琐事，笑声会放松我们的神经。

性情柔和、双眼含笑的人，是世界上的无价之宝。受伤的时候，他会给我们带来慰藉，让我们的精神不再消沉。和这样的人在一起时，生活会充满色彩。当我们遇到困难时，也会不自觉地想到他们。他们那充满希望的话语，让我们的心中重新生出勇气与自信，面对逆境，不言后退。

渴望成功，是每一个理智的人都会有的思想冲动。而许多人无法把这种冲动变成现实，一个关键的原因就是他们常常受到贫穷思想的遏制。担心和忧虑减弱了他们的活力，捆住了他们的手脚，使他们不能开开心心地参加工作。而开心地、有效地和富有创造力地工作，是每一个人取得成功的必备条件。

要养成建设性地看待事物的习惯。学会从好的一方面看待事物，不仅有助于更全面地了解事物本身，而且还能开阔视野。相信事物终会向着美好的一面发展，相信真理必将战胜谬误，相信正义必将战胜邪恶，这样，混乱和疾病就不过是一种暂时性的过客。也只有这样，我们才能始终以一个乐观主义者的态度来面对整个生活。

开心地、有效地和富有创造力地工作，是每一个人取得成功的必备条件。

乐观主义是一种很具建设性的力量。乐观主义之于个人的作用，就好比是阳光之于植物的作用。某种程度上说，乐观主义就是人们心中的阳光，这种思想构成了人们生命中最美丽的图景。它不仅会促进身边一切事物的发展，还能使一个人心灵健康、快乐地成长。正如植物的成长需要阳光的照耀一样，个人的成长也离不开乐观主义的关照。

消极的悲观主义，某种意义上来说，就是破坏活力和束缚个人发展的黑暗地狱。那些只看到事物阴暗面的人，那些总是预测自己会失败的人，那些只看到生命中丑恶肮脏现象的人，是永远也不可能体会到成功的喜悦的。他不仅会受到命运的残酷惩罚，而且还终将失去自己拥有的一切东西。

有个绅士问黑人塞伯："你多大了？"塞伯反问道："你看我像多大?我的生理年龄是25；但是，要以人生阅历来论，我所经历过的事情，可以比得上百岁老人了。"说这话时，塞伯的乐观自信之情溢于言表。

查尔斯·达纳先生，虽然已经离开了我们，但是他的乐观豁达让人记忆犹新。在他生命的最后里程，身患重病的他，仍然坚持每天到办公室去，而且精神饱满。有个同事看到他带病坚持工作，心里不忍，劝他说："达纳先生，您的敬业精神令人佩服，但是，您也要考虑到自己的身体啊！您是知道的，我们的工作并不轻松，连身体健康的人做起来都要全神贯注，何况您拖着病体，这怎么能吃得消呢？"

达纳先生却毫不在意地回答："呵呵，你以为我已经力不从心了吗?要知道，工作对我来说不是负担，相反，是我的乐趣。要想让我精神焕发，最好的办法就是工作再工作，没有比这个对我更重要的了。"

有一次，达纳先生遇到一位年过花甲的老者，看到他行动迟缓，无精打采的样子，忍不住说："你怎么能让自己变成这个样子？看来，你对曾经的爱好都已经失去了兴趣，现在还会常常看书、参加社交活动吗？是不是连散步都没有了？”老者听了，有气无力地答道：“是的，您说得很对，我现在对什么都不再感兴趣了。”

达纳想通过自己的情绪感染老者，说道：“看看我吧，现在还坚持每天散步、看书，常常去和朋友们聚聚，连工作也不肯落在年轻人的后面。我觉得这些都是非常有意思的事，每天过得充实而且愉快。”

林肯总统，总会把最近发表的幽默故事放在自己的书桌上。当他感到疲劳、厌倦或者情绪低落的时候，这些幽默故事会带给他快乐。随手拿来，读上一两篇，疲惫和困倦就会烟消云散，接下来的就是精神百倍地继续工作了。不容置疑，乐观的人更容易发现事物的积极因素，这样即使面对困难和挫折，也能够自如应战，最终取得成功。这样的人总会受到周围人们的欢迎，因为，他们在快乐的同时，让别人也分享了快乐。

NO.2/ 要看到光明的一面

有个年轻人，看到自己的朋友愁眉不展，劝道：“别让人总是看到你闷闷不乐的样子，记住，事情总有光明的一面。”他的朋友听了，仍然提不起精神，答道：“可是，你告诉我，光明在哪儿啊？为什么我看不到？”年轻人继续给朋友打气，说：“这也没关系，你把没有光明的那面磨成像镜子一样，不就能显出光亮了么！”

约翰·卢伯克先生，英国金融界的名士，是个银行家。他曾经说过：“要相信，世界总是有光明存在的，只要努力，美好的希望就有实现的可能。如果你能够懂得快乐是人生不可缺少的，就能够开心轻松地向自己的目标迈进。那么，你会觉得，每天的太阳都是新的，生活是如此的美妙多姿。记住，让自己快乐起来，同样，你的快乐会像接力棒一样传递下去。”

斯克鲁奇，虽然已经成人，却会时常像个孩子一样地跳着笑着。圣诞节的时候，他高兴地对每个人说：“我真是太高兴了，觉得自己快要飞起来，仿佛变成了天使。我和孩子们一样的开心，就像刚吃了蜜一样！我祝愿每个人都幸福快乐！愿全世界的人快乐！啊！来吧，让我们一起开心！”

大卫·库柏，是个鞋匠。可是，他最近的经营状况不佳，坐在自己破旧的鞋铺里，满肚子的牢骚，嘴里不停地嘟囔着：“这是我见过的最讨厌的地方，每天屋子里都阴沉沉的，好像太阳从来都没有照到这里。”忽然，有个声音在鞋匠的耳边响起来，让正在打盹的鞋匠感到一惊。这声音仿佛是从天上传来的，轻轻地对他说：“大卫，你怎么了？我知道怎么能让你的小屋里充满阳光。太阳会把它的光明降落到每一个角落，只要你让自己快乐起来，让勤奋、仁慈、希望和满足占据你的大脑，这样，你就会发现，光明会充满你的小屋，生活会变得丰富多彩，就算你年纪大了，但幸福快乐会陪伴你人生中的每一天。”大卫听了，恍然大悟，他像变了一个人似的，很快，店里的每寸地方，都焕然一新，那些积年累月的尘土，一扫而光，玻璃擦得能映出人的影子，就是犄角旮旯，都变得一尘不染。果然，阳光像被魔术师点化了一般，洒满整个屋子，到处都亮堂了起来。从这一天起，大卫的脸上也总是带着阳光般灿烂的微笑。

比利·布莱，是个非常出色的人，个性鲜明。他的人生信条是：让快乐充满自己的生活。有人看到他每天情绪饱满，激情满怀，不禁心生嫉妒，威胁他说：“要是集会的时候，你还不知道收敛自己的言行，小心我们把你装进桶里。”比利·布莱听了，不以为然地答道：“好啊，那我会在桶里继续赞美仁慈的主，感谢他赐给我如此美好的生活。”

罗杰斯曾经这样评论霍兰德勋爵：“你看到过他不笑的时候吗？从吃早饭开始，笑容就像影子一样，挂在他的脸上，好像每天都有惊喜要降临到他身上。”

曾经，奥利弗·温德尔·霍尔姆斯向人们讲述过这样的故事：“好多年前，有一次我从奥博恩坟场经过，看到了一块光洁的大理石墓碑。上面的墓志铭只有四个字，但是，这四个字足以抵得上一篇长长的悼词。‘她真快乐’，够了，再不需要什么言语来解释了，一切都是多余的。我仿佛也感受到了她快乐的生命，这感觉如同欣赏优美的乐章，让人心驰神往。”

有个姑娘，虽然人长得并不漂亮，却有个好听的名字：开心。初次见到她的人，都会觉得她长得真丑。但是，问问她的朋友吧，有谁觉得她不可爱呢？连那些孩子们，都喜欢围在她身边，听她说话，和她一起欢快地做游戏。她在哪里，就把笑声带到哪里。她像天使一样，给周围的人带来幸福快乐。难道还会有人觉得她丑吗？

在她的家里，摆有一张全家福，不用人指点，那个容光焕发、神采奕奕的就是

烦恼是个高利贷者，如果你被烦躁的情绪控制，事情将会越来越糟，甚至会毁灭我们原本美好的生活。

开心姑娘。不是有人觉得她丑吗?但是，慢慢地你会发现，她比任何人都可爱，在她身上，有着迷人的魔力，那是快乐的根源。

生活里，阳光无处不在，快乐的人才能与光明同行。哪怕是乌云满天，要知道，总有云开日出的时候，只要你心中充满希望，就能拥有灿烂美好的明天。跳动的心不会停止，沮丧悲观，只能让人的路越走越窄。不管你从事什么行业，都要让自己学会从工作中体会快乐；就算你穿着粗布衣衫，也不要因此而失去了尊严。快乐，当你拥有它的时候，也会带给别人快乐。

卡莱尔曾经大声疾呼："让快乐的人来到我们身边吧！他的到来，会让我们的工作充满快乐的歌声！要知道，他有使不完的力气，他会把工作做得更快、更好，疲劳从来不会找到他。工作的时候，他把自己融入其中，整个人仿佛随着音乐的节拍在运动，丝毫没有劳累的感觉。是的，正是他愉悦的精神，产生了无比的作用力，让人具有无穷的力量，能够坚持到底不松懈。他会像阳光一样，给周围的人带来光明和快乐，他的情绪会感染每个人！"

斯特恩，英国小说家，他说："其实，快乐是一种感觉。只要你去寻找，就会发现它无处不在。不管疾病还是繁忙的工作，都不能影响到我快乐的心情。笑一下吧，自信会重新回到你的身上。这时，你会发现，生活在你的笑容里变得多彩而诱人，一切都变得更有意义。"

知道库兰的人，都会佩服他的幽默。在他病危的日子里，仍然用自己的乐观开朗影响着每个人。这天早晨，医生发现他连咳嗽都变得很困难了，他自己却说："没想到吧，我昨天晚上可是一夜没睡，才修炼成现在这个样子！"

其实，每个人都希望回忆自己的快乐时光，人们会因此而感受到生活的美好。那些快乐的人浮现在我们脑海里的时候，同样，微笑会洋溢在我们脸上。

诗人胡德说："就是到了生命的最后一息，我也要面带笑容，因为我相信，阳光会洒到每个人身上。"

米勒讲过这样一个故事："有一次，我到医院看望病人。忽然发现，病室的窗台上有一束玫瑰花，整间屋子因此而充满生机。我注意到，有一朵玫瑰总是向着太阳。我把自己的发现告诉了病中的朋友。她对我说，小女儿每天都要把花转向室内，使花背对着太阳，但是，这朵花每次都会自动地转过身去，直到面向太阳。朋友说这件事的时候，感触颇深。她说，自己仿佛被这玫瑰花所感染，情绪也好了起来，即使是病痛缠身，也能从容面对。听了朋友的话，我也很受启发。是的，我们应该勇敢地面对生活中的苦难，坚强地承受，这样，不管是什么困难，都将被克服。要相信，任何事物都有光明的一面，而这才是我们应该在意的。愁眉苦脸，垂头丧气，能对自己的生活和工作有帮助吗？没有！相反，它会变本加厉地掠夺我们的快乐。要知道，烦恼是个高利贷者，如果你被烦躁的情绪控制，事情将会越来越糟，甚至会毁灭我们原本美好的生活。"

> **让自己快乐起来，同样，你的快乐会像接力棒一样传递下去。**

NO.3/ 快乐的人是幸福的

有人问萨里伯雷·普莱思第二天的天气如何，他答道："不管明天是阴还是晴，我都喜欢。"朋友听了很奇怪，问他为什么会这样。他说："天气不是我们能左右的，不管是什么样的天气，都是上帝赐给我们的，既然这样，为什么不欣然接受呢？"其实，我们之所以会开心或者烦恼，更多的在于我们的心情，而不是天气。只要你是快乐的，不管是骄阳似火，还是阴雨连绵，都不会影响到生活的乐趣。一个乐观向上的人，不会因为天气的变化无常而喜怒无形，相反，即使在不好的天气里，他也能让周围的人感受到快乐的力量。快乐的人，是幸福的。

富兰克林讲了这样一个故事："在离我办公室不远的一间房子里，有不少人在工作。我发现，这群人当中，有一位机械师总是美滋滋地干着活。不管什么时候，他都微笑着，说话总是慢条斯理的。无论外面的天气多么寒冷，就算是乌云密布，他的笑容也会如阳光般灿烂，同时影响着周围的人。我很想知道他这么快乐的秘密，于是，有一天早上，我特意找到他，问他快乐有什么诀窍。这位机械师回答：‘亲爱的博士，我没有什么秘密。我的快乐来自我的妻子。她是个贤妻良母。每天，我上班的时候，都会看到她温柔的笑容。当我下班回到家里，她又会微笑着迎接我。此时，茶已经沏好了，她对我的照顾无微不至。她的细腻，体贴，让我感受到了幸福，我怎么能不快乐呢？所以，每天我都有愉快的心情。’”

一位睿智的约克郡人讲述了这样一个故事：“我的很多朋友，都曾经住在‘抱怨大街’。有一段时间，我自己也住在那里。可想而知，那段日子里，我的身体从来没有感到舒服过。污浊的空气，低矮的房屋，浑黄的水源，连小鸟都不会光顾这里，更别提那悦耳的鸣叫了。在那里居住时，我总是感到心情烦闷，每天都提不起精神。再这样下去，整个人就完了。于是，我决定离开这个鬼地方，搬进‘幸福大道’。忽然间，一切都发生了翻天覆地的变化，我的身体强健起来，连家人都很少生病。清新的空气，整洁明亮的房屋，每天，阳光照进来，让人感到光明无处不在。小鸟银铃般的叫声在耳边环绕。我的生活从此充满了快乐。为此，我极力建议我的朋友们，抛弃‘抱怨大街’吧，加入到‘幸福大道’！只要你有勇气离开那里，那么，幸福和快乐就在眼前。”

雾都伦敦，在1884年12月、1885年1月和1890年12月的时候，没有一丝阳光可以照耀到大地上。最严重的时候，这样的情形会持续两个月。但这并不可怕，真正让人担忧的是，有些人的心灵从来都不曾被阳光照耀过，他们总觉得生活无望，日复一日，年复一年，陪伴他们的不是抱怨就是牢骚！也许，他们的不快乐是有原因的，生活的窘困，工作的疲劳，会让人心生不满。但是想想看，有谁能逃离生活，不去工作？如果这样就可以怨天尤人，那么，快乐也不会自己降临到他们的头上。其实，每人都能够拥有明媚的阳光，更能拥有快乐的生活，只要你拥有积极的心态。

如果一个人能够笑对人生，那么他是幸福的。把心灵的窗户敞开，让阳光照进来，一切都会变得亮丽而有光彩。这样，不仅自己会感到幸福，他人也会受到感染，快乐的雪球会越滚越大。有句老话：“快乐是最好的灵丹妙药，能医治人心灵上的创伤。就是病体的痛苦，也会被我们愉快的情绪赶跑。”如果总把烦恼和不快挂在嘴上，藏在怀里，那么，我们的心灵就会被忧郁占据，它会悄悄地渗进我们的灵魂，并且急剧攀升，直到把我们淹没。

萨维奇博士说，他看到有个贫穷的盲眼小贩，很多年来，一直在波士顿大街来回叫卖，他所卖的，不过是针头线脑一类。看到他的穷困，博士心中充满了同情。有一次，他忍不住走上前去和这个人说话，结果，却意外地发现，这个盲眼小贩有颗快乐无比的心。小贩对自己的境况没有半点抱怨，相反，他滔滔不绝地向博士介绍自己那温柔的妻子，幸福之情溢于言表。他说自己每天出来叫卖，完全能够养活一家老小，觉得这样的生活已经很美好，没有什么可抱怨的。

快乐是最好的灵丹妙药，能医治人心灵上的创伤。就是病体的痛苦，也会被我们愉快的情绪赶跑。

瓦尔特·司各特，这位著名的英国文学家经常说：“让我痛快地大笑吧！”是的，他是幸福的。他用自己的善良之心对待生活中的每一个人，他的微笑给别人带来了快乐，也给他自己带来了幸福。

牧师亨利·比彻的一个大学同学问他：“亨利，你还记得吗？上学的时候，你经常气得加斯威尔大发脾气。因为你觉得他太古板了，总是沉着脸，满脸的严肃。但他再严厉，也限制不了你的快乐，要不，你怎么会和他过不去呢？”比彻听了笑着回答：“是啊。所以加斯威尔比我们都更早地离开了人世，而我仍然快乐地活着，这就是不同人生观的区别。”

有人说，真正的基督徒是快乐的。因为耶稣基督教导人们要时刻保持快乐的心情，远离抑郁和沮丧。如果人们真的照此去做了，生活里怎么会没有阳光呢？

歌德曾经说过：“如果生活里的一切都是严肃而枯燥的，那还有什么快乐可言呢？如果早上醒来就愁容满面，直到夜幕降临都心事重重，那么这一天的意义何在呢？要相信，阳光会普照大地，生活中的幸福与快乐，要我们自己去感受，去发现。”

放声大笑吧，这会驱走你心中的阴霾。大自然在考验我们的同时，也为我们提供了欢乐。笑是怎么产生的呢？它先从肺部和气管开始，然后波及到肾、胃及其他内部器官。我们笑的时候，心脏的跳动会更快更有力，血液被源源不断地输送到身体各部分，呼吸也随之加快，整个身体会因笑而充满了活力。笑，让我们的眼睛更有神采，使人心胸开阔，机体得到最好的锻炼。“笑一笑，十年少”说的就是这个道理。对病人来说，乐观快乐的心情，往往比医生开的处方更有作用。

夏姆弗特认为："如果岁月里没有了笑容，就好比时光虚度，生活也没有了意义。"

林肯说："幽默是我的保健品，让我的身心更加健康愉悦。"实际上，幽默对每个人都是有利无害的。林肯认为："幽默可以抚慰心灵，生活中不能开怀大笑，那人生还有什么意义呢？"

爱默生的微笑时刻挂在脸上，这让他的朋友们也因此而感到快乐。有人提议说，每天至少要笑三次。当你情绪低落、感觉生活无望的时候，首先让自己冷静下来，然后准备好纸笔，把悲伤和痛苦的事写在上面，不过别忘了，把自己可能拥有的快乐也清楚地列出来。别忽视任何幸福的源泉，比如，健康的身体、已经拥有的财产、朋友和亲人、曾经的荣誉、未来的希望，等等。另外，把你应该尽的责任和义务也要写出来，再把你完成这些之后的成就感提前感受一下。最后，把刚刚列出的清单仔细进行比较，你会发现，其实幸福是更重要的，这样，你就不会再沉浸在悲伤、痛苦之中了。

每个人都能够拥有明媚的阳光，更能拥有快乐的生活，只要你拥有积极的心态。

爱默生建议人们："墙上要挂令人心情舒畅的图片，谈话时也要尽可能讲些让人开心的事，这样生活中才会笑声不断。"

比彻在书中写道："远离那些牢骚满腹、怨天尤人的人。去寻找快乐吧，其实它就在我们身边。处处都可能成为天堂，这世界上并不缺少快乐，缺少的是我们快乐的心情。如果一个人老是不笑，总是闷闷不乐，应该反省一下了，看看到底是哪里出了问题。找到不开心的根源，才好对症下药。"

塔尔马吉说过："有的人认为，他们和那些不幸的人一起抱怨的时候，是对他们的帮助。其实，这是非常可笑的。这样做，不仅对那些不幸的人无益，而且对自己有害。因为，抱怨的同时，是在自己心里重复着别人的痛苦。"

克伦威尔看到别人灰心丧气的时候，仍然让自己保持着高昂的情绪，并力图以此去感染人们。在他心中，希望如同朝阳，必须要升起。"快乐的人才可能拥有成功，而成功的人，会更快乐。"

有个小男孩很奇怪地问妈妈："为什么我怎么努力，小妹妹都高兴不起来？可是奇怪的是，在我想方设法让她高兴的时候，我自己变得越来越兴奋了，她不笑，我却笑个不停。"

快乐的人是幸福的，而且是长寿的，当然，他们对社会的贡献也是最大的，成功会青睐这些精神状态极佳的人。也许，讲个笑话算不上什么本事，但他们在自己笑的同时，将快乐传播给周围的人。他们乐观的品质，豁达的心态，看似不拘小节，实际上大智若愚，正是这些使他们的生活变得多姿多彩。其实，生活对每个人来说大同小异，但是对那些只会抱怨的人来说，除了枯燥乏味、疲惫不堪之外，就没有别的感觉了。对待生活所拥有的热情，就像机器上的润滑油，它能够驱走生活里的不愉快，让生活变得有滋有味，即使是和爱人吵架也耐人寻味。

NO.4/ 乐观可以使你更有魅力

有人说，好心态可以养颜。同样，坏脾气可以毁容，有哪个女人盛怒之下仍然妩媚迷人呢？即使是世上最漂亮的脸蛋，也禁不起这样的折腾，很快就会变得丑陋和可憎。泼妇永远也不会让人感到可爱，其实，不论男女，粗暴的脾气都会影响到身心的健康，甚至会缩短人的寿命。只是，这种副作用在女人身上显得更突出而已。有哪个女人不希望自己年轻漂亮？但别忘了：在你发脾气的时候，挑毛病的时候，讽刺挖苦别人的时候，美丽已经渐渐地远离你，嘴角的纹线和眼角的皱纹会悄悄地爬上你的脸。

心理医生说，人的脸部神经是非常敏感的，神经系统的紧张、心情的烦闷、情绪的波动，都会在脸上有所反应，哪怕你故作镇定，也无济于事。每一条细小的皱纹，除去记载了岁月的痕迹之外，就是你发脾气的铁证了。

男人最需要的是什么？和谐！身心的舒适、精神的放松。芸芸众生，追求的不就是宁静和谐的生活么？一个脾气暴躁、动不动就大发脾气的人，能够建立安宁的家庭么？他就像随时可能爆炸的火药一样，在他身边，人们要小心翼翼，如履薄冰，即使这样，仍然会时刻处于高度紧张的状态，试想，有谁喜欢这样的生活呢？

其实，好心情对于创造和谐生活、保持健康和追求幸福方面都有着不可估量的作用。那些生活幸福的人，不一定拥有无人能及的金钱，关键在于，他们能把原本

真正的美，是源自内心深处的，而那些流于表面的美，是经不起打磨的，随着时间的消逝，外表的美会变得越来越苍白无力。

平淡如水的生活，经过自己的悉心调配，变得如美酒般甘醇。有些人的眼光总是挑剔的，而有些人的态度则总是宽容的，这就是不同生活状态的区别所在。

有些人具有这样的能力，他们能够把生活中暗淡的色调转化成鲜明的色彩；自己也在这个过程中有所收获，精力更加充沛，心情更加愉悦，此时，来自困难的阻碍已经被降到最低限度。他们走到哪里，就把温暖的阳光带到哪里，家庭中，每个成员都会沐浴在这亮丽的阳光中。他们的笑容感染着每个人，人们心头的迷雾被驱散，忧郁和失望变得不堪一击，人性中的美好得到了最高体现。相反，有些人总是被烦恼控制，而他们恰恰忽略了，烦恼是个高利贷者，当人被它统治时，那么，源源不断的烦恼就会接踵而至，想要摆脱它就难如登天了！和这样的人在一起，总会感到站也不是，坐也不是。他们的思想顽固，或者他们根本就没有思想。冷嘲热讽，讥笑挖苦，诋毁排斥，从他们的嘴里滚滚而出，让人唯恐避之不及。

有这样一个女孩，没有苗条的身段，更没有姣好的容貌。这个女孩的脸型极不对称，高高的鼻梁凸显在脸的中央，一双小眼睛，嘴巴却很大。像她这样的容貌，如果因此而自卑也是可以理解的，或者她会变得孤僻、阴郁、甚至悲观失望。假若真的这样，那么不会有人愿意和她交往了。但是，她不是普通的女孩子，她凭借自己良好的心态，克服了身体上的缺陷，扫清了思想上的障碍。她自重自爱，没有人因为她的相貌而嘲笑她。她知道无法从外貌上占有优势，于是开始注重自己性格的培养。功夫不负有心人，后来，她那可爱的性格，优雅的举止，完全征服了周围的人，赢得了大家的好感。与此同时，她的生活也在悄然地发生着变化。当她与你说话时，你会被她身上说不出的魅力所吸引。这种气质的力量远远超过了美貌所能给人的好感，你能感觉到，她在用心与你交流。

真正的美，是源自内心深处的，而那些流于表面的美，是经不起打磨的，随着时间的消逝，外表的美会变得越来越苍白无力。相反，心灵之美，如同美酒一般，时间越远，酒香越醇厚。这种美，在相貌平常的女孩身上更容易被发扬光大。所以，即使她们已经青春不在，却仍然流光溢彩，开朗的心境、快乐的情绪和饱满的热情，让她们青春永驻。不要再为自己的相貌郁郁寡欢了，努力让自己的心灵越来越高贵吧！你的精神之美，连时间老人也会为之倾倒。

那些具有优雅性情的人，到底拥有多少能量？他们生活的每一个角落，都充满着迷人的清香。他们是快乐和笑声的传播者！能够找到他们身影的地方，就不会缺少快乐。太阳升起时，黑暗便无处藏身，这种内在美的力量，会使得粗鲁与野蛮惭愧得无地自容。温和高雅的个性，能够抚平心灵的伤痛，任何浮华在它面前都会黯然失色。那些自私自利、只索取不付出的人，是愚蠢可悲的。他就像无知而吝啬的农夫一样，自以为来年会干旱，所以干脆连种子也不撒了，还会为此给自己开脱说，不如把这些玉米种子放在粮仓里，免得种到地里浪费掉。不幸的是，旱灾并没有迎合他的期望而出现，忍饥挨饿的噩运在劫难逃。他的邻居们呢，收获着地里的玉米，获得了大丰收。

好心情对于创造和谐生活、保持健康和追求幸福方面都有着不可估量的作用。

旧金山市的阿尔戈先生讲过这样一个故事："在米尔比达，有一个可怜的女子，人世间的种种不幸都降临到她身上。各种各样的打击接踵而来，人们都为她捏了一把汗，怕她挺不过去。但是，这位坚强的女子，没有被生活的挫折击倒，她勇敢地承受着这一切，让自己顽强地站起来。她给自己定了一条规则：每天至少要笑三次，不管这一天发生了多么糟糕的事情，也要找到可以让自己笑的理由。这样一来，哪怕在别人看来不值得一提的小事，她也能从中体会到开心和幸福，让自己拥有笑容。事实证明，她成功了。后来，她的身体越来越好，人也越来越精神，看上去，比从前漂亮了很多，她的家里时刻充满笑声，丈夫和孩子们在她的带动下，个个身心愉快，一家人开心快乐地生活着。"

有这样一位女士，所到之处，人们都会被她的活力和热情感染。她知道：微笑的力量是无穷的。于是，她面对每个为她服务或提供方便的人，报以甜美的微笑。人们看到她时，心情愉悦，喜欢和她交往。在人生的旅途上，总会有挫折与困难，失败和困惑，只要信心还在，让自己微笑着面对荣辱，还有什么不可能战胜呢？不要因为对方的身份、地位或者财富而计较我们的真诚，当你买报纸、出电梯、或者修理汽车时，微笑着向这些普通的人们致意，同样会感到心情舒畅，而你的微笑，会让看到你的人如沐春风。

爱蒂思·沃伊特，曾经在普兹茅斯女子学院读书。那时候，她是个充满朝气、干劲十足的女孩子。因此，如果有同学遇到了不顺心的事，或者有什么麻烦，学习上有什么困难，都会想到她，希望她能够安慰、鼓励自己。当然，这是因为爱蒂思小姐值得信赖，她从来没有让同学失望过，她用自己火一般的热情，点燃每个同学心中的火焰。她的快乐像温暖的阳光，让人感到心里的每个角落都被照亮了。她走到哪里，就把快乐带到哪里。

饱满的热情和积极向上的精神，能够让人的心胸更为宽广。这样，不管工作或者生活中遇到什么困难，遭受什么挫折，都能够坚强地面对。而人们在这一过程中，也会拥有新的收获。有人说，乐观向上的性格，会使人精神振奋，身体里蕴含的能量将被最大限度地激发出来，而那些隐藏着的潜能，也将被挖掘出来。所以，饱满的精神状态，会使人的身体更健康，生活更愉快。难怪有人把它比作不花钱的保健医生呢。

人首先要考虑的当然是生存问题，不过要知道，开朗的心境可以大大提高我们的生存能力。要学会为生活中的小事开心，这样自己会常常处于良好的精神状态之下，不管是学习还是做事，都是有益的。持有名牌大学的毕业证是值得自豪的事情，能够微笑着面对生活中的酸甜苦辣更是难得的能力。因此，我们要努力地使自己保持良好的心态，让自己心情愉悦、斗志昂扬，这是慰藉心灵的良药，它会让心灵得到滋补，对于提升我们的生活质量尤为重要。

NO.5/ 如何保持乐观的心态

一个人拥有积极向上的心态，可以让生活变得更加快乐起来，即使我们要面对挫折和困难，也无所畏惧。但是，前进路上的绊脚石不会因为我们发脾气而自动避让，更不会因为我们悲观失望而心慈手软。要培养乐观豁达的心态不是一日之功，它需要一个自然的发展过程。

对于年轻人来说，生活中的乐趣数不胜数，这些正是享受生活的过程。而生活本身，也会使他们感到欢欣鼓舞。如果要压制、束缚年轻人追求欢笑的天性，那无

异于犯罪。难道一个小孩的脸上，整天被悲痛、忧伤占据着，是正常的吗？生活，会按照它自己的规律运转。要是年纪轻轻，就只会垂头丧气，那一定是什么地方出了问题。

愉悦的心情，是一种快乐；阳光般的微笑，是一种幸福。

泰勒神父和朋友巴特洛博士分手时说：“别让离别剥夺了我们的笑容。笑吧，希望我回来时看到的仍然是你阳光般灿烂的笑容。”也许，很多人淡忘了笑的力量，甚至退化了笑的能力。这些人每天愁容满面，竟然为自己开脱，说什么做大事的人总是很忧郁。他们不懂得什么是幽默，生活中的不快会把他们打击得抬不起头来。他们会严肃地说，生活需要认真对待。或者，他们体会到了人生的艰难，但同时，他们也被这些所谓的深沉压垮了。

有人对一位老先生说：“你已经70岁了，就像要落山的太阳一样。”老人神态从容地回答：“不，我的身体和心态都很好，正像中午的太阳。”

有几个人聚在康涅狄格州的一家乡村商店里，谈论着各自的生死。其中有个叫萨克的说：“每天，我都会与人开玩笑，我希望人生中笑声更多些，最好在我临死时能开怀大笑。”有人问一家报社的编辑，为什么从来不聘用50岁以上的员工，他说：“也许这些人有工作能力，但是，他们太在意自己的年龄了，每天只知道工作、工作、再工作，不懂得去体会放松的心情。”

有人说，世界就像一面大镜子。有这样一个小姑娘，总感觉生活在幸福之中，因为人们都爱她。可是，她想不明白，为什么有的人闷闷不乐，整天愁眉苦脸。其实，她能得到周围人的喜爱，是因为她富有爱心，所以，她也得到了别人的爱。在她眼里，那些鸟儿、花儿甚至灌木丛都是可爱的，迷人的。她会俯下身去，幸福地告诉它们：“生活真美好啊！”可是，为什么有些人不能这样对待生活呢？上帝教导我们，要以纯洁、真诚的态度面对生活，不要以小人之心去度君子之腹，不要戴着有色眼镜看待生活。这样，世上的一切也会对我们说：“生活多美好。”知足者常乐。平凡的人，平常的生活，平和的心态，会让我们感受到生活的美好、幸福与快乐。

假如有一天，世上的人们都变得自私而贪婪，人们想方设法谋取私利，这世界将是什么样子？可以想象，即使是那些自私的人，也会感觉到极不舒服了，这与宗教倡导的理念是相悖离的，更是违背了上帝的旨意。苦难和忧伤的面容，能与幸福甜美的笑脸和谐地统一起来吗？大自然也会因此黯淡无光，鲜艳的花朵、青绿的草地、寂静的森林、喧闹的鸟儿，到哪里去找呢！天堂里，是不允许自私自利、贪婪和罪恶存在的，人类社会对此也是嗤之以鼻的。

拥有纯洁的心灵，才能坦诚地面对上帝。乐观的人，总会从事物的积极方面去考虑问题，圣洁的灵魂会与真善美相伴相生。罪恶的、错误的乃至邪恶的思想，只能使自己丧失辨别真伪的能力。高尚的人格，美好的生活，都不能允许贪婪、自私、欺骗的存在，只有摒除杂念，才能真正做到外在美和内在美的统一。遗憾的是，许多人注重的是物质利益，他们在不知不觉中迷失了本性，那些膨胀的欲望渐渐侵蚀他们的灵魂，思维因此而变得迟钝。慢慢地，除了私利和物欲，他们不再对别的东西感兴趣。在他们眼里，一切都是混浊灰暗、肮脏无耻的。

人们在认识世界、思考问题时，都会受到自身条件的限制。所以，在看待事物时，有时难以认清事物的本质，“不识庐山真面目，只缘身在此山中”。一个人如果拥有高尚的思想，那么，他的行为将是光明磊落的，因此会受到大家的认可和尊重，在他的身上，我们可以看到真善美。相反，一个思想肮脏、行为丑陋的人，只能让人心生厌恶，他的邪恶、卑鄙令人不齿。或者，他们本人还没有意识到，尖刻的口吻、令人憎恶的神态以及使人反感的举止，已经让很多人避而远之。生意场上的合作者，甚至他们的朋友，也会渐渐地与他疏远。其实，人们追求的是轻松和快乐，这种感觉非常重要。而阴郁和忧伤，是人们不喜欢的。温暖的感觉会让人感动，冷酷和漠然只能让人退避三舍。努力让光明充满我们的生活吧，阴暗的乌云只能影响我们原本愉快的心情。

乐观的人，总会从事物的积极方面去考虑问题，圣洁的灵魂会与真善美相伴相生。

如果世界上的人们都懂得了乐观生活的重要，那么微笑会浮现在每个人的脸上，想想，我们的生活将发生怎样的变化？那时候生活里阳光普照，你会因此而变得信心百倍。阳光的威力和阴影的破坏相比，到底哪一个力量更强大？万物生长都离不开阳光，人类的生命和力量都拜阳光所赐。黑暗呢，让人感到无休止的恐惧，更让人难以看到希望。那些面带微笑、热情洋溢的人，带给周围的人激情和勇气，人们在他的鼓舞下，产生力量，恢复信心。这就如同太阳花总是追逐太阳一样，我们也欢迎这些朝气蓬勃的人。那些忧心忡忡、整天苦瓜脸的人，只能受到冷遇，因为他们带给别人的也是寒冷。愉悦的心情，是一种快乐；阳光般的微笑，是一种幸福。

人类在创造世界的同时，也在改变自己的生存环境。悲观失望的人，生活就像地牢，终年不见阳光，即使他们一刻不停地抱怨生活的不公，仍然逃不出黑暗的统治。在他们眼里，生活和失望、灾难、腐败紧密相连，社会在退步，世界要毁灭。乐观的人呢，即使面对黑暗，也会想：冬天到了，春天还会远吗？他们能够从积极的方面看待生活，认为人人平等，以自己善良之心去对待别人。人间的真善美，希望与光明，都有赖于这些乐观上进的人，他们推动社会前进，标志着社会的文明，那些心理阴暗、行为鄙俗的人只能坐以待毙。安详平和的笑脸让人感到安全与宁静，生活的压力会因此而得到缓解。阴沉的长脸只会给人平添烦恼和不安。忧郁的人总是疲于应付生活中的各种问题，而乐观的人微笑着面对生活。

如果一个人拥有乐观的心境和高尚的品质，那么，他对于事物的看法将是理智的，行为将是冷静的，最终，也将获得成功。世界如何，关键在于面对世界的人的心态如何。情绪低落、愁容满面的人，觉得这世界是无助的，自己是孤独的；而心态平和、乐观积极的人，觉得世界是美好的，自己是幸福的。试想，一个人眼里看到的事物都是美好的，遇到的人都是友善而彬彬有礼的，那么他一定会因此而感到幸福。相反，如果他总是不停地在抱怨，心中充满了仇恨，看什么事都不顺眼，认为人们都在和他过不去，这样怎么可能感受到生活的快乐呢？在他眼里，世界是黑暗的，人情是冷漠的，那么除了压抑、沮丧，他还能拥有什么呢？因此，世界如同能够回音的山谷，我们对于生活的抱怨或感激，都会相应地反馈回来；我们怎么对它，它就怎么对我们。

NO.6/ 消除烦恼的思想

现实生活的重压，使许多人与烦恼有了不解之缘。为了让自己的心灵放松，远离压力重重这个恶魔，许多人，让自己变成了烟鬼和醉汉，甚至付出了宝贵的生命。

再聪明的人也不可能计算得出，因为烦恼，个人和社会每天会造成多大的损失。人世间最令人头痛的问题，莫过于烦恼了。伤心和绝望会引起一个人的烦恼，而一个人的烦恼，又会反过来造成新的伤心和绝望，这是一个令人头晕的迷宫。

工作本身并不能伤害人，但是烦恼却能伤害很多人。很多人之所以会有烦恼产生，是因为他们对自己的工作产生了厌倦和恐惧。

烦恼会妨碍一个人真正力量的发挥。一个把大量精力都花在对付烦恼上的人，是不可能激发出自己的潜能的。当一个人被烦恼紧紧困住的时候，他的精力就会被无谓地消耗掉，最终也只能落到一个碌碌无为的境地。

烦恼会剥夺一个人的体力，消耗他的精力，损坏他所拥有的一切。

烦恼对于一个人，没有一丝好处。很多人因为烦恼损害了自己的健康，但是没有一个人，能从烦恼中获取好处，也没有一个人，能从烦恼中改善自己的境遇。

烦恼会剥夺一个人的体力，消耗他的精力，损坏他所拥有的一切。假如在一个商店中，每个职员都利用职务之便，今日拿一点金钱，明日带一点东西。那么，这个商店肯定不会获得好的收益。可是，这家商店损失的只是金钱。而那些店员，却会深受心灵上的折磨。因为他们都知道，终有一天，自己的这种行为会被店主发现的，到那时，自己就无脸见人了。于是烦恼产生了，在理智和利益之间的挣扎，使他们身心俱疲。

一旦被烦恼缠上，人的脑细胞中就会被注入毒素，注意力也很难再集中，工作质量也会降低。在深受烦恼困扰、思想散乱时，人们是很难在工作上有出色的表现的。

脑细胞浸在血液里，并从那里面吸收养料。当一个人充满烦恼时，他的血液里就满载着愤怒、怨恨、恐惧的毒汁，这样，自己宝贵的脑细胞，就会受到腐蚀，开始变得坚硬而易于损坏。

不要把自己的精力过多地花在无谓的事情上。很多孩子的母亲，每天花很多的精力在自己孩子身上。每当到了晚上，她们是那么的疲劳，以至于连动都不想动。她们把自己的大部分精力花在了孩子身上，而不是工作上。

愤怒还会损害人的容貌。如果一个人整天处在烦恼中，他的生命就会被很快地消磨掉。有很多人，还未步入中年，就已经略显老相；一些女子，还未年到30，却已经是皱纹横生。产生这种现象的原因，并不是因为他们家境贫寒，每日都在做苦工，而是由于经常愤怒。这种愤怒，破坏了他们的家庭生活，使他们不能生活在一个和谐快乐的家庭氛围中，结果他们过早地衰老了。

烦恼不仅使人面容衰老，还使人的心灵衰老。烦恼好比一把利刃，在人的脸庞上刻出皱纹。我曾经看见过，有些人，在数星期烦恼缠身的情况下，白发增多，好像突然老了很多岁。

最好的美容药是保持心情舒畅。很多女士为了保持姣好的面庞，经常去美容，去做按摩，想要延缓自己的衰老。其实她们不知道，对付皱纹和衰老的最好办法，就藏在一个人的思想中。最为可笑的是，在很多人为怎样去除脸上的皱纹发愁时，衰老却在越来越快地向他走去。

烦恼不仅使人面容衰老，还使人的心灵衰老。

清除烦恼的最好方法，就是使自己生活在愉快的环境中，多想一下生活中的顺意处，而不要老是将眼睛放在自己的过失上。

身体健康也是保持心情愉快的良好措施。良好的胃口、清醒的神志都能够使自己远离烦恼。如果一个人身体衰弱，常年多病。那么，很多事情他都不可能获得成功。所以烦恼也就永远陪伴着他。身体强健的人，一般是不会给烦恼侵入的机会的。

当你发现自己处于极端低落的心情中，忧愁、焦虑将要占据你的心灵时，你就要赶快用勇敢和自信来武装自己。只有这样做，那些烦恼的种子，才会失去了在你心中生根发芽的土壤。

如果你想要摆脱烦恼，不必去寻医问药，你完全可以自我疗救。当你感到自己处于犹豫彷徨的境地时，就要赶快在自己的心中播种希望，用希望代替失望，用勇敢代替沮丧，用乐观代替悲观，这样就足够了。宁静的心会去除烦躁。

上天的公平之处，不仅在于它让每一个人都有足够的才能在这个世界上立足，而且还在于它能把公道、正义等原则应用于现实生活，成为人们安身立命的根本。

只有高贵的心灵，才能激发人的潜能。如果一个人，能把自身同永不磨灭的高贵精神相统一，那么他就会获得至高无上的幸福。

人的身体是最精密的。我们的体内有一股神秘的力量，它在永不停息地运转，永不停息地创造。不仅创造出人类的生命，而且还在不断地更新我们体内的成分。比如，如果一个人骨折了，在做过手术后，为什么在短时间内就能迅速恢复呢？这就得力于人体内这股巨大的创造力。

这股神秘的力量，不仅创造了我们的身体。而且，在不知不觉中改造着我们的身体，我们身体内的种种新陈代谢都是由这种力量支持的。

有很多人，并不知道如何利用自己的意志来激发这种能量。坚强的意志力，是自己生命力的源泉。如果我们能够深入到自己的内心，我们就会获得无尽的力量，我们就能找到力量的源泉。

想让自己拥有笑容吗？那就把忧虑和牢骚抛到脑后，一直向前看，看到生活里的光明和希望，这样才能乐观向上，让积极进取的斗志充满我们的大脑，努力地工作，幸福就在前面招手。看看那些埋在地下的种子吧，它们锲而不舍，直至从地面破土而出！幼芽虽然稚嫩，但却拥有旺盛的活力，它会慢慢抽枝长叶，最终开花结果。它从来不担心自己能不能冲出压在头上的土层，只是不断地努力着，向着阳光奋进。成长的过程，固然会碰到石头和沙砾，但是，那看似柔嫩的身躯，却具备着惊人的韧性，最终钻出石头和沙砾，勇敢地成长着。种子虽然幼小，但它们追求阳光的执著精神却令人鼓舞。那些从无名之辈到获得伟大成功的人，不也具备这种精神吗？

一个人，如果能将内心的力量加以充分地利用，他的生命就不会永远只是一片干涸的焦土，这种力量一定会引领我们到达绿色的彼岸。

NO.7/ 养成积极办事的心态

老是想一套，做一套的人，是不会取得多大成就的。许多人之所以不能正确对待人生，就是由于这个原因。他们口头上说的是一套，背地里做的却是另一套。心态决

定一切，如果不能把全部注意力都集中到一点，那么成功就可能永远也不会到来。心态不对路，不仅会使自己的事业受挫，而且还会使自己的必胜信心受到打击。如果不以一种不达目的决不罢休的心态去处理问题，我们的工作就很难取得成功。

渴望财富的同时，却不相信自己能够摆脱贫困，这样的人是永远也不能摆脱贫困的。怀疑自己的能力和获取成功，是不可同时具备的两种心态。如果一个人怀疑自己的能力，那么他就绝不可能获得成功。

通向成功的大门，需要乐观、积极、百折不挠的热情来引导。

遇事向好的方面想、时刻梦想成功，是每一位成功人士的必备心态。在他们的思想中极富进取精神，不仅富于创造力，而且还往往具有建设性和创新性。像这样的思想，才是乐观的、积极的思想。

不同的眼光支配着不同的心态，如果你眼中都是贫穷、匮乏的一面，那么你就会走向失败的道路。但是，如果你能把目光果断地从贫穷上收回，那么，你就必定会在财富上获得成功。

目标往往和现实自相矛盾。尽管十分渴望富有，我们还是会对此有种发自心底的恐惧。错误的心态，是导致自己不能过上幸福生活的主要因素。心中的阴影，使得我们难以实现自己追求的目标。怀疑、担心都是贫穷心态的具体表现，正是因为此，我们的自信心极度匮乏。也正是由于这种贫穷的思想，至今我们仍然在为金钱奔波。

如果不能充分挖掘自己的潜能，你就不可能摆脱贫穷者的角色。任何形式的成功背后，都有着健康思想的支持。如果你让自己经常生活在贫民窟的氛围中，在你脑海里就会很自然地留下贫民的印象，这样，你也就绝不可能赚到钱。

有句俗话说，绵羊每咩咩叫一次，它就会失掉吃一口干草的机会。所以，对自己的生活万不可随便就心生抱怨，要学着去接受生活，特别是不如意的生活。遭遇挫折时，每一次你都要告诉自己说："我行的，只要我愿意，我是可以摆脱贫困的。如果我不行，世间还有谁能够做到呢？"如果没有这种信念，我们就不可能变得比别人富有。在通向成功的道路上，障碍往往是自己设置的。你之所以苦恼，不是事情本身使你感到苦恼，而是你的心态让你苦恼不已。没有积极的心态，你会发现困难之事更困难，而原本容易的事情也变得很难达到。如果你不能使自己保持平和的心境；如果你不能战胜破坏你幸福的敌人；如果你让负面的情绪主宰自己的心灵，那么你就不可能得到想要的成功。

思想像是一块磁铁，它能把与自己本身相似的东西吸引过来。如果你的心灵被贫穷和疾病占据，那么，你的一生就会受到贫穷和疾病的侵扰。一般情况下，现实与你的思想是不可能差太远的。这是因为心态已经为你的人生描绘了蓝图，很大程度上来说，任何形式的成功首先必须是思想的成功。

要评价一个人，将来能否取得成功，只要看他的工作态度就够了。如果一个人在做事时，总是敷衍塞责、马马虎虎，他绝不会做出伟大的成就。没有一个正确的工作态度，不仅在工作时会感到自己深受束缚，而且对自己的工作也提不起半分兴趣。

了解了某个人的工作态度，在某种程度上也就了解了这个人。一个人对本职工作的态度，与他本人的性格、才能都有密切的关系。一个人现在所从事的工作，是他人生志向的一部分，对自己的本职工作有一个良好的态度，就是对自己的人生有一个良好的态度。

如果一个人对自己的工作抱有鄙夷的态度，他绝不会尊重自己，更别提尊重别人。对自己的工作提不起兴趣，他的工作就绝不会取得进展，已完成的工作也势必粗劣不堪。在这样的工作环境中，他不可能发挥自己的全部能量，当然更不可能获得成功。有许多人认为，自己的毕生事业，不在当前的这份工作上，并以此为借口，对自己的本职工作抱着不认真的态度。这样的想法是很不好的。因为我们工作的目的，并不仅仅是为了获得物质上的满足，更重要的是培养自己的人格魅力和工作经验。

常常对自己的工作抱怨不已的人，不可能获得真正的成功。喜欢寻找借口，常常抱怨和推诿，其实是懦弱的表现。如果有一个正确的工作态度，我们就能克服种种焦躁情绪，做好身边的每一件事，并在其中培养自己的高尚人格。

对自己的工作表示厌恶，无论在任何情形下都是一件最坏的事情。现实生活中，我们总被迫做一些乏味的事情，如果我们不能对自己的工作表示热爱，我们最好不要表示出我们的厌恶情绪。作为一个明智的人，我们应该知道，对于那些我们不愿意做，而又不得不做的事情，我们总要设法找到它的乐趣所在，只有这样，才是我们应有的工作态度。有了这种态度，无论做什么事，我们都能兴致盎然，并从中收获我们想要的东西。

如果一个人从内心里瞧不起自己所做的工作，那么他必遭失败。通向成功的大

门，需要乐观、积极、百折不挠的热情来引导。

无论自己的工作在外人看来是多么的卑微，我们都应有艺术家的献身精神，付出十二分的热情。只有这样做，你才能从卑微的工作环境中解脱出来，不会感到心理上的不平衡。

在整个社会中，所有的工作都不容蔑视。无论多么平庸的岗位，都有那么一些人做出了骄人的成绩。关键的不是工作岗位怎么样，而是要在自己的岗位上做出最大的努力。如果我们无论做什么事，都能燃烧所有的热情，都能以奋进不息的精神去争取胜利，我们就不会感到自己的工作乏味。

人的一生，就像是在完成一座雕像。是高大还是渺小，是美丽还是丑恶，是可敬还是可怜，都是我们一手造成的。在这个过程中，我们的每一个动作，都从细节上显示出这座雕像最终会变成什么样子。

如果能够做到做什么事都全力以赴，竭尽全力，这样，我们就掌握了打开成功之门的金钥匙。如果我们时时都能以积极主动的态度来对待自己的工作，我们就不会感到疲倦。如果这样，哪怕是在最平凡的职业上，我们也能增加自己的威信和财富。

要有开阔的思维，不要让自己的生活太沉闷；要有创造性，不要让自己机械地去面对整个世界；要有欣赏的态度，不要让自己完全生活在俗世中。

每个人都要有远大的志向，无论做什么事，都要竭尽全力去追求尽善尽美。在工作中，端正自己的态度，发挥自己的潜能，不因自己的工作卑微而自贱。这对于一个人的成功是有极大帮助的。看不起自己的工作，没有一个正确的工作态度，在一定程度上来说，是对自己人生的一种糟蹋。

如果一个人老是想着自己的事业会极其不顺，总是为未来担心，总是抱怨时运不济，那么，他的事业就不可能有什么好结果。处在这种情况下，无论你多么努力，也无论你多么富有才华，你都不可能取得成功。头脑里充满了担心失败的思想，日久天长，你就会慢慢变成这种思想的奴隶。消极的思想，会让所有积极的努力都付诸东流。

莉迪亚·玛丽亚说："不管遇到什么事，我都命令自己多从好的方面去想想。当彩色吊灯挂在窗前时，房间里就会出现彩虹。"让自己拥有平和的心态，乐观的品质，这样，生活的色彩总是亮丽的，心灵将感受到愉悦，这样的习惯本身就是一笔财富，它使得我们的身体更健康，生活更美好，工作更顺利。

别抱怨工作中的不顺心，其实每一项工作，都有它自己的特点，努力从中体会乐趣吧!不是工作没有快乐，是我们缺少发现快乐的心情。其实，积极向上的心态也不是与生俱来的，要通过自己的后天培养，逐渐树立起来。也许，有些人没有接受过高等教育，但只要他拥有健康的身体，对生活充满激情，那么幸福不会从他身边溜走。财富可以不断积累，快乐也不例外。生活的艰难、处境的恶劣都是可以改变的。如果只会逆来顺受，那么也不要抱怨上帝的不公平了。放松心情，勇敢地面对，困难会被你吓跑的。生活里难免会有单调和乏味，压力也是人人都有的，郁闷的心情也会时不时地跳出来，考验着我们的承受能力。快乐起来吧，工作中、生活里，努力让自己笑一下，你会发现，原来没有那么多过不去的事情。相反，有谁愿意看到一张垂头丧气、毫无生机的脸呢，这样不仅自己不开心，更会让周围的人厌烦，最后对你敬而远之。爽朗的笑声，可以排解生活中的焦虑，现代生活中压力确实很大，更需要人们学会自我释放。什么样的人会让周围的人感到不舒服？毫无疑问，那些没有乐趣，自己不幽默，也欣赏不了别人幽默的人，是最枯燥无味的了。千金难买一笑，谁愿意自己的烦恼无休无止呢？

在通向成功的道路上，障碍往往是自己设置的。

有这样一首诗——

笑一笑吧/你的心情会因此而放松/生活是面镜子/当我们对着它微笑时/生活也会对着我们微笑/当我们皱着眉头时/生活也会对着我们皱眉

NO.8/ 积极才能有所收获

对当代大学生而言，进入社会之前，就要努力接受有关积极心态的教育。可惜的是，我们的教育学家并不明白这一点。因此，当我们再说下一代是垮掉的一代时，我们是不是也应该想一想自身的责任。永远不要对自己抱有怀疑、恐惧和不自信。卑怯消极的思想、沮丧的情绪都可能彻底毁掉那些积极进取和富于创造力的心灵。它会使健康的心灵变得沉重不堪，而这些变化往往又是在不经意之间完成的。

对一个学生或年轻人而言，最重要的不是挣了多少钱，而是如何使自己的心灵变得富有创造力。如果能让自己的思想始终保持积极的心态，那么，你就能避免那些消极、卑劣的事情。世界上的学问永远也学不完，但是我们应该从中找到最闪亮的宝石。

很遗憾的是，很多在学校里表现优秀的大学生，一走向社会就遭遇了失败。这主要是受到了消极观念的影响，从而使他们失去了创造力。在短短的几个月内，他们就想要训练、完善自己，那几乎是不可能的。人生往往存在着许多缺陷和不足，但聪明的人往往能从中获益匪浅。我们从正确思想中获得的益处，要远比从书本中的得来的益处多。

正确的心态可以使心灵免遭不良影响。

积极的、具有建设性的思想，有助于人们创造力的发展。而同时，创造力也是人们最重要的精神特质。如果现在你发现自己的思想倾向于消极，那么，你就要警惕了。要时刻注意培养自己的积极心态，它不仅会很快地增强你的创造力，同时也会让你渐渐摆脱消极的状态。消极的思想总会使人变得脆弱和渺小，事实上，即使是绝对的顺从也要比消极的思想好得多。这是因为顺从的思想，并不妨碍你充分发挥自身的思考能力，而消极的思想则会。

心灵就像是一台织布机，无论我们提供什么样的图案，它都能编织出来。无论我们是充满理想，还是悲观绝望；无论我们的理想是充满真知，还是谬误百出；无论我们的思想是充满勇气还是懦弱无能，我们都要通过心灵将它们表现出来。这些思想特质，都会在我们身上打下深深的烙印。

相信自己会成功，确信自己已经成为了理想人物，会对自己的成长产生很大的帮助。不要对自己说我想要成为什么样的人，而要对自己说我就是那样的人。如果能够这样做，不久的将来你就会惊奇地发现，你是如此迅速地扮演了你希望成为的角色。

只要心中装着人生的蓝图，只要心中装着健康、完整、美观的图案，我们就能造出美好的未来。人是多么了不起、多么伟大啊，照着心中的理想图景，我们就能构筑起整个人生。

这个时代，我们需要那些奋发向上的精神，唯有如此，我们才能阻止和消除那些消极的精神特质。为了成功，我们要坚决抵制那些妨碍和破坏我们健康生活的思想。

生长的过程一旦停止，人们就不得不面临灭亡。好比一棵植物，一旦土壤、大气、阳光和雨水停止供应，有害的元素就会乘虚而入。这样，就势必很难再收获到丰硕的果实。所以，一旦人类对自身的进步失去了信心，那么，我们就只能在颓废和沉沦的深渊中挣扎至死。

正确的心态可以使心灵免遭不良影响。如果你能坚定地拒绝邪恶，善良就会与你常相伴。任何一种态度，都会在自己身上留下不可磨灭的印记。不仅如此，它还会产生一种巨大的反作用力，进而帮助人们获取成功。

积极的、具有建设性的思想，有助于人们创造力的发展。

相反，如果面对邪恶的东西，你无力抵御，那么，你就只能等待着失败的到来。对于邪恶，回应它的只能是拒绝。哪怕一丝的仁慈，都会造成终生的悔恨。对于善良的东西，我们要张开双臂去迎接，而对于邪恶的东西则要紧闭心扉去拒绝。

生活应该有目标，并且要学着让合适的目标来指挥自己的生活，唯有如此，才能避免盲目和无意义。为了完成某一个宏大的目标，我们需要对各个方面做出详尽的考虑。只有各方面都考虑周详了，我们才能无往而不胜。时代就是一个大的潮流，只有紧跟着它 ，我们才能获得想要的东西。

任何一种可能引起混乱的思想潮流，我们都要提防、警惕。在这些思想中，有两种是最要不得的。一种是仇恨、嫉妒和不能善待他人，另一种是怨愤和邪恶。所有的这些思想，除了空耗人们的精力，其他再也不会有任何益处了。

其实，在我们所作的努力中，绝大部分都被消极、邪恶的思想抵消了。要想做事有效率，我们就要学着去拥有和谐、平静的心境。换句话说，我们的思想必须健康、自由。创造性的思想，是一个人成功的最佳伴侣。

饱尝失败的人，如果能够从心底里去除失败的思想，他

就肯定能够迎来成功。一个人一生中最重要的一件事，就是要学会清除思想垃圾，学会清除恐惧、焦虑和各种妨碍人们进步的思想，学会使头脑里充满蓬勃朝气、充满希望和鼓舞人心的思想。这不仅是一门伟大的艺术，而且还是一种有助于获取成功的积极心态。

其实，人是最不会掩饰自己的动物。我们的心态——希望或担忧，无时无刻不在脸上表现出来。我们自身的声望以及其他人对我们的评价，都和我们的成功具有莫大的关联。如果不相信我们，别人就不会把工作交付给我们。如果因为自己表现出来的消极软弱，而使别人对我们失去了信心，那么，我们就很难升到责任重大的高级职位上。

NO.9/ 做一个传播快乐的使者

佛洛伦萨市一座公共建筑物的台阶上，一位年老的士兵正在拉着小提琴，从放在旁边的拐杖可以看出他早已经残废了。和他紧挨着的是一条忠诚的狗，它嘴里衔着士兵破旧的军帽，偶尔会有人向帽子里投放一枚硬币。中午时，一位绅士经过他的身旁时，停了下来，然后他就向士兵要了小提琴，试了试调音就开始弹奏起来。

看到这一幕，所有的人都停了下来，人们对这样的事情感到很惊奇。两个没有任何关系的人物，组成了一幅奇妙的风景画。但是，音乐确实太美妙了，路人都情不自禁地陶醉于其中。慢慢地人们投的钱越来越多，以至于帽子那么沉重，那条狗开始发出了呜呜声。帽子里的钱被老兵取空了，但是很快帽子又满了。聚集的人越来越多，人们都对这位小提琴手的身份感到很好奇。最后他又演奏了《祖国的天空》系列曲中的一首，然后默默地离开了。

这时，一个围观者大声叫了起来："这个人不就是世界闻名的小提琴演奏家阿玛德·布切吗？连他都会伸出援助之手，让我们也向他学习吧。"于是，帽子开始在人们手中来回传递，一大笔捐款很快来到了老兵手里。整个事件中，虽然布切先生没有拿出一分钱，但是他却使老兵一天都兴奋不已。

同样，有一则故事是关于米开朗基罗的。那时，他的名声很大，以至于连君主美好的名誉是比玫瑰花更香的东西。这种甜美的名誉，可以磨炼你的意志、增进做好事的力量；它会为你带来善良、仁慈和无私的优秀品质。

和教皇都愿意支付巨额的费用来购买他的作品。有一天，一个小男孩在大街上拦住了他，用脏兮兮的双手递上了一支破铅笔和一张皱巴巴的纸，要求米开朗基罗为自己画一幅画。于是，我们这位可敬的艺术家，就坐在路边的石块上，为这个小小的崇拜者画了一幅肖像画。

类似的故事，在瑞典杰出歌唱家詹妮·林德身上也发生过。一次，当她和朋友在散步时，看见一位老奶奶颤巍巍地走进了一家救济院的大门。在那时，她的同情心被激发出来了。随着那位老妇人，她也走进了那家救济院。在假装休息的那一会儿，她想送一些东西给那个穷妇人。然而，听到那位老妇人的回答后，她感到十分吃惊。那个老妇人竟然说："我在这个世界上已经活了很多年，在临死前，对什么东西我都没有什么特殊的需求。但是，我就是很想听听詹妮·林德的歌声。"

"听到她的歌声，你会感到快乐吗？"詹妮吃惊地问道。

"当然了，但是像我这样的穷人根本就不可能走进音乐厅，也许我这个愿望永远也不会实现了。"

"别那么肯定，"詹妮说，"坐下来吧，听我给你唱一首歌怎么样？"

随后，她带着满腔真诚的喜悦，就开始唱歌了，并且那是她最拿手的一首歌。

能够听到如此美妙的歌声，老妇人十分高兴。可是，当听到身边的女子对她说"现在，你已经听过詹妮·林德的歌声"时，她又感到十分困惑。当她明白过来时，詹妮已经走远了。

美好的名誉是比玫瑰花更香的东西。这种甜美的名誉，可以磨炼你的意志、增进做好事的力量；它会为你带来善良、仁慈和无私的优秀品质。赫伯特说过："甜美的思想，会作用于你的身体、服饰和居室，让你的生活快乐、幸福。"当人们谈起塞万提斯时总是说："在他脸上，无论何时，我都能感到他对我的祝福。"伟大的诗人阿姆斯贝理也曾经说过："善良、温柔、优雅的个性，都能让你在同情别人时显得慷慨大度。如果你能关注身边那些有教养的人，你就会感到人格力量的伟大。"

甜美的思想，会作用于你的身体、服饰和居室，让你的生活快乐、幸福。

人们常常把那些非常无私、慷慨仁慈、交际很广的人称为光明使者。他们有优雅的灵魂，并且非常亲切善良，常常为他人着想。如果一个人有这些优点，毫无疑问，他将成为大家尊敬的对象。

有些人天性快乐，无论处在什么境况中，他们总是高高兴兴。对什么事情，他们都会感到满意，在他们眼中，一切事情都是十分愉悦和美丽的。每次遇到这样的人，我们就会感到十分幸运，他们好像总有什么喜讯要告诉你似的。他们懂得如何让自己更加快乐。如果可以，我愿意把他们比作是蜜蜂，从我们每一个快乐的人中采集蜂蜜为自己所用。他们懂得提炼快乐的技术，有了他们，阴霾的天空也会变得充满阳光。对于一个病人，他们常常比医生更管用。生活中，所有快乐的大门都会向他们敞开，因此，他们也会处处受到人们的欢迎。

最吸引人的人，不是那些外表美丽的人，而是那些品格吸引人的人。如果在寒冷的冬夜，我们在大街上遇到了一个这样的人，顿时，我们就会感觉到温暖许多。

比肯斯菲尔德伯爵认为：一位真正的绅士或一位真正的贵妇，必须要具有两方面的特征，那就是注重礼仪和为他人着想。“你经常会陷入绝望悲伤的境地吗？”德·萨勒斯这样问我们，“如果会，那么一定要赶快把它忘掉，注意保持优雅的仪态。”你看，这些观点是多么一致，难道青年人不应该从中吸取教训吗？

在英国格洛斯特郡的一所古老的庄园里，人们找到了这样一段话：“真正的绅士一定会尽全力在为自己带来灵魂上的满足时，也给他人的心灵以快乐的感觉。他们是上帝的仆人，世界的主人，自己命运的主宰者。对他们而言，美德是事业，学习是娱乐，知足是休息，快乐则是回报。上帝是他父亲，耶稣是他的拯救者，圣人是自己的教友，所有需要他的人都是朋友。热忱是他的牧师，纯洁是他的侍从，节俭是他的厨师，温和是他的管家，好客是他的仆人，节欲掌管着出纳，仁慈看守着大门，谨慎是自己的搬运工，虔诚是生活的女主人，所有的美德都在为他服务。他的整个家庭都是建立在这些美德上，在前进的路上，他从来没有停止过对这些美德的追求。”

路线三

必须具备良好的品格

NO.1/ 保持善良的品性

一个腿有残疾的老人，独自在匹兹堡的大街上行走。当时的人行道很滑，他一不留神摔倒了，帽子被风刮到一个男孩子的脚下。男孩子抬起脚用力一踢，帽子飞到大街的中央。这时，另一个男孩子走过来，捡起了帽子，送到老人手中，并且把他扶到了旅馆。老人对这个好心的男孩十分感谢，记下了他的名字和地址。一个月后，这个男孩收到了一张1000美元的支票。或者，男孩做的事很容易，但是，不是人人都能做到的，不过，人们会记住这些善良的帮助。其实，善良往往是通过一些微不足道的小事体现出来的，但对于被帮助的人，无异于雪中送炭。也许，一句善良的话会改变一个人对整个世界的看法，甚至会拯救他的灵魂。

善良的思想和邪恶的思想是势不两立的，它们是不可能同时并存于一个人的心灵中的。它们之间互相克制，相互制约。所以如果一个人的心灵中，时刻充满着善良、高尚的思想。我们就会使自己的言行充满诚实跟和谐的关爱。那么，一切的不良影响也会消失不见。

健康的心灵会给我们带来力量，指引我们走向成功。爱人、助人等仁慈的思想，会激发我们的高尚情操和情感，给我们的生活增加健康与和谐，使自己与大自然达到高度的统一。

在很久以前，有一个国王，他十分溺爱自己的孩子。他总是想尽办法给自己孩子想要的一切，从来没有拒绝过王子的任何要求。可虽然如此，这位王子还是很不快乐，人们经常可以看到他一个人皱着眉头，闷闷不乐地走在大街上。

为此，这位国王很着急。可是，他自己也不知道王子为什么不高兴。于是他就在全国发布告示说，如果有谁能够让王子高兴起来，无论要什么样的赏赐，他都可以答应。告示贴出去没多久，一个魔术师来到宫廷，自称他能够让王子快乐起来。国王十分高兴，立即让人带他去见王子。见到王子后，他就把王子领到一件密室里，用一种特殊的物质在一张白纸上写了几个字，然后递给了王子，并让他在自己走后，自己去一间暗室里，点燃一根蜡烛，把纸放在上面看有什么东西出现。说完后，魔术师就消失不见了。

王子就依照魔术师的话做了。当他把那张纸放到火焰上时，那上面的文字突然变成了美丽的蓝色，连成了一句话：每天为别人做一件事。在以后的日子里，王子便依照那个魔术师的话去做，果然，不久他就成为了一个快乐的孩子。

一个人活着，不应该只为自己，还要有乐于助人的心灵。

“世界上最可爱的是什么？”一位著名的哲学家曾这样问他的学生。听完老师的提问，学生们争先恐后地站起来回答，各抒己见，气氛异常热烈。这位哲学家看着自己的学生，微笑着没有做任何评价，直到最后一个学生站起来回答说：“人世间最可爱的东西，是善。”他才深深地点了下头说：“你讲的完全正确，你所说的善，包含了人世间所有可爱的东西，因为善良的人，不仅自己能够自安自足，还能够给别人带去无穷的快乐，成为别人的好伴侣，好朋友。”

健康的心灵会给我们带来力量，指引我们走向成功。

钱财只是最低级的财富，善良、诚恳、坦率、慷慨都远比金钱要重要得多。拥有了这些美德，比拥有万贯家产要有价值得多。

人生的美德，没有比和气、善良的品格更宝贵的了。如果一个人能够看透世情、大彻大悟，尽力去为他人服务，那么他的生命就会爆发出耀眼的火花。

即使一个人暂时生活贫困，只要他满怀希望，积极努力，同样拥有成功的可能。真诚的微笑，善良的心地，会有助于我们的成功。看待别人时，从好的方面去想，会发现他们的优点，这样，自己会乐于和他们接近，这对开展工作是非常有好处的。灿烂的笑脸、友好的性情，无论在什么地方都会受到欢迎，这样的人离成功还会远吗？

就像世间万物离不开阳光一样，人的生命中也不应该缺少笑容。振奋的精神是一个人最珍贵的财富，善良的心地让人拥有幸福的生活，同时带给周围的人快乐。一个活力四射的人越富有，对其他人的影响力就越大。正如种子播种在土壤里一样，播种得越多，收获越大！

上帝最欣赏这样的女孩——她们心地善良、乐于助人；她们吃苦耐劳、善解人意；她们在父亲拖着疲惫的身体回来后，马上就端来热茶；她们理解母亲含辛茹苦，操持家务的艰难；她们为了减轻家里的负担，过早地承担起生活的重担。

上帝最欣赏这样的女孩——她们善良仁慈、心地宽厚，富于同情心。当有人遭遇不幸，她们会流下同情的眼泪；当人们取得成就时，她们会兴高采烈。在我们周围，还有许多非常优秀的女孩，她们才华横溢、勇于进取；她们坚韧不拔、敢于迎接挑战……在这个世界上，因为有了她们，生活丰富多彩，绚丽多姿。

人生的美德，没有比和气、善良的品格更宝贵的了。

付出的越多，收获的也会越多，这是人生的一个普遍真理。当别人有困难时，伸出援助之手，不仅不会使自己蒙受损失，反而会有所收获。一般来说，一个人给别人的鼓励和支持越多，他从人家那儿获得的帮助也就越多。而那些吝啬的人，从来不会对他人的事情投以特别的关注，从不同情人、鼓励人。这样做，他们只会使自己处于孤立无助的境地。

人性中有一个极大的缺陷，那就是容易误解别人，不肯以善意的目光来看待别人。如果我们能够对别人多一些宽容和理解，我们就能使自己的心灵更加伟大。有了善良的品格，我们就能从恶的环境中得到善的福音；从一名守财奴，变为一个慈善家；从一个懦弱者，变为一个英雄豪杰。

太自私的人，从来不会看到他人的长处，当然也就不会有善心去帮助别人。因此，要想养成善良的品格，就要克服自私自利的坏毛病。

善良的人，总是善于精神方面的分析。如果感觉到仇恨、嫉妒等精神毒草正在向他逼近，那么，他肯定会及时用仁爱、亲切和美好的思想去改变、化解它。正是由于心中充满了仁爱、亲切与善良的思想，邪恶、嫉妒等毒草才根本不可能接近他们。

矗立在各地的纪念碑，他们的主人没有一个不是拥有了善良的心灵。正是借着这种善心，他们才会去关爱他人、帮助他人，才能为自己赢来巨大的声誉，获得万世留名。

艾丽斯·卡里曾经说过：“人生的真正价值就在于老老实实地做事，而不是敷衍塞责、麻木不仁。时光飞逝，如果整日沉浸于幻想，天天忙于微不足道的小事，我们就不可能成就伟大的事业。在这个世界上，没有什么比坚守善良更重要，无论做什么，也无论在梦想什么，忠诚、善良的品行我们永远都不能丢。”

NO.2/ 正直、仁爱使你赢得尊重

新奥尔良大广场上伫立着一座漂亮的大理石雕像，在它的基座上刻着这样几个字：善良的玛格利特的雕像。

很久以前，一场黄热病席卷了新奥尔良，但是，玛格利特竟然奇迹般地活了下来，成了一名孤儿。在还很年轻时，她就嫁人了，可是，不久丈夫就死了。由于贫穷，她不仅十分弱小，而且也没有一点文化，连自己的名字都不会写。历尽千辛万苦，她终于在一家女子孤儿收容所找到了工作。从此以后，为了这些孤儿她几乎把整个生命都投入进去了，每天从早到晚地忙碌。后来，政府投资新建了一座新的女子孤儿院，玛格利特和其他修女也就从原先艰苦的条件下解脱了出来。失去工作后的玛格利特开了一家乳品面包店，由于她的善良，新奥尔良的每一个人几乎都认识她，并且在大家的资助下，她买了运奶的小车和烤面包炉。玛格利特十分努力地工作，过着很简朴的生活，她把节省下来的每一分钱都用来帮助那些孤儿。在她的心目中，那些孤儿早就是自己的亲生子女了。那么多年来，她从来没有买过一件丝绸衣服，也没有买过一双羊皮手套。虽然她长得并不漂亮，可在她死后，这座城市却为这位资助孤儿的伟大母亲建造了一座美丽的雕像，以此作为对她善良、正直、美丽心灵的奖赏。

把追求完美作为我们的人生目标，把自己彻底地忘掉，把全部的精力都投入到创造更完美、更纯洁的事物中去，这就是成就伟大人格的秘密武器。只有对完美事物有了极端的爱慕之情，我们才会努力使自己的生活过得富有激情。我们应该对生命有更加清晰和理智的看法，只有这样，我们才能清除自身具有的糟粕和不纯洁，

并且摒弃那些无法给人带来永恒生命的东西。唯有做到了如此，我们才能过上一种具有明显个性特征的高尚生活。

查尔斯·金斯利曾经说过："只有全身心地投入到应该做的事情中去，我们才会获得勇敢坚强的品质、高贵的言行和自我克制力、伟大的理想和悲痛。也唯有做到了这些，我们才可能有成为殉道者的坚强品性。"

美德是一种伟大的人格力量，它具有至高无上的价值，在同类追求中它居于最高位。

关于格莱斯顿，弗朗西斯·克劳斯利先生曾经说过这样一个故事，其间显示了这位伟大的英国政治家的广阔胸襟和仁慈。根据克劳斯利先生说，这件事是他从圣马丁牧师那听来的。一次，牧师到郊区探望一个生病的清洁工。

"生病期间，有没有人来看过你？"

"有，格莱斯顿先生来过。"

"他怎么可能来看望你呢？"牧师惊奇地问道。当时担任着英国财政大臣职务的格莱斯顿虽然住在附近，可是，牧师不理解他为什么会来看望一个生病的清洁工。

"噢，"休息了一下，这个清洁工回答说，"每天经过我打扫的街道时，他都会和我打招呼。可我也没想到当我不在时，他竟然还会记起我。他从我的同伴那儿知道了我生病的情况和家庭住址。后来，他就来看望我了。"

"那么，他又做了些什么呢？"牧师接着问道。

"噢，他为我祈祷，并且用《圣经》上的话来安慰我。"清洁工如实回答道。

其实，格莱斯顿的这种行为，已经接近于耶稣基督的行为。对每个人都保持高度的热情，并且始终以仁爱之心待人，也正是格莱斯顿成为伟人的原因之一。

我这里还有一则关于查尔斯·科里特顿的故事。女儿出家当了修女以后，查尔斯·科里特顿就把自己的全部精力都投入到了这样一件事情当中：给缺少福音的人，带去上帝的呵护；为饱受战火的人们，带去有关和平和祝福的信息。后来，他还为那些无家可归的女子建造了救护所，就是在这些救护所里，许多女孩子找到了全新的生活道路。

每次我读到有关贾德森女士、斯诺女士、布莱廷小姐、韦斯特小姐的生活故事时，我都感觉到了人性的伟大，好像人类的英雄时代又重新开始了。

在奥尔良的那场黄热病灾难中，让我们来看一看有谁会比重罪犯约翰更有奉献精神。原本，他是一个品行恶劣的人，每天在大街上游来逛去、惹是生非。但是在后来那场灾难中，他却向有关部门要求成为护理人员。最初，医生坚决拒绝了他的要求。

“我一定要成为医护人员，”他说，“你先试用我一个星期吧。如果不满意，你就把我辞退了；如果满意，你再付工钱。”

“那好吧，”经不住他的软磨硬泡，医生只好说，“我就录用你了，尽管我知道这是不对的。”事后，医生在心底对自己说：“我一定要紧紧看住他，不然他肯定会闯出祸来的。”

可事实证明，他根本就不需要任何监督。短短的几个星期内，他就成了最优秀的护理人员。无论在哪个瘟疫蔓延的地方，都可以看到他忙碌的身影。长久的努力换来了丰硕的回报，每一个患病的人都十分尊敬他，对那些染病的人而言，约翰那张粗糙的脸无疑就是一张天使的面孔。

然而在发工资那天，他的行为却相当奇怪。很多人亲眼看到，他把自己整个月的工资统统捐给了救难所。没多久，约翰也不幸染上了黄热病，并且很快就死去了。可是，在英雄倒下的时候，并没有人在他身边。最后，他的尸体被安葬在了一个无名墓地里。没人知道他是谁，曾经做过什么事，只是从他胸前那青灰色的烙印中，人们可以知道他生前一定犯过很严重的罪行。

科尔顿说过：“人生中有一种追求就够了，那就是对美德的追求，那也是至高无上的追求。”爱默生说：“美德是一种伟大的人格力量，它具有至高无上的价值，在同类追求中它居于最高位。”在斯特拉特福子爵为在克里米亚战争取胜举行的庆功宴上，发生了一件足以证明这个观点的最佳例子。晚宴中，在斯特拉特福子爵的建议下，老军官们玩了这样一个游戏。他们兴致勃勃地在纸片上写下了各自认为在这场战争中会流芳百世的人。等到答案公布时，大家不禁会心地微笑了，因为在每一张纸上都写着这样一个名字：弗洛伦斯·南丁格尔。的确，光明使者——南丁格尔，是在那场战争中赢得了最大声名的人。

在一场关于南丁格尔的报告中，有人这样描述说：“在整个战争中，我很少看到她休息。连续几天内，我只看到她和她的一支小分队在奔来跑去。成千上万的伤

人生中有一种追求就够了，那就是对美德的追求，那也是至高无上的追求。

员从巴拉克战场抬了回来，没多久更多的伤员也从印科曼战场运了回来。由于原来什么都没有准备好，一切都要重新安排。而南丁格尔的任务就是把这一切弄得井井有条。在痛苦嘈杂的环境中，往往她都要连续工作20个小时以上。可是，一旦事务都有序地进行时，她自己又会跑到那些最危险的地方去。”

一位曾经和她一起工作过多年的外科医生说：“南丁格尔的医疗感觉系统非常敏锐。我和她一起做过很多手术，她的准确度和快速度几乎没有人能够超过。特别是执行那些非常恶心的任务时，她的高尚人格更是得到了充分展现。我常常看到她穿着薄薄的工作服，出现在伤员身边。除非死亡夺走了那个人的生命，否则，南丁格尔是不会离开的。”

“她总是一个接一个地和伤员说话，同时用微笑向更多的伤员打招呼。”一个士兵这样说，“当然了，伤员那么多，她不可能一个一个都那样做，可是，只要我们能够看到她落在地上的熟悉身影，我们就会很满意地把头放到枕头上去睡个安稳觉。”

另外一个士兵接着说：“在她来以前，到处都是乱糟糟的。可是，当她来到以后，一切都会干净得像教堂一样。”

说了这么多小故事，我们从中不难发现：人类的高贵品质是多么相似啊；圣洁的人格又是多么伟大啊。这些人始终带着对上帝和人类的忠诚，用真心去爱每一个人，这样，世人谁又能够轻易把他们忘掉呢？

在他们身上都有一个显著的共同点，那就是严格地、不折不扣地完成自己的应尽职责。这种优秀的品质也是被安娜·詹姆士女士称为“黏合剂”的东西。她说：“正是有了这种黏合剂，他们所有的才能、善良、智慧、真理、欢乐和爱才能聚集起来，共同建筑其美好人格的大厦。”

在灵魂追求崇高的过程中，爱的心灵永远不会过时，正直的品质永远不会被赶超。同时，信仰的力量也是伟大的。如果一个人有了正确的信仰，他的潜能就会得到发展，精力就会得到增强，自尊也会提高，同时他的品格也会变得更加稳固。

NO.3/ 拒绝低级趣味的诱惑

对于一个人来说，还有什么比纯洁的灵魂更重要吗？一个心地纯洁的人，应该不仅仅是不做坏事，连那些不纯洁的想法都要克制。所有的人都应该从行动上、思想上努力保持自己的本色不变。不过，人是生活在复杂的社会中的，那些不纯洁的想法就像四处游离的病菌一样，随时随地会侵入我们的大脑，想不被它们侵扰，就要时刻保持高度的警惕性。

纯洁的心灵如果沾上了污渍，就很难再恢复到无瑕的程度了。但是，如果毅力顽强的人，还是有可能迷途知返的。

人为什么会堕落？其实最初不过是头脑中产生了一些沉沦的念头。或者，人们开始并没有在意它，更不会刻意地去限制它，因为那不过是些不成形的想法而已。可是这些可怕的念头，会通过精神领域的微妙活动，不断地重复着，加深着，慢慢地衍生出一张巨大的诱惑之网，对人的大脑开始做某种暗示。最终，导致人们沿着大脑的指令去行动，噩梦也会成真。所以，如果一个人没有很强的自我克制力，那么，这些肮脏的幻想最终会左右人的意志。

或者会有人觉得危言耸听了，但是，如果邪恶的念头不能够及时地被制止，它的危害是难以预料的！也许没有人会认同一个堕落的想法可以毁掉一个高尚的人。其实，堕落之初，不过是头脑中的一个小小的念头而已。所以，人在大脑中的意识，能够产生巨大的力量，如果是善的，它可以造福人类；但如果是恶的，也可能破坏人类。清醒地检查一下我们的大脑吧，别让幻想的力量决定我们的命运。所以说，年轻人更应该保持心灵的纯洁。恶习也不是一天形成的，弥尔顿说过：“所有的缺点，如果不加以改正，都有可能变成恶习。”一个人会因为不好的习惯而毁灭，保持纯洁的心灵吧，这样的人才会拥有力量、健康和朝气。

威廉·阿克顿说："那些来我这里的病人，都对自己犯下的罪过感到忏悔，他们并不想为自己的罪责开脱。当初，他们因为年幼无知，犯下如此严重的罪过，但悔之晚矣了。所以，我愈来愈感受到，有必要让我们的父母、校长以及所有能够影响到孩子们的人知道，对于一个孩子，一定要从小让他们懂得，邪恶可以毁掉幸福的生活。为了孩子的将来，多和他们沟通吧，真诚地交流，了解他们的思想，尽到自己的责任，使孩子们健康茁壮地成长。"

有位著名的作家说过："年轻人的身心很有可能被复杂的社会渣滓腐蚀，但是，他们是有希望通过改造，恢复到最初的纯洁的。"怎么样才能避免纯洁的心灵被毒害呢？那就是让高尚而纯洁的思想充实大脑，让那些邪恶的东西没有存身之处。要让自己有着坚定的信念，不然，稍一疏忽，就会给那些恶毒的思想乘虚而入的机会，后果则不堪设想。

但是，克制自己是件非常难的事，所以，人们常常会不自觉地接受一些不纯洁的想法。只有保持纯洁的心灵，不断地用崇高的理想来激励自己，让强烈的自尊来鞭策自己，这样，才能够顺着上帝的指引，一步步走向幸福美好的生活。抑制了邪恶的思想，才能给正义开辟阵地，这样，人们才有可能抛弃欲望的指令，转而去追求纯洁、坚强和美好，这种圣洁的氛围也会慢慢地传播开来。

一个意志薄弱的人，是很难抵制那些邪恶思想的侵蚀的，那么，他的信仰、做法都会随之改变，直至整个人被丑陋的、可怕的思想控制。或者，他自己还没有意识到这种变化，但是毫无疑问，那颗纯洁的心灵已经逐渐变色、变质。人，不再是原来的人，周围的一切仿佛都变了。平日亲情融融的家，他却越来越感到尴尬，甚至是厌烦。曾经的朝气蓬勃、乐观开朗，被低落烦躁的情绪替代，甚至开始焦虑不安。惩罚是无情的！对美好生活的向往在他们身上已经消失了，反应开始变得迟钝了，整个人慢慢地陷于麻木状态。他们每天的祈祷变得有口无心，甚至会最终放弃信仰！如果没有顽强的毅力，坚定的意志，那么，生活的美好，灿烂的阳光，永远也不会再次降临到他们的身上。

萨姆森讲过这样一个故事。一个牧羊人看到有只鹰突然从峭壁中飞出，可是，刚刚还强有力的翅膀，很快疲惫了，整个身子在空中摇晃，飞行的方向左右摇摆不定。最后，可怜的鹰再也没有力气了，先是一边的翅膀无奈地耷拉了下来，接着，另一边的翅膀也垂了下来，紧跟着，坠落到地面。牧羊人感到很奇怪，来到这只鹰跟前仔细地观察。结果发现，它的身上伏着一条小蛇。原来，鹰在悬崖上休息时，年轻人的身心很有可能被复杂的社会渣滓腐蚀，但是，他们是有希望通过改造，恢复到最初的纯洁的。

毒蛇不动声色地潜伏到了它身上，鹰对此却毫不知情。可恶的毒蛇隐藏在老鹰长长的羽毛中，当鹰想和往常一样展翅高飞时，惊动了身上的毒蛇，它悄无声息地露出自己的毒牙，刺进了鹰的身体，很快，鹰就掉了下来。其实，生活中也有很多类似的故事。那些隐藏着的祸患会在不经意间毁灭我们，即使是高贵的灵魂，也可能因此而变得堕落。

有位著名的作家曾经说："在我的作品里，那些傻瓜们令人厌恶。他们有很多肮脏的绰号，'放荡'、'淫秽之徒'、'采花大盗'等。他们的样子，想起来让人作呕，更确切地说，他们已经算不上是人，他们和野兽的区别在哪儿呢？他们可耻的行径，令常人感到不屑。他们居住的地方，就是罪恶之源。他们的生活中充满了卑鄙、肮脏、无耻！不过，上帝不会放过他们的！"

有人在堕落后开始忏悔："再给我一次机会吧，那么我将重新做人！"或者，更多的人会像他这样，为了求得新生，宁愿为此付出代价。早知今日，何必当初呢？年轻人啊，如果他们能够看到自我放纵带来的可怕影响，还会执迷不悟吗？快快警醒吧，别为了一时的欢愉而毁掉一生的幸福，甚至连累自己的亲人和朋友。

要和那些具有良好、纯真心灵的人交往。要慎重地选择朋友，那些善良纯洁、乐观向上、胸怀大志的人，才能对我们的成长产生有利的影响，和他们做朋友吧，自己的生活也会随之发生变化。

在一些文学作品中，那些居心叵测的"作家"，为了达到自己不可见人的目的，丧失天良。他们会用转弯抹角的语言，向读者进行邪恶思想的灌输，这就好像杀人不见血的刀，让多少纯洁的心灵受到毒害，最终引导人们走向堕落！如果人们能够从这些文学作品中感受到这些人的低级与粗俗，那么它们本身就提示着我们：远离！就好像我们发现一个人劣迹斑斑时，会自动地躲避一样。可是，那些披着羊皮的狼，那些包裹着糖衣的炮弹，往往令人防不胜防，就像一个表面诚信忠义的朋友，内心却包藏着邪恶，他会假惺惺地和我们亲热友好，但会在毫无防备的情况下，麻醉我们的神经，侵蚀我们的心灵。

在法国，人们把这类小说称作“下水道文学”，因为它们永不见天日，充满着肮脏的情感、欲望和动物般的本能。有个法国人曾经为此大声疾呼：“小心啊！那些可恶的家伙，他们的到来，如同把死海的恶毒之水洒到我们孩子的身上，把非洲的毒蛇放生在我们的草原，把亚洲的狮子放到我们的森林，把印度的蜥蜴和毒蝎藏在我们的花园。不过，尽管如此，只要我们谨慎设防，还是可以抑制的。最可怕的是，那些卑鄙的、隐藏在文字中的肮脏思想，有谁能对它们负责？谁能消灭它们？我们有办法用剑刺心却感不到痛吗？因此，保持自己的纯洁吧！这样才能让自己不被邪恶的思想击倒，才会越战越勇。

费城的一位市长曾经发表过这样的言论：“如果剧院的广告栏里没有色情电影的宣传画，出版社里没有内容低级下流的读物，那么，监狱里的男性少年犯会越来越少。”一位英国的政府官员也说过，那些被控告的男孩，无一例外地受到过色情读物的不良影响。

所有的缺点，如果不加以改正，都有可能变成恶习。

制造这些后果的“人”，在他们的作品里，字里行间渗透着毒汁，华美的外衣下，潜伏着不可告人的目的，肮脏的思想，下流的念头，被粉饰后登上文学作品的大雅之堂。那些“人”的狡诈之处在于，描述淫秽的思想时，还要借用漂亮的外衣，让诱惑深藏不露，甚至于不用一个粗俗的词汇，竟然有些人称之为文雅精致！

NO.4/ 培养伟大而高贵的心灵

一个寒冷、漆黑的夜晚，大雪在肆意纷飞。在黑暗的笼罩下，城市的灯光就像是汪洋中的灯塔，闪耀着爱和希望的光辉。钱包鼓鼓的购物者正匆匆往家里赶，商店也正要打烊。年轻的女店员们在忙碌过一天后，也要回家了。由于没钱坐车，她们只好拖着沉重的步伐，缓缓向家的方向走去。

忙完了一天的工作，一个女店员也踏着积雪向家里赶。她穿得很简陋，身形纤弱，很容易让人联想起疾病。薄薄的秋装已经不足以抵挡冬日的寒风，很明显，这个女孩很贫穷，此刻她正在思考着什么。

在街道的拐角处，一个盲人正在默默地卖铅笔。大雪淹没了他的双脚，在寒风中，他单薄的身影就像秋日飘飞的黄叶。他枯瘦如柴的手紧握着一把铅笔，上面已经沾满了雪花。

和其他匆忙赶路的人一样，女孩从这个瞎子身边经过，然后消失。可是，当她走过半个街区后，她又转身走了回来。

注视着那个卖铅笔的人好大一会儿，当发现那个盲人真的没有任何表情时，她就静静地把一枚一元硬币放入了瞎子手中，然后继续向前走。但是，走了没多远，那个女孩又停了下来，来回踱着步，很显然是有什么事情困扰住了她。

很快，她又转过身来快步走回了那个阴暗的拐角。俯视着那个男子，她柔声地问："你真的是瞎子吗？"

男子抬起头来，睁着毫无光泽的眼睛，随手做了一个无法表述的姿势。他指了指胸口，女孩看到在那里挂着一块灰扑扑的徽章，那是一块代表联邦退伍军人的标志。

"先生，对不起，"女孩不好意思地说，"请你把那一块钱还我吧。"

"噢。"瞎子应声掏出了那枚硬币。

接着女孩打开了自己干瘪的钱包，里面只有两枚硬币，在白色的灯光下发出刺眼的光芒。这是女孩连续工作几个星期的报酬。她轻轻拿出了其中一个，把它放到了那个男子手中，对他说："看在上帝的面子上，请你收下吧。然后回家去，夜太深了，你该休息了。"怀着对这个不幸男子的怜悯，女孩重又踏上了回家的路。她希望没有人看到她的所作所为，但是她这种希望他人幸福的渴望，却使每一个人都感到了来自天堂的温暖。

一位贫穷的妇人，不仅听说过哥尔德史密斯博士的动人事迹，而且对他研究的心理学也略懂一些。于是，她就给哥尔德史密斯博士写了一封信，在信中，她强烈恳请他能帮助自己的丈夫，因为她丈夫不仅失去了食欲，而且对一切事情都不感兴趣。这位好心的心理学家很快给了回答："我将尽快和病人做一次谈话，并且不计报酬。"在谈话结束后，哥尔德史密斯博士认为他们确实是被贫穷折磨着。于是，他就告诉这对可怜的夫妇，他们将很快得到最有效的治疗药品。回到家后，他就把几枚金币放到一个木盒子里，然后在上面写上："必要时使用，而且一定要保持心情愉快。"

在弗雷德里克堡战役中，数以万计负伤的北方联邦士兵在战场上躺了一天一

仁慈的心灵是一个人最宝贵的财富。对坚硬来说它是柔和，对狭隘来说它是宽容，对冷酷来说它是温暖，对厌世来说它是乐趣。

夜。枪炮在轰鸣，可是，那些伤员却一直在呼喊着“水……水……水……”最终，一个南方士兵终于忍不住了，他请求长官让他出去给那些伤员送水喝。长官对他说：“如果你出去，那就必死无疑。”可那士兵却说：“现在，我满耳听到的都是伤员的哀号，而不是呼啸而过的枪炮声。”背负着这项仁慈的使命，他跳出了战壕。身边依旧是枪林弹雨，他经过一个又一个伤兵，缓缓扶起他们的头，然后把那清凉的水倒入他们口中。最终，双方都被他的英勇行为震撼住了：为了敌人的利益，他竟然舍得牺牲自己的生命。怀着对他的无比崇敬之心，北方军队熄火了，然后南方军队也停了。在休战的一个半小时，男孩跑遍了整个战场，把救命之水送到了每一个需要它的人的口中。他亲切地抚摸着伤员的头，替他们盖上大衣，就像是对待自己的兄弟一样温柔。

戈登将军一生获得过许多勋章，但他一点也不看重它们。一位外国王后曾经送给他一枚勋章，上面刻了一句特殊的题词，他一直很喜欢这枚奖章。可是，有一天这枚勋章突然不见了，没有人知道是怎么回事。很多年后，人们找到了这枚勋章，原来戈登将军把上面的题词刮掉了，然后卖了10英镑，并把这笔钱用匿名的方式捐给了一家难民救护所。这个难民救护所是专门帮助那些在棉荒中受损的农民的。

还有一则更为离奇的事，但它却是真的，并且是独一无二的。这个故事的主人公是一名西班牙的摩尔人。一天，他正在花园里散步，突然一个西班牙骑士闯了进来，请求他的庇护。他说身后的追踪者如果发现了他，一定会把他杀了的，因为他刚刚杀了一个摩尔人。后来，那个摩尔人答应他，可以让他在花房中躲避至午夜。到了约定的时间，这个摩尔人打开了花房的门，冷静地对他说：“白天你杀的那个人，是我唯一的儿子。但是由于我已经向你保证过，所以，你赶快走吧。”他把杀人凶手抱上了一头骡子，说：“趁着夜色，你赶快走吧。上帝是公平的，我没有玷污我的信仰，上帝会怜悯我的。”

里希特尔说过：“仁慈的心灵是一个人最宝贵的财富。对坚硬来说它是柔和，对狭隘来说它是宽容，对冷酷来说它是温暖，对厌世来说它是乐趣。

NO.5/ 守护内心的纯洁

一天晚上，有位军官兴冲冲地来到北方联邦军的营帐说："想听故事吗？非常好玩的，不过，我想先问问，这里没有女士吧？"格兰特将军听到这，放下报纸，抬起头看着进来的军官，严肃而有力地说："是没有女士，但男士们个个都是绅士。"乔治·蔡尔兹曾经评价格兰特将军，说他最大的特点就是：纯洁。他说："格兰特将军从来没有过让人感到肮脏的想法，哪怕是一点带有猥亵意味的东西都没有。他说的话可以让任何一位女士去听。因此，一个道德低下的人，在他这里是绝对不会被委以重任的，即便他为此要承受巨大的压力也不会屈服。"这位伟大而纯洁的将军，从来不会听那些庸俗下流的故事，如果有人敢在他面前提起，无异于自讨没趣。有一次，他参加一个外国城市的晚宴，席间，有人讲起了黄色笑话。将军突然站起来说："先生们，请原谅我退席。"

对于绅士来说，纯洁的语言和纯净的心灵，代表着人格的尊严。对于优雅的女士来说，纯洁的灵魂和无邪的思想，是最具魅力的表现。

艾萨克·牛顿年轻的时候有一个很好的朋友，两人亲密无间。他的这位朋友，是意大利的化学家。但是，有一天，这个化学家讲了一个下流的故事，从此，牛顿再也没有和他来往过。有人说，纯洁的人是高尚的。一个人面对各种诱惑时，能够保持自己高尚的情操，善良的心地，坚持自己的本色，那么，他是坚不可摧的。反之，如果他心怀不轨，纵容那些无休止的欲望蔓延，最终会扭曲自己的灵魂。这样的人，比可怕的毒蛇还要厉害，人们会对之谈虎色变。他的生活就是欺骗、无耻、自私和卑鄙，而他的结局，必然是多行不义必自毙。曾经有人这样比喻：肉欲，就像暴动的水手，如果不被压制，就会爆发。

伟大的雄辩家约翰·高夫在费城时向人们呼吁："年轻人，保持自己的清白！"在说这话的时候，他明明知道死神的手指已经触摸到了他的嘴唇，但他毫不退缩，宁愿为了清白而献出生命。如果一个人的心灵是肮脏的，那么你能指望他拥有纯洁的灵魂吗？难道这样的人会由衷地说出高尚的话，做出高尚的事吗？无私的性格，具有无价的意义。人们都喜欢真诚、坦率的人，因为，这样的人值得信任。

有个年轻人在给自己的好朋友写信时说：“如果我告诉你，与世隔绝才能让自己的心灵保持纯洁，那么，我的话毫无价值。因为，与世隔绝的纯洁在现实中是不可能实现的，能够在缤纷复杂的世界里保持纯洁，才是真正的纯洁。出淤泥而不染，才能开出最美丽的花，淤泥不会侵蚀她的高洁，相反，她会显得更加纯洁。”

对于绅士来说，纯洁的语言和纯净的心灵，代表着人格的尊严。对于优雅的女士来说，纯洁的灵魂和无邪的思想，是最具魅力的表现。

威尔逊总统身患重病，躺在床上奄奄一息的时候说：“如果让我来投选票，那么，毫无疑问，当然是惠蒂埃。因为，他的纯洁无人能及。我相信，他那纯洁的灵魂上帝可以作证。”

乔治·怀特菲尔德的一个朋友问他：“你为什么如此频繁地洗澡呢？连亚麻布的衣服都一尘不染。”乔治·怀特菲尔德答道：“你千万别把这当成什么难事，不过，这绝不仅仅是洗澡洗衣服一类的小事。因为，作为一个政府部长，清洁是必须的，即使是他的衣服，也应该如此。”

要知道，那些邪恶的想法，无孔不入，想躲避它们，并不是一件很容易的事。所以，坚决不能允许它们在头脑里停留，否则，就会在心灵上留下印记，那样的话，稍有不慎，原本美好平静的生活就有可能被破坏。因为，人们会有意无意地受大脑中记忆的影响，那些听过的坏故事，可能会在大脑中留存到生命的最后一刻。所以，你永远也不能抹去这个印记，它就像魔咒似的跟随着你。医生研究发现，人身体中的某些部分，7年会更新一次；但是，不管用什么力量，有什么方法，都不能把一个坏的画面从我们的脑海里全部删除。就像埋在庞贝城的图画，虽然千百年过去了，它的图案和色彩却鲜艳如初。

丹麦的卡罗琳·玛蒂尔德女王身陷狱中时，曾经在窗户上写道：“上帝！请允许我保持纯洁！让人们幸福吧！”

据说，犹大树先开花后长叶。它的花朵色泽艳丽、芳香浓郁。这些娇艳的花朵，引来了无数的昆虫，辛勤善良的蜜蜂也来采蜜。结果，采蜜的蜜蜂因为沾上了犹大树中致命的毒素，很快就死去了。这棵鲜花盛开的犹大树下，躺满了被它诱惑的牺牲者的尸体。

波斯的洛河旁的一块大岩石，两边各有一条大的缝隙。人们把它叫做魔鬼之山。站在岩石旁边，可以听到有个声音像是从地缝中钻出来，低沉而恐怖，而且永无休止，让人感到恐惧。从来没人敢去看看里面究竟是什么样子，因为洞口喷出的气体不但有毒，而且散发着令人作呕的恶臭，任何人或动物吸入这种气体，都会死亡。岩石旁边，有几十只小鸟，因为吸入了这种气体，静静地躺在那里，再也不能在蓝天中飞翔。有时候，还可以看到僵直的哺乳动物躺在那里，已经没有了气息。

世界上，某些角落是被死亡占据的，各种传染病在那里滋生。那些飘荡在空气中的有毒气体被人吸入后，生活中原有的鲜花、甜蜜、幸福等将被吞噬，而疾病、黑暗和丑恶，开始在他的灵魂里蔓延。但是，要知道，罪恶终究会受到惩罚，上帝是不会坐视不管的！可是，仍然有不少的人，因为欲望膨胀而不断堕落，原本的纯洁和善良被贪欲驱逐，自然的平衡被破坏，美好的东西被摧毁，心灵中的尊严和高尚被遗弃，垃圾和糟粕占据了大脑。人失去了纯洁的心灵，离毁灭的日子也就不远了。伊壁鸠鲁曾经说：“丧失天良的人，永远都不会有快乐。”

斯托勒非常强调纯洁对于一个孩子的重要性，他说：“不可否认，很多人在孩童时代就被灌输了不好的东西，因此，到了成年时，头脑里已经是乱七八糟了。一个男孩子，如果到了十几岁还没有听到过一些不洁的事情，那是不可能的。”那些丑陋的东西，在没有阳光的地方肆意地生长，越来越旺盛，并且开出邪恶之花，散发着诱惑的气味，足以使闻到的人堕落、沉沦。

杰勒米·泰勒说：“纯洁，对于人的精神生活和道德生活具有重要意义。一个高尚的灵魂，可以使人变得越来越睿智、谨慎，它让人冷静地思考，果断地决定。各种艰难险阻，在纯洁的人面前都不堪一击。美好的生活，会天使般降临到他的身上。精神上的愉悦，会使他精神焕发，而不洁的行为带来的快乐，不过是过眼云烟，转瞬即逝。”

有个传教士，在讲到上帝判断纯洁的准则时说：“男人对于纯洁的要求，会因人而异的。他们对于女人，要求极高，而谈到自身时，马上换了另外一套准则，一个高尚的灵魂，可以使人变得越来越睿智、谨慎，它让人冷静地思考，果断地决定。各种艰难险阻，在纯洁的人面前都不堪一击。

显然要低得多了。为此，他举了一个中国的例子：妻子不守妇道，被看作是奇耻大辱，要接受惨无人道的惩罚。对于丈夫呢，在外面寻花问柳，却只是生活不检点，完全不当成一回事儿。”人们听了传教士的话，好像有所醒悟，一个男子站起来说：“牧师先生，谢谢你的教诲，让我明白了很多道理。感谢你让我知道了，上帝对纯洁的要求是一致的，不管男人还是女子，都没有权力降低这种要求。从前，我没有认真地思考过这件事，现在我明白了。我会记住你的话，让它在生活中激励我的言行。”

当然，没有人有权力提出，男女会因为性别不同而拥有不同的标准，人应该是平等的，不然公正何在呢？如果男子可以放纵自己的欲望而不受到惩罚，却要求女子为自己的错误背负罪名，这是不合理的。人类的纯洁，应该由所有的人来负责。不管男子还是女人，都应该保持心灵的纯洁，躲避那些不洁的灵魂吧，在莱索托人的语言里，“幸福”和“纯洁”同义。

年轻人啊，保持心灵的纯洁吧！别等失去时再痛心疾首！如果我们的大脑不被纯洁的思想充满，就会被邪恶的思想占据，那么，后果将不堪设想。火光熄灭了，可以用火种重新点燃；但花儿被摧残了，还有什么办法能够让它娇艳如初呢？

NO.6/ 高贵品格的巨大力量

从前，在古老的克里克印第安人联盟中有两个很勇敢的年轻人——沃特加和迪安。一年夏天，两人在一场舞会上同时爱上了一位漂亮女孩。几乎是不可避免地，冲突产生了。后来，在两个人之间发生了一次决斗，导致了迪安的死亡。在当时的法律下，杀人者沃特加也被判处了死刑，并且定于在当年8月行刑。在那里有一个古老的习俗，那就是每一个罪犯在被处决以前，都可以获得一次假释的机会，并且不需要任何形式的担保，但罪犯要发誓在死刑执行那天回来。

沃特加在自己不可遏止的激情下杀死了迪安，虽然通过假释的机会，他可以逃跑。但是，他不愿意那样做，因为他不想违背自己的誓言。在被假释的那段时间里，他娶了那个女孩为妻。正是为了她，他才与迪安决斗，并且赔上了自己的性命。后来，死刑那天终于到了，在为将要成为寡妇的妻子安排好一切后，他从容地走向了刑场。

伟大的人物有伟大的品格，这才是一个国家最大的财富。

可是，那天他并没有死，一场十分重要的体育比赛挽救了他。因为他是一名著名的运动员，缺少了他，他们那个部落根本就没有赢的希望。他重新被释放了回来，代表本部落参加了很多比赛，并且赢得了极大的声誉。直到第二年6月，比赛全部结束了，他的刑期也真正到了。在一个阳光灿烂的星期天，他穿戴整齐，去克里克联盟法庭报到，他要求履行自己的誓言。后来，有人描述了那天的情形："沃特加从容地向死刑执行场走去。在规定的时间内，他到达了那里。很多人都围在那里，一切也都已准备就绪。这个犯人被反绑了双手，站到了指定位置。人们在他眼睛上蒙了一条黑色的绷带，随后一名优秀的刽子手跑了过来，随着一声令下，那个受刑者脚下流满了鲜血。一个勇敢的生命、高贵的灵魂就这样从世间消失了。"

在马萨诸塞州保守党人迪克·约翰逊身上，也发生过类似的事情。那是在独立战争期间，约翰逊突然被捕了，被指控犯了叛国罪。可是，由于对司法官作了个人承诺，所以，他被允许照常工作，可以自由去任何地方。当他因叛国罪被执行死刑的那一天，他自己一个人穿过斯普林菲尔德树林来到了刑场，在那里，他的生命将要彻底结束。就在绞索套上了他的脖子的那一刹那，另一个马萨诸塞州议会的议员跑了过来，他很了解约翰逊的为人，知道他根本不会出卖自己的

国家。在他的努力下，约翰逊被从绞刑架上救了下来。

这里还有一个古老的故事，主人公是一名古迦太基战俘。他被敌国释放了回来，因为对方想向罗马讲和。但是，这个战俘回到罗马后，却建议罗马执政者不要讲和，要将这场战争进行到底。“但是，雷古鲁斯，你怎么办呢？”罗马执政官问道。“我答应了要回去，我会遵守自己的承诺。但是，你一定要拒绝讲和。”

爱默生说过：“一个国家的文明程度，不是以人口数量、城市规模和物产丰富程度来计算的。这些都不足以说明这个国家的真实情况。唯有这个国家的人民素质、道德品质才是判断文明程度的依据。”当一个人的性格特征和他所承诺的一样时，他就具有了庄严神圣的特征。如果能够做到这一点，他就获得了比任何智慧和成就更伟大的东西。这种东西比财富更重要，比天才更敏锐，比美名更持久。在投石党战役中，蒙田并没有在庄园城堡里外布置一个士兵。因为比起士兵来说，他的美好名声更具有防御能力。

惠灵顿在一次国会上说：“诸位，你们都应该向刚刚过世的罗伯特·皮尔爵士表示尊敬，为他那崇高的和值得人们信赖的品格。很长时间以来，我都和他一起办公，我从来没有发现哪一个人的正直与公正超过了他。”伟大的人物有伟大的品格，这才是一个国家最大的财富。夏多布里昂说，他曾经见过华盛顿，尽管是唯一的一次。但这一次足以照亮他一生。关于华盛顿，杰斐逊曾经这样说过：“整个国家的信任完全可以交付在他身上。”至于了不起的亚伯拉罕·林肯，连他的政治对手斯蒂芬·道格拉斯也不得不承认，来到林肯身边，连空气都能让人感觉到安全和舒适。

美好的个性和品格就意味着伟大。爱默生说过：“任何事情背后都有个性和品格的因素存在——绘画、赋诗、作曲、布道、写小说，概莫能外。如果没有个性和品格，我们拥有的一切东西都一文不值。我曾经听过查塔姆的演讲，凭我的知觉，我感到在他身上有一种更伟大的东西。”其实，在我们的生活中，个性和品格不仅高于所有财富，也高于一切名誉和头衔。

迪斯累利曾经这样说过：“其实，我们在政治上犯了一个错误，我们把过多的精力投放在改进体制上，而很少关注人本身的因素。”明智的塞缪尔·约翰逊则认为，对一个旅行者而言，去过多少地方和城市，见过多少画廊和景点都是次要的。更重要的是要和杰出的人物见面。“走吧。”艾塞克斯勋爵这样说，“走上100里路和一名智者谈话，也比走上5里路去看一座漂亮的市镇要好得多。”

国家财富的多少，不在于国民收入的多寡，也不在于防御设施是否坚固，更不在于公共建筑是否华丽；而是在于国民素质，所受教育和开明程度。没有正直品格的民族是没有希望的民族。

马丁·路德曾经这样说过："国家财富的多少，不在于国民收入的多寡，也不在于防御设施是否坚固，更不在于公共建筑是否华丽；而是在于国民素质，所受教育和开明程度。没有正直品格的民族是没有希望的民族。"

另一个事例来自于科伯恩的著作《弗朗西斯·赫纳的纪念碑》。在那里，他写道："赫纳的事迹从来没有被人刻意宣传过，但是几乎每一个人都知道。他的思想启发了无数年轻人去追求健康的生活。当他38岁时，他几乎比那个国家中的任何一个人都有影响力，他受到了人们的热烈欢迎和爱戴。当他不幸英年早逝后，除了那些没有良心的人之外，谁都替他感到惋惜。

"在过去的历史中，没有任何一个人赢得了比赫纳更大的荣誉。他是如何获得了这种荣誉的呢？当然不是靠高贵的头衔和巨额的财富。他生于爱丁堡的一个商人家庭，终其一生，他和他的亲戚朋友从来没有得到过多于6便士的钱。他曾经有过职务，可是干了不到一年，并且工资也很少。至于什么权力，那根本与他无缘。他没有什么过人的才能，才华很一般。但是，他有一个优点，那就是处事谨慎。无论什么事，他从来没有手足无措过，唯一的希望就是做得正确。他也没有雄辩的口才，说话时总是平平静静，像是在讲述一个故事，他从来不会使用令人震惊和充满诱惑力的字眼。一生中，他充其量只不过是一个行为端正的好人而已。

"既然如此，他又是凭借什么获得了如此大的成功呢？那就是通过明理、勤奋、美好的操行，此外加上一颗善良的心。其实，这些品格对于任何一个思想健全的人来说都不难获得，可世间没有一个人有他的坚韧精神。他一直要求自己这样做，甚至达到了苛刻的程度。这些品格也不是外界强行给予的，而是他自己慢慢培养的。在众人之中，许多人比他更有才华和能力，但是在道德操守方面却没有一个人能够超过他。赫那一生都好像肩负着神圣的使命，当公众生活被竞争和嫉妒主导时，他让人们知道了什么叫做谦恭和温和。他一生都与良好的教养和善良的心灵携手前往，从不依赖于其他任何事物的帮助。其实，这是多么高远的一种境界啊，如果达到这种高度，还有什么事情做不成呢？”

NO.7/ 美好的品格是一笔财富

阿克罗斯国王曾试图劝说苏格拉底和他一起住到宫殿里去，不要每天在肮脏的雅典街头布道了。苏格拉底并没有做出正面的回应，而是说了这样一句话：“陛下，你要知道，在雅典只要花上半个便士就能吃一顿饭，而甘甜的水并不需要我花半分钱。”

当一位富有的罗马商人夸耀自己多么有钱时，爱比克泰德向他这样阐述自己的财富观：“我根本就不需要那些东西。并且，在这个世界上还有很多比我贫穷的人，我知足了。你有银制的器皿，我却有陶制的理性。与你每天东游西逛不同，我每天都在追求美好的品格和道义。在我的大脑里有许许多多丰富的思想，而这些你拥有得却很少。你虽然拥有很多金钱，但永远也不会满足，而我每天却都感到满足和开心。”

伊萨克·沃尔顿说：“我有一个邻居，他唯一的爱好就是赚钱。除了追求钱财，他再也没有其他乐趣了。每一天他都很少有时间开怀大笑，总是做着那些枯燥乏味的工作。他一直说：‘财富要靠辛勤的双手来开创。’没错，这话一点儿也不假。可是，他没有考虑到财富并不代表幸福和快乐。这就好比一位著名的研究者所说的：也许富人比穷人的痛苦更多。在这个世界上，只有健康、才能和良知能够给我们带来快乐，沉甸甸的钱袋并不会给予我们太多的幸福。”

“金钱并不是我们必需的，”布莱克教授说，“权力不是必需的，自由不是必需的，有时健康也不是必需的，但是，良好的品格却是我们每一个人时刻都必需的。”

爱默生说：“真正的善人会让你忘了口腹之欲，积极享受生命的欢宴。和他们在一起，你只会对更高的自我感兴趣，而忘记了银行里的存款。他们可以教育你离开只有谷物和金钱的世界，带你进入知识的领域。在那里你可以享受到美元无法买到的幸福。”

什么人最富有呢？真正富有的人会让自己社区的每一块土地都变得珍贵，使住在他附近的每一个人都变得富有。真正的百万富翁，不会使他居住的城镇变得贫穷，更不会让每一英尺土地贬值。真正富有的人，会最大限度地使国家变得富有；使人们从他身上体会到什么叫做尊荣和自豪；他不会吝啬钱财，总是乐于助人；他永远会把机会之门向奋斗之人敞开，他就是聋子的耳朵，瞎子的眼睛，瘸子的腿。

金钱并不是我们必需的，权力不是必需的，自由不是必需的，有时健康也不是必需的，但是，良好的品格却是我们每一个人时刻都必需的。

美好的品格不仅仅是一个人的成功资本，它还是道德的保证和最高尚的财富。美好的思想就是一座充满愿望和荣誉的庄园，只要舍得投资，就一定会获得超值的回报。

“你怎样对待别人，别人也会怎样对待你。”一位著名的制革工人收下一个学徒时，他就对那个学徒说了这样一句话。后来，这个孩子通过自己的诚实、努力和勤奋获得了雇主的好评，成就了一番伟大的事业。制革工人名叫弗莱德，学徒名叫亨利。弗莱德曾经这样说过：“亨利，我会送你一件礼物，它比100英镑还要有价值。但是，现在我不能告诉你那是什么东西。等你学成之后，你就会明白了。”

学徒期满后，这位著名的制革工人对学徒说：“亨利，我会把这件礼物亲手交给你父亲的。”第二天，他当着很多人的面告诉孩子的父亲说：“你儿子是我遇到过的最好的男孩子。这就是我送给他的礼物。”听到这里，亨利原来想得到物质奖励的美梦破灭了。但是他父亲却非常高兴。他对制革工人说：“谢谢你。我宁可听到这些关于我儿子的话。也不愿意他得到一大笔钱。”其实，这位父亲是明智的，因为他知道，一个好名声要比巨额的财富重要得多。作为对自己行为的回报，好名声是男孩自己努力的结果。如果一个人没有良好的名声，即使有成堆的金子，也会变得毫无价值；即使有高贵的身份，也不会获得别人的尊敬；即使有美丽的外表，也不会有什么魅力。

哈特福德的哈维斯博士说：“品格的最大力量就是影响力。有了美好的品格，你可以交到很多朋友，创造大量的财富，赢得别人的帮助和支持。美好的品格是通向财富、名誉的一条金光大道。”其实，品格就像股票交易所里的股票，拥有得越多，将来升值的机会也越大。

世界上最高贵的事业，就是能够在工作中养成美好的品格。每一种优秀的品格都是无价之宝，它的价值要远远高于钻石、宝玉、金子乃至皇冠。在世界上生存，当然要赚钱，可是我们不能仅仅为了赚钱而生活。如果它能够使你的思想变得贫穷，或者要榨干你精神生活的丰富资源；如果它能消灭你对美的感受，使你远离大自然的美景和奇迹；如果它能使你的道德变得迟钝，容易混淆对与错、善与恶的分别；如果它能窒息你对上帝的信仰，让你的思想变得龌龊，那么，赚钱就不是一种健康的行为。

一个人不能只依靠面包生活，他还要有更高层次的追求。我们应该把时间分开，一部分用于提高我们的赚钱能力，另一部分用于提高我们的审美能力。用很多金钱才可以喂养一个肉体，而健全的思想和灵魂，只需要正直和善良的品格。

美好的品格是一笔永恒的财富。在这样的人面前，即使是百万富翁，也会感到自己是个穷光蛋。和美好的品格相比，房屋、土地、股票和债券根本不算什么东西。居住在简陋小房子里的伟大灵魂，要比居住在豪华别墅里的奴隶要幸福得多。简朴的生活、艰苦的奋斗都是一个穷人的真正财富。

在这个世界上，有什么比耗尽一生的时间去追求金钱、而不注意发展品格更可悲的呢？一个人的价值是不能仅仅用金钱来衡量的。如果一个家财万贯的人，却有着一颗卑微的灵魂；如果一个有着广阔庄园的农场主，却有着狭隘的理解力，那么，财富又能为他们带来什么呢？他们从中得不到一点满足和幸福。像这样的人，所有的高尚灵魂都已经死去了，只留下吝啬鬼的品性皱缩在墙角。

生活中有这样一些人，他们依靠仅仅索取而不付出的方式发了财，并且以此为荣，不止一次地在众人面前宣讲。这样的人你会觉得他是一个成功者吗？还有一些人，靠着把别人打倒来成全自己。他们的个人财富全都是建立在别人痛苦的基础上。像这样一些使别人变得贫穷的富人，你会觉得他很成功吗？在他们脸上，我们看不到任何仁慈和安详的表情，只有恶狼的贪婪和饥饿感。单纯以金钱划分的成功阶层中，有很多人，我们从他们身上根本感受不到甜蜜、平和与安宁。其实，大自然在每一个人脸上都刻画上了某种记号，而正是这些东西，真正起着统治人心的作用。

美好的品格不仅仅是一个人的成功资本，它还是道德的保证和最高尚的财富。

美好的品格永远都比财富重要。这是波士顿著名商人阿莫斯·劳伦斯的座右铭。他总是把这句话挂着口头上，还经常说："如果一个人已经丢失了自己的灵魂，那么即使得到了整个世界，又有什么作用呢？"

在和约翰·布莱特交谈时，一位财迷说："先生，你知道吗？我的身价值100万个金币。"听完这话后，布莱特感到很愤怒，但是他仍然含蓄地说："是的，先生，我知道。并且我也知道那就是你的全部价值。"

洛威尔这样说过："大自然的计量法则是非常精确的，生活会明确地告诉我们：我们的价值是多少，有时甚至精确到的细微程度足以令每个人吃惊。"

爱默生说："我要告诉任何一个人，哪怕是拥有大片的田产，他也不可以在我面前夸耀富有。我会证明给他看，即使没有这笔财富，我一样可以做成许多事情。而且，我是不会被任何人收买的。即使我一无所有，不得不靠着他的救济生活，在我心中，他也是个一无所有的穷光蛋。"

一次演讲时，亨利·比彻这样说道："说某一个人取得了巨大的成就，我们通常指的是什么呢？是说他能控制自己的低级欲望，并让它们来为那些高级感觉服务，从而增强了自身的优良品格吗？是说这个人的情感就像是藤萝一样，一点点蔓延到正在开花的精神领域，然后结出了丰硕的果实，并为自己的心灵带来了愉悦吗？还是说这个人的理解力和潜力都已经被完全挖掘出来了，从此可以走遍每个知识殿堂，收集到所有的智慧和财富呢？不，在我的理解中，这些都不是。通常来说，这些都只能表明一个人的心灵、思维和情感早已经变得冰冷而僵化了，现在唯一还活着的就是他的感官。如果你问他：他还有多大的价值。他一定会用具体的金额来评估自己。”

“经常有人说我不幸家破人亡了。那这句话又是什么意思呢？难道他的妻子和孩子都死了吗？难道他们都离开了？不，都不是，他们所指的仅仅是自己所有的金钱都失去了。除此之外，美好的名誉、高贵的理性他们一样都没有少。既然如此，又怎么能称得上是家破人亡呢？要是仅仅因为失去了金钱我们就这样想，那未免太小看自己了。我们应该明白：一个人的价值并不取决于所拥有财富的多少。我们活着还有更重要的事情要做，那就是培养自己美好的品格和高贵的理性。”

NO.8/ 懂得守护自己的精神财富

晚上，破产的商人回到了家中。

“亲爱的，我们这个家完了，法院把我们所有的东西都没收了。”商人沮丧地说。

“他们会把你拿去拍卖吗？”贤惠的妻子问。

“当然不会。”

“那么他们会把我卖了吗？”

“噢，怎么可能呢？”

“那我们的孩子呢？他们也会一直待在我们身边吧？”

“那当然了。”

然后，妻子注视着他的脸，缓缓地说：“那就不要说一切都完了，你还有我，还有我们的孩子。这个家最有价值的东西——你、我、孩子都还在。”停了一会，她接着说：“除了失去了以前辛勤劳动的成果，其余我们什么也没失去。只要我们的双手和心灵还在，我们就可以去创造出另外一笔更大的财富。”

一旦一个家庭认识到了什么才是最重要的财富，一旦一个家庭里充满着爱心，那么，贫穷和破产怎么还会有立足之地呢？

即使是最卑微的家庭，只要有了充实的头脑和高贵的灵魂，他们也能使自己的家庭蒙上一层美丽的光辉。美好的心灵会使一个家庭具有神奇的魔力，会促使这个家庭摆脱贫困、走向富裕。

谁不愿意成为品格上的百万富翁呢？谁又愿意成为一个除了金钱什么都没有的人呢？

促进人类文明向前发展的动力，永远来自于美丽的心灵和高贵的灵魂。如果有了高贵的理性和灵魂，即使在去世时他一无所有，后人也会为他树立起高贵品质和杰出贡献的纪念碑。

促进人类文明向前发展的动力，永远来自于美丽的心灵和高贵的灵魂。

健康的身体和快乐的心情，是一个人最大的财富。有了愉快、活泼的秉性，一个人就会永远生活得高高兴兴。正是这种本质使他们区别于一般人，凌驾于日常困扰和烦恼之上。在生活中，这样的人会处处受到欢迎，几乎每一个人都喜欢他。他们周围总是萦绕着快乐的气氛和鼓动人心的力量。

人类的伟大成就，都是依赖一些非物质力量形成的。在过去的那么多年中，人类的道德和知识已经发展到了相当完善的水平，它们一直在感化着无数人的头脑。也正是这些东西，才促使人类社会由低向高进化。与人类最宝贵的智慧、知识、才干和魅力相比，金钱又算得上什么东西呢？

菲里普斯·布鲁克斯、惠蒂埃、梭罗、奥杜邦、爱默生、比彻这些人都没有多少钱，但是世人没有人认为他们贫穷。

他们是富有的，因为他们有着独特的眼光，能从盛开的花朵中看出壮丽；能从生长的小草中看出辉煌；从奔腾的江水中，他们读到了雄壮；从伫立的石头中，他们感受到了强大的力量。对他们而言，生活中的一切都是美好的。他们在免费的大自然中，得到了比任何东西都珍贵的财富。从草地、溪流、山川和森林中，他们汲取到力量，就像蜜蜂在花丛中采蜜一样。每一种自然现象都给他们带来了无限的惊喜，因为从中他们得到了珍贵的信息。对这些杰出的灵魂而言，每一种自然事物都是拥有力量和美的。他们从大自然中吸取营养，就像是沙漠中的游人在找寻水源一样。在他们心目中，把大自然的奥秘揭示给世人，就是他们最神圣的使命，他们是上天的骄子和命运的宠儿。

如果一个人的成功不能增进人类生活的美好、欢乐和福利的总量，那么，他的成功就是一种彻底的失败。

最后，他们把这些汲取到的力量和精神财富加以提炼，然后再释放出去，用来满足人类的饥渴需要。

“一个国家真正成功的标准是什么？”作家洛威尔说，“那就是在道德、思想、智慧和欢乐方面，尽全力满足国民的需要，然后用它来感化全世界饥渴的灵魂。”

刚才我们讨论了什么是真正的财富，接下来我们要讨论的是：怎样积聚起人生的财富。毫无疑问，答案当然是节俭。我们每天都有必要的工作量，要为生存做一定的拼搏。在生活中，我们不仅要考虑到目前，还要想到以后的生老病死。

只有在年轻时尽全力节省下一些钱，我们才能在年老时保持经济独立。要学会不拖欠债务，时刻准备着去帮助他人。应该知道什么对我们养成高贵的品格是有益的，然后严格地按此生活，这就是神圣的工作和生活准则，也是节俭的奥秘，我们要像对待《圣经》一样虔诚——一生不偷盗、不撒谎、不贪婪。

对一个年轻人而言，极重要的一件事就是学会正确的价值评判标准。踏上人生历程以后，不可避免地要和多种商品打交道，而且在生活中也会有各种各样的诱惑在吸引着我们。

一般而言，一个人的成功很大程度上取决于判断能力。只有不被眼前各种事物的表面价值迷惑，我们才能发现它的真正价值。生活中，我们每一个人都要面对来自各个方面的种种压力，但是我们要时刻对自己的工作充满信心。

只有这样，我们才不会受到蒙蔽，把自己的生命浪费在无聊和庸俗的事情上。我们应该把生命定位在最合适自己、最恰如其分的工作岗位上。

现在的社会给孩子们带来了许多错误的观念，并且深刻影响了他们的一生，这是很令人担心的。

社会舆论鼓励人们去奋勇拼搏，这是正确的，但是他们却不应该把目标定位在“活着就是为了出人头地”、“活着就是为了赚钱上”。当代的青年，他们真正需要的是如何适应当今这个充满激烈竞争和适者生存的时代。唯有如此，即使没赚到钱，他们也能做一个富有的人。

朱利娅·豪说：“我很高兴地看到，现在的许多青年正在逐步了解什么是最好的成功。他们正在尝试着过一种有价值的生活：保持纯洁、正直的生活原则；无论是富有还是贫穷，无论生活条件是好还是糟，都能保持谦卑的态度。并以此作为自己的人生理念，把自己的全部生命投身于符合人道主义的事业，这对他们获得有价值的生活和培养良好的品格都是有利的。”

弗朗西斯·威拉德说：“如果一个人的成功不能增进人类生活的美好、欢乐和福利的总量，那么，他的成功就是一种彻底的失败。”

真正伟大的人，生活在我们这个时代的物质力量夹缝中。他们每跨出一步，都能够带给人无尽的欢愉和崇高。在他们眼中，言行都是真诚心灵的外在反映，所有的荣誉也都是精神上的奖励。金钱和名利只是低级庸俗的东西，根本不被他们看重。他们以安宁的心态投身于平凡的工作，把自己的全部精力都放在了对美好思想和更高事物的追求上。

菲里普斯·布鲁克斯说：“每个人都可以使心胸装满优雅，使每一条血管充满美德。他们是能够让心灵装满财富的一群人。”

“如果你还不了解品格和个性的力量，”爱默生说，“那么请你想象一下，如果把弥尔顿、莎士比亚和柏拉图这三个非同凡响的人物，从人类历史中彻底清除出去，好像他们从来就没有存在过。那么我们的生活会变得多么乏味啊。”

可爱、温柔和无私，是无论在什么情况下，我们都要恪守的生活准则。如果能够做到这些，我们就能以典范人物的要求来衡量自己，充实自己短暂的生命。如果做到了这些，即使我们的口袋空空如也，我们依然会很富有。因为，在我们心中永远有一笔宝贵的财产——我们美好的品格和高贵的灵魂，它们是如此的宝贵，以至于无论如何我们都不能让它们损坏。

最后让我们用一首名为《什么构成了一个国家》的诗来结束本节的讨论吧：

是什么构成了一个国家？
不是那些高高竖立着的防御设施；
不是巍峨耸立着的厚厚堡垒；
不是被护城河环绕着的城墙；
不是带着皇冠尖塔和角楼的城市；
不是有着强大军事防御系统的港口；
不是装饰着星星月亮的宫殿、城堡。
不，这些都不是。
那么，构成伟大国家的是什么呢？
是人，是有着高尚思想的人。

路线四

高扬个性的风帆

D

NO.1/ 自我的标签

人之所以会千差万别，根本原因就在于个性不同。正是个性的千差万别，我们才会有布莱斯、林肯，也才会有罗斯福、丘吉尔。正是由于极鲜明的个性，他们才受到了人们的热烈欢迎。同时，也正是这种感染力，使得克雷成为了选民们的偶像。尽管卡尔洪远比克雷要优秀，但我们必须承认，他永远也无法像克雷一样点燃人们所有的激情。相比较而言，韦伯斯特和塞缪尔要远比布莱斯和克雷伟大，但是他们却永远也做不到像布莱斯和克雷那样激发人们的满腔热忱。

一位历史学家曾这样说："评价一个演讲家，我们首先要考虑的应该是他的气质，然后才是他的个人感染力。"一定意义上来说，感染力只不过是个人气质的外化。凭借此，我们很容易断定周围的同学、朋友在将来，哪一个能够拥有这种感染力。当我们预言一个人将来的发达程度时，我们往往只考虑到他的实际能力如何，而很少把这种气质激发的感染力列入他的成功资本之中。其实，个人感染力和一个人的智力、所受的教育水平是同样重要的。现实生活中，个人感染力与我们息息相关，有时甚至对我们的成功起着决定性作用。我们经常可以看到这样一些人，他们虽然能力平平，但却能够举止优雅、魅力非凡，因此，他们一样取得了非凡的成就。相比较而言，有些人虽然非常聪明，也十分博学，但他们的事业往往不能得到快速的提升，究其原因，就是由于其个人魅力和感染力太差。

不同的演讲家，他们身上的感染力也有着十分大的差别。做演讲时，如果只是照着纸上那些冰冷的文字一路念下去，而不掺杂任何个人感情要素，那么，他肯定不会是一个优秀的演讲家。这是因为，如果不在演讲词中注入演讲家个人的感情，就无法使自己的感染力发挥出来，进而感染听众。如果是这样，在听众心中肯定不会留下任何印象。但是，对于另外一些演讲家，情况则完全相反。他们知道如何利用自身的感情优势去打动、感染听众。当他们演讲时，他那激情万丈、排山倒海的气势足以让全场观众为之倾倒和叹服。但是，这种影响力完全是演讲家个人的出场造成的，这种感染力也是从他们身上自然而然地散发出来的。

个人魅力对周围事物有极大的影响。它有一种特殊的感染力，有时连最冷酷无情的人也能受其感染，有时它竟然能够改变一个国家、民族的命运和前途。

每次遇到这些拥有极强个人魅力的人，我们的整个心胸都会有一种豁然开朗

魅力对周围事物有极大的影响。它有一种特殊的感染力，有时连最冷酷无情的人也能受其感染，有时它竟然能够改变一个国家、民族的命运和前途。

的感觉。我们会在不知不觉中受到这种神奇能力的影响和感染，通过此，我们从未察觉到的体内潜能也会一下子释放出来。在他们的引导下，整个天地仿佛突然变大了，一股新生的力量在体内不断地激荡。在他们面前，我们能够彻底地放松自己，仿佛心中长久压着的一块巨石突然消失得无影无踪了 。

和有魅力的人交谈是一种莫大的享受。每一次和他们会面，我们都会惊喜异常。交谈中，我们发现自己竟然如此地口齿伶俐，如此地口若悬河，如此地滔滔不绝。正是他们把我们身上潜藏的能量一下子激发出来了，他们使我们认识了更优秀、更卓越的自己。站在他们面前，我们从来也不会灵感枯竭、渴望全失。正是由于他们的存在，我们胸中才会燃烧起熊熊烈火，我们也才会激发起去探索未知旅程的勇气和信心。也正是由于羡慕，我们才会愿意学着去做一个充满魅力和自信心的人。

在遇到这样的人之前，也许你一直垂头丧气、情绪低落、萎靡不振，但是似乎就在一瞬间，这种人让你看到了希望的光亮、感受到了太阳的温暖。他们在你阴冷的生活中，投下和煦、温暖的阳光。在这时，你所有的潜能，在一瞬间突然爆发了出来。于是，欢乐代替了悲伤，希望打倒了绝望，我们重又看到了万物美好的光亮。在他们的帮助下，我们所有的忧愁、哀伤全都一扫而光，从此，我们知道了原来我们生命中还有更为崇高的理想，也才知道我们的生活中还有更美好的事物。

即使是只和这样的人接触短短几秒，我们也会觉得自己的力量有了成倍的增长。在那一刻，我们的心情是如此愉悦，以至于我们根本不愿意看到这个天使从我们身边溜走，因为我们害怕自己体内的力量会随他而去。

与之相反，也有另外一些人，只要见过一面，我们就会希望再也不要碰到他。他们的每一次出现，都会让人感到不寒而栗、活力全无。走近他们是一件很危险的事情，我们会忍不住打冷战，就像在夏天突然碰到了寒冬的烈风一样。甚至我们会感觉到，一种让人萎靡、退缩的电流突然击中了我们，我们所有的力量、能力都突然失去，变得踪迹全无了。在他们面前，想要得到一个微笑比登天还难。他们身上散发出来的那种低落、沮丧的感染力，像乌云一样紧紧遮蔽了我们明媚的天空，也压制住了我们体内所有的灵感与冲动。只要他们在我们身边，我们就甭想开开心心地做好任何一件事。他们的阴影笼罩着我们，使我们躁动不安、困惑茫然、不知所措。

直觉和经验告诉我们说，这种人永远也不会带给我们任何鼓励和赞同。他们的存在只能破坏我们前进的动力和希望，使我们难以得到想要的成功。一旦走近这种人，我们的愿望和理想也就立刻消失不见，魅力和情感也会销声匿迹。在他们面前，我们的生活立刻黯然失色，失去了所有的色彩和光华。和充满魅力的人一样，他们的影响力也是巨大的，只不过这种影响是负面的。当我们面对这种人时，最好逃之夭夭，因为只有远离他们，我们才有成功的可能。

个人感染力和一个人的智力、所受的教育水平是同样重要的。

如果对这两种人进行仔细比较，我们就能发现二者之间的最大差别，那就是前者热爱自己的同类，而后者则排斥自己的同类。当然了，人的魅力绝大部分都来源于天赋。无论是那些能够让人一见倾心的极少数人，还是那些有强大吸引力的人，大都是天生的。除此之外，在现实生活中，我们还会遇到这样一些人，他们大公无私、热衷于为人民服务。因此，即使他们的行为有些粗鲁、外表也不甚优雅，但任何与他们接触的人都愿意信任他，尊重他。他不仅能够鼓励身边的人，而且对整个局势有掌控全盘的能力。事实上，只要你愿意，你也可以成为这两者中的一个，你也可以拥有像他们一样的非凡个人品质。

NO.2/ 个性带给你神奇的力量

我们上文讨论的称为个性的东西，是看不见、摸不着的。可即使如此，它却拥有无比神奇、无比巨大的影响力，对一个人的成功也是有着巨大帮助的。

在许多女性身上就有这种神奇的品质，并且它与个人的外貌无关。很多情形下，容貌漂亮的女性反而是一些极其平凡的普通人。举个例子来说吧，很多在法国举办沙龙的女性，尽管容貌十分普通，但她们身上散发的那种高贵气质，有时甚至让带着王冠的国王也相形见绌。

社交场合中，当人们谈话的兴趣下降，没有什么可说的时候，那些有着非凡魅力的女性就出现了。她们像磁石一样，能够使整个局面得到彻底的改变。也许，她并不是最漂亮的，但无疑她却是最有魅力的。接下来，每个人都会被她吸引，能够与之交谈，将是每一个人的荣耀和期盼。

拥有这种能力的人，也不知道这种能力究竟来源于哪儿。他们唯一知道的就是，自己拥有这种能力，只要好好利用就可以了。这种弥足珍贵的品质，人们也往往不去追究它究竟来源于哪儿，正如诗歌、音乐和绘画一样，它可能是一种天生的能力，并不是通过后天的学习就可以达到的。

良好的声望会使你的事业蒸蒸日上，它会增加你成功的机会。

优雅的举止、从容的仪态都是这种磁石般吸引力的重要组成部分。除了落落大方之外，另外一个非常重要或极端重要的因素就是处事得体。他们很清楚自己应该做什么，不应该做什么。他们也知道自己在不同的场合应该讲不同的话。对于拥有一个非凡魅力的人而言，敏锐的判断力和一般性的判断常识都是不可缺少的。良好的个人魅力是一个人成功的重要因素。

学习、掌握和别人愉悦相处的艺术，是一个人最值得的投资之一。举止文明、为人随和、宽宏大量是一个人最应该学习的技能。这种投资换来的成果远远大于任何能以金钱来衡量的货币资本。有了这种品质，你就掌握了通向成功之门的金钥匙。只要有了这种品质，无论你身处何地，你都会畅行无阻、大受欢迎。

在人生的刚起步阶段，乐于助人、亲切随和的性格都是一个人成功的最好帮手。许多成功人士谈起自己的创业史时，都把在任何情况下都愿意去帮助他人的品质，说成是最重要的。在林肯身上也有这种突出的品质。无论在何种情形下，他都能乐于助人，和别人打成一片。他在律师事务所的合伙人亨恩顿这样说："当他（林肯）的住所里住满了人时，他肯定会把自己的床让给别人，然后自己在地板上睡一宿。毫无疑问，人们遇到困难时，首先想到的就是找他帮忙。"这种乐于助人、乐善好施的品质，也正是林肯极受人民爱戴的原因之一。

学习、掌握和别人愉悦相处的艺术，是一个人最值得的投资之一。

能够给别人带来快乐，是一笔无法估价的财富。这个世界上还有什么比迷人的魅力和温和的性格更有价值呢？拥有这种性格的人，不仅在商场上会大受欢迎，而且在生活中的任何一个角落也都会备受爱戴。许许多多的政治家就是借着这种品质，最终赢得了成功。有了这种品格，律师才会有络绎不绝的客户；有了这种品格，医生才能吸引无数的病人；有了这种品格，公务员才能备受人们欢迎。无论你身居何职，也无论你身在何地，你都不要忘记去培养这种优雅的举止。这种优秀的个人品质，会使你具有非凡的魅力。所有的人都会为此聚集在你的周围，成为你开天辟地的力量。这种品质也能帮助你身登高位，成为万众瞩目的焦点和中心。

在初次见面时，优秀的品质往往能够给别人留下深刻的印象。比起第一次见面就给别人留下不好的印象，这无疑会给你带来很大的益处。当你去接近一个陌生人时，要注意既不要表现出任何冒犯之意，也不要引起对方心理上的任何不快。相反，最好你能对对方抱有良好的祝愿和深深的同情。唯有如此，你才能收获真挚的友谊。

优良的品质和迷人的魅力，是永恒持久的，是不容易轻易消失的。一旦具有了这种能力，你提出的要求，别人就很难拒绝。从来没有人耻笑那些具有魅力的人，因为他们点亮了我们的生活。假如你能消除所有的偏见，无论在何时都不表露出焦虑不安，那么任何人都将无法拒绝你的合理请求。

同样是经商，有些人能够吸引客户来公司，有些则只能关门；同样是医生，有些人能够有许多病人，另外一些则门可罗雀。之所以会有如此大的差距产生，就是由于经营者个人魅力的不同。有魅力的人就像是磁石一样，能够使所有的人都转向他们，能够使所有人的注意力都被他们深深吸引。

经商时，这些人就是磁石，不需要多大的努力，生意就会自动找上门来。相比之下，有些人即使付出了双倍的努力，也远没有他成功。这些人是人间的精灵、上天的宠儿。如果我们对这些人仔细观察，就会发现，产生这一切的根源就是他们有吸引人的品质。正是这些品质，使他们魅力四射、更容易打动别人。

许多事业有成的商人在分析自己成功的原因时说，他们的成功一大部分来源于优雅的举止和受人欢迎的品质。当然了，他们也是很有才华的。可是如果没有这些品质，他们的这些才能根本就没有办法发挥出来。智慧才能、深谋远虑和所受的专业训练，这一切加起来也不一定有优良的品质重要。无论你多么精明强干，也无论你多么才华横溢，粗鲁的举止都会吓跑所有的客户、病人或顾客。排斥众人的品德，只会使成功离你越来越远。如果长久如此，你就无法在众人之中立足，也无法使自己立于有利地位。

良好的声望会使你的事业蒸蒸日上，它会增加你成功的机会。无论何时你都要记得抛弃自私自利的心态、控制不良的习惯；无论何时你都要让自己彬彬有礼、温文尔雅、平易近人；无论何时，你都要记得使自己更加成熟稳重，使你自己养成良好的性格。一个人的性格越好、魅力越大，他离成功也就越近。真挚的友谊、交心的朋友会帮你打造属于自己的一片天堂。当你惊慌失措、茫然无助时，他们温柔的话语会给你重新站立起来的勇气；当你生意衰落、债务缠身时，他们一定会站在你身边支持你、安慰你。不要轻看这些，人生的旅途中，谁都有背运的时候。曾有多少人的财产在大火中荡然无存，曾有多少人的希望在洪水滔天时一去不返。可即使遭受了灭顶之灾，他们中的一些人依然能够东山再起，他们靠的是什么？声望，没错的，是声望。当他们还有资本在手上时，他们就养成了这种优良的品质。他们深谙处事之道，懂得如何同别人打成一片。他们广交朋友，也知道如何使自己像磁石一样牢牢地把其他人吸引在自己周围。无论在何种境地，他们都能够大受欢迎，成为炙手可热的人物。这样的人，所有的客户、所有的顾客、所有的病人都会对他们趋之若鹜。假若如此，他怎么可能不成功呢？

NO.3/ 通过后天培养获得好个性

平易近人的品格同样会增加你的声望。这种品格对人的形象的重要性是不言自明的。它会帮助你唤醒有助于成功的品质，它会帮助你得到别人的赞许。对大多数人而言，要想天生就拥有卓越的品质是不可能的。但是要培养这种优秀的品质则要相对容易得多。人的魅力是由许许多多的要素构成的，而这是其中一个很重要的组成部分，并且它是可以通过后天培养得到的。

一个毫无私心、慷慨大方的人，肯定会有吸引力。我从来没有听说过一个这样的人不受到大家的欢迎。在人的天性中，大家都鄙视那些只关心自己、自私自利的家伙。

要使身边的人快乐，首先自己要保持开心快乐，只有这样，别人才会觉得你有趣、迷人。要想使自己开心快乐，首先就要做到宽宏大度。那些心胸狭窄、吝啬小气的人永远也不会得到人们的喜爱。相反，人们对于这样的人，往往是避之唯恐不及。你说的每一句话，你展露的每一个微笑，你流露的每一份热诚，都应该是源自你内心里的真实情感。至真至诚的人永远会得到人们的青睐。就像谁也无法拒绝太阳的温暖一样，再坚硬的心也无法拒绝真诚。如果你待人和蔼亲切，那么一定会有很多人愿意接近你、帮助你、爱戴你。

但是很可惜，现在的孩子，无论是在家，还是在学校，都没有人教他们如何去拥有这些品质。尽管我们的成功和幸福绝大部分要归功于此，可我们并没有给它足够的重视。生活中，很多人就像未开化的野蛮人一样，行为粗鲁、举止随便。为了成功，我们本应该心胸宽广、慷慨大方、乐于助人，可是等到我们表现它时，伸出的却是一双吝啬、肮脏的手。

一点一滴地培养自己受人欢迎的优秀品质，无疑要经过很多磨难。可是我们要明白，天下没有免费的午餐，你要想成为极具个人魅力、受人欢迎的人，不付出相应的代价是肯定不行的。不付出努力，那些不善交际的人，永远也不会像那些左右逢源的社交幸运儿一样。

无论什么时候，人们永远都喜欢那些具有优秀品质的人。品质恶劣的家伙，得到的永远是人们的唾弃。举止优雅的人招人喜爱，行为粗鲁的人令人厌恶，这是不可更改的事实定律。乐善好施的人总能吸引我们的注意力，这是因为他们总能对弱者寄予同情、给人安慰。在他们的人生中，他们竭尽全能使人们摆脱困境，自然人们也就用加倍的热情来回报他们。在众多的人群中，我们还鄙弃这样一类人。他们总是处心积虑地想从别人那获得一些东西。在公交车上，他们会为了一个好位置大打出手。无论在餐厅还是在旅馆，他们眼中看到的永远只是他们自己。

当你抱着付出的心态来开始新的生活时，生活也就为你准备好了丰盛的晚宴。

和具有优秀品质的人接触，有助于挖掘你身上潜藏的能量，让你拥有以前想都不敢想的能力。在他们的鼓励下，你会说出平时不敢说的话，也可以做到平时无法做到的事情。天长日久，你会发现自己的能力在不知不觉中有了飞速提高，你的才智也有了很大的增长。优秀的演说家总是善于利用听众的激情，然后在合适的时候，再把这种激情反馈给听众，进而激发起他们更高的热情。正是在双方交流的过程中，听众和演说家的能力都有了不同程度的提高。当然了，演说家的激情并不是来自于现场观众中某一个人，但他反馈回来时却能影响到每一个人。

很少有人意识到，我们成功的一大部分原因归功于别人对我们的影响。他们增长了我们的才智，点燃了我们的希望，鼓励我们不断向前进。他们不仅在生活上关心我们，也从精神上鞭策我们、鼓励我们。

现在，接受高等教育已经成为每一个想要成才的人的必由之路。可事实上，我们总是无意识地高估书本上知识的价值。大学教育的真正目的，应该是不断完善学生的性格。要养成这种能力，人与人之间的交流是必不可少的。通过与别人交流，通过心与心之间的沟通，思想会不断地得到碰撞、升华，我们的才能也才有可能得到提高。也正是这种交流，为我们的理想装上腾飞的翅膀，并在其中孕育了新的希望。毫无疑问，书本知识当然很重要，但相比较而言，在思想交流中获得的知识却是无价的。

如果你想要得到完美的人生，那么你最好把每一次的经历看作是一次学习的机会。你经历的每一件事，都会像一次斧斫，目的是为了使你更加完美。

学会正确地善待每一个人，那么，你将得到许多令你意想不到的好处。毫无疑问，付出越多，得到也才会越多。在你付出的同时，你也就得到了收获。你的心地越是善良、行为越是慷慨大方，你也就越能得到更多的回报。

就像井水一样，只有先从下面抽上来，才能从上面流出来。你抽得越多，得到的也就越多。同样，你要想得到什么，你就要为此付出相应的代价。任何想要不劳而获、不经付出就想获得的观念都是错误的，也是不可能的。你付出的越慷慨，收到的回报也就越丰厚。你付出的越吝啬、越小气，你收到的也肯定越少、越可怜。真心地、慷慨地给予，否则，你甭想有好的收获。

要想使自己得到全面均衡的发展，一个人必须利用各种可能的机会去探索生活中的方方面面。但是，千万不要忘了，在这些能力中，千万不要忘了培养自己的社交能力，没有这种能力，其他的人或者特长，都不会使你成长为一个巨人。

不和那些比我们优秀的人交往，将会是一个极大的错误。他们会磨掉我们身上粗糙的棱角，让我们迅速成熟起来。我们可以从他们身上学到很多有价值的东西，从而变得潇洒迷人、风度翩翩。

无论何时，你都要谨记：你必须要先付出点什么，然后才有可能收获。当你抱着付出的心态来开始新的生活时，生活也就为你准备好了丰盛的晚宴。在这期间，你的优秀品质会得到彰显，你沉睡的潜能也得以被唤醒。

你遇到的每一个人都是一座宝库，只要你努力，你肯定可以得到点什么。从他们身上，你能够体会到什么叫做充实的生活。他们也能够丰富你的人生阅历、增长你的人生经验，使你的性格更加完美、处事更加成熟。

如果你想要得到完美的人生，那么你最好把每一次的经历看作是一次学习的机会。你经历的每一件事，都会像一次斧斫，目的是为了使你更加完美。

待人坦诚直率永远都是人们喜欢的品质之一。无论你是黄发少年还是鹤发老翁，只要有此品质，你就会得到人们的尊重。光明磊落的人，从来不刻意掩饰自己的缺点，他们知道，这样做只会使别人更讨厌自己。一般来说，真诚坦率的人都是一些心胸宽广、慷慨大方的人，他们不仅能够唤起别人的爱意和自信心，而且还能用坦诚与直率打动身边的每一个人。

躲躲闪闪、鬼鬼祟祟的人，向来只会使人望而生厌。他们好像总是要掩盖什么，让人不由得心生怀疑。这样的人，注定不会得到别人的信任，而且知道他这种品性的人谁也不会相信他。尽管有时候，他们也能给人一种亲切随和、平易近人的感觉，但与他们相伴总有一种在黑夜中前行的感觉。在这个行程中，会让人如坐针毡、如鲠在喉。在潜意识里，我们总会感到一种担忧，对他们也总会产生一种莫名的恐惧。和这样的人在一起，我们总会感到心神不宁、焦虑不安，乃至痛苦难当，好像一不小心，我们就会在某个地方突然陷入某个大坑一样。也许，我们能够和这些人和睦相处，但我们总是不能从内心里打消对他的怀疑。无论他是如何地举止优雅、彬彬有礼，我们也会不由自主地认为，他这么做一定有某种不可告人的目的。凭着这种神秘的感觉，我们还是不能信任他。正是因为他自己性格中有这种令人不快的一面，我们才无法从根本上了解他到底是怎样的一个人。

但还有一些人，他们和前面那种人有很大的不同。他们从来不躲躲闪闪，他们待人坦诚、气度恢宏、心胸宽广。每一个见到他们的人都感觉自己可以完全信赖他们。尽管他们身上也有不少缺点和错误，但我们总能原谅他们。他们从来不会掩饰自己的错误，一旦发现总能积极地改正。正是他们这种正直诚实、光明磊落的品质，帮他们成为了最优秀、最杰出的人。

在南达科他州的布莱克山区，居住着一个谦卑的矿工，镇上的人们每次提到他，都会情不自禁地竖起大拇指。尽管他没有多高深的知识，但是所有的人都喜欢他、爱戴他、尊敬他。一位英国工人这样评价他说："任何人见了他，都会不由自主地喜欢上他。"当被问及原因时，他又说："他太善良了，他是一个真正的男人。那些遇到困难的孩子和老人，无论何时向他请求帮助，都绝对不会空手而归。"

除了这样的矿工之外，还有很多聪慧、勇敢的青年人来到这个地方。他们带着无尽的梦想来这里寻找财富，尽管他们也十分精明强干，但没有一个人得到像这个矿工一样的声誉。在当地人们的心中，他就是美好心灵的代表。虽然很多人不知道他叫什么名字，但他却用自己的行为为自己树立了一座无字丰碑。在大家心目中，无论在何种场合，他永远都是“亲爱的艾克”。像这样的称号，无论对谁无疑都是一种尊荣。

仅仅因为他的“善良友好”，后来这位矿工被推选为小镇的镇长，并且去参加市议会。虽然他连一句优美的语言都无法讲出，但这丝毫不妨碍他获得人们的尊敬。

NO.4/ 伟大的人是有个性的

和别人走同样的路，是从来不会获得成功的。全天下的人都敬仰那些能够在众人面前抬起头来、勇敢走自己路的人。那些敢于大步向前、善于表现自我的人，都是一些富有创造力的人。正是凭借惊人的创造力，他们才能有吸引别人注意力的魔力。

无论做何种工作，都不要跟在人家身后，一味地模仿、照搬是不会获得成功的。人家既然开创了这项事业，就肯定已经有了精深的造诣，那么，无论你再作何种努力，也只是为别人增加素材罢了。真正的智者，是不屑于跟在他人身后的，他们往往能在不起眼的地方，发现自己成功的机会。

创造就是力量，模仿就是死亡。在这世间，但凡有所成就的人，都是一些具有开创性的人。成就的大小，与创造力的强弱是成正比的。

创造力能够延长一个人的生命。富有创造力的人，是能够体会多种生命的人。在他们的一生中，他们有多种机会去接触各种各样的人生。他们成功的秘诀，不是模仿，而是创造；不是追随，而是领导。

创造并不是一件十分神秘的事情。工人改进了工作方法，带来了好的效益；牧师布道时，用新颖的方法、独到的见解来阐释自己对上帝的理解；教师教育学生时，改进教学方法，短期内使学生的成绩提高，都是有创造力的体现。

大自然赋予了每一个人特殊的才智。所以，每一个人在自己的一生中，也应该创造一种属于自己的事业。不要害怕自己的行为会使自己的父母和亲友难堪，努力做自己想做的事，并把它做成功，这才是最重要的。如果，我们在自己的一生中没有做到这一点，不仅是对自己的不负责任，也是对大自然造化的辜负。

抄袭和模仿从来不会获得成功。在人类历史上，从来没有一个人，由于抄袭、模仿别人而赢得极大声誉。唯有那些富有创造力的人才会获得最后的成功。一个人的能力，潜藏在体内，没有人会知道它究竟有多大的威力。唯有创造力才能将它从我们体内激发出来，才能使自己的才能充分发挥出来。

真正的智者，是不屑于跟在他人身后的，他们往往能在不起眼的地方，发现自己成功的机会。

我们所做的每一件事，都有改进的必要。同样，在这个世界上，没有一件事情是完美的。所以，我们的创造力会有很大的施展余地。只要找到自己的支点所在，我们就会有用武之地。

在茫茫人海中，只有那些别出心裁、独树一帜的人，才能引起别人的注意。创造力会为自己开辟前进的道路。有创造力的人，即使没有获得成功，也会时时被人们提起。就算是当时没有人肯定他的价值、赞美他的品格，后人也会给予他应有的评价。

创造力并不等同于新奇的做法。它是建立在事实的基础上的，是符合客观规律的。在这个世界上，只有那些有效的创造，才会给我们提供成功的机会。世界上有很多人，一生都在追求新、奇、怪，却忽视了现实条件和客观规律，结果导致自己事业的失败。

新奇和有价值相加，才会等同于创造。世界需要这样的人，需要他们用新奇的方法贡献出巨大的价值。自然界永远只领受创造者的献礼。新的创造，需要有坚强的个性，只有具有坚强个性的人，才会冲破重重阻碍，去实现他们心中的梦想。

无论什么人，尤其是青年人，在开始做事时，一定要使自己的劳动具有创造性。只有如此，自己以后的一切活动，才会在生活中打上积极的烙印，印上高品质的标志。所以，成大事者，并不需要大量的资本，只要有高贵的品质和惊人的创造力就够了。我们要知道，一个人创业的资本，不是在别处，而是在自己身上、在自己的创造力中。

仁爱的品质，被英国自由教会牧师、作家亨利·德拉蒙德称为世界上最伟大的事物。假如这句话没错，那么在一个人个性中体现出的实实在在的爱，也是世界上最伟大的。

以此为标准，德拉蒙德闪耀着高贵人格魅力的一生，会比他创作过的任何作品都伟大。

传记作家乔治·史密斯博士曾经对德拉蒙德做过仔细研究，他说："当德拉蒙德还是个小孩子时，他就透露出了成熟男人的气质；可是当他成长为一个真正的男人后，在他身上又有着一颗金子般的童心。一见到他，你就会发现他是一个举止优雅、衣着得体的绅士。他有着修长的身体、轻盈的体态，走路时脚步轻快而有节奏。看起来他永远没有忧愁，总是面带微笑，并且他也不知道什么叫做胆怯和害羞。和他交谈是一件很快乐的事，因为他对你说的每一件事情都十分有趣。他不仅精于垂钓和射击，而且还懂得许多其它运动项目。为了打一场板球，或者是看一场足球比赛，他通常会跑很远的路。每一次和他相见，他都会讲许多有趣的小故事。走在大街上，他会突然拉住你，让你看两个儿童的恶作剧。在火车上，他会给你读很好听的故事。下雨天，如果几个人聚在一起感到无聊，他就会很快想出一种游戏，经过解说，5分钟后大家就兴致勃勃地玩上了。每一次儿童聚会，孩子们都会被他巧妙的魔术手法迷住。其实，我觉得像他这样的人，无论走到哪里都会赢得别人的信赖。"

格拉斯教授曾经这样评价他说："在培养友谊方面，他有着惊人的天赋，无论在任何情况下，他都能做到在朋友中游刃有余。"所有认识他的年轻人都把他称为"王子"，为此，德拉蒙德受到了几乎所有人的爱戴。在德拉蒙德死后，他的一个朋友这样说："我感觉到必须为他祈祷，由于他的善心，我必须祈祷上帝能够带他去天堂。"

很多人一见到德拉蒙德，就像着了魔似的，非得要跟着他走。敏感而缺乏浪漫气质的人每次遇到他，都会感到一股不可抗拒的威严直朝自己扑来。每一个人都对他都充满了好奇，久久地注视着他，不愿意把目光移开，好像真的是见到了天外来客。在德拉蒙德还是一个孩子时，他在板球场边认识了一个名叫马克拉伦的人。后来马克拉伦回忆说："在我认识的人中，谁也没有德拉蒙德的影响力大。在他身上好像有一股神奇的魔力，确切地说，是他通过自己的言语和行为影响身边的人。无

塑造一个人的美好心灵，优秀的精神品质是至关重要的。

论在何种情况下，他总能一下子就把别人的目光吸引住。”

年轻时，德拉蒙德得到了著名牧师穆迪和桑基的帮助，开始在苏格兰传教。他能吸引年轻人的注意力，并且能把自己意图清晰地表达出来。他劝说人们要对自己的母亲负责，就像是对上帝负责一样。美国布道者离开英格兰后，人们就都聚集在了这个年轻的神学家面前，渴望得到他的指点。在人们的拥护下，他成了想当然的领袖，而那时他还不到23岁。作为一个忠诚的神学家，他发现在精神世界里同样有着普遍使用的法则。同时，他还是一名优秀的思想家，他总能用形象的方式把真理讲得很透彻。完成本职工作的同时，他还把业余精力都投放在了非洲荒原中。在他心目中，从来没有想到过要靠写书出名，可是，全世界却有数以万计的人在读他的书。

人们到处寻找他，希望把他作为自己的精神领袖和坚强依靠。处在迷惘中的人第一反应肯定是向他求助。人们追随他，就像是追随上帝一样，达到了狂热的程度。讲了这么多，那么到底什么是个性呢？其实，个性就是一个人区别于其他所有人的品质总和。德拉蒙德与众不同的个性，就是多种优秀的品质在他身上有了一种独特的融合。要培养精神方面的强大能量，人们就要养成相当平衡的心态，如果没有这一点，谁也不会有巨大的感染力。塑造一个人的美好心灵，优秀的精神品质是至关重要的。在这一章中，我不可能一一列出对人类有极大价值的精神和道德品质。我只是要举出那些恒久不衰的精神品质，让在探索世界的人们获得成功的启发、看到胜利的希望。

NO.5/ 有勇气做到与众不同

在切斯登堡战役中，杜邦率领的军队不幸战败，当杜邦向法拉格特将军陈述未能攻陷切斯登堡的种种原因时，法拉格特最后补充了一句："有一种原因直到现在你都没有意识到，那就是你从来没有相信过自己，从来没有相信过自己能够成功地完成那件事情！"

如果不相信自己能够做到从未做过的事情，那他就绝对不会成功地将其完成。要成为一个杰出的人物，不仅要不懈奋斗，而且还要领悟到这一点。

巴罗·罗特希尔德一生中取得了极大的成就，他的座右铭是"勇往直前"。这也是世界上很多人取得成功的秘诀。

无论在哪一个国家，无论在哪一个时代，都有一些伟大的人物，他们不借助外力，依靠自己的力量闯出了一条新路。譬如，费尔特、斯蒂芬孙、富尔顿、贝尔、莫尔斯、艾略特、爱迪生、马可尼、莱特等人，他们都是一些勇于拼搏、勇于闯路的健将。

一名进取者在前进的征途中，必须要具备勇气和创造力。在人类历史上，成就了伟大事业的人，都是那些相信自己、做事果敢、有勇气去承担失败、极富创造力和冒险精神的人。

那些获得了巨大成就的人，是最不愿意受到束缚的。他们天生就不喜欢墨守成规，抄袭别人、模仿他人更是为他们所不齿。

美国南北战争中屡立战功的格兰特将军，从不照搬教科书上的战术，虽然为此他受到过许多人的指责和问难，但是他却能一再战胜强大的对手，为北方的最后胜利作出了巨大贡献。战神拿破仑并不太懂以往的战术，只喜欢自己制定新的战术和策略，凭借此，他竟能席卷欧洲。这些富于创造力、有坚强毅力的人往往走在时代的前列，时刻显示着自己的与众不同。而那些天性懦弱、缺乏创造力的人，永远也不会有新的突破。西奥多·罗斯福当政期间，很少以惯例制定方针，他做过警察、公务员、副总统、总统，无论身居何职，他绝不模仿别人，他处处标新立异，终于做出了惊人的成绩。

成功不可能通过模仿获得，唯有依赖于自己的创造力，才可能获得真正的成功。依赖于别人，完全地因袭模仿，无论有多么像，他也绝不会成为众人心目中的偶像。

伟大的传教士比彻和布鲁克斯成名以后，成千上万的传教士模仿他们，到处传教，可在他们当中，没有一个能够获得他们想要的成功。这就是完全地模仿不可能获得成功的最好例证。

在现实生活中，我们到处都需要那些富于创造力的人。有他们在，我们无论何时都有路走。与之相反，那些模仿者、因循守旧者、人云亦云者，绝少能带领我们奔向新的旅途，因此，他们也不会获得我们的爱戴和欢迎。在世界上，我们需要这样一些创造者，他们能摆脱旧的思维方式的束缚，开启新的成功之门。

一名进取者在前进的征途中，必须具备勇气和创造力。

在你的身体里，蕴藏着一股神秘的力量，它能指引你不断前行，直到获得成功。这股神秘的力量，就潜藏在你的勇气、你的决心、你的创造力和你的与众不同之中，你所要做的，只是唤醒它而已。

有成功潜质的人，从来不去做已经有很多人在努力的事情，他们心中有另一片天地；他们也不会使用别人使用过的方法，他们有自己的思路和策略。正因为有这样一些人在各个领域内不断地努力着，我们这个世界才能不断地进步，才能不断地抛弃旧的陈腐观念，获得精神上的重生。

我们现在所拥有的一切，哪一样事物不是创造的产物呢？如果没有创新者的努力，我们的地球只会是一个死气沉沉的浑茫天体，无意义地在宇宙中运转。

有时我们对于创造者太不宽容，在他们遇到困难时，我们不仅冷嘲热讽，甚至落井下石。可是，当我们静下来仔细地想一下，人类生活的进步、当今社会的繁荣，无一不是创新者努力的结果。我们现在生活的境况，早就存在于他们的脑海之中。是他们不断地打破旧的惯例，树立新的风尚，进而推动人类社会不断进步。

与众不同，是你获得晋升的最有力武器。如果想获得晋升，你只要办成一两件自己同事无法做成的事情就行了。如

成功不可能通过模仿获得，唯有依赖于自己的创造力，才可能获得真正的成功。

果能够做到这一点，你就会从许多人中脱颖而出，获得老板的赏识。只要一个人做事时能够刻苦努力、反应敏捷、处处替自己公司考虑，他就一定能够引起老板的重视。这样，他晋升的机会也就来了。老板要提拔某一个人，看的不是他的资历而是能力。能够给公司带来最大效益的人就是最优秀的人，这句话当今的青年们一定要记住。

忠诚可靠是一名优秀员工的必备素质。没有一位老板会喜欢吃里扒外的职员。在工作中，他们会常常考验某个员工是不是可靠。对于员工的勤奋程度、做事效率，他都会知道得一清二楚。所以，任何妄图投机取巧、不劳而获的家伙，最终都会被老板抛弃。

只赢得老板的信任是不行的，还要使自己成为全体员工的知心朋友。有很多员工虽然也诚实可靠、从不弄虚作假、隐瞒真相，但就是无法调动员工们的工作积极性，使大家都跟着他走，结果雇主就老是不能下提拔他的决定。

雇主是最了解自己员工的。他很清楚哪些人是从来不努力工作的，哪些人是只会做表面文章的，而哪些人又是向来认真工作、从不懈怠、忠于职守的。因此，老板就很容易确定自己最信任的员工，并给他相应的晋升机会。所以，无论雇主在不在场，千万不要偷懒。

雇主绝对不会无缘无故地提拔一个人的。如果员工不赢得雇主的信任，就想要得到提拔，那简直是不可能的。

雇主希望他的员工是这样的一些人：无论雇主在不在的情况下，他们都能努力工作、恪尽职守。有时在无人监督的情况下，他们反而更加努力，工作起来更卖力。

能够得到迅速晋升的人，通常是那些能够尽自己所能帮助雇主排忧解难，协助公司实现最大利润的人。他们通常考虑的不是自己工资的多少，而是自己公司的整体利益。

NO.6/ 拒绝卑微，成就高尚

自私是一个人成功道路上最大的敌人。有些人百思不得自己升迁太慢的缘故，就跑过去问自己的老板，老板常常这样回答他："这完全是因为你太自私的缘故。"也许当时他会感到十分吃惊。但是如果他能够把自己的所作所为和那些踏实肯干、刻苦努力、和善仁慈的人对比一下，他们就会知道自己到底失败在哪里。虚怀若谷、勤勉努力的员工，从来都是晋升得最快的员工。

自己性格中最薄弱的地方，往往决定了自己一生的命运。有些人明明有过人的才华、超强的能力，可以拿到很高的工资，但事实上，他们一生都在做着低贱的工作、拿着微薄的薪水。产生这种现象的原因，就是由于他们身上有太多的坏习气和弱点。每一个人就像是一条锁链，人家通常看到的不是你有多少个坚固的铁环，而是看你有几个薄弱的铁环。所以，我们完全没有必要为了自己有多少优点沾沾自喜、骄傲自满，我们要注意的是弥补自己的缺点，使自己变得更加强大。

草率疏忽，表面看起来是一个很小的毛病，但它却有可能成为一个人成功的致命伤。有这种毛病的人，别人是不会放心把重要的任务交给他的。就算是他费尽心力做完了某件事情，别人也会再仔细审核一番。因为大家都知道，像他那样的人，做事向来是漏洞百出、拙劣不堪的。

不细心也是一个人求职的巨大障碍。对于一个会计来说，细心显得尤为重要。有无数的会计，因为有算账时错误百出、满纸涂改的坏毛病，结果无法叩开大银行、大公司的门，终其一生，也只能待在小公司里，拿着微薄的薪水，做着勉强能够维持着生计的工作。

在那些失败的人群中，有很多人有许多优点，但就是由于小小的毛病，结果致使他们与成功擦肩而过，这是很可惜的。如果一个人平时做事马马虎虎、稀里糊涂，久而久之，他的性格就会变得大大咧咧、对任何事情都满不在乎。

看一个人的做事成绩，就可以想象得出他的为人。如果一个人做出来的工作粗拙不堪，那么他那个人一定是含糊不清，根本靠不住的。

在小说家艾略特的作品中，有两个比较典型的人物形象。投机商纹西原本是一个相当成功的商人，但是后来由于受到他妻舅的鼓动，投机取巧，用了一种廉价的染料来染布匹。结果被人发现，从此生意一败涂地，家道也自此中落、一蹶不振。

与他相反的是一个叫做皮特的年轻人，他不仅为人忠厚，而且态度细心，所以很快他就取得了成功。

想要迅速获得成功，为自己赢得巨大的声誉，一定要培养自己清晰敏捷的思路，只有这样我们才能做到事事得心应手、随心所欲。

做任何事情，不做则已，做就一定要做到尽善尽美。做事如果不求完美，只做到一半就停手，那么，他肯定是不会受到人们的爱戴和尊敬的。要想在社会中不被淘汰掉，那就绝不能办事马虎、含混不清。对于那些凡事都不能办成功的人来说，即使是借钱，他们也会求告无门，因为没有人愿意将自己的金钱投入水中的。

做事拖延、凡事提不起精神的人，他的品格是会受到不良的影响的。如果不能及时改正，他的良心就会被黑暗逐渐湮没，他的整个人也会堕落下去。

一个记者曾经做过一个调查：他在监狱里询问那些违法乱纪、遭人痛恨的人。最后他发现，在那些人中间，有很大一部分是由于养成了办事拖延的坏习惯而造成的。当一个人有凡事追求尽善尽美的决心时，那么，他凡事都会认真细心，那样就会消耗他们的大量精力。而那些办事拖延的人就不一样了，他们放着自己的工作不做，跑到外面去玩，结果养成了种种恶习，最后不能自拔，直至走上了犯罪的道路。

现在有一个很有意思的现象。世界各地有成千上万人失业，但是同时，却有很多著名的大公司聘不到合适的人选来为自己服务。他们不断地做招聘广告，渴求能够得到办事干练的人才来协助自己。

雇主最满意的是那些做事有条不紊、向来不辞劳苦的人。只有那些办事稳妥、做事认真的人，才能最终得到雇主的抬爱，获得升职的机会。对于那些做事懒散，凡事都需要别人为他做修补的人，雇主是永远不会看上眼的。

拖拉的习惯是要不得的。很多人在上小学时就养成了办事拖拉的坏习惯。他们读书不求甚解，考试也只是草草了事、胡乱涂鸦。最后勉强混了个文凭，可是参加工作后，这种坏习惯又使他们染上了做事缺乏条理，不认真对待工作的坏习气。因而他们的人生也就变得困难重重了。

办事拖拉有极大的坏处，它不仅对自己有损害，而且还会带坏身边的人。办事拖拖拉拉的人，他们的生活就像是一团乱麻，毫无头绪。他们常常会翻箱倒柜地找寻自己的东西，有时连他们自己都痛恨自己有这样的坏毛病。如果这样的人只是一个普通的职员，那还没有什么大问题，充其量影响的也只是他自己。但是如果他是一家企业的总经理或总裁，那就糟糕了。因为下属是最会模仿自己的上司的，结果他这种坏毛病，就像瘟疫一样迅速蔓延开来，最后导致了整个公司都陷入瘫痪。所以，对于这样的小毛病，我们一定要防患于未然，避免无谓的损失。

凡事追求尽善尽美，不仅会使你的才能飞速增长，而且还会使你的品格、个性都有很大的提高。

事情无论大小，我们都要竭尽全力，力争做到尽善尽美。这是当代青年人应该牢记的几句话。一件事情，如果做不好，那就还不如不做。一个人从小就应该养成这样的好习惯。

办事马马虎虎、错误百出的人是不会得到幸福和快乐的。因为自己没有一件事情是让人看了无可挑剔的。这样不仅对不起事情本身，而且也对不起自己。要想过上幸福、充实的生活，就要凡事都追求尽善尽美，有了这样的态度，我们从中获得的快乐是难以言表的。

养成凡事追求完美的习惯，这是奉送给青年人的金玉良言。如果你能够依照这句话去做，你的生活就会像注入了兴奋剂一样，你的胸怀会更加开阔，你的品格也会由于受到熏陶而变得日益高尚。世界上再也没有什么事情，比养成美好的习惯更能使人得到精神上、才能上的好处了。

人的一生就像是在建造一所房屋，追求完美的出发点就好比是打好地基。没有了坚实的地基，就无法使房屋坚固。如果今天做这件事，你觉得“够好了”；明天做那件事，你又觉得“差不多了”。那么长此以往，你的人生之基就会变得极不稳固，你的人生大厦也就无法到达惊人的高度。

办事马马虎虎，不要求尽善尽美，是致使自己失败的因素。如果你从小就养成了不认真的习惯，那么，你的人生是注定会失败的。

追求完美能够使人寿命增加，具有延年益寿的功效。如果一个人凡事都能追求

人的一生就像是在建造一所房屋，追求完美的出发点就好比是打好地基。

尽善尽美，那么晚上即使是躺在床上，他们也会感到无比的欣慰、无比的舒服。

精益求精、追求完美的态度，会为你的事业打下坚实的基础。这种良好的习惯，不仅会使你的精神愉悦、身心健康，而且还会使你的才能和智慧飞速进展。

没有用全部的精力和不畏艰苦的态度去做一件事情，我们是不会收到良好的效果的。著名的小提琴制造家斯特莱第·瓦留斯先生就是一个极其典型的例子。在他手中，一把小提琴往往要费上很多时日。因此，刚开始时许多人都笑他傻。可是，当年他制成的小提琴，现在已经是稀世珍宝了。如果谁能有很好的运气购得它，那是会受到许多人的羡慕、甚至是嫉妒的。

想要自己成功的人，非得要有精益求精的态度不行。凡事追求尽善尽美，不仅会使你的才能飞速增长，而且还会使你的品格、个性都有很大的提高。

无论做什么事情，都要集中自己的全部心思。全力以赴地去工作，是会使自己爆发惊人的创造力的。一个工作追求完美无缺的人，是会处处受到人们欢迎的。

你要记住，你自己的命运就掌握在自己的手中，你自己一生的希望，就在于你养成了什么样的习惯。勇敢地下决心吧，无论别人对某件事情有什么样的看法，只要轮到你来做，你就要用尽自己所有的精力，把它做到完美无缺。

路线五

发挥自我暗示的力量

NO.1/ 愿望的美妙作用

无论什么，只要是灵魂所期盼的，就要努力去追寻。

受到心中愿望的感召，人们的精神会变得无比振奋。不要小看它的作用，这远比不着边际的幻想或虚幻的白日梦有用得多。某种程度上说，愿望是对未来的某种预见和预测。它不仅能使我们对未来充满幻想，还能全面衡量我们的志向和能力大小。

当热切地渴望达到某个目标时，人们定会为之不懈奋斗，最终往往能够达到目标。如果没有这种对未来的期盼，很难想象人们能够把握住所期盼的东西。

就像一个雕刻家，他知道自己的愿望不是空洞的幻想，而是一种预见，并且绝对相信自己能够将其实现。

在强烈愿望的陪伴下，当我们全身心地投入某项工作时，我们全部的力量就会和意志力建立某种联系，并一起使愿望得以实现。

过多地重视物质生活，而忽视了精神生活，这是现代人的一大失误。事实上，无论是谁，如果不能使自己在生理和心理上达到最佳的状态，他就肯定不会取得成功。比如说，如果想要使自己变得年轻，我们首先就要具有年轻的心态；如果我们想要使自己变得漂亮，我们首先就要认为自己非常漂亮。

理想会使世间所有的一切都显得很不完美，不管是生理上的，还是精神与道义上的。可这恰好又是理想的一大优点，正因为不完美，我们才会更努力地使完美显露出来。我们向往未来的生活，因为我们知道未来的生活虽然不完美，但在理想中它却是没有缺憾的。

在理想的国度里，每一个人都是年轻漂亮、智慧有为的，根本就不存在着衰老和丑陋。正因为此，理想的生活才具有了独特的魅力，并且给我们莫大的帮助。它会使我们为了永恒的、完美的东西不懈奋斗，直到它们变成现实为止。可以想象，当东方的天空透出理想的曙光时，我们心中该是怎样的一种兴奋与感激。

理想这种思维方式具有巨大的潜在能量，它会改变我们的生活方式，乃至整个人生。按照我们所希望的方式生活，或者说是按照事物应有的规律去思考和评判事物，我们就能达到所希望的完美状态，使自己的人生不再具有任何遗憾。无论何时，都要记得自己终将会成为理想的人。永远不要忘记对自己的期许，永远不要低

有了目标不一定会取得成功，但是没有目标的人肯定不可能成功。

估自己的能力，永远也不要为了低俗的生活克制自己、改变自己的生活。一个人可以毫不掩饰地承认自己的弱点、不足或失败，但是首先他必须为之不断拼搏、奋斗过，只有这样，他才能无愧于自己的人生。

不断提升对自己的期望，不断牢固自己能实现理想的雄心壮志，这种习惯能够产生一种神奇的力量，并进而促使、帮助我们把梦想变成现实。相信自己无论在何种情况下都会勇往直前，时时对自己充满希望，永远相信自己不会走向成功的对立面——失败。具有了这种积极向上的生活态度，我们的精神就很容易保持兴奋状态。如果能够做到这些，无论发生什么事情，我们都会感到无比快乐。

用最高的标准要求自己，凡事要求自己朝最好处想，永远充满希望，保持乐观向上的态度，我们就不会轻易陷入悲观、绝望的心境。

对自己一定能够完成的事情，千万不要随便怀疑。如果你不能完全相信自己，如果你对自己存在着一丝一毫的怀疑，你就不可能达到真正的理想境地。你要毫不客气地把这些毒素清除出去，否则，它们就会像蔓草一样爬满你整个心头。在你的脑海里，唯一能保存的就是那些与理想一致、对实现理想有帮助的思想，其他的一切都应该统统排除掉。只有抛弃了一切令人沮丧的情绪，我们才能成功突破失败和不愉快的层层烟幕。

你想成为什么样的人，或者你想做什么，这都不是最重要的。重要的是，你要对未来充满希望，时刻保持乐观的态度。唯有如此，你的各种能力才能日益增长，你的素质也才能得到全面的提高。最后所达到的成就，也许你自己都会大吃一惊。

远离那些会使人轻易陷入萎靡的生活方式，这样，你就会很容易形成乐观、快活和充满希望的精神风貌。一旦具有了这种良好的生活素质，不仅我们的生活水平会得到极大的提高，整个人类文明也会因此前进一大步。一个受过特殊训练的心灵、一个经常保持良好状态的心灵，肯定与普通的心灵有很大的不同。它能最大限度地激发自身的潜能，帮助人们克服人生旅途上的种种不和谐和不友善，进而消除那些妨碍我们获取成功的敌对因素。

拥有理想，每一个人都会感到前途无限光明，每一个人也都会变得富有和幸福。拥有理想，你会拥有一个温馨舒适的家，你会事业有成。这些对未来的憧憬和向往，正是你人生中的最大资本。

一个充满希望的心灵，是每一个成功人士所必需的。

要敢于表达自己的心中所想，有了目标就要勇敢地说出来。即使实现的希望十分渺茫，甚至几近不可能实现，只要表达出来，它就会产生巨大的力量，并帮助我们取得成功。无论是强壮的身体、高尚的品德还是待遇优厚的职业，只要愿意为之付出不懈的努力，它就有实现的可能。有了目标不一定会取得成功，但是没有目标的人肯定不可能成功。把目标具体化，并不顾一切地为之付出，那么，它实现的可能性就远比那些消极无力者大得多。

但是，在现实生活中，许多人却情愿看着自己的理想和愿望渐渐消失不见。在他们脑海中，对理想的专注和执著，只会损耗实现梦想的力量。因此，在为理想不断奋斗时，他们的能力也无法得到相应的提高。

与幻想、梦想相比，人们心中的希望，往往更有价值。希望是在现实基础之上的合理想象，它通常是将来事实的预言。希望能指引人向着迷茫的远方跋涉，它能激励人的意志，衡量人的目标高低。

千万不要允许自己的希望暗淡下去，要知道，坚持自己的希望，就能在黑暗中增加力量、直至见到光明。

希望是才能的倍增器。希望可以刺激人的奋斗欲望，鼓励人为了理想奋斗不息，鞭策人尽力完成自己所要完成的事业，促进幻梦转化为现实。

大自然是公平的，你付出的越多，得到的也就越多。只要你付出足够的努力，你想要得到什么，它就会支付给你什么。

人的思想，就像飘飞的白云，散布四方，只要有生命的存在，就有希望的存在。

如果在寒冷的冬季，南方和北方一样，候鸟就不会产生南迁的希望。正是由于人境遇的暂时不同，才会激起人向着更高更远的目标前进的希望。没有人希望生活得更糟，人人都希望有更完美的生活、更伟大的生命，希望自己的潜能得到充分的发挥，希望自己的生命能够得到永生。

希望要在一定的限度之内。只有合理的希望，才有实现的可能。超越情理、不顾现实的希望只是无聊的幻想而已。对于一个人来说，只有珍惜希望，才有可能实现希望。

人是为了自己的理想而活的，知道了一个人的理想，就了解了那个人的生命厚度。

有了希望做指引，人的意志就会坚定下来，思想和感情也会因此变得坚定不移。所以每一个人，都应该树立高尚的目标和远大的希望，唯有如此，才能下定决心、排除万难去努力奋斗，肮脏卑劣的东西才不会在自己的思想内存留。

希望诞生事实，无论是希望拥有健康的体魄、美好的心灵，还是巨额的财产、耀眼的权位，只要发挥自己的全部才能，善用合理的方法，就有可能使希望变为现实。积极进取的思想，可以提高一个人的思维水平，促进人尽量发挥自己的才干，取得更高的成就。所以，无论是看似多么不可能的事情，只要有了积极进取的思想，就会有不畏艰险、坦然以对、持之以恒、不达目的决不罢手的勇气。

在希望的指引下，再辅之以坚韧不拔的意志力，就能产生巨大的创造力。有了希望，再配上持之以恒的努力，就一定会取得成功。如果对希望漠然视之，那么即使机会就在自己身边，他也不可能抓住。

希望对于建造人生的大厦，有巨大的帮助。

一幢房屋在未动工之前，在工程师的脑海里，就有了精密的设计。同样，一个成功的人，在没有行动之前，就已经有了要完成的渴望。

再精密的计划，如果不付出艰苦的努力，一切都会化成泡影。正如，工程师的蓝图设计好以后，如果不兴土木，不付诸实践，也只是废纸一张。

如果你想使自己的生命迸发出耀眼的火花，求得多方面的进步，你就应该在内心里热切地盼望着那些理想。只要这些理想停留在你的心间，就有实现的可能性。

一个充满希望的心灵，是每一个成功人士所必需的。有了希望的存在，他们就无时不充满活力和创造力，有了这些与人生相伴，还有什么理想是不能实现的呢？

NO.2/ 心中要充满梦想

梦想使人类的生活更有价值，我们都应该感谢人类的梦想者。由于梦想者的存在，那些目光短浅、深受束缚的人才能从困境中解脱。

在历史上，梦想者总是走在时代的前列，指引我们向着光明的彼岸行进。为了人类能够生活得更好，他们不辞辛劳、披荆斩棘，忍受着肉体和精神的双重创痛，开辟出平坦的大道。很难想象，如果没有了梦想者的身影，人类的历史将会是什么样子。

如果哥伦布没有走向远方的梦想，也许人们至今仍在大西洋沿岸踯躅彷徨。

没有梦想，没有以往各个时代梦想的实现，也就没有现在的一切。

很多人认为，对于艺术家、音乐家和诗人，想象力有极大的作用，但在现实生活中，对于一般人，它并不重要。在普通人看来，梦想只是无聊的幻想而已，可事实并不如此，人类各界的领袖，无论是工商界的、政界的，还是学术界的，都曾是梦想者，他们不仅有伟大的梦想，而且目光远大，能对事物的发展状况做出准确的判断。有了伟大的梦想，再运用自己的知识和坚强的毅力，不懈地奋斗，梦想者往往能做到常人做不到事情。因此，梦想者才是对世界最有贡献、最有价值人。

无线电的发明，使得穿行于茫茫大海中的船只，一旦遭受危险，便可及时发出求救信号，给了众多生命求生的希望。可是，在马可尼之前，这只是人类一个诱人的梦想。

电报被发明以前，各地信息之间的快速传递，只被认为是人类的梦想。可是，自从莫尔斯帮助人类实现了这个梦想后，不同信息的传递又是多么的便利。

虽然是一个贫穷的矿工，斯蒂芬孙却使火车机车由梦想变成现实，从此，不仅人类社会交通工具有了极大的改进、运输能力大大提高，而且人类的交通观念也随之改变。

另外，罗杰斯先生凭借着超人的勇气，驾着飞机，实现了横跨欧洲大陆的梦想。

英国的大文学家莎士比亚的作品中，教人们从绝望处看到希望，从平常的事物中看出不平常。那么多取得辉煌成就的人，为何均拥有如此惊人的梦想？优秀文学作品的激励作用是其中一个重要的原因。

人只有对未来充满了梦想，才会有奋进的渴望，才能激发潜能，释放全部的能量，进而取得成功。

梦想给予我们力量。如果相信明天会更好，今天的苦痛又何必计较？有了梦想的支持，即使前面是刀山火海、铜墙铁壁，又有什么可怕的呢？

如果我们失去了梦想的能力，在我们的一生中，还有谁能以坚定的信念、过人的自信、超人的勇气去不懈奋斗呢？生活中有许多痛苦、烦恼、疑虑的时候，如果我们能够消解不快的情绪，并将其转化为一种令人感到舒适的生活氛围，那么，我们就拥有了真正的无价之宝！

人只有对未来充满了梦想，才会有奋进的渴望，才能激发潜能，释放全部的能量，进而取得成功。

拥有远大的梦想，是迈向成功的第一步。但只有梦想，而没有坚强的毅力和决心去实现它，梦想也只是无聊的幻想而已。徒有梦想，而不能通过实践来完成，这是不足取的。通向成功的大门，只为一些人敞开，他们不仅有切合实际的远大梦想，而且能够通过自己艰苦的劳动、不懈的奋斗去实现它。

事情都是有利和弊两个方面的，和其他美好的事物一样，梦想的力量也可能被滥用或误用。很多人沉迷于自己的幻想中，把自己的全部时间，都用于想象明天会是怎样的美好。梦想如果处在这种境况下，就有弊无利、贻害无穷。那些不着边际的梦想不仅使人心力交瘁，而且浪费了社会中最宝贵的人力资源。

梦想能否实现，完全取决于我们努力与否。确立了自己的梦想以后，唯有凭借不懈的努力、不止的奋斗，梦想才能变为现实。

所有的梦想中，为全人类谋利的梦想是最有价值的。世界闻名的哈佛大学的创始人约翰·哈佛，当初创办哈佛学院时只用了几百美元，可是他立志要把它办成全球最好的大学。正是在这种梦想的支持下，通过他和后人的努力，哈佛大学终于成为万千学子心中的圣地。这就是梦想产生力量的一个最好例证。

人不仅需要梦想，还要信仰梦想，更要为了梦想去不懈奋斗。人人都为自己的梦想奋斗不已，一点一滴的能量就会汇聚起来，形成推动人类社会不断进步的力量之源。良好的梦想，就是一个人迈向成功旅途的开始。

对未来充满美好的期待，会鼓励我们为了梦想而奋斗，会给我们带来巨大的能量。

对于我们的生命而言，最有价值的就是经常抱有一种乐观的期待。如果我们对自身能有好的期待，我们就会不断地向前寻求，直到得到我们所追求的东西。期待光宗耀祖，人们就会努力在社会中获取地位；期待名垂青史，人们就会树立为全人类谋福利的崇高信念。

一些出身下层的人认为，世上美好的事物不是为他们准备的，而是为那些高层子弟预留的。舒适的家居环境、华衣美食都是有钱人的专利。他们自认为属于劣等阶层，属于没有希望的阶层。我们可以想象得到，一旦产生这样的自卑观念，还怎么会有前进的动力呢？

每一个想要成功的人，都要对自己抱有绝对的信心，都要对未来有美好的企盼。

如果对未来不抱有美好的期待，认为世间所有的幸福都是为别人预留的，甘居人后，志趣卑微，那么，这样的人是永远不可能取得成功的。

一定程度上说，我们期待什么，便能得到什么，前提我们目标明确，肯付出艰苦的努力。

一旦有了成功的期待，就要坚定自己的信念，如果对自己没有足够的信心，常常怀疑自己能否成功，那么，他就很难取得成功。欲想取得成功，不仅要有积极的进取意识、创造性的思维、建设性的计划，还要有乐观的处世态度，要有坚信明天会更好的乐观期盼。

有些人一方面渴望出人头地，另一方面对成功又有一种排斥感，带着如此矛盾的心理，是很难取得成功的。如果你既希望得到富裕的生活，同时又不想改变自己现有的生活方式，那么，你就永远不会走进富裕的大门。

有很多人并不知道自己期待什么，他们一直在很努力地做事，可是最终却一事无成。之所以会产生这种现象，是因为他们在从事一种工作的同时，脑子里却对另一种工作充满了幻想。正是他们所抱的这种态度，才导致了他们在无形之中消减了自己前进的动力，离成功越来越远。

懦弱、害怕生活现状的改变，是人类普遍具有的惰性。一个想要成功的人，首先必须要克服这种惰性。产生这种惰性的原因是对未来的恐惧。一旦让恐惧占据了自己的心灵，凡事就很难成功。唯有对未来抱有美好的企盼、深切的信仰，才能祛除恐惧、克服惰性，获得美好的享受。期待着拥有美满幸福的家庭、健康快乐的生活、受人尊敬的品格都对我们人生有很大的帮助，都有助于我们获得成功。

许多人对于未来的期待，都是抱有一种乐观的态度。无论身处何种黑暗的境地，他们都对自己抱有绝对的自信，对自己一定能够取得胜利的信念从未改变过。这种乐观的态度，会产生一股神秘的力量，推动他们到达成功的彼岸。

对未来没有美好的企盼，没有迫切需要成功的意志，就很难唤醒沉睡的潜能、激发全部的能量。

每一个想要成功的人，都要对自己抱有绝对的信心，都要对未来有美好的企盼。无论什么时候都不要对自己有所怀疑。有了乐观的期待、坚定的信念、向上的信仰、不达目的绝不罢休的决心，一个人的成功绝不是一件困难的事。

NO.3/ 要看到自身的优点

个人的自我暗示中蕴含着极大的财富。你要不断暗示自己将来一定会成功，你才会不断获得进步。只顾着照顾自己的名声，肯定是不可能获得真正的成功的。只有积极进取的态度还是不够的，你还必须要学会合适地调节心态，以迎接挑战。

不管有没有意识到，每次遇到熟人，你都会对他又有了全新的认识和定位。和上次遇到的时候相比，他肯定会有或多或少的变化，不是低的，就是高的。要知道，不仅如此，每次别人遇到你，也会对你评头论足一番。

当人们遇到你时，他们也会仔细地观察、研究你。从他们的眼光中，你就会很明了地知道，最近一段时间以来你是进步了，还是退步了。也许你比上一次见面时成熟了，可是，首先也是最重要的，你必须学会为自己的行为负责。

千万不要自轻自贱，绝不可轻易把自己看作是一个软弱无能的人。无论何时，都不要认为自己是一个不健康、不完全的人，而要把自己看作是一个完美、完善的化身。

要看到自己身上崇高的一面。失败和痛苦向来都是为那些不能发掘自我潜能的人预备的。同理，如果不能发现自身的优秀品质，我们就肯定不会有什么进益。

要敢于对众人宣称自己的想法，要敢于对世人宣称自己占有一席之地，要敢于像一个真正的人那样活着，要敢于训练自己期待成就伟业。无论何时，都要表现出有所作为的样子。如果你不能在实践中履行这种誓言，那就要在精神上每天想它一千次。可以毫不夸张地说，除非你能抱着积极的、建设性的思想去生活，否则，你肯定会一事无成。未来会在将来被自己创造出来的，一定要相信自己终将成功。在这个世界上，没有无缘无故的好事，也没有无缘无故的失败或痛苦。

思想就是力量。没有思想的人，肯定不可能获得成功。正确的思想，不仅塑造了我们自身，也塑造了整个环境。通过这种力量的精雕细琢，我们的品格、人生会不断得到完善和充实。其实，我们不可能完全摆脱那些狭隘思想的束缚，但是无论如何，我们都要有所尝试。

没有思想的人，肯定不可能获得成功。正确的思想，不仅塑造了我们自身，也塑造了整个环境。

曾经有人说过，人类最主要的职责，就是要学会怎样思考。圣保罗就深谙正确的思考之道，他不仅知道正确思想的潜移默化功能，而且也对此身体力行。为此，他将自己的品格、生命都提到了一个崭新的高度。从他对人们提出的各种忠告中，我们可以看到了理想之光在熠熠生辉。他提出的忠告就是，无论别人怎么评价这件事，无论这件事看来有多么公正，无论这件事看来有多么正义，无论这件事看来有多么纯洁，你都要自己去仔细想一想。别人的思考，从来都不能代替自己的思想。知道了这一点，从此你就不会再犹豫、悲伤。

学会思考，并不是指泛泛的、浮光掠影式的思考，你要摒弃那种蜻蜓点水似的思考，进而走进无穷无尽的天地之中，去承接大自然的高超智慧。学着不停地去思考，直到有一天，它会浸透进你的生命之中，成为一个不可变更的习惯。

当悲伤、失望时，请你想一想那些使人思想污秽的劝告吧。它们只会使人的思想腐朽、道德堕落。愤恨、不和以及嫉妒等，都是圣保罗当年提出来并坚决反对的情绪。

可耻、卑劣的思想，会产生品行不端的人。在圣保罗的心中，他深深知道，只要经过仔细思考，我们肯定能在沉思默想中看到光明。长期的思考、专心致志地从事一种事业，将来肯定会有所成就。从某种程度上来说，我们的心态性质，决定了今后我们能否取得成就。在这个世界上，再也没有其他的忠告能比这更好了。

无论做什么，我们都不能摆脱思想对自己的束缚。它们形成了巨大的空间包围网，把我们的心态、理想紧紧缠绕起来。总而言之，我们的行动并不自由，它时刻受到自我暗示的影响。

思想狭隘的人，生活圈子绝对不会宽广。思想卑劣、冷酷、毫无同情心的人，也不可能在广阔的天地中自由徜徉。即使我们无法看到真实的自我，我们也应该勇往直前。跟随着心灵深处的声音，我们肯定能够到达成功的峰巅。当然了，如果行为卑鄙龌龊、无耻下流，无论怎样做，我们也肯定也不会成功。只有成功的思想，才会塑造成功的人生。

当我们养成了可耻的习惯，当我们不得不在邪恶的深谷中徘徊彷徨，当我们无法翻越围困我们的贫穷栅栏时，当可耻的思想把我们紧紧包围时，我们万不可轻易抱怨自己的孤单、悲惨。其实，在制约我们前进的诸多因素中，思想是最主要的。而在限制我们行动的诸多因素中，它也是最主要的。

虽然，我们现在很难摆脱周围环境的束缚，但是，我们可以通过改造自己的思想，使自己惬意地生活在这个星球上。通过改变自己的人生态度，我们可以尽自己所能，使周围的环境有所改变。某些时候，思想的性质会决定周围环境的性质。在同样的环境中，有些人像生活在天堂中，而有些人只能像生活在地狱中一样。之所以会有如此大的区别，根本原因就是思想习惯的不同。当一个有着众多不良习惯的人，宣称自己不再酗酒、吸毒时，很少有人会相信他。与之相反，那些品质的高尚的人，则总能获得众人的帮助。

当绝大多数精力被担忧、恐惧、焦虑、沮丧、担心和犹豫等不良情绪消耗时，你的生命就肯定不会再拥有多么大的成功。到了这个时候，你怎么还能期望自己的生命闪耀出耀眼的火花呢？想要获得成功，首先你就要清洗干净自己思想中的卑劣成份，每一个疲惫不堪的人总会为浪费自己的精力而感到懊悔不已的。

即使没有根据说是思想导致了最后的失败，但自我嫉妒等情绪也会不动声色地毁掉很多人。嫉妒是满含毒液的美丽花朵，如果谁不小心沾染上它，那必将付出惨重的代价。很多时候，嫉妒造成的恐慌要远比犯罪来的大。嫉妒这个可怕的魔鬼，给人们造成了多么巨大的心理伤害啊！多少对未来充满美好憧憬的人，就是由于沾染上了这貌似美丽的花朵，结果庸庸碌碌、极端贫困地终老一生。在世

思想是人格的塑造者，只要拥有了健全的人格，我们就肯定能够获得想要的成功。

间，又有多少人在天天受着嫉妒的苦苦煎熬啊！也许你不明白，但那些本性正直、品德高尚的人则知道，为了克服此种顽疾，他们究竟付出了多么巨大的努力。

嫉妒心很强的人，总会感觉到自己受了冤枉。在他们眼中，所有的事情都不及报仇雪恨重要。在他们的生活中，他们把自己绝大部分的精力都投在了仇恨别人身上。像这样，由于不把精力投放在自身，他们当然就不可能获得健全的人格和超强的能力。如果不将对手置于死地，他们是不会轻易罢手的。正是由于这种忌妒心态，他们的心态完全失常了，他们的欲望被无限膨胀了。报仇的奢望已经将他们紧紧缠绕，根本不可能再找到另外一条道路，根本不可能找到通向理想中的成功之门。

只要担忧、焦虑和恐惧等负面思想还存在于你的脑海中，你的创造力就不可能得到全面的发挥。欲想成功的人，首先就要学会暗示自己绝对够格、绝对能行的行事准则。思想是人格的塑造者，只要拥有了健全的人格，我们就肯定能够获得想要的成功。

如果对自己的前途有清醒的认识，我们就会明白自己的资本到底有多少。合理、合适地评价自己，并不是每个人都能做到的。事实上，只要了解了自己内心中的力量，我们就不会再犹豫彷徨了。到了那时，我们就可以为自己注入更强大的自信心。基于这一古老的教义，我们肯定不会受制于人、匍匐在别人脚下。很多人觉得人的本质就是堕落，但实际上，只要我们不认为自己是卑劣的，谁都不能否认我们的优秀。从某种意义上来说，我们自身的堕落、卑劣，全部是由自身因素造成的。按理，我们应该是完美的。可正是由于自轻自贱的心态，我们才日渐猥琐。因此，我们应该从内心中去除那些有关自己渺小、无能和卑劣的思想，只要遇事向好处想，向远处想，我们每一个人都能做回善良、崇高的自己。

NO.4/ 自我肯定具有激励作用

认可自己、相信自己，对一个人来说是非常重要的。要坚信自己的选择，敢于对自己说：“我是对的。”而面对自己的错误时，也能够勇敢地承认：“我错了。”承认自己的错误，并不是失败，相反，这是使自己走向成功的阶梯。不要轻易地被外界的声音所干扰，“我就是我，命运掌握在自己的手里”。

对于一个人来讲，正确地认识自己是非常重要的。不能自大，但也不要自卑。记住，不管遇到了什么挫折和阻碍，都要让自己充满信心和希望，这样才有战胜困难的可能。

人生旅途中的不愉快，把它看成是纸老虎好了，只要我们不被它吓倒，我们就会发现，其实，路就在我们脚下。即使我们自身真的存在技不如人的地方，这也是非常正常的现象。人无完人，更没有人是永远的胜利者，与其看着自己的缺点唉声叹气，不如挺起胸来，勇敢地面对。敢于正视自己的人，才是真正的强者。不要忌讳别人说我们哪里出了问题，有人

> **心理的满足、情感的完整、精神的健康才是人应该花费一生去实现的理想，而消极的生活只能让人越来越颓废。**

指出不足，应该感谢他们才对，这样，我们可以更清醒地认识自己，这样有利于调整心态，从而想办法纠正和弥补自己的错误与不足。自暴自弃，不过是自寻烦恼，自甘堕落。遇到问题，要当机立断，犹豫彷徨只会浪费时间。如果让消极的情绪统治了自己，那么前途将变得越来越灰暗。这就像海员在大海上遇到风暴一样，要想让航船不被风暴吹错了方向，那么，握紧手中的船舵，记住，命运掌握在自己手里！轮船失控很有可能撞上岩石或暗礁，结果当然是船毁人亡。人生也像在大海中航船，生活的风帆要由自己来掌握，如果自己都不知道该向哪里前进，船身也只能随着风浪四

处漂泊，摇摆不定，极有可能触到礁石，玉石俱焚。

> 正确地认识自己是非常重要的。不能自大，但也不要自卑。

人是万物的灵长，拥有智慧的大脑，更应该体会到生命的意义和价值，因此，要给自己提出更高的要求，不断地努力实践。真正的人，胸怀大志，能够清醒地看到自身存在的缺点与不足，努力改正和完善自我。钱是重要的，但是比钱更重要的还有很多。一个人在愿望没有实现之前，生理、心理、情感等方面都处于比较紧张的状态，很难做到全身心放松。这时候一定要清醒地认识到：全力以赴，勇往直前，即使失败了也不可怕。

但如果为了达到目的失去了原则，甚至不择手段，那么，瞒天过海取得的成绩，不过像肥皂泡，虽然看上去光亮耀眼，但只是瞬间的色彩。相反，凭借自己的实力，辛苦付出后拥有的成功，也许微不足道，却是诱人的，这种胜利的感觉也是幸福的。那些丧失了人格而取得的私利，最终难逃心灵的审判。心理的满足、情感的完整、精神的健康才是人应该花费一生去实现的理想，而消极的生活只能让人越来越颓废。

做坏事的人，隐藏得再深，伪装得再好，总有一天狐狸尾巴会露出来。做了卑劣的事，如同在心里打上烙印，纯洁的心灵因此受到污染，想要水再清，心再纯，是一件非常困难的事。原本健康能干、心地善良、素质高雅的人，忽然为了一己私利，误入歧途，结果，害人的同时也害了自己。

NO.5/ 懂得自我沟通的艺术

想要充分发挥自己的才华，想要使一切都恢复正常，并不是一件很容易的事情，首先你就要学会严格地要求自己。在做事之前，你应该首先和自己好好谈一谈，这种谈话必须是深入而彻底的，就像是一个苦口婆心的父亲和亲爱的儿子之间的对话。

当开始从事某一件事情时，你不妨首先对自己说：“现在，是我开始做这件事情的时候了，我的才华就要在这件事情上得到合适的体现了。在这件事情上，我要把自己的懦弱和退路统统封死，只要有机会，我肯定就能把自己的能量全部释放出来。”

要不断地对自己说一些奋发向上的话。要知道那些鼓舞人心、使人勇敢的话语，是能够起到不可估量的作用的。

一旦对自己保持了永不改变的信心，我们就可以振奋起来。鼓起勇气的人，就像是鼓起风帆的航船，一定会一帆风顺、直达成功的彼岸。

想要从困境中走出来，必须清除自己胸中的怀疑和恐惧，因为它们是快乐和成功的仇敌。

对自己的朋友，万不可说出损人自尊的话。不好的话语，会使人陷入黑暗的深渊。当明白自己做了不该做的事情之后，最重要的事情不是想着如何去向朋友道歉，而是如何把自己从黑暗的泥潭中解救出来。

只有身处逆境时，才能真正看出一个人的品性。在逆境中还能谈笑自若的人，比那些一陷入困境就全线崩溃的人要伟大得多。身处逆境而不气馁的人是具有成功的潜质的。许多人没有坚强的意志力去面对生活中的种种困难，结果在失败的重压下，过早地匍匐于命运的脚下。

在现实社会中，绝没有终日郁郁寡欢、忧愁不堪的人的地位。如果一个人经常表现出郁郁寡欢的状态，就不会有人愿意和他待在一起，人人都会对他敬而远之。

喜欢和快乐的人待在一起，是人的天性。当人们看到那些忧愁苦难的人时，就像吃了一顿糟糕的饭菜。人不能做情绪的奴隶，反过来，人应该控制自己的情绪，让它成为自己前进途中的垫脚石。无论身处如何艰难的环境中，我们都要以一种乐观的态度来生活，尽力把自己从黑暗中拯救出来。

思想的不健康，是人类成功的最大敌人。它使你以一颗沮丧的心来看待自己的生活，进而怀疑自己的生命价值。其实，在现实生活中，所有的事情，都是由我们的勇气来支撑的。如果没有了对自己的信仰，没有了对自己生活的乐观，人是不可能获得成功的。

许多人就像待在井底的青蛙，费尽千辛万苦向上爬。一旦失足，就会丧失了再来一次的信心，再也不敢做另外一次努力。对一般人来说，一旦遭遇令人沮丧的事，或是处于凶险的境地中，往往会失去前进的意志，心中充满了恐惧和怀疑，以致多年的努力功亏一篑。

想要从困境中走出来，必须清除自己胸中的怀疑和恐惧，因为它们是快乐和成功的仇敌。再者，就是要集中精神，用坚定的意志去迎接一切逆境。

鼓起勇气的人，就像是鼓起风帆的航船，一定会一帆风顺、直达成功的彼岸。

一个经受过系统训练的人，可以很轻易地在几分钟内从忧愁的境地中走出来。但是大多数人面临的困境是，不能及时地排遣忧愁以迎接快乐，不能用乐观积极的态度来代替悲观沉闷的思想。他们将自己紧紧地封锁在无人的城堡里，在里面奋力挣扎，却怎么也走不出去。

当一个人忧愁郁闷时，就要尽力改变自己所处的环境。无论处于何种境地，你都要坚持以积极、乐观的态度活着，并用自己的快乐态度来感染身边所有的人。在自己伤心时，不要过多思考过去的事情，想象一下美好的未来，会帮助我们迅速从黑暗中走出来。

每一个成功的人，都应该学会遗忘。遗忘以往那些忧愁痛苦的事，让自己进入一种有兴趣的环境中去。尽力让自己笑出声来，在笑声中受到鼓舞。然后拍拍身上的灰尘，继续前行，直至获得成功。寻找快乐的方式有许多，或是和孩子们游戏，或是在戏院中度过充实的一天，这都是可以的。

常去乡间走走，有时会有意想不到的收获。在那里，有清新的空气和纯朴的民风，这对于医治一个人的悲痛心情是有极大帮助的。

整日忧心忡忡的人，肯定会受到忧郁这个恶魔的折磨。如果你感受到了它的威胁，不妨暂时停下来歇一歇，好好想一想曾有的过失，并且仔细再为自己规划一下未来。我们可以问一下自己："难道我们非得把生命中最美好的时光都花在碌碌无为上吗？难道我的一生只能这样慢慢消失吗？难道我一定要让命运、时机来主宰自己的命运吗？”懂得思想的人是幸福的，在他们心中，有一个全新的世界。

很多人都怀念童年的美好时光，这是因为在童年，年幼的心还没有那么多欲望。长大后，面对着生活无穷无尽的压力，面临着亟待解决的种种困惑，我们再也不会轻易地感到满足或满意。客观地说，我们都是命运的奴隶。整个一生的四分之三，我们都贡献给了别人，真正留给自己的时间是少之又少。很多人终其一生都生活在恐惧的可怕阴影中，他们总是担心天有不测风云，总是害怕死神会突然到来。结果，自己的容颜慢慢地变得越来越老，而事业还是毫无长进。

总是担心恐惧会降临到自己头上的人，总是害怕面对未来的人，是永远也不会懂得胜利的甜美滋味的。这样的人生，肯定是不会轻易被人理解的，同时也是不完整的。

当感到恐惧的阴影向你袭来时，你要尽快地把它从你脑海中抹出去。运用无所畏惧和沉着自信这剂良药，我们就不会再轻易地感到忧惧、担心。当感到自己受到恐惧威胁时，你不妨这样对自己说：“很显然，我不是一个懦夫。在这个世界上，只有懦夫才会感到恐惧、畏缩和怯懦。我是挑战命运的勇士，恐惧只是那些卑劣的灵魂才具有的，对我而言是不合适的。我坚决拒绝那些会使人蒙受羞辱的思想，只要愿意，我随时都能把自己从命运的最低点提高到最高点。”

其实，主宰人们沉浮的东西，并不是所谓的命运，而是我们自身的思想。俗话说，人若败之，必先自败。对自己不自信、觉得自身低人一等的人，是永远也不会挑起生活的大梁的。世界属于那些意志坚强者，自信者凭借着理想就可以达到目的。而迷惘、观望者，往往要费上很大的劲，才能最终有所成就。那些自认为所有的好事都是属于别人的观念，是极端错误和荒谬的。在世间根本就不存在着成功的分配，成功只中意那些自信的征服者。

只有那些面带笑容的人，才会懂得自信对一个人来说是多么重要。脑海里充满乐观、欢快思想的人，永远不会被命运牵着鼻子走。作为一个人，也只有到了此时，才可以说真正读懂了命运。

NO.6/ 提高自己的大脑适应性

树立自信可以获得勇气，这是不争的事实。我们可以通过不断的自我暗示来加速这一进程。我们不仅要思考那些英雄故事，还要阅读大量的书籍。只有这样，我们培育出来的勇气才不至于被滥用、误用。通过坚持不懈地追求一些事情，很多人最终改变了自己的命运。

在人类文明的早期，人类的大脑十分简单。他们对大自然的要求，也不过限于自我保护和获取野兽而已。某种程度上来说，这和普通的动物没什么两样。但是，逐渐地，人类的要求越来越多，他们不仅渴望吃饱穿暖，而且还要求全面、合理地塑造自身。通过一步一步的努力，人类最终有了今日这高度发达的文明社会，我们的头脑也才变得无比复杂。

人类文明的进步，对每一个人的大脑都提出了新的要求。这就好比是动物只有不断进化，才能改变自身的处境一样。在生活条件不断改变的情况下，大脑的发展同时需要与时俱进。否则，我们肯定会被整个社会淘汰。

人的大脑只有不断发展变化，才能最终适应社会提出的各种新要求。它总是在不断地产生各种新的机能，以帮助我们强化自身的缺陷和不足。人类自身最终能否改变自己的命运，完全取决于自身思想的改造。

埃尔默·盖兹教授曾经做过这样一个实验：为了强化小狗们的感觉，比如说是视觉、听觉等等，他对它们进行了许许多多的训练。而同时，另外一些同时出生的小狗则没有受过这种训练，这样他们就无法发挥出那些受训小狗们具有的能力。这样也就证明了，大脑机能是可以通过培训来改善的。处在这种情况下，我们应该对不断完善自我抱有极强的信心。也唯有如此，人类文明才能不断进步。

大脑是一个人活动的条件。人们的活动动机就来源于此。一般来说，城市里的人要比农村中的人更复杂一些。

通常来说，人的大脑适应性非常好。各种职业对大脑有不同层次的要求，人的大脑应该适应这种生活状态，否则，就必将陷入万劫不复之中。人类文明的进步需要多样性和复杂性，我们每一个人以不同方式活着，就是对社会文明的最佳贡献。

打个比方说，一个多年从事教学事业的人，他的大脑肯定不会等同于一个律师、医生或商人。

我们可以不费吹灰之力就把一个体力劳动者和一个脑力劳动者区分开来。商人、工匠在不同的环境中，各自发展出了一些独特的能力。在他们身上有太多的不同点，比如说：观察力、远见、精明和组织系统的条理化。领导者往往能够大力发展自己的创造力，而雇员往往只能解决温饱问题。

拥有一个催人奋进的环境，对一个人的成长是很重要的。抱负形成的本身，就是由于受到了力量的启迪。一个生长在贫瘠乡村的孩子，也许有从事某一行业的巨大天赋，可是由于后天条件不允许，终其一生他也不可

学会直面自己的缺陷，不仅是一种勇敢，还是一种人之为人的神圣权利。

能踏进那个圈子，更别提获得成功了。不在合适的环境中，肯定就不能养成辅佐自己成功的品行。但是，如果他生活在城市呢？如果他置身于一个催人奋发的环境中呢？若如此，或许他会成就一番事业。

在一些大学生身上，特别是那些来自乡村的大学生身上，我们经常可以看到这种思想突然改变的例子。在大学生之间，由于思想之间火化的碰撞和伟大抱负之间的交流，无形之中，就形成了一种催人奋发、极具感召力的氛围。而处在这种环境下的个体，随时都有可能彻底改变。

此外，还有许许多多的例子足以说明这个道理。当人们思想观念改变时，我们眼中的世界也随之改变。

各国的科学家都在大力研究人类的大脑，他们渴望从中探求出大脑变化和发展的奥秘。大脑的变化，以及大脑才能的增强，都会在不同的时间段内对我们造成巨大影响。

未来的教师和父母，必须要懂得一些有关大脑的基本知识。只有这样，他们才会明了怎么去开发孩子们的大脑机能，从而使他们尽可能多地发展自己不足的能力。

哈佛大学的詹姆斯教授提出，即使是极其微小的想法，也可以造成人体大脑机能的巨大改变。不管是好的思想，还是坏的思想，总会在头脑中

留下痕迹。每个反复出现的想法，总难免会造成一种思维定势，我们可以不满，但不能违逆。如果一个想法反复出现，它就会在你的头脑中形成一种思维定势。而这又不是一般的习惯，它将伴随你一生一世。比如说，没有任何东西能够使一个漂亮可爱的人变得丑陋不堪。同样，也没有任何东西能够使一个亲切温和者，变成一个暴戾恣睢者。但是，在每一个人心中都有罪恶的因子存在。如果你想要培养出一种讨人喜欢的性情，你就不能老是反复无常。无论何时你都要记得，憎恨、嫉妒和不怀好意的念头，是肯定会给你带来负面影响的。

人类所有的努力中，应该以改善脑力为第一要务。通过自我暗示，我们完全有能力增强自身的总体能力。的确，大脑可以改善、提高，但你永远都不可能对敏感性有全面的把握。

学会直面自己的缺陷，不仅是一种勇敢，还是一种人之为人的神圣权利。无论何时，都要坚信那些人之为人的权利；无论何时，对它们都不能随便放弃。要完全相信自己，不管它们属不属于你，只要你想拥有，你就能拥有。

想要成为自己想象中的人物，似乎并不是一件很容易的事。可是，如果对未来的生活抱有美好的希望，我们就肯定能够变得更加尊贵、崇高。大自然在不断进步，我们头脑中的抱负也在不停地扩展。如果这种抱负从头到脚都滴着肮脏的血，你肯定就会变得龌龊不堪。如果养成了肮脏卑劣、庸俗低级的品格，我们的人生就会被埋没在无穷无尽的黑暗中。

很多人都有这样一种看法，我们的才能更多地是从遗传中得来的。不可否认，遗传在很大程度上决定了人类的才能。但是，在原有才能的基础上，后天的努力却能够使我们的生活更加顺意。理智的人应该都已经注意到了，我们所从事的脑力劳动，某种程度上来说，不过是别人要求的结果罢了。在这里，后天的影响作用，就绝对不可小觑了。

未来的教育，首要的目标就是要教会孩子们勇往直前、不断奋斗。镇定从容、平衡淡泊都是一个成功人士必不可少的东西，使人向着更为广阔的天空进发，是每一个未来教育工作者的首要目标。通过改造思想来不断提升人类的整体水平，然后保证人类的适宜生活。我相信，这个时代最终必将到来。

在人类的头脑中，有着邪恶和可耻的思想倾向。即使不是来自于遗传，也肯定会通过教育的方式潜移默化地进入人类的头脑中。也许某一天，在你没有意识到的情况下，你的大脑已经变得毫无理性可言了。如果脑力不能得到合适、合理的发展，它的机能肯定就会不断地退化。

一个人所能做得最精明的事情，就是不断使自己的缺点和弱点得到改善。也许，你觉得这样做有损于人的本性，但是你要明白，不这样做的话，你的一生肯定不会获得成功。

不要妄图把身上所有的缺点都铲除，除非你有把握把自己变成世界上最强的人，否则，你的行为必将受到世人的鄙弃。

对高尚、美好事物的渴望和追求，是每一个人的天生本性。如果想要使自己免于庸俗低级，就要学会把握住高尚的品德节操。

一旦养成了雄心勃勃、积极进取的卓越品质，那些阻碍人生前进的邪恶东西就将彻底从我们生命中消失。相应的，只有那些我们精心哺育的事物，才会在阳光雨露下健康成长。

NO.7/ 学会自我暗示

许多人之所以遭受惨败，就是由于在刚开始时，他们就把所有的力量都抛掉了。在他们刚开始惊醒时，他们内心的力量源泉已经受到了极大的损害。能够生发出精神动力的东西，从来都只会是自信心。一个人一旦发掘出了蕴藏于内的精神动力，就肯定能够获得了不起的成就。即使贫病交加，即使曾经一败涂地，只要还有自信心存在，他就还有东山再起的可能性。理智的人，绝对不会允许自己在羞辱中一败涂地，他肯定会想方设法把自己从失败的泥淖中拯救出来。自信是人身上的一种伟大力量，它不仅会使人的举止风度都得到极大的改善，也会给每一个处在失败境地的人带去美好的憧憬。

除非自己承认失败，否则，没有人可以强迫你这么做。许多有真才实学者，终其一生也很难有所成就，关键原因就在这儿。他们并不懂得用自我暗示的方式为自己鼓劲、加油。无论想做什么事情，也无论自己想要开始做什么事情，我们都不能胡思乱想，以致丧失了自信心。不能忍受失败的苦楚，肯定会导致创新精神和创造力的日渐萎缩。

对一个人而言，可能发生的最坏的事情，莫过于总是在脑子里认为自己不行了。命运女神从来不会和任何人结怨，只要你有足够的资本，她就会给你相应的荣耀。其实，在这个世间根本就没有什么幸运女神，只要能够掌控自己的思想王国，我们就肯定能够主宰自己的命运。

在这个世界的每一个角落，到处都存在着那些这也不想做，那也不能做的人。他们总是抱怨自己的才华得不到施展的机会，可是，却很少有人愿意停下来仔细想一想，自己到底有没有不可推卸的责任。在同等的条件下，为什么别人取得了成功，而自己却要品尝失败的恶果？

自认为是天生失败者的人，是不可能真正做成功什么事情的。他们的思想总是畏惧着失败，老想着失败以后的种种困境。这样的人，好比缺乏温厚土壤的玫瑰花，总有一天也会枯萎凋零。当脑海里充满失败或贫困的思想时，我们的潜意识里也就形成了自己会失败的印象，因而，在行动的过程中，他肯定会把自己推向万劫不复的深渊。换句话说，他的思想、心态决定了他不可能取得成功。

如果取得了成功，那就绝不会只是幸运而已。每一次收获，都和我们自己的心态有莫大的关系。也许我们的能力并不是太强，可只要我们善于把握住自己的内心，我们就肯定不会一败涂地。现实生活中，很多才能突出者往往不如才能平庸者做得好，根本原因也在这里。有些时候，我们之所以遭受失败，并不是因为我们的能力不够，而是由于我们的心态出了问题。

可以这么说，在前进过程中，我们面临的最大问题并不是不知如何提高自己的能力，而是不知如何养成良好的心态。很多时候，我们对自己的要求不太严格，目标也不太高远，这样就导致了自己能力的下降。长此以往，我们还怎能希望自己能够获得成功呢？

在我们脑海里，除了成功之外，不应再有其他东西存留的地方。想要获得成功，首先就要有成功的心态、成功的思想和成功的行为举止。无论何时，都要像一个成功者，像一个成功人物，把自己的穿着打扮和思想都装扮得像一个成功者，日久天长，你也就成为一名成功者了。有一点请你务必相信，现在你心中的图景，就是将来某一天的样子。

如果想要变成一个英雄，首先你就要有毫不畏惧困难的勇气。无论何时，你都不会害怕任何艰难险阻；无论何时，你也绝不可以把自己变成一个懦夫和胆小鬼。

如果现在的你总是很胆小、懦弱；如果现在的你还很容易害羞，那么，你就不妨让自己确信你不会惧怕任何人和任何事情。不管在何种艰难的境地中，你都要毫不畏惧地抬起头、挺起胸来。是男子就要表现出男子汉的气概，是女子就要有巾帼不让须眉的豪气。

对那些胆小、怯懦和害羞的人来说，如果你能在合适的时候、合适的地点表现出成功者的形象，那么，生活就会为你打开另一扇全新的窗户。自信的样子，对我们平凡的生活有极大的裨益。胆怯、害羞的人，不妨这样对自己说："其他人都有许多事情要做，不会来顾及我的。即使他们有时间来看着我、观察我，对我来说也没有什么大不了的，我还是会按照自己的方式行事和生活的。"

卑劣、平庸的自我评价，永远没有伟大、崇高的自我评价产生的力量大。

如果感觉到孤独、畏缩和害羞，那么，你就不会断然地宣称自己是无所畏惧的英雄。其实，想要培养自己的勇气和信心并不困难，只要经常在心底告诉自己说："我生来就是为了获得成功的，如果我不能成功，世间就再也没有人能够获得成功了。"有了这种态度，一个人就绝不可能再是畏畏缩缩的。同时，他获得自信和勇气的速度也是惊人的。

卑劣、平庸的自我评价，永远没有伟大、崇高的自我评价产生的力量大。一旦形成了伟大、崇高的自我评价，我们身上的能量就会得到成倍的增长。只要把身上的全部能量集中起来，无论是谁，都能取得相应的成功。人生之路总是跟随着自己的思想，如果你不能朝着既定的目标前进，那么，你就肯定不会获得成功。

一定要对自己有一个合适、合理和崇高的自我界定，也一定要对自己有高出一般人的才能坚信不疑，唯有如此，我们才能尽快窥到成功的喜悦。如果你能始终对自己保持高标准、严要求，那么，由此而产生的精神动力，将顺利把你推向成功的峰巅。

自信心可以鼓舞一个人为了理想不断奋斗，勇气亦来源于此。某种程度上说，自信心越大，我们获得的荣誉、力量也就越大。

怀疑只会瓦解自己的能量，使人赤裸裸地站立在寒风中。在开始做一件事之前，我们必须首先相信自己一定能够顺利完工。如果我们自身的信念，不足以承担那么高远的志向，我们就肯定会失败。相反，如果内心充满对未来的希望和憧憬，我们就可以毫不畏惧地走向光明的未来，而无论环境是如何地恶劣。

对将要做的事抱有强烈的渴望，同时也说明了你有能力完成这件事情。

自信心可以鼓舞一个人为了理想不断奋斗，勇气亦来源于此。

不断地暗示自己说，我一定能够完成这项工作，能够给自己提升许多勇气。如果不能对自己抱有信心，我们就不可能取得成功。

无论梦想做什么，无论能够做什么，我们都不能失去宝贵的自信心。某种程度上来说，你梦想什么，将来你就会得到什么。

NO.8/ 调整心态，激发潜能

怎么样才能保持良好的心态呢?

勇敢地面对生活吧。虚伪的人不能、不会、也不敢去直视别人的眼睛，他们的眼神是游离的、恍惚的，更不敢与自己的灵魂对视。诚实和正直是一生之宝，哪怕欺骗和虚伪的念头一闪而过，也已经玷污了纯洁的心灵。要知道，这些意识都会在大脑中留有印象，待时机成熟时很有可能自己跳出来为非作歹。

多听听别人的意见吧，这样那些不安分的想法可能就被抑制在萌芽阶段了。

精神上的富有才是真正的幸福。一个人失去多少财产并不可怕，怕的是精神上的空虚。

纵然有一座金山，也并不代表着幸福；名车豪宅，也替代不了快乐。身居陋室，也可能安居乐业；处于闹市，也可能孤独一生。

不管是一身名牌，还是粗布衣衫，只要对生活充满希望，拥有自信，就可以快乐地生活。当你要去面对死亡的时候，内心坦然，表明了你一生磊落。诚实、热情、真诚地对待生活，问心无愧，生活也会将同样的甚至更多的快乐回报给你，这才是真正的人生。

精神上的富有才是真正的幸福。一个人失去多少财产并不可怕，怕的是精神上的空虚。

很多人虽然花钱如流水，但是内心却不一定真正体会到了快乐。尽情地享受是他们能够拥有的，但这类拥有不过停留在物质层面上，而这，是谁有钱都可以办到的，但是，真正的愉悦，精神的充实，是用多少钱都买不来的。

一个人物质上的匮乏并不可怕，只要他内心怀着对生活的憧憬，不断努力进取，即使见效缓慢，他的生活也一定是健康向上、充满希望的。

只是，如果有一天他觉得累了，停下了前进的步伐，那么不管他已经走了多远也无济于事，生活会渐渐地低沉下去，而这就像无底洞，不断地下滑再下滑。

万有引力是不变的规律，哪怕是一个小石块，也永远会落在地上。但是，生命不应该如此，哪怕一粒小小的橡树种子，也不会放弃自己的希望。

地球上的生命，有着自己的内在法则，它们宁愿以鸡蛋碰石头，也不会安然地躺在那里呼呼大睡。终于有一天，嫩芽破土而出，带着希望，带着憧憬，来到这洒满阳光的世界上，享受着春风雨露，茁壮成长。为什么一粒小小的橡树种子有着如此惊人的力量？因为在它内部，有着比地心引力更强大的力量，那就是自我的肯定、向上的精神，不达目的，绝不罢休。

所有的生命都是伟大的，竭尽所能地拥有并且延续着自己的生命吧！前进，前进！

要想成为一个新的创造者，你首先要做的就是在自己头脑中，留下某一深刻的印记。如果它在你的头脑中占据了支配地位，那么，所有的一切都将在不远的未来等候着你。不管怎样，你都要坚持这一想法，直到它成为你新的思维习惯为止。这样，至少在思想的某个方面，你可以变成一个全新的人物。

永远也不要让鸡毛蒜皮的小事，成为愚弄你、阻碍你的绊脚石。

许多人知道自己在某一方面有过人的长处，可同时又感到自己在另一方面有无法弥补的缺陷。其实，在无形之中，这种观念就成为了一种阻碍人们发展的绊脚石。它不仅会破坏人们的自信心，而且还会使人对未来彻底悲观绝望。

每一个人都存在着不足或缺陷，知道这一点后，重要的不是如何去悲观失望，而是要义无反顾地去改正它。也许，随着时间的流逝，你会懂得如何去克服它。如果那是切实可行的，那么，你肯定就会获得真正意义上的成功。

如果明白了自己的缺陷，如果你还渴望改进自己的一些不足之处，那么，就请你把思想集中于一点，集中到你最想获得的那种品质上。

这种理念，不仅会使你的思想有所改观，而且还会营造出一个具有创造性、独立性和肯定性的成长环境。在其中，你可以发挥自己的才能。

如果在你的思想中，有犹豫不决、优柔寡断的一面，那么，你就要学着去用刚毅果敢来代替它。只要不断地在心底为自己加油，你就能做出明智、果敢的最终决定。

有时，我们对自己以前的观念、心理活动根本就没有在意过，那么，从今天起，你就要学会低下头来慢慢地研究自身。在认识自己以前，我们的才能是一直处在休眠状态中的。

科学将教会我们如何增强脑力、防止和根除怪癖。如果那些曾经困扰我们的缺陷不断得到加强和改善，我们的生活肯定不会是现在这个样子。

大脑中蕴含着均衡发展的才能，我们要做的不是改变它们，而是使它们充分表露出来。唯有如此，整个社会文明才会得到不同程度的进步。片面的、激进的发展，肯定只会给我们带来无穷无尽的烦恼。它不仅会扰乱我们健全的心智，而且还能培育出精神毒素，戕害我们的纯真心灵。永远不要把自己想成一个尽是缺点、毛病的可怜虫。尽量把自己完美的样子保留下来，那样，总有一天我们会真正拥有它。千方百计地训练它，直到有一天它甘为你所用。

处在这种情况下，和那些曾经不愉快的经历相比，你肯定会找到激发自己潜能的合适途径。不管人们能不能够合理地评价你，你都要正确地看待你自己。无论在何种情形下，你都要对自己说："我太伟大了，那些极端堕落、卑鄙无耻的小人，永远也不可能和我相比。同时，我也不会和那些水平和见识都很一般的人同流合污，我要追求的是更高层次的人生，并不仅仅是吃饱穿暖。不管别人怎么看待我，我都要活出一个人样来。生命实在是太丰富了，我没有必要在无足轻重的事情上停留。我必须像一个成功人士那样生活，我必须正直、善良、待人和蔼。我的品格将向世人揭示我不同于其他人之处。我内心的素质，连同我生命的本质，肯定会为我换来更加辉煌灿烂的人生。而这些，是那些蝇营狗苟者永远也不可能明白的。为了达到心中的目标，我不仅要有一个正确的心态，还要向世人展示我天赋的高尚品格。唯有如此，我才能得到梦寐以求的东西。"

当心情不佳、思维混乱时，当感到烦躁不安、与人不和时，当感到气恼不已时，你要学会快速地调节自己的心态。否则，你将失去很多获得成功的时机。无论何时，都不要对自己的下属或秘书大发脾气，那样做，只会使周围的人对你有抵触情绪。

如果觉得自己的大脑混乱不堪，如果觉得无法掌控自己的躯体，如果觉得自己再也无法支撑下去，那么，你不妨试试这条经验：立刻停下手中的工作，从桌边站起来，把本来应该做的事推到一边去，然后推开门，走过几个街道，最好能够走到偏远的乡村去。这样，一切恼人的事，必将随着体力的乏累烟消云散。在远离自己工作的环境下，把那些恼人和破坏和谐生活的事情仔细理一下，你就会发现，事情本来没那么复杂，只是我们自己人为地把它弄复杂了。不去注意那些伤心事，多想

一些令人高兴的事，这样无论在何种情形下，都不会失去对自己的信心。永远也不要让鸡毛蒜皮的小事，成为愚弄你、阻碍你的绊脚石。

换句话说，决心做一个超然于生活琐事之外的人，并不太容易。无论何时，你都要不断地对自己说："对一个真正的强者而言，人生就是一场游戏，没有什么过不了的坎。只要愿意，我随时都能赢取成功。如果我被一些琐屑、愚蠢和不足挂齿的事情弄得疲惫不堪的话，我会变得多么荒唐和愚蠢啊！"

在自己的工作岗位上，保持一颗平静、泰然自若和自尊的心是十分重要的。如果可能的话，你要把它保持到生命的最后一分钟，无论采取何种方式，你都要对自己抱有永恒不变的、深深的眷恋。唯有如此，你才会有机会去呼吸山林里的新鲜空气，你才会精神抖擞地迎接每一次挑战。

如果多花一些时间调整自己的心态，你就会发现，这样做让你收到了多么丰厚的回报。无论什么时候，也无论你手中正在做何种工作，只要愿意，你就能获得想要的成功。当你找回曾经丢失的自我时，你也就找到了开启成功之门的钥匙。坐在自我力量的宝座上，我们看到的是来自成功的光亮。

NO.9/ 相信自己，明天会更好

许多人之所以一生一事无成，根本原因就在于他们害怕做事、缺乏自信心。

缺乏自信的人，总是处处显得谨小慎微，不敢与别人发生冲突。他们既不敢有自己的想法，也很难去争取主动。在自己发表意见之前，他们会想方设法地知道别人的意见，并努力使自己与他们保持高度一致。

爱那些有主见，并敢于发表主见的人，是人类的天性。一般情况下，我们都容易相信那些有信心并依赖自己信心的人。

永不满足、努力追求卓越是促进人类进步的重要因素。无论身在哪个行业，也无论有什么技能，你都应该争取在这个领域内成为最杰出的人。这种精神不仅造就了成功的企业主和杰出的管理人才，而且还会使一个人的意志和品格臻于完美的境地。

安德鲁·卡内基曾经说过这样一句话："对于那些没有雄心壮志，从来不想成为企业领袖的年轻人，我是不会施以援手的。"不管目前自己的地位多么卑微，我们都要敢于树立成为主管、经理和老总的理想。同样，无论当前你的职位有多高，你都应该这样告诉自己："我的职位还应该在更高处。"只要敢于梦想，敢下决心，有不懈努力的意志力——那个职位就是属于你的。

很多迷茫的青年都曾这样问过我："你认为在我身上，有可以取得成

如果对未来没有美好的憧憬、怀疑自己有能够成功的能力，那么，你前进的决心就会被削弱，你就将一无所获。

功的潜质吗？你觉得我与众不同的价值体现在哪个方面呢？"每一次，我都会笑着回答他们说："毫无疑问，只要努力，你肯定能够取得成功。我觉得你完全具备了成功的条件，但是至于你能否成功，还要取决于你的行动。如果你有力量和愿望去争取成功，那么，在这个世界上就没有什么可以阻挡你迈向成功的脚步。同样，如果缺少这样的愿望和力量，即使你受过再好的教育，那也是于事无补。"

对成功来说，没有什么比正确的人生态度更重要了。正确的人生态度，包括对自己的客观评价和对未来的合理期望。如果你的人生态度是消极而狭隘的，那么，你的人生就会很平庸、平凡。想要取得成功，你就要用高于普通人的目光来看待自己。如果现在你仍是一名小职员，那么，你就要幻想着自己可以成为总经理，并且不断地督促自己为了这个目标而不懈奋斗。

记住：如果对未来没有美好的憧憬、怀疑自己有能够成功的能力，那么，你前进的决心就会被削弱，你就将一无所获。

如果有远大的理想和为之不懈奋斗的意志力，你就一定可以成为总经理或企业的合伙人。没有这样的雄心壮志，你就会被那些条件不如你的人超越。不要总是抱怨自己运气不佳，你要善于利用每一个机会好好向上爬。

一位著名作家这样说："如果非要让我对刚踏入社会的青年提一点建议，那就是：在一开始，你就要确立远大的目标，并且除了已经实现的，千万不要随便放弃。"

缺乏动力的时候，我们不可能做成任何事情。自己的成长很大程度上依赖于外界的刺激，可以毫不隐讳地说：人类的每一次行动都需要一定刺激。对一个普通职员来说，他工作的最大动力就是要安身立命、养家糊口、出人头地。

人类有一种神奇的力量，正是这种力量把亚伯拉罕·林肯从小木屋中推向了白宫；也正是它使探险家罗伯特·皮里树立了征服地球极点的目标，并为之不懈奋斗，最终获得成功。

这种力量的来源就是坚定的理想。正是有了坚定的理想，年轻的本杰明·迪斯累利才会有勇气从英国的下层社会奋斗到上层社会，并最终成为一个世界大国的首相。

所有出身社会底层的成功者，都有着相似的经历。由于树立了远大的理想，他们在前进的道路上从来没有感到疲倦过。

远大理想带来的巨大推动力，是我们生命中最神奇和最有趣的东西。它就像是本能一样，潜藏在我们内心深处。正是借着它的驱使，人类才步入了文明社会。如果没有理想，没有实现理想的信心，人类现在还龟缩在山洞里，过着茹毛饮血的生活，文明自然也就不会出现了。

我们可以想象一下，如果没有了这种力量，我们将会失去什么？我们不会有大城市、大工厂，不会有飞机、轮船、小汽车，不会有漂亮的公园、舒适的住宅，也不会有雕塑、绘画等艺术。哦，那样的社会太可怕了。

在崇高理想的指引下，通过不懈的努力实现了自我价值、超越了自我，难道你不认为这是人类最好的工作成果吗？无论是在艺术领域还是在文学王国，无论是在商界还是在政坛，无论是从事科学创造还是经营日常小事，幸运之神永远只垂青那些有远大理想的优秀人物。

在个人的成长历史中，进取心是最大的朋友和助手，正是借助它的力量，我们才能更快地到达目的地。我们可以用多种方法去实现自己追求的东西，可是唯一不变的就是要付出艰辛的努力。只要我们不畏艰险、勇往直前，我们就能获得许多人远大理想带来的巨大推动力，是我们生命中最神奇和最有趣的东西。

得不到的成功。远大的理想，支持着我们在人生高塔上不断攀援，它成为了我们成功的引路者。

想要取得成功，仅有强烈的进取心就够了吗？不，那还不行，即使是天使还有两只翅膀。要想成功，除了拥有强烈的进取心，我们还要有丰富的常识和良好的判断力。如果缺少了这两种优秀品质，成功就会与我们擦肩而过。日常生活中，我们经常见到这样一种精巧的机器，它可以毫无噪音地在地板上钻洞。它能够做到这一点，全靠尾部的一个巨大平衡器。正是这个平衡器为这台机器积累了能量、速度和动力。如果把平衡器从这台机器上移走，这台机器就会散架、就会无法工作。对于这台机器而言，平衡器是关键部位。同样，对于我们而言，常识和判断力也是平衡器。没有了它们，再伟大的愿望也只是幻想而已。

对一个人而言，知道自己不能做什么，和知道自己能够做什么同等重要。过于自负的家伙，从来不会有好的结局。

朗费罗曾经说过这样的话："对自己做一个仔细的分析，看一下自己究竟能够在哪些方面取得成功。"

我们应该把自己的精力，投入到最适合自己的地方。如果只有一种才能，我们也要在合适的岗位上，把它发挥到极致。

如果只有一种才能，却要做需要十种才能方可完成的工作，那么，你无疑是在自讨苦吃。伟大的人物之所以伟大，就在于他们不去强求自己去做办不到的事情。其实，透支自己的精力是非常危险的。

有很多学生，过分看重成绩，眼睛老是盯着第一名。即使是智力平平，他们也认为只要通过超人的努力，只要把别人用来休息、度假的时间全部用来学习，就一定可以成功。也许，通过透支自己的精力，他们可以接近第一名，但却再也无法从过度用脑的后遗症中恢复过来。

不要制定自己能力达不到的目标。合理衡量自己的能力，知道自己能够做什么，对一个人而言是非常重要的。

混乱的思想容易使人堕落、使人痛苦。而人类不应该痛苦，他应该快乐、幸福地活着。

对我们而言，混乱就是由于缺乏神圣的和谐。就好像是为什么会有黑暗，仅仅是由于缺乏阳光罢了。

爱心、仁慈、善良和与人为善的观念，都会在我们心中激起最高尚的情感。正是有了它们，我们的生命才会更富有活力。

此外，正当、健全的情感会造就健康、和谐的生活，它们也会使我们的心胸更加宽广、更加博大无私。

只要坚持正确的思想，我们头脑里的混乱就会烟消云散。当树立了坚定的自信心后，我们的创造力就能够源源不断地被激发出来。到那时，所有负面的与消极的东西，都会一一逃逸、消失不见。如果在自己的头脑里装满和谐，混乱就无法进入；如果在自己的生命中添入自信，虚弱、谬误就会远离你而去。

路线六

树立起你的自信心

F

NO.1/ 不要太敏感

现实生活中，时常有这样一些女孩子，由于上天没有赋予她们娇美的容颜和绝世的姿色，她们就总是在那里自怨自艾。事实上，她们过分夸大了外表的功用。也许，她们所认为的那种丑陋，根本就是不存在的。之所以会有这样的错觉产生，根本原因就是她们的敏感和多疑。如果不是她们一再提醒别人，别人根本就不会发现她们身上的这些缺点。我相信，只要她们能够摆脱这种敏感和自卑，以一种更加自然的态度来对待生活，那么，她们完全有可能通过自己不懈的努力，使自己的变得更加美丽，更有气质，更加风趣。

风华绝代和雍容大方，是每一个人都仰慕的品行。但是，如果让它和崇高心灵映衬之下的面容相比，我们就会毫不犹豫地选择后者。之所以会这样做，就因为它预示着我们可以成为完美的人，也代表着造物主对我们寄予的深切厚望。

能够勾起我们思念的往往不是朋友漂亮的容颜，而是他们在我们内心中留下的深刻印象。他们的一言一行都代表了一种客观的存在。在我们心中，他就是我们的理想。虽然只是隐约可见，但却能给我们增添无边的欢乐和喜悦。

通过努力，每一个人都可以使自己变得更加美丽、动人。只有在精神上成人，我们才能说一个人已经长大，否则，其他任何形式的告白，都没有深层次的意义。

一个理智的人，对美的追求绝不会仅仅只停留在外表上。丰富的内涵、高雅的举止，更为他们欣赏和接受。任何形式上的美，包括色彩上的、光与影上的、声音上的，都会使我们感受到这个世界的美妙。但是，如果你的灵魂是扭曲的，如果你缺乏一颗敏感的心，你就根本无法去感受这种博大精深的美。只有那些内在的精神、只有那些美好的心灵，才能在万事万物的美丽色彩中，使我们参透生命的本质。

最近报纸上刊登了这样一件事，它的标题就叫做“因神经过敏而导致的自杀事件”。这是一出没有人愿意见到的悲剧。

悲剧的主人公是一个十分漂亮的女孩子，她自小生活在一个富裕的家庭中，备受父母疼爱。后来，不幸降临到了她的家庭中。她父亲的公司破产了，家道也从此中落。为了养活体弱多病的母亲，她不得不用自己稚弱的双肩，挑起家中生活的重担。历经艰辛的她，最终在纽约的一家商行中谋到了一份速记员的工作。在那里，她努力地工作，小心翼翼地处事，工作业绩也很出色。可是就是在这一片大好形势之下，却埋下了苦涩的悲剧种子。由于前后生活条件的巨大反差，她养成了一个致命的弱点：神经过敏。每日她都在为自己没有体面的衣服犯愁，恐怕引起别人的议论。为此，她处处躲避着那些穿着入时的同事，不愿意和她们有过多的接触。

自卑在她心里堆积，已经到了很严重的地步。如果有一根导火索，再有合适的环境，潜藏的能量就会爆发。一天，她们商行里一个不太聪明的家伙，冒冒失失地问她："为什么不像其他女孩子一样，把自己打扮得漂亮一点？"当她听到这句问话，心中好像针扎似的，万分悲痛。很快她就找了个理由，从那个男同事面前消失了。这件事后，她神经过敏的病症越来越严重，已经影响到了她的工作，于是她辞去这份工作。失业在家的那段日子，她时时想起自己的不幸遭遇，越想越悲痛，最后竟然去买了一瓶苯酚，一饮而尽，结束了自己年轻的生命。

对自己有极强的自信心，是克服神经过敏的最好办法。

世间像这样的女孩子很多，她们不太清楚自己的处境，只想着一味地攀比。这是造成她们神经过敏的重要原因。一旦养成了这个不好的习惯，她们就会像含羞草一样，一旦遇到风吹草动，就会把自己紧紧地收缩起来。

在很多家庭里，我们都能看到由于神经过敏而造成的悲剧。

在商场上，激烈的竞争，常常使人们感到心力交瘁、神经过敏。有很多人，由于神经过敏找不到工作，或者即使是找到了工作也不能做好。

神经过敏会使人带着有色眼镜看待周围的人或事。一个牧师，即使是受过高等教育、神学功底极其深厚，如果不幸是一个神经过敏的人，他也会在布道时，时常觉得他的信教徒中，会有人不相信自己，会在背后说自己的坏话。

在学校里，很多教师也同样面临着神经过敏的折磨。无论是上级部门的责备、家长的问难，还是社会上的种种流言蜚语，都会使他们不相信自己的能力，对自己的工作充满畏惧。

在各种人群中，文人和作家是最容易神经过敏的群体。我认识一个评论家，他不仅神经过敏，而且脾气非常狂躁、易怒。他最不能听到的，就是别人对他的批评。一旦听到，就像被别人砍了几刀似的；如果有人对他的工作提出建议，他就会认为自己受了莫大的侮辱。就是这种原因，他不仅自己承受了极大的痛苦，而且在出版界和报社也没有得到过任何好评。

神经过敏往往是自卑的表现，它对一个人养成健全的人格有极大的妨碍。它往往是自我感觉的过分扩张。他们往往以自我为中心，无论别人在做什么事、说什么话，他们都会怀疑别人是在评论、指责他。其实，任何一个人都没有那么大的精力，去关注别人的一言一行。自己的事情都做不完，哪里还有闲心去注意别人呢？

在这个世界上，每一个人都是善良的。只是由于生活和工作的重压，人性才开始变得扭曲。即使有些表面看起来脾气极坏、行为粗鲁的人，他们的本性也是好的，从不肯轻易对别人品头论足的。所以，如果我们想要获得成功，就一定要克服神经过敏这个坏习惯。

希望不能实现，往往会造成神经过敏。许许多多的青年人，他们有远大的追求，可就是找不到途径去实现它。在忧愁苦闷中，他们养成了神经过敏的不良习惯，从此以后，再也不敢在激烈的竞争中勇敢拼搏，俯首做了命运的奴隶，进而酿成了人生悲剧。

一个理智的人，对美的追求绝不会仅仅只停留在外表上。

要戒除神经过敏的坏毛病，并非是不可能的。只要痛下决心，用坚韧的意志力努力去做，我们就一定能够使自己得到彻底的诊治。

对自己有极强的自信心，是克服神经过敏的最好办法。曾经有一个人问我，怎样才能克服神经过敏的病症。我就是这样告诉他的。对自己有了信心，就不会对别人的事情妄加揣度，也不会对自己的事情犹犹豫豫。只有少想到自己，多想到别人，你才能过上幸福的生活。对自己以外的事情，要有积极参与的兴趣，只有这样你才能分散自己的注意力，把自己从以自我为中心的环境中解救出来。当人家谈论自己时，我们万不可低估别人的人格，要相信每个人都是善良的。要是一直认为别人是在嘲笑自己，那么，就必然会导致自己走上神经过敏的不归路。

NO.2/ 切莫贬低自己

如果你总是对自己的评价过低，如果你总是在心里贬低自己，那么，几乎可以毫不掩饰地说，你将来一定不会取得很大的成就。刻意贬低自己的人，比那些故意抬高自己的人更令人难以忍受。

在我的一生中，我从来没有看到过一个贬低自己的人获得成功。对自己的期望越大，将来取得的成功也就越大。如果你期望自己将来成就大业，如果你强烈地希望自己干出一番大事业来，那么，你就要对自己的工作有很大的抱负。唯有如此，将来你才会有成功的可能性。

拥有自信的人，肯定比那些不自信的人能力强。

如果你觉得自己处在十分不利的境地中，那么，从现在开始你就要着手改变自己。只有先在心中树立了自己与他人不同的信念，将来才有可能取得不同于其他人的成就。如果怀着这样的思想，将来你想不成功都难。挣脱前进路上的那些束缚，要知道那些思想只会把你拖进失败的泥淖中去。

不断贬损自我的人，总是把自己看的微不足道的人，总是觉得自己是一条可怜虫的人，还有那些总是否认自己会成功的人，将来肯定不会取得成功。一般来说，你心中想要成为什么样的人，将来你就会成为什么样的人。

对自己的能力、地位、重要性以及社会角色的评价，将来一定会在你的生命中留下痕迹，而你的事业也会受到它的影响。

如果觉得自己平庸，将来你就会表现得平庸。如果不尊重自己，将来你就很难尊重他人。如果自我感觉欠佳，如果你感觉自己总是在喋喋不休，那么，至少有一点是可以肯定的：你还有许多潜力可以挖掘出来。无论自信具有多么大的作用，如果你不试着去拥有它，那么，人们就不会对你留下任何印象。

如果你认为自己一无是处，如果你认为自己即将面临不幸，如果你自认为是一个笨拙的人，如果你承认自己绝对得不到别人取得的成就，那么，你梦想中的成功就将遥遥无期。作为一个人而言，除了遵照内心进行生活，还有什么是需要自己去做的呢？

如果你总是面带狡黠的神色，如果你总是唯唯诺诺、迟疑不决，那么，你就将永远只是作为一个失败者而存在。的确，我们在别人心目中的形象，往往和我们自身的状况有很大的关系。

我曾认识这样一个人，他本身的才能非常大，可是，作为这个公司的董事长，每一次进办公室他都蹑手蹑脚的，好像自己在该公司内是一个无足轻重的人物似的。结果是，很多人因此认为他能力欠缺，不适合做董事长。这为他的工作带来了很大的不便。到后来，连他自己都感到奇怪：作为董事长的自己，为什么会在董事会里无足轻重呢？为什么自己的威望那么低呢？为什么自己得不到别人的尊敬呢？

只要求助于自身的灵魂和思想，我们每个人都能勇敢地昂起头来，做一个开心、自信的我。

到了这时，他还没有意识到自己应该好好地反思一下。相反，他在自己心底愈加坚定了自己无足轻重的念头，结果，当然是事情越来越糟。虽然他始终以谨小慎微的态度行事，可最终还是免不了被人抛弃的命运。

中世纪神学最不幸的一点，就是它认为人和整个人类社会都是在不断堕落的，不断地从最初的极高地位下降到了如今最卑微的起点。可是，人类社会其实一直在发展、进步。无论何时，我们都应谨记上帝是不会抛弃我们的。如果很不幸，我们走向了堕落的深渊，那也仅仅是由于我们自身的错误罢了。对于人类，上帝从来都是满怀仁慈的。

人类自身就是一个特殊的贵族群体，如果我们身体内流着的是贵族血液，我们为什么还要去自轻自贱呢？唯唯诺诺不是人类的本性，豪情盖天才是我们应有的权利。

现在的问题是，我们本身并没有意识到这一点，因此，我们也不能保持那些看得见、摸得着的优秀品质。其实，我们完全可以反过来想一下，那样，我们就会很自然地联系到更加真实的自我。那样，我们在自己的言行举止中也会努力表现出积极、崇高的一面。

用什么样的心态生活，我们就会给人留下什么样的印象。即使我们不相信自己将来会有所成就，我们的自信心也会使我们变得坚强有力。充满必胜信念地活着，是我们每一个人都应该具备的心态。或者相反，你可以贬低自我、逃避别人对我们的评价，但是，同时你也要做好面临失败的心理准备。在世间，正是这两种截然不同的心态，才造成了人与人之间的巨大不同。

我们为什么要做别人的跟屁虫呢？我们为什么要整日哭哭啼啼、畏首畏尾呢？我们为什么要亦步亦趋地去模仿他人呢？其实，只要求助于自身的灵魂和思想，我们每个人都能勇敢地昂起头来，做一个开心、自信的我。合理评价自己、善待自己，我们就不会注定只是一个失败者。

今天，在我们这个社会中，为什么工薪阶层总是处在贫困和缺乏社会地位之中呢？其中一个最重要的原因就是他们脑海中有低人一等的观念。正是由于这个原因，才使得他们难以做出高人一等的事情来。不能以勇敢、独立的心态站立于众人之前，当然也就很难引起雇主的高看，从而为自己迎来命运的转机。明智的雇主喜欢选择那些自认为和他平等的员工，而那些唯命是从、唯唯诺诺的人，则会受到他的轻视。百依百顺并不能为自己带来很大的利益，相反，还会使自己失去很多。一个雇主，绝不可能信任那些把一切都交给别人的人，拥有独立的人格，应该是每一个优秀人物的必备条件。

无论我们有没有意识到，我们都不能否认自信心的巨大作用。在世间，没有什么事情，是自信心所不能承受的。

一般情况下，一个人最大的缺陷，就是自信心的缺乏。

拥有自信的人，肯定比那些不自信的人的能力强。许多人之所以沦为失败者，一个重要原因就是不能合理地调整自己的心态，让它自信地翱翔于广阔的天宇中。如果没有自信，肯定就不能获得成功。如果没有充足的自信心，即使是拿破仑，也不可能取得一场小规模战斗的胜利。

对一个胆怯、害羞、敏感的人来说，最需要学习的能力不是各种技能，而是无论面对什么都毫不气馁的自信心。这种坚强的自信心，不仅能够使他的能力倍增，而且还能为其树立崇高的道德榜样。而这些都是有助于一个人的成功的。

NO.3/ 相信自己会成功

自信心是成功者的得力助手。对一个成功者而言，再没有比自信心更重要的东西了。

自信心是每一项成功事业的领航者。正是它为我们指明了前进的方向，也正是借着它的光亮，我们才最终看到了胜利的曙光。自信心在某种程度上来说，是洞察一切的能力或本能，从它身上，我们看到了自己的发展前途。在督促我们成就大业的诸多因素中，自信向来都是第一位的。不要再犹豫，只要掌握了自信心，我们就能够获得成功。

直到现在，还没有人对自信心的巨大作用产生怀疑。忠于职守的人，总能在自信心的协助下，慢慢地走出令人心碎的困境。坚毅的表情、满怀希望的双眸，这是我们每一个人都希望拥有的东西。可是如果缺乏自信心，这一切都会是镜花水月。正是自信心这种精神，使得那些不名一文者，在贫穷的境地里，不停地奋斗，直到获得成功。拥有自信心的人，即使是在家人和最心爱的人都误解自己的时候，他们也能坚持下去。如果没有自信心，这些磨难足够他死一百次。世人都对那些成功者投去羡慕的目光，可很少有人去探索一下他们背后的故事。一个人只要丧失了自信心，那么，他也就等于给自己判了死刑。不能把全部身心都投入到事业中去的人，是不可能获得成功的。其实，只要愿意，我们每一个人都有可能成为万人敬仰的英雄。

自信心是一种心灵感应，无论做什么事，它总是会先行一步。在思想上，自信的人有先见之明，并且这种先见之明，往往能够使他们看到其他人难以看到的东西。自信还是一名导游，它能引导着成功惬意地畅游于你的心田之中。有了它的帮助，只要精神能力不是太差，我们就很容易踏上成功的大道。

伟大的发现往往来源于那些拥有极强自信心的人。正是由于自信心，那些伟大的发明家和工程师，才能通过自己的辛勤努力取得成功。

对自己的未来不抱怀疑之心的年轻人，才有可能最终取得成功。自信不仅是困难的克星，还是贫穷人家的好朋友。无论何时，自信心都是贫苦人的最好资本。自信的人，往往能够办成别人无法成就的事。而光有才能没有自信的人，是很难取得成功的。

在翻越阿尔卑斯山时，如果拿破仑有任何一丝犹豫，他的军队就绝对不会获得成功。

最后赢得胜利的人，肯定是那些既懂得制定目标，又有超强自信心的人。藐视困难、绝对不允许失败在自己身上发生的人，是永远也不会失败的。

很多成功者都相信自己能够完成正在从事的事业。同时，也正是在这种思想鼓舞下，他们才做出了一项项惊天动地的大事业。在他们坚强的决心和坚定的信念中，包含着一种不可违背的力量。正是这种力量，帮助拿破仑实现了称霸欧洲的梦想。如果不能改变自己的心态，那就不要去梦想辉煌的未来。

对自己的未来不抱怀疑之心的年轻人，才有可能最终取得成功。

对一个人来说，自信心就像是暴风雨中的海燕，勇敢地穿梭，为你带来成功的讯息。有了它，即使面临黑漆漆的未来，你也会毫不迟疑地直奔目的地。

要击穿坚固的钢板，需要用大炮从远处射击。当它的速度足够大时，击穿轮船的钢板就不再是一件很难的事情了。只要有自信心，这个世界就会为我们让开道路。只要目标明确、精力充沛，我们就会有所成就。积极进取者和刚毅果敢者，肯定不会在面临困难时灰溜溜地逃跑。先要知道困难是大还是小，这样你才能提前做好准备。而那些优柔寡断、犹豫不决和意志薄弱者，是肯定不会懂得这种做法的重要性的。对一个人而言，缺乏自信心就好比一艘船没了船舵，那是极其危险性的。在困难面前唯唯诺诺，只会使自己变成一个无足轻重的小人物，这是因为他们太缺乏排除万难的精神动力了。

要勇于表达自己的心愿，如果你想成就大事，就不要放过任何可以得到力量的机会。“相信你自己，让整颗心随着你的灵魂跳动。”这应该成为每一个人的座右铭。

这种希望自己成就伟业的愿望，肯定能够使自己的未来一片灿烂。沉睡不醒的力量在自信心具备时肯定能够苏醒过来。而它一旦苏醒过来，我们肯定可以利用它来改造整个世界。如果不对自己提出更高的要求，我们就肯定不会得到任何形式的成功。

如果父母和老师都骂你是一个傻瓜、笨蛋，那么，你就要证明给他们看，让他们知道他们的说法是极其荒谬、错误的。除此之外，你还要对外界宣称，你不仅不傻，而且还很聪明。你还要相信自己完全有能力获得成功。

不管别人怎样评价你的能力，你都不能失去对自己的信心。如果你对自己能够成为杰出人物的能力感到怀疑，那么，你就肯定不会获得成功。很大程度上说，你怎样暗示自己，你就会得到怎样的结局。因此，无论如何，你都要尽可能地增强自己的自信心。

在尼罗河战役打响前的一次军事会议上，纳尔逊刚刚讲解完自己制定的作战方案，巴利上尉就激动地问道："如果我们成功了，不知道世人会怎样评价我们？"纳尔逊听了，坚定地回答道："在这种情况下，没有如果，也不能假设如何，我坚信我们一定能成功。至于谁能从战场上活着回来并成为英雄，向世人讲述这里所发生的一切，那只有去问上帝了。"

上尉军官们纷纷起身，准备回到自己的战舰上时，纳尔逊又说道："先生们，到明天这个时候，我可能被授予了贵族头衔，也可能长眠在威斯敏斯特大教堂的墓地中了。"他的双眼中充满了对胜利的渴望。当别人还在为战争的成败而忧心忡忡时，他却仿佛看见了胜利女神正向他微笑。

只要有自信心，这个世界就会为我们让开道路。

被拿破仑派出去探路的工程师们疲惫不堪地站在他的面前，拿破仑焦急地问道："我们能从胜伯纳山口直接穿越阿尔卑斯山吗？"工程师们面带难色，小心翼翼地回答道："也许可能吧。"拿破仑道："既然可能过去，那我们就前进吧！"他心里也十分清楚，穿越阿尔卑斯山将是极其困难的。

英国人和奥地利人听说拿破仑要穿越阿尔卑斯山时，都不屑一顾地撇撇嘴，冷笑道："他简直就是一个疯子，那可是连鸟儿都飞不过去的地方，何况他还率领着七万军队，拉着笨重的大炮，带着成吨的战略物资呢？"

可是，他们做梦也没想到，拿破仑竟然成功穿越了阿尔卑斯山，解救了已陷入绝境的马塞纳将军。自认为胜利在望的奥地利人不禁目瞪口呆。拿破仑并没有在困难面前退缩，而是勇敢地迎接挑战并且最终战胜了它。

有很多指挥官率领着强壮的士兵，带着精良的装备，却不能成功，这是为什么呢？因为他们缺乏拿破仑那种坚定的信心和无畏的勇气。困难对于每一个人来说都是一样的，只有像拿破仑那样勇敢地迎接挑战，才能获得成功。

在我们周围总有这样一些人，看到别人成功时就不屑一顾地说："那有什么，我去做也能成功。"还有另外一些人，在遇到困难时，总是千方百计地找出一些理由，来证明他们所遇到的困难是无法战胜的，从而心安理得，眼睁睁看着机会白白地溜走。

NO.4/ 自信心是成功的基石

不对自己的使命抱有强烈自信心的人，是不可能有所建树的。无论是对自己，还是对他人，我们都不能失去信心，这是肯定我们在世界上存活的唯一证据。

不管能力高低，只要有自信心存在，我们就不至于迷失方向。自信心能够产生力量、恒心和伟大的品格。某种意义上来说，我们对某个人的信任程度与他的自信心成正比。我们信不信任一个人，也与他的自信心有很大的关系。对工作马马虎虎、敷衍塞责的人，是永远也不可能获得真正意义上的成功的。

几乎每一个成功人士，都有为自己的前途努力奋斗的习惯。无论前途多么暗淡，也无论如今的处境多么令人沮丧，他们心中始终保留着一份自信心。这种对前途满怀希望的习惯，可以使每一个人获得梦寐以求的成功。

以往，我们的能力往往只用来执行命令，而如今，我们要按照自己的期望勇敢地活下去。不管我们对自己的期望有多高，现在我们要做的就是培养自信心。如果我们能够对自己多一点信心，如果我们能够不断地努力，那么，成功对我们而言就不会是一件很困难的事。当我们信心十足地冲向彼岸时，我们的自信心和勇气就会为我们赢得回报。而那些丧失自信、丢失勇气的人，那些凡事马马虎虎、敷衍塞责的人，是不会得到任何收获的。

人的心理力量是十分巨大的。如果缺乏勇气和信心，我们就不可能取得成功。如果在强力意志前屈服，我们的一切能力就会丧失殆尽。同理，如果做人不自信、动摇，那么，我们的事业也会随之动摇。自信和勇气并不是与个人的行为毫无关联的，它们也是心理力量的重要组成部分。当自信心薄弱时，我们的心理能力就会相应地削弱。

当面临糟糕的处境时，很多人总是习惯地认为自己不可能完成这件事情。其实，无论干什么，只要不丧失自信心，我们就还有成功的机会。就是由于不放弃，许多人才取得了惊人的成功。

刚开始时，很多人并不相信自己会成功，总是觉得机会、命运不利于己。而抱着这种思想去做事，毫无疑问，只会遭遇失败。可是，如果能够换个思路，如果我们能够让心态健康、快乐起来，那么，我们就不会只得到失败。要知道，一个人的成功首先是心理上的成功。总是对自己抱有怀疑，肯定会和失败不期而遇。

自信心能够产生力量、恒心和伟大的品格。

现实生活中，许多人之所以遭遇失败，就是因为他们不懂得如何用自信心来武装自己。很多人平庸一辈子，直到晚年才领悟这个道理，可是为时已晚。面对那些隐隐呈现的危险和障碍，我们万不可想得过于严重和危险，如果这样做，只会使自己的自信心遭到严重打击。情绪低落时，自信心也会受到它的影响，在这时，是不适宜做任何大的决策的。消极的情绪，只会使人们的思想极端恶劣、毫无创造力。自信心和胸中燃烧的希望之火，激发了人们的才能，使人们在面临危险困顿时也能勇往直前。

总是夸大困难和问题的严重性，不仅不会为我们带来任何好处，反而会削弱我们前进的力量。当一个人的自信心和创造力遭受沉重打击时，他是无论如何也干不出一番伟业来了。内心坚强、蔑视困境的人，总能为人们带去自信的欢笑。

总是怀疑自己能力的年轻人，是不可能成功的。从心底里不相信自己的商人，是不可能获得巨额财富的。如果要经商，需要多长时间才能成为一名真正的商人呢？其实，只要拥有永不言败的心态就可以了。古往今来，良好的心态向来都是欲成大事者的人生灯塔。无论做什么事，在动手之前，观念就已经为它言明了结局。想要织网，首先就要在心中想好图案。没有理想的人，只会走在行动后面。自信心在某种程度上也为我们指明了前进方向。正是我能行的信念，才支持着我们不断获取成功。

如果一个年轻人对自己的将来不抱有信心，那么，他会从一开始就输掉了整个人生。在漫漫人生旅途中，只有少数人能够发财致富，而其余的大多数人则都是穷光蛋。也许直到现在，你还是那些大多数穷光蛋中的一个吧？也许直到现在你还在为自身的贫困深深发愁吧？

正在苦读的学生，如果每天都大谈自己将来不可能考上大学，如果整天都抱怨自己生不逢时，如果每天都认为自己没有其他人的帮助就不可能上大学，那么，他哪里还有时间来实现自己的梦想呢？

如果一个年轻人在失业之后，总是怀疑自己再找到工作的能力，并且见人就说“我真是一点用都没有”，那么，他就肯定不可能获得梦寐以求的好职位。

我曾认识几个决心要成就一番事业的人，在他们之中，有的人想成为律师，有的人想成为医生，而另外一些人则想成为商人。可是他们缺乏恒久的自信心，遭遇一点困难就变得目瞪口呆、沮丧气馁。像这种人，往往在还没有大展宏图时，就由于意志不坚而偃旗息鼓了。每一天，这些人的目标都在变化。

此外，我也认识几个热爱自己职业的小伙子，他们既精力充沛又刚毅坚强，仿佛什么都不能动摇他们的前进决心。这是因为他们知道，坚强的决心就是他们生命特质的一部分。

如果有机会和那些功成名就者接触，你就会明白这些人最珍贵的特质就是自信。在他们的脑海中从来没有失败的印记，好像他们生来就是为了获取成功似的。即使这种信心近乎盲目，他们也完全毫不在意。即使别人说他们是有勇无谋、鲁莽愚蠢，他们也仍然坚持自己的观点。这种自信心不仅作用于他们自身，也对他人有很大的益处。当感到自己能够掌控局面时，他们就会奋勇出击，毫不留情，直到获得成功。平日生活中，他们就显示出了成功者应有的潜质。这种力量是如此强大，乃至别人根本不可能否认或装作视而不见。

如果不能以坚强的形象面对世人，我们就不可能给别人留下深刻的印象。心中充满了怀疑和忧虑，我们是绝不可能获得成功的。一些人虽然在言谈举止上表现出了必胜的信心，但我们还是一眼就能看出他内心的虚弱和贫乏。自信的人，他们的气度就是最好的通关密语。当我们第一眼看到他们时，我们就能很容易地信任他们。有时我们相信他们的能力，要远远多于相信我们自己。

无论做哪一项工作，我们都希望能够获得他人的信任和支持。我们希望别人能够执行我们的计划，按照我们的设想坚定不移地走下去。但是，如果没有坚定的自信心，我们是绝不可能办到的。生命太短暂，追求成功要立刻行动，如果你不很快地树立自信心，不久的将来，你就会被抛到时代的后面。世人很容易接受别人对自己的评价，除非对我们做出评价的人在前进的途中确实犯了很大的错误。在开始行医前，医生需要得到病人的承认和信任。如果一个刚开始走上律师道路的年轻人不相信自己能够独当一面，那么，他肯定不会得到想要的东西。

能力相仿、受教育水平相当的几个人，其中的勇往直前者，肯定能够在最短的时间内获得最大的成功。人们向前走的过程，就是不断向世人展示自己能力的过程。

承认自己能力的缺乏，就等于给失败让开了道路。不管人生之路多么黑暗，我们也要坚信明天会更好。千军万马的独木桥上，只有那些坚信自己一定能赢的人，才会获得成功。欲想成就大事的人，是从来不会对自己的信心有一丝一毫动摇的。世间再也没有比失去信心更令人沮丧的了，许多人之所以遭受失败，就是这个原因。

你要永不停止地向着自己的目标前行。只有那些永不满足的人，自信才会找到最终的容身之所。每一次努力，都会在你身上留下印痕，而不论是好的，还是坏的。要想使自己变得高尚，首先就要认为自己是高尚的。只有先从心底树立优秀的品质，将来才能成为优秀的人。

> **良好的心态向来都是欲成大事者的人生灯塔。**

NO.5/ 培养勇气和自信心

言必信、行必果，这是每一个成功人士都应该具备的优良品质。只有那些富有责任心、敢于承担责任的人才能获得最终的胜利。要对自己的事业负责任，就要有坚定的自信心。没有始终相信自己能够成功的自信心，一个人是绝对不会获得成功的。

在自己的一言一行中都体现出超凡自信的人，是最能够获得别人的特殊尊敬的。

遇到挫折就灰心丧气、精神沮丧的人，是不会有成功的一天的。

没有人是不经历过失败就直接获得成功的。在那些成功者之中，不少人不仅经受过失败的创痛，而且有的还险遭破产。但是他们最终都能够在废墟上站起来，能够东山再起、卷土重来。这不得不归功于他们坚定的自信心和不怕失败的勇气。

无论困难有多大，也无论挫折会把我们伤害到什么程度，我们都应该有再次站起来的勇气。别人是不可能击垮我们的，除非我们自己倒下。

有了坚定的自信心，我们就不会成为那种毫无主见、瞻前顾后的人。丧失了自信心的人，就好比是一条漂浮在水面上的死鱼，只能随着水流东飘西荡。而一旦有了自信心，你就会不畏艰险、逆流而上。

缺乏自信心，不仅会导致自己在经济上受损失，而且还会使自己的事业遭受失败。

除了丧失人格，没有什么是比丧失自信心更能让人痛心的了。没有了自信心，就像是一个人没有了脊背，是无法站起来的。

真正的勇者，是不会惧怕任何艰难险阻的。在勇敢者面前，所有的困难险阻都无计可施。被投入监狱后，班杨仍然写出了著名的《圣游记》；被挖去双眼后，密尔顿仍然坚持写出了世界名著《失乐园》。正是靠着一往无前的决心，帕克曼才能够写成《加利福尼亚与俄勒冈小道》；也正是靠着坚强的毅力，英国邮政总局长夫奥西特才会有今天的地位和声名。在人类历史上，这样的例子有太多太多，他们的成功都是以坚毅的精神为基础的。

只有坚定的自信力，才能够激发一个人的潜能。潜能就像是水蒸气一样无形无状、可大可小、无拘无束，除了自信这个容器，谁都别想留住它。

从一个人的一举一动中，我们就可以看出他是不是一名成功者。眼光敏锐的人，能够从身边路过的人的走路姿势，看出他们中间哪些是成功人士。成功者的走路姿态与失败者截然不同。他们的一举一动都流露出十分自信的样子。自立自主、有信心、有决心是一个人成功的保障。而那些不学无术、好逸恶劳的人，他们的一举一动都会流露出怯懦怕事、拖拖拉拉的性格特征。

成功的人魄力十足，他们不会等别人来给自己下指令。他们从来没有遇事支支吾吾、糊里糊涂的时候。这是由于他们有强烈的自信心，有不达目的绝不罢手的决心。一个失败的人，在行为和言谈举止上，处处显示出无能为力的样子。这样不仅他们自己觉得生活没劲，而且他周围的人也会感到窒息郁闷。像他们这样只听从于命运摆布的人，是什么时候也不会成功的。

自信会使一个人的才干源源不断地涌现出来。自信心可以创造奇迹，在一个人的事业上，自信会让你抓住每一个良机。遇到困难时，它会给你迎难而上的勇气，使你的潜藏能量激发出来。

想要成就一番事业固然需要才干，但是只有才干是不行的。没有自信心相协助，才干是不可能全部发挥出来的。很多人就是由于缺乏自信心，结果无论是在言行上，还是生活态度上都不能做到得心应手。

危急的时刻是最能显示一个人的才能的时候。在生意冷清、存货严重积压、店员没有责任感、外面又有人逼账时，是最能够显示出一个商人的实力的时候。在这时他的一举一动都会明明白白地告诉大家他是怎样的一个人。如果为了一点微不足道的小事就大发脾气、暴跳如雷，那么，别人就会知道他是一个不能控制自己情绪的人。一旦在别人心目中形成了不好的形象，你就会在前进途中孤立无援、狼狈不堪。

人生不会永远一帆风顺，也不会永远是漆黑一片。在一个商人生意兴隆时，固然容易喜气洋洋、春风得意。但是在生意下降、市场萧条、入不敷出时，也应该拿出十二分的勇气去面对。在逆境中还能做到拥有十足的勇气、不怨天尤人的心态是很不容易的。当多年来的心血毁于一旦，你却仍然能够以和善、友好的态度来待人，那更是不容易做到的。只有那些对自己极端自信的人，才会有如此杰出的表现。他们看透了名利，胜不骄、败不馁，一直在按照自己心中所想的前进，这样的人是不会被彻底打倒的。他们是上天的宠儿，是人世间的精英。

在商场中打拼，每个人都会有遭遇失败的时候。在处境艰难的时候，优秀的商人是不会怨天尤人的。一个只会说“我快要失败了”、整天抱怨“时运不济”的人，是很难获得成功的。对待任何事情，你千万不可向着坏的方向想。无论何时都要抱有乐观的态度。自暴自弃只会给自己带来更大的灾难。没有乐观的态度，我们就会觉得所有的事物都笼罩在失望、挫败、无法成功的气氛中。一旦陷在这样的思想深渊中不可自拔，那就永远不会有看到成功的一天。就像是一棵幼苗的成长，一定要有阳光的照耀一样，一个人的茁壮成长也需要经常的鼓励。

在通往成功的道路上，你要不断地排除影响自己取得成功的敌人。我们要用乐观积极的态度去改变外界的环境、去扫除外界的阻碍势力。无论是什么事情，你都要向着好的方面、有益的方面去想。千万不可整日唉声叹气，总是考虑自己失败以后该怎么办、那时的处境将是如何的悲惨。

人们总是欢迎那些做事光明磊落的人。人们会受到他们的影响而变得生气勃勃，感到无比的愉悦。一个只知怨天尤人的人，只会将大家都拖入失望的泥潭。在这个世界上，我们都想满怀希望、愉快活泼地活着。没有人愿意整日满面愁容、无精打采。

有了必胜的决心，就会不自觉地透露出自信的气质。在他的言谈举止中，无不充满着坚决、果敢的风度。人们能够很容易受到他的影响，人们也最敬仰这类人。

自立自主、有信心、有决心是一个人成功的保障。

只有那些胸有成竹、在各方面都十分有把握的人，才能获得最终的胜利。那些不做好充分的准备就贸然行事的人，是只会落得一个失败的结局的。

非凡的气度，能够使自己获得多方面的益处，从而有利于自己的成功。要养成非凡的气度，就一定要对自己充满自信。在自己的一言一行中都体现出超凡自信的人，是最能够获得别人的特殊尊敬的。人们看到他那永远生气勃勃、精力充沛的样子，就知道他会是一个必能取得成功的人，所以也就乐于帮助他。而对于那些缺乏决断力和自信心的人，每天总会是一副死气沉沉的样子。无论是自己的言谈，还是行为，都会留给人一种懦弱无能的印象，这样的人怎么可能有人愿意去帮助他呢？

一个人的自信度越高，他获得的成就也就越高。就像喷泉的高度无法超越源头一样，一个人成就的高度也绝不会超越自信的高度。

如果感觉到能够胜任一件工作，那么你就应该立即下决心去行动。在你的事业有了一定的基础之后，你就不要再犹豫动摇了。按照自己的计划去继续努力，不要考虑后退和失败就行了。只要有坚定的自信心、毫不畏难地坚持走下去，你就肯定能够获得一番成就。

想要摘取美丽的玫瑰花，就要不怕被它上面的刺扎伤。想要取得成功的桂冠，肯定要走过很长一段的荆棘路。在前进的路上，有很多拦路虎，它们一直在考验着你的自信心和忍耐力。但是它们并不是不可祛除的，只要你不灰心、不气馁，任何拦路虎都是可以打跑的。只要你紧紧盯着自己的目标，坚定地朝着自己的目标前进，你就会有成功的可能。就算是由于种种原因，你不能获得最后胜利，但在这过程之中，你也会收获很多东西。

把自己的意志培养得如钢铁般坚硬吧！不要因为外界的原因，轻易改变自己的意见，这是引领你走向成功的诀窍。你要在自己的脑海中打消一切古怪的念头，不去想太多的无聊问题，遇事要赶快决策、立即行动。

由于没有坚强的自信心，世界上产生了很多的失败者。他们都是一些心神不定、犹豫懦弱的人。遇事他们总是三心二意，缺乏理智果敢的决策能力。其实，在他们身上也有成功的因素，只是它们被懦弱和无能掩盖住了。

无论在何种情况下，都要高昂起自己高贵的头颅。就算是丧失了一切，你也不可以丧失可贵的自信心。你要时刻提醒自己做命运的主人，而不做命运的奴隶。向恶劣的环境屈服，就是把自己置于极端危险的境地中。外界的力量可以夺走你一切的东西，但无法夺走你潜藏在内心的力量。你要无时无刻地向着自己的目标前进，所有能够影响你成功的要素，你都应该抛向一边，只留给自己坚强的自信心和战无不克的勇气。只要你改掉了身上那些犹豫彷徨、懦弱多变的性格弱点，养成坚强有力的个性，就算是处在危难的境地中，你也一定能够力挽狂澜、扶大厦于将倾。

自信的力量是无法估量的。很多人由于失败而丧失自信。但是也有很多人，由于重拾自信而东山再起。一件事情发生在谁身上本没有什么不同，但就是由于各人的秉赋不同、自信力不同、勇气不同，结果也就变得大不相同了。

NO.6/ 勇气会滋补你的生命力

当开始一天的工作时，你会不会带着勇气上路呢？你将如何面对这个复杂多变的世界呢？在你的内心里是不是有一种对未来的恐惧感呢？

有勇气的人从来不会被打败。就像弥尔顿所说的那样——土地丧失了，那有什

> **自信和勇气是精神中的积极品质，而恐惧和焦虑则是精神中的消极品质。**

么关系呢？即使是全部的财产都丧失了，又有什么关系呢？只要还有不可被征服的志愿和勇气，我就永远也不会是失败者。

“诸神在强烈的兴趣下，为你看护着超常的勇气。”睿智的罗马哲学家塔西佗如是说。

我们习惯于通过一个人的内在精神评判一个人。但是我们要明白，一个人的内在精神是由他的决心、意志力和勇气创造的。如果能够拥有一种完美的精神，我们就好像具备了成功的潜质，全世界都会来关注我们的一举一动，这就好像丹尼尔一样。人们只欣赏那些创造者、成功者和有成就的人。这个世界上具有永恒价值的东西，都是一些有理想、有勇气的人创造出来的。所以，如果你想获得成功，想要生活过得更有价值，你就要学着做一个有勇气、有魄力的人。

勇气是这个世界上滋补精神的最好药物。如果你能时刻充满希望、满怀信心地工作，如果你能一直期待着创造伟大业绩，并相信你能取得成功，如果你能时刻展现出你的勇气，那么，就没有什么事情可以阻挡你前进的步伐。有了不屈不挠的勇气，即使遭遇了失败，你也会相信那只是偶然的、暂时的，你会相信最终你必能取得成功。

相反，如果你认为自己非常渺小，如果你认为自己只是一个效率低下、微不足道的人，如果你不相信自己可以出色地完成任务，那么，你就不可能登上人生的制高点，你就不可能超越狭隘的自我，你就会在自我贬低和羞怯、懦弱面前止步不前，你就会损害你的职业生涯和身体健康。

自信和勇气是精神中的积极品质，而恐惧和焦虑则是精神中的消极品质。在一个人的大脑中，双方是水火不相容的。你要么成为一个强大有力、充满信心的人，要么就成为一个忧虑、感伤的人，除此之外再没有其他路好选。

莎士比亚说：“勇气是在偶然的机会中被激发出来的。”但是，如果我们不让自己时刻保持一种接受勇气的态度，那么，当这个机会到来到我们面前时，我们也不可能抓住。在临睡前，在起床前，你都要这样告诉自己："我能成功的，我一定会取得成功的。"并且以此为基础，带着自信和勇气上路。只要做到了这些，我相信世间没有任何事情可以阻挡你获得成功。

勃朗宁说："我曾经是个战斗者，一生进行了多次的战斗，并且力争成为最好和最后的一个！我随时都准备着面带微笑去迎接死亡。"人类的历史是勇敢者的历史，其间充满了有关勇气、磨难、胆量和坚强意志力的故事。正是勇气引领着这个世界上的大多数人，让他们克服重重困难、做出一些看似不可能的事情。没有勇气的人是不可能成为领导者的，跟在别人身后、唯唯诺诺的人是永远也不可能取得成功的。"前面不应该有阿尔卑斯山挡着我们的去路。"拿破仑如是说。于是，率领着部队，他顺利翻越了阿尔卑斯山，到达了意大利境内，并取得了胜利。不屈不挠的精神，是现代许多英明的领导人都具有的优秀品质。

观察一个人的反抗能力，或者观察他在困境中的忍耐力，我们可以对这个人做出客观、公正的评价。

依靠不屈不挠的意志力，历史上无数的男男女女克服了重重困难，最终取得了成功。看一看那些在艺术、音乐、文化和科学方面取得巨大成就的人，我们就会发现，他们无一不是有坚强意志和勇敢决心的人。还有那些杰出的领导者，他们更是勇敢的典范代表。著名历史学家弗朗西斯·帕克曼先生，一生受人尊敬。我读了他写的《俄勒冈行记》一书，很受启发。他发现了一种可以成功穿越危险和困境的方法，而这需要坚强的决心和意志力为基础。如果少了这两种优良品质，那就肯定会在前进的过程中遭受打击并丧失信心。由于视力衰竭，加上神经系统某种紊乱的加重，帕克曼先生最后几乎全瞎了。身体状况的恶化，使他从拐杖上换到了轮椅上。此外，一种大脑上的疾病，往往使他要保持连续几个小时的神经高度紧张。最后病情恶化，他竟然不能完完整整地看一本书或阅读必要的文献。在开始写作生涯时，每天平均6行字的工作量是他的最高限额。其实，弗朗西斯·帕克曼先生的生活，就像一位传记作家表述的那样："那是一场关于荣誉的战斗，他和命运展开了殊死较量。他一次又一次地制定新的航线和目标，却又一次次地遭到猛烈狂风的袭击，最终归于失败。可是帕克曼先生并没有气馁，他一次又一次地四处寻找目标，并且始终保持着高度警惕，全副武装，并且下定决心要永不放弃、绝不投降。"

自信和勇气会伴你取得成功。在生活中你是不是会遇到很多困难、侮辱和诽谤呢？别人的反对意见会不会让你退缩不前呢？是什么在支持着你不畏艰难地向前走呢？其实，这些都是因为有自信和勇气在你身上的缘故。有了自信和勇气，即使所有人都反对你，你也会继续战斗；即使在你生活最黑暗的日子里，你也可以高举理想的风帆继续前行。只要有了自信和勇气这两种优秀品质，就没有任何困难能够把你打倒。

要想变得勇敢，就要去思考那些充满勇气的问题。如果你想成为一个国王，你就要学会国王的思维。只有经常思考的东西，你才会有一天把它变为现实。只有不断强调勇气，我们才能变得勇敢而坚强。

说了这么多，那么什么是勇气呢？其实，勇气就是潜藏于人们意识深处的对自我的确信，就是相信自己的能力能够压倒一切的信念，就是相信自己有足够应付一切紧急情况的才能。要想增强自己的勇气，我们就要培养自尊、自信和自我肯定的意识。任何可以促进我们更多思考，更多想象的东西，都会给我们带来巨大的勇气。无论是谁，如果不相信自己，他就不可能变得勇敢。

无论要培养和增强哪种能力，我们首先要做的就是培养与这个能力相关的优秀品质。其实，勇气并不单单是一种优良品质，它还和自信、坚强和卓越的意志力紧密相连。勇气本身更是一种处世能力和对待事情的态度，就是这种处事能力和态度，把世间那些优秀的人同卑微的人区分开来。同时处理一件事，如果你用一种胆怯、缺乏自信的方式去对待的话，那么从一开始你就已经失败了一大半。

我们教育孩子有一个很重要的部分，那就是培养他的自信心和勇气。在幼年时期，孩子什么也不懂。但是一旦他略通世事，你就要教会他相信自己。只有这种信念，才能唤起他体内“我一定可以成功”的欲望，这对他以后取得成功是非常重要的。一旦“我一定可以成功”的信念在他心里生根发芽，他就掌握了生命的主动权。这种力量无疑是强大的，我们要从一开始就把这种观念赋予他，这样，他的生命才会更加健康和发达。相反，如果自小他的这种精神就很虚弱，那么他的生命也会变得十分虚弱，甚至不堪一击。在虚弱统治的领域，成功是无法进入的。

勇气常常在绝望、无助的环境中被激发出来。我们常常听到这样的事情——一个身体羸弱、抱病不起的人，一旦面临十分危急的情况，比如说一场突如其来的大火，地震……他就会表现出前所未有的勇气，做出令人吃惊的举动。那么，是什么造就了他以前虚弱、以后勇敢的巨大差别呢？这就是外界环境不同，结果导致了一个人的内心也有不同。我们可以想象一下，在整个人类进程中，如果每一个虚弱的生命都变得勇敢、坚强，我们人类将会变成一个多么了不起的物种啊！一天的工作结束后，如果你能够仔细清查一下当天的收获，你就会明白这个观点的正确性。我们取得的大部分成就的时候，不是在心平气和时，而是在绝望无助时。在那样的环境下，我们的勇气被激发了出来，因而能够不顾一切地向前冲，结果就取得了成功。

勇气并不单单是一种优良品质，它还和自信、坚强和卓越的意志力紧密相连。

生活是一种责任，我们不能仅仅只为自己活着。如果每天早上出门时，我们能够想一下我们爱的人和爱我们的人，我们就会获得心理上的巨大满足，同时也会获得前行的巨大勇气和自信。正是这些人，使我们贫瘠的生命焕发了光彩，正是他们使我们能够忘记一切烦恼和忧愁。如果缺少了他们的精神支持，也许我们早就倒下了。正是有了他们的鼓励，我们才能提高工作效率、尽全力得到梦想中的东西。

在生活中，一个值得信赖、健康和不可征服的人，才有可能获得别人的认可。也唯有这种信赖，才能帮助你在社交生活中取得成功。即使你犯了错误，但是由于以往的良好信誉，大家也会原谅你的。

如果你有谁也无法把你打倒的自信心，那么，无论在你身上发生了什么事，你都不会受其影响。当你意识到，你能够从造物主那得到源源不断的能量供应时，你就离成功的距离越来越近了。

全面的准备能为获得勇气打下良好的基础。一名优秀的外科医生之所以有敢动别人不敢动的手术的勇气，就在于他为这种手术做了多年的准备。如果你接受过某方面的专业训练，你就会比一个刚刚踏入此行业的人有勇气得多。美国的童子军全世界有名，可是你知道他们的座右铭是什么吗？那就是——时刻做好准备。

有些人就是由于自己没有做好充分的准备，结果往往无法胜任别人交付给自己的重要工作。此外，没有做好准备，也是虚弱和胆怯产生的原因之一。

卡莱尔说：“要想成功，首先要了解自己的工作，然后像赫拉克勒斯一样辛勤工作。”许多优秀的讲演者之所以能够吸引众多的观众，就是由于他们提前做了充分的准备。

和低人一等的错觉会带给我们羞怯感一样，如果我们能够意识到自身存在的巨大潜力，我们的勇气就会大大增加。依靠这种神秘的潜能，我们就能产生克服恐惧的信心。

只要我们始终面带微笑，始终以一颗充满阳光的心去看待整个生活，我们就能获得相信自己的勇气和自信心。

在日常生活中，我们同样需要非凡的勇气。坚持做一个诚实的人，有时比面对枪林弹雨更需要勇气。以真面目示人，让别人知道我们的真实想法，这需要勇气；与良师益友交谈，而不盲目地随波逐流，这需要勇气；不管身边的人如何评价自己，总是尽力维护自己心中的理想，这也需要勇气。总之，在生活中，即使是小事情，也需要我们具有很大的勇气。正是在这些微小的事情中，我们看出了一个人的真实面目。正是有了在这些微不足道的小事上的训练，我们才能在危险来临时，表现出英雄气概。像一切优秀的领导者一样，只有做好了一切准备，我们才能为自己迎来成功、确立应有的地位。

NO.7/ 树立自信心能够创造奇迹

士兵对统帅是否敬仰和有信心，直接关系到一支军队战斗力的强弱。因此，很多人都愿意相信，同样的一支军队，如果由拿破仑来率领，它的战斗力就能增强几倍。在战争中，如果统帅自己都抱着犹豫和观望的态度，那么整个军队就肯定会陷入混乱。在战争中，正是由于拿破仑坚强的独立意志和极强的自信心，才使他所统率的士兵增强了战斗力。

即使是极平凡的男男女女，如果拥有了极强的自信心，他也能取得成功。即使拥有过人的天赋、高尚的性格，如果缺乏自信心，胆怯而意志不坚定，他也必将一事无成。

能否成功取决于是否有坚定的自信力。无论一个人才干多么不出众，只要相信自己能够做到，他就一定能够获得成功。

一次，战争胜利后，一个士兵骑马去给拿破仑报信，由于速度太快，马在中途就体力不支，一命呜呼了。拿破仑看完信后，立即写了封回信交给报信的士兵，并且吩咐那个士兵骑上自己的马，尽快把信送回去。

那个士兵看着统帅的骏马，对拿破仑说："不，将军，我不配骑这样的马，我太平庸了。"

拿破仑认真地看着他，说道："在这个世界上没有一样东西是法兰西士兵不配享有的。"

像这个法国士兵一样的人，在这个世界上有太多太多人自以为地位低微、才华平平。他们认为，幸福只是属于他人的，从来没有想到过自己也有过人之处。这种自卑观念是许多人自甘堕落的主要原因。

永远不要放弃，只要坚持，机会就会来临。

一般人认为，世界上最好的东西不是他们应该拥有、享用的。他们觉得，生活中的快乐应该由那些命运的宠儿，或者天赋异禀的人来享用。这种心理是极其有害的，一旦这种自卑自贱心理在心中扎根，它就会限制人的想象力，断绝自己出人头地的观念。

与钱财、权势、家庭背景相比，自信心是比它们重要得多的东西。它深藏于我们的心中，是谁也抢不走的宝贵财富，是我们成就事业的可靠朋友。

有了自信心还不够，还要有不屈不挠的奋斗精神。有许多人在刚开始时能对自己有一个恰当的认识，可是在现实生活中一旦遭受挫折，便一蹶不振半途而废。之所以会产生这种现象，自信心不坚定是一个重要原因。所以，有了不屈不挠的奋斗精神和自信心相互依伴，在前进的征途中，即使遇到挫折也能不气不馁，绝不会轻易被困难打倒。

如果我们对那些功成名就的伟大人物做一个分析，我们就会发现，这些人在开始行动之前，总是有充足的自信心，他们深信自己事业必将取得成功。这样，在做事时他们就会全力以赴披荆斩棘，直到取得胜利为止。

玛丽·科莱利说：“如果我是块泥土，那么我这块泥土，也要预备给勇敢的人来践踏。”

我们每个人体内都拥有着巨大的能量，是它激励我们去做那些伟大的事业。这种力量使我们精神不灭，使我们意志永存，使我们不断前行。它不仅是一种能量，而且也是我们对人生的一种责任。如果穷其一生，我们都不能将这种力量激发出来，那么，不仅是我们自身的失败，也是对整个社会的不负责任。所以相信自己，你就肯定能够激发潜能、获得成功。

与钱财、权势、家庭背景相比，自信心是比它们重要得多的东西。

如果没有坚韧不拔的品质，无论一个年轻人多么聪明，他也不会取得优异的成绩。许多人本来可以成为杰出的音乐家、艺术家、教师、律师或医生，但就是由于缺乏这种优秀品质，结果一事无成。

坚定的信心，是一种成功力量。每个人都愿意信任那些有决心、有意志力的人。对于一个不畏艰难、勇往直前、敢挑重担的人来说，只要他们下定决心去做一件事，那就绝不会半途而废。任何人的反对、打击对他们是一点影响也没有的。

有坚韧意志的人从来不去考虑自己能不能成功，他们只想着自己如何前进、如何走得更平稳、如何尽快地接近目标。为了实现目标，他们会穿越高山、河流，穿过沼泽、汪洋，任何困难都不能让他们低头。

钱宁说：“在逆境中的表现，很大程度上决定了我们的人生是否有意义。无论在什么情形下，艰苦和危险都会得到回报。我们越是逃避苦难，越是渴望有避风港和平坦的大道，我们就离成功越远。承受风暴和灾难是人生的最高法则，没有人能够躲避得掉。外界恶劣的条件正好可以用来激发我们的热忱，把我们的才能和美德用行动表现出来。只有那些战胜困难、勇往直前的人，才能摘取成功的桂冠。上天给我们打击，不是让我们垂头丧气，而是为了激发我们的潜能，使我们明确自己的人生目标。如果在失败的困境中，我们能够冷静地做出决断，勇敢地与挫折搏斗，那么，我们就一定能够取得成功。事实上，也只有经过在逆境中的拼搏，我们取得的成功才具有价值。”

还是霍尔姆斯说得好：“永远不要放弃，只要坚持，机会就会来临。时刻对未来抱有希望，哪怕只有百分之一的实现可能。乱世出英雄，危难显豪杰，勇敢就是最高的智慧。敢于挑战命运的人，荣誉将和他同在。坚韧不拔的意志力是成功的前兆，它反映了一个男子汉应有的真正勇气。”这句“永不放弃”的话语，应该作为我们每一个人的人生格言。

NO.8/ 成功只属于那些自信的人

有一个名叫菲利普·阿穆尔的年轻人，他收拾起自己的全部家当，参加了一个名叫“四十九人”的大篷车队。阿穆尔随着车队穿越了美国大沙漠。工作中他非常努力，省吃俭用，将薪水一点点积攒起来。六年后，阿穆尔用这笔钱在威斯康星的密尔沃基开始经营粮食的批发生意。在九年时间里，他赚了50万美元。

1864年正值美国南北战争时期，格兰特将军下达了“打到里士满去”的命令。阿穆尔感觉到了危机，他认为必须抛出手中的所有猪肉。于是他找到合伙人普兰克顿说：“格兰特和谢尔曼的军队已把叛军团团围住，战争就要结束了，所以我要去一趟纽约，把所有的猪肉都卖出去，否则到战争结束了，猪肉会降到12美元一桶。”阿穆尔到纽约后，马上以每桶50美元的价格将猪肉大量抛售。一些精明的商人对他说：“傻小子，战争并没有结束，猪肉会涨到60美元一桶的。”阿穆尔不为所动，照旧大量抛售猪肉。格兰特的军队很快就攻下了里士满。果然，猪肉的价格跌到了12美元一桶，而阿穆尔却已净赚了200万美元。

在世界上，有这样一些人，好像他们无论做什么事，都能够获得成功。任何艰难的问题到了他们手中，也就不再是问题了。他们做事情就像是起重机举起一件物品一样轻而易举。世界上有很多杰出的领袖、伟人，好像就根本就没有什么他们办不成的事情。他们是一切事件的主人，在他们面前所有的事物只有俯首听命的份。之所以会有这样的事情产生，是因为他们对自己非常的自信，他们相信自己拥有享有一切的胜利。在他们眼中，做成一件事情、获得某种成功是一种很容易的事。他们深深相信自己是无所不能的，他们在改变自己命运的时候，也在改变着环境。

世界上伟大的事业就是一些这样的人去做的。做事时他们从来不瞻前顾后、迟疑不决。一旦遇到困难，他们是绝不会退缩拖延的，而是一定要想尽办法把它克服掉。他们是永远乐观、从不犹豫的一群，只要自己有做事的机会，他们就一定会把这件事情做到尽善尽美。他们相信，凭借自己的卓越才能和过人的自信力，是一定可以越过任何艰难险阻的。

自信的人相信成功就在自己的掌握之中。他们总是拥有过人的才华，精明强干。他们也相信只要自己精神不败、勇气长存，他们就能够把任何事情都做好。

不相信自己会成功、不相信自己拥有成功的能力，是很多人失败的重要原因。

成功是自信者的权利。只有相信自己会获得成功的人，将来才会有成功的一天。征服一切的雄心壮志，也是来源于一个人的自信心。一个人如果没有自信心，原本属于他的一切成功也都会离他而去。如果父母想要使自己的孩子将来有大的成就，就要在小时候培养孩子的自信心。我们应该尽一切可能把这样的思想灌输给他们——你是上天的宠儿，没有人会比你更有能力。只要你能够尽力拼搏、全力以赴，你就会得到你想要的一切。我们还可以告诉他们，他们就像是一棵树，大自然给了他们身躯，也给了他们长大的能力。如果他们拼命地吸收养料，他们就能长成参天大树。总之，我们要使孩子们知道，他们身上是有成就伟业的能力的。

孩子自小受到了良好的教育，养成了自信的好习惯，对他们以后的事业是有很大的帮助。那些明智的父母、聪明的教师总是着重于培养孩子们的完美品格。他们会给孩子们多方面的鼓励，使孩子们知道自己有多么重要。这样在无形之中就给了他们一个启示——他们在这个世界上是独一无二的，是有人惦记、有人疼爱的。或许这样，他们在将来就会从中吸取到走出黑暗、走出困境的勇气和力量。也许某一天，当他们经历了惨烈的失败，变得一无所有时，他们会想起当年父母悉心的教导、老师的谆谆教诲。这样，他们就会找到重新站起来的勇气，振奋起精神，准备东山再起。

成功是自信者的权利。只有自信自己会获得成功的人，将来才会有成功的一天。

遇到事情，如果相信自己会有必胜的把握，那就无疑是给自己打了一支兴奋剂。它会使你消除迟疑、恐惧、后退、彷徨等不好的情绪，全力以赴地去解决问题、赢得成功。在你的体内，自信就像是电流，在你的体内激荡，使你全身的热血为之沸腾，使你身体的各个部位受到感应。自信会把你改造成为一个充满希望、前途远大的人。

没有一个人是生下来就会失败的。只要他善于利用自身的资源，尽力把自己所有才能都发挥出来，他就会获得无坚不摧的力量，他就会获得巨大的成功。

历史上无数的事例可以证明，我们每一个人都有享受快乐生活的权利。没有一个人是注定一辈子受苦的。无论是一个人的生理结构，还是心理环境，都可以证明人是为了快乐而生的，我们每一个人都有享受快乐和幸福的权利。

一个人生下来不是来承受失败的，他还有更伟大的任务要去完成。如果一个身强体壮的人，最终却沦落到穷困潦倒的境地，那么他应该受到人们的鄙视。因为他们不是没有能力过上幸福的生活，而是自己不善于利用自身的资源。他们这样，不仅对自己的身体有害，而且还会阻碍人类文明的进步。

路线七

成功铺路必先讲诚信

NO.1/诚实是做人的基础

富有生命力的思想，从来不会自己来到我们身边。想要占有它，首先你就要拥有诚实正直的思想。要知道，乐观美好的思想，可以使一个人的生命长度增加。不仅我们的力量会因此增加，我们的整个生命也会因此闪现光明。正确的思想不仅孕育了伟大的力量，而且还在不断地加强和完善着我们的优良品格。懂得这一点的人，也就掌握了运行整个世界的根本原则。能不能够认识到世间事物的真实性，某种程度上来说取决于我们能不能过一种真实的人生。那些在真理和现实之间不断彷徨的人，肯定会因此而感到生活无望。

总统约翰·亚当斯看到自己的孩子正在从文件架上拿公家的纸准备写信，忍不住叫了出来："别动那儿的纸！"孩子被吓了一跳，父亲停了一下，严肃地说："你刚刚拿的，是政府的东西，那不是咱们的。我的文具在桌子那边，如果是私事，你不能用公家的东西。"这就是万人之上的亚当斯总统，他以精确、坦诚和守时闻名于世。他任众议院的议员时，称得上时间的代言人，只要他一出现，就意味着开会的时间到了。同样，他与别人约会时，也从来没有迟到过。他总是说："大家的时间都是宝贵的，我没有权力浪费别人的时间，那样，无异于谋财害命。"

"琼斯先生，"埃森·艾伦走进律师琼斯的办公室说，"我曾经在波士顿向一个人借了60镑钱，现在，他叫人带着欠条来向我要债。可是，我手里没有钱还他，你看能不能帮忙把还债日期往后推推，等我攒够了钱，马上还给他。"琼斯先生答应道："可以。"

到了法庭，琼斯先生为埃森·艾伦辩解："尊敬的法官大人，现在，我们对欠条上这个签名的真实性提出质疑。"他这么说，是为了给埃森·艾伦争取到更多的还钱时间。因为，要辨别签名的真伪，法庭就得从波士顿传唤证人，而这是需要时间的。没想到，埃森·艾伦突然叫起来，声音震住了在场的每一个人："琼斯先生！你要干什么？我不是雇你到这儿来撒谎的！欠条没有问题！是我签的字……我向上帝发誓！钱，我会还的！我从没想过要赖账。只是，我还需要一些时间。我请你来，是要你说服法庭给我更多的时间去筹钱，不是叫你来这里撒谎的！"一番话说得律师琼斯满面羞红，无声地退了出去。令人欣慰的是，法庭同意推迟还款时间。

真理、正直、公平和高贵是不可拆分的整体，谎言只能和卑鄙、虚荣、懦弱混在一起。

“假如你在我这里上班，”一家底特律的杂货铺老板对刚到店里求职的男孩子说道，“你能对我的命令言听计从吗？”男孩子礼貌地回答：“我会的，老板。”“要是你知道白糖的质量并不是很好，而我让你把它们说成是最好的，你怎么说？”“我会说这些白糖的质量是最棒的。”男孩子不假思索地答道。“如果你明明知道咖啡里面掺有大豆，而我却要你说这些是纯净的咖啡，你怎么办？”男孩子说：“我当然说咖啡是纯净的。”“要是我告诉你黄油是新鲜的，而实际上它们已经存在店里有一个月了，你怎么跟顾客说？”“我会说这些黄油是最新鲜的。”男孩子毫不犹豫地回答。

这下，商人倒开始不安了，神色有些紧张，非常急切地问男孩子：“我要付给你多少工钱才行？”男孩子用令人诧异的口吻说：“每周100美元。”那神情俨然一个成熟的生意人在谈判。杂货铺小老板听了，差点从凳子上掉下来，不由自主地张口重复道：“一周100美元？”男孩子继续说道：“不仅如此，每周还要按一定的比例增加，”他的语言流畅但却让人感到冰冷，“老板，你要清楚，一流的骗子，当然要有一流的身价。如果你需要的是一流骗子，那么，必须为此付出相应的工资。不过，换个方式的话，每周3美元，我就可以为你工作了。”男孩子的聪明，不，应该说他的品性，征服了杂货铺老板，结果，他如愿以偿地得到了这份工作，每周3美元工资。

很久以前，一个买主来到一个年轻的黑奴面前问：“如果我买了你，你能保证对我忠诚吗？”奴隶回答：“不管你买不买我，都不会影响我的诚实。”诚实，是做人之本。生活中，因为不诚实而得到教训，或者因为诚实而受到奖励的事情并不少见。这点对于商人来说，尤为重要。

哈佛大学的校门上用拉丁文刻着“真理”一词，代表着“真相、诚实和正直”。现在，校园的四周围满了篱笆，正门上刻了一段希伯莱诗中记载的传说：“真理之门会永远向那些正直的民族开放。”事实也是如此，不诚实的人早晚要被淘汰出局。智者希伯莱常说：“真理存在于人的内心深处。”

正确的思想，不仅孕育了伟大的力量，而且还在不断地加强和完善着我们的优良品格。

著名作家爱德华·黑尔说：“我在哈佛学习的时候，十分幸运地成为本杰明·皮尔斯的学生，在他的教导下学习了四年。有一件事，我和我的同学们永远也不会忘记。那天，有个学生在学科测试时耍了一个小把戏，把在家里提前写好的东西交给了老师。后来，他把这件事告诉了同学们，不幸的是，老师也知道了。皮尔斯教授在得知事情的真相后，立刻停止讲课，脸色苍白地告诉我们：‘难道你们不懂得什么叫诚实吗？这是做人之本啊！’他的声音里充满正气，在场的每个人都受到了震撼。由此，我们明白了学习的过程就是在追求真理，虽然这条道路困难重重，但总会有人发现真理。弄虚作假是不能容忍的，在真理的殿堂里怎么能够允许虚假存在！”

美国一个著名的政治家在给他儿子的信中说：“真理、正直、公平和高贵是不可拆分的整体，谎言只能和卑鄙、虚荣、懦弱混在一起。要知道，狐狸的尾巴早晚会露出来的，说谎的人会受到鄙视。想凭借撒谎骗人来取得成就，只能是自欺欺人。”

西部杂志上曾经讲述了这样一个故事：有个人上了火车，找到自己的座位坐下后，把包裹和行李放在了旁边的位子上。慢慢的，车上的人多起来，车厢里越来越拥挤。这时，有一位先生问他旁边的座位有没有人。他说：“有。那人去吸烟车厢了，一会儿就回来。这些东西就是他的。”这位先生对他的话半信半疑，说：“那好，我先坐下，等他回来我就起来。”说着，他把行李和包裹拿下来放在地板上。骗人的家伙非常生气，可是却没有发作的理由，因为他说过这些行李是别人的。过了一会，他要下车了，开始收拾东西。那位先生说：“对不起，你不能拿这些行李，刚才你不是说行李的主人在吸烟车厢吗？”骗人的家伙发怒了，开始骂人，但仍然没理由去拿自己的行李。乘务员听到吵声走了过来，听了这两个人的话后说：“那好。这些行李先由我来保管，如果总没有人认领，你就可以拿走了。”乘务员对刚才那个为了占座位而说谎的人说。乘客们都明白了是怎么回事，哄堂大笑，在大家的嘲笑声中，骗人的家伙没拿行李就灰溜溜地下车了。第二天，他才拿到了自己的行李。为了霸占一个不属于他的座位而撒谎，当然要为此受到惩罚。

玛格丽特·桑斯特说："老辈给我们留下了教训：一个人如果讲了一句谎言，为了不被揭穿，就要不停地编织更多的谎言。那么，在他承认撒谎以前，情况会变得越来越糟。但这还不是最可怕的，好比一块美丽的钻石，如果有一个小小的瑕疵就会大大贬值。一个人呢，会因为讲过一个小小的谎言，在性格中留下污点，就像水果变质的过程刚刚开始变质时是小斑点，接着会慢慢地烂下去，直至不得不仍掉整个水果。

NO.2/ 诚实具有伟大的力量

"走吧，我的孩子，从现在开始，你的一切都属于上帝。"母亲对阿伯德·卡德说道。接着，她给了儿子40个银币，并叫儿子发誓，不管遇到什么情况，都要诚实。最后，她对儿子说："孩子，去吧。也许，我们再见面的时候，就要接受上帝的审判了。"

年轻人带着母亲的嘱托，走出家门去闯自己的天下。这一天，忽然有一伙强盗出现在他们一行人面前。其中的一个斜着眼问他："钱在哪？"阿伯德·卡德如实相告："妈妈把40个银币缝在了我外衣里面。"可能是他过于诚实了，强盗们根本就不相信，觉得十分好笑。另一个强盗更加凶狠地嚷嚷着："老实点！你到底有多少钱？"诚实的阿伯德·卡德把刚才的话又重复了一遍。同样，没有人相信他。是的，有谁会面对强盗如此坦白呢？

这时，为首的强盗注意到了这个年轻人，冲着他说："孩子，到我这儿来。别怕，告诉我你到底有多少钱？"阿伯德·卡德回答："为什么你们不相信我的话，我已经说过两次，妈妈把40个银币缝在了我外衣的里面。""掀起他的外衣。"强盗首领命令道，很快，银币被搜了出来，不多不少，正好40个。

强盗首领感到不可思议，问道："为什么你会告诉我们银币在哪？""因为我曾经向母亲发誓：在任何情况下，都必须诚实。我不能违背誓言。"阿伯

就算我们还没有找到诚实的美德，也必须为此而努力，因为，诚实的品质对于发财致富来讲是不可缺少的。

德·卡德的话掷地有声，强盗们感到心头一颤，为首的忍不住说："孩子，没想到你这么小的年纪，能做到一诺千金，真让我惭愧，更何况，我还是个大人，简直没有脸面活在世上，将来，我怎么去见上帝呢？来，把你的手给我，我要握着你的手，重新发誓。"

强盗首领的话，也感动了其他人。其中的一个强盗说："从前，我们听从你的指挥去为非作歹，二话没有。现在，你要改邪归正，仍然是我们的领袖，我们愿意跟着你。"说着，那人也握住阿伯德·卡德的手，像他的首领一样，重新发誓。接下来，强盗们一个接一个，握着这位年轻人的手，重新立下誓言。

看来，诚实具有不可抗拒的力量，哪怕是从一个小孩子身上表现出来，也能够影响到周围的人。也许，它没有阿拉伯故事中那种惊天动地的气魄，但是，不管怎么说，人们都将感受到这种美德的力量。

米拉波说："就算我们还没有找到诚实的美德，也必须为此而努力，因为，诚实的品质对于发财致富来讲是不可缺少的。"

南北战争时期，罗伯特·李将军和一个军官讨论进军的方向时，被一个农民的儿子听到了。原本，他们的军队是要向葛底斯堡进军的，而不是向哈里斯堡进军。男孩子通过电报把这个消息告诉了总督柯廷，总督说："如果他的消息千真万确，我愿意用我的右手来交换。"一个下士说："总督，您相信他的话吧。我了解这个男孩，他是个不撒谎的孩子，为人非常正直。"15分钟后，联邦军队来到葛底斯堡，痛歼敌人，取得胜利。

商业交往中，诚信是非常重要的，如果双方能够坦诚相待，合作会很顺利。劳伦斯·斯特恩说过，不要与不诚实的人打交道，他们不可信任。当彼此之间没有信任的时候，怎么能合作愉快呢？也许，欺骗行为有得逞的时候，但瞒一时瞒不了一世，骗局早晚有被揭穿的一天。

迈诺特·萨维奇说："有一次，我和一个非常精明的商人谈话。可是，我们话不投机。他说，可以利用对方的无知来获得更多的利益，而且认为，这不能算骗人，但我不同意他的观点。难道因为对方比我们知道得少，就可以厚颜无耻地去骗人家吗？”对于经商的人来说，“互惠互利”是非常重要的。

有这样一个故事：著名商人菲利普·伍茨刚开始做生意的时候，常常举着他的账本向上帝发誓，说他没有赚过黑心钱。诚实才能使生意长久不衰，交易的前提是对等。只有双方的利益都得到满足时，才能顺利地合作。很多商业巨头都明白这样一个道理，做生意时，一定先要看清楚对方的为人才行。

保护自己金钱最可靠的办法就是诚实，彼此的诚实是最好的保护措施。

美国一个成功商人曾经说：“我的原则是，让每一个顾客都满意。那些不满意的顾客不会再有兴趣踏进我的商店。”如果他知道有顾客对他失去了信任，会感觉到自尊心受到了极大的伤害。

有些年轻人急于求成，总想着发财有捷径可走，以至于他们总是以自我为中心，往往忽略了对方的需要和利益。一次，纽约法官克雷恩努力劝说一个老板撤消对一名雇员的起诉。起因是这名雇员偷了他一件小东西。法官认为，年轻的雇员每周只有5美元工资，正是过低的工资导致了他的偷窃行为。为此，法官向人们讲述了自己年轻时在纽约的经历。

“那时候，虽然我每天拼死拼活地工作，也只能得到每周2美元的工资，勉强够填饱肚子。老板根本不把我们当人看，其实，我工作的价值至少每周要50美元，而他却只付给我2美元。为此，我有时候连饭也吃不上。有一天，我饿得实在不行了，还要拿着2500美元的现金去为公司办事。说实话，当时我真的想到了偷窃。忽然，我想到了妈妈，她说过我是个诚实的人，想到这些，我才控制住自己的念头。但是，我会永远记得这一天。当时，我同这个年轻人一样，为生活所迫，站在了悬崖的边缘。”

是的，人们都会有面临选择的时候，是宁可贫困也要保持清白，还是去拿不义之财？的确，大城市里灯红酒绿的生活充满了诱惑。如果人们都能够保持祖先那淳朴的性格，满足于简朴的生活，那么这个世界会比现在纯净得多，偷窃行为也会少得多。

迈诺特·萨维奇曾经对教堂里的会众说："我三番五次地重申过：我们的世界并没有完全脱离贫困。如果停止生产，无异于坐吃山空，现有的粮食会在两三年内吃光。那时候，人类将会灭亡。所以，我们需要共谋福利。如果一个人想要从这个世界中取走一些东西，就必须补偿相当的东西。要是他只拿不还，就是贼，不管他是做什么的，都没权利拿走不属于他的东西。做人要讲诚信，如果经商更要如此，诚实地与他人进行等价交换。

"诚实的品质应该体现在生活中的各个方面。这就好比我们的社会中，只有好的房屋是远远不够的，良好的社会秩序、经济秩序、政治秩序、宗教秩序等等，都应该和谐统一，这样人类才能生活得更加幸福。每个人不可能独自生活在世界上，大家都是社会中的一份子，为了我们的和平、幸福和健康，必须要相互支持，为别人的同时也是为我们自己，让我们记住上帝的嘱托，共同建设这个美好的家园吧！"

曾经，因为美国银行业发生了历史上最大的一次灾难，所以几个美国银行业的巨头在纽约共同发表了一个宣言："保护自己金钱最可靠的办法就是诚实，彼此的诚实是最好的保护措施。因为偷窃和抢劫是不可避免的，全国最好的银行也发生过失窃事件。这些人之所以去抢银行，是被生活所迫。也就是说，案件的发生与银行的管理没有必然关系。在所有的防范措施都到位后，唯一能做的就是诚实。"生活中其他的事情也是一样，可以制定各种措施，使用各种控制手段，但最安全的措施是每个人都保持诚实。一个人做了不诚实的事，无异于与社会为敌。如果人人都如此，社会也就不存在了。

NO.3/ 诚实的人值得信任

波士顿的一个牧师说："有个贫穷的意大利人从学校的路上捡到了一枚2.5美元的金币。他把金币据为己有了吗？没有。他把金币用纸包好，放在失主可能来找的地方。不久，失主找到了金币。这是件小事，但是，从此以后，大家都愿意与这个人交往，因为他是个诚实的人。”诚实的人值得信任，不过诚实的品质不是一朝一夕就能形成的。

波士顿市长哈特先生说：“只有诚实和公平的交易才能深入人心，90%的成功生意人都具有正直诚实的品质，而那些不诚实的人最终走向破产。诚实是一条自然法则，违背它理应受到惩罚。也许，他们会得势一时，但最终无法逃避正义的惩罚。商人手里有顾客需要的东西，同时，他们也需要从顾客那里得到信任。在买卖的同时，双方都应该保持诚实，这对彼此都有利。对于资本家和工人来说，诚实也是互惠互利的。如果资本家不能诚实地对待工人，那么他也难以赢得利润；反之亦然。成功人士用他们的切身经验证明，诚实是人与人交往的通行证。”

诚实的人值得信任，不过诚实的品质不是一朝一夕就能形成的。

布尔沃·利顿说：“如果一个人能够得到大家的信任，那么他一定会取得成功。”

英格拉姆是《伦敦图片新闻》的创始者，在他刚刚开始从事新闻业时，曾经为了送一张报纸跑了10英里路，目的是让每一个读者能够看到报纸。所以，日后他能够成为报业巨人。

商业巨子斯图尔特也因为正直诚实得到了回报。他说：“不管做什么事，诚实都是不可缺少的。尤其在创业的时候，诚信的作用远远胜过辞藻华丽的广告。只有建立在诚实守信基础上的事业才能获得成功。”

林肯做律师的时候，所有的客户都坚信：只要自己是正确的，林肯一定能帮他们打赢官司。但是，如果处于非正义一方，休想让林肯接手自己的案子。他会对来人说：“也许，我有能力为你出庭辩护，但事实上你没有处在正义的位置。所以，你另请高明吧！我不会帮你打这个官司的。因为我做不到让自己撒谎，除非我已经不是林肯。”

乔治·皮博迪在1837年移居伦敦。此时，美国发生了经济危机，许多银行暂时停止现金支付业务，为此无数企业濒临破产。爱德华·埃弗雷特说："美国经济到了最脆弱的时候，因为，信用瘫痪了。"所以，当时的欧洲没有什么人相信美国人。但是，乔治·皮博迪是个特例，人们对他的信任始终如一。在商界，他就是力量和信用的象征。即使在最困难的日子里，他也没有丢掉自己的正直，经受住了一次又一次经济恐慌的考验。是他，在欧洲挽救了美国的声誉。他凭借自己的诚实品格，一次又一次地化险为夷，大西洋两岸的批发贸易因为他的存在而顺利进行，甚至在货物没有到他手里时就已经卖掉了。

英国著名小说家瓦尔特·司各特参股的一家出版印刷企业倒闭了，他背上了6万美元的债务。朋友们得知这一消息后，主动凑钱，准备帮他还债。但他拒绝说："谢谢各位。我自己的债务，自己来还。失去金钱并不可怕，但做人的信用不能丢。"多么有力的话语，掷地有声！为了还清债务，他像上足了弦的发条，每天努力工作。报纸虽然有很多关于他企业倒闭的文章，但笔调中都充满了同情，他却把这些文章扔进火中，说道："我从来没有像现在这样睡得安稳而踏实。因为我的债主相信我是个诚实可靠的人，他们甚至要免掉我的债务，但我不会接受。也许，为了这些债务，我要奔波劳顿，但我为此感到光荣。就是累死，我也要还清债务，为了信誉，死而无憾！"

只有建立在诚实守信基础上的事业，才能获得成功。

怎么样才能知道一个人是否诚实呢？一个最极端的办法就是，看他能否偿还已经失去法律效力的债务。事实上，有许多人想方设法地钻法律空子，他们不道德地占有一些钱财，虽然不会受到法律的惩罚，但却难逃良心的谴责。但是，也有这样的人，原来的债务已经被免除，却仍然按数偿还。博尔顿·霍尔是著名牧师约翰·霍尔的儿子，他是一个法官，提倡税制改革。他有一笔12000美元的债务，按照法律规定可以免除。但是，为了自己的信誉，他把这笔钱还清了。

正直是一生之宝！在芝加哥的大火中，有成千上万的人失去了所有的财富，却能够迅速地东山再起，有的人还成了规模更大的批发商，为什么？因为诚实守信是最宝贵的财富！他们是正直的人，从不会拖欠，做事勤奋而努力，对所有的人都讲信用。他们的声誉就是东山再起的资本，这种声誉让一个人可以白手起家。大火毁掉了他们的商店，却毁不掉他们的声誉。

马克·吐温讲过一个有关汉默德·图木布先生的故事。他在书中这样描述：

"汉默德·图木布，只有他，才能具有这样的品格！有一次，南部的一个妇女生活遇到了困难，于是给默德·图木布写信，说自己有一本艾略特的印度语《圣经》，100美元就可以转让。默德·图木布收到信后，马上回复她说，如果这本书保存完好，那么它应该可以卖到1000美元，而且，他愿意买下，然后一分不加地原价卖给大英博物馆。幸好，这本书完整无缺，那位妇女最后得到了1000美元。原本，默德·图木布可以用100美元得到的《圣经》，却花了1000美元，这就是他的高尚所在！"

梅耶·安塞姆的故事，证明了诚实在成功中的重要性。

梅耶·安塞姆，这位罗特希尔德家族财团的创始人，称得上大名鼎鼎。18世纪末，他生活在法兰克福著名的犹太人街道。那时，他的同胞们常常受到异族的迫害。他们没有自由，要在规定的时间内回到家里，否则将被处以死刑。可以想象，这样的环境中，人的尊严受到了侵犯，生命是猥琐和屈辱的，人格遭到践踏。有什么人能在这种条件下保持诚实的品格呢？安塞姆，以他自己的行动证明，犹太人照样可以开创自己的事业。于是，他在一个不起眼的角落里创办了自己的公司，并把红盾作为自己公司的标志。他的公司取名为罗特希尔德，在德语中的意思就是"红盾"。从此，他开始了艰辛的创业生涯，有谁能想到，这就是将来横跨欧陆的巨型银行集团的雏形呢。

当年，兰德格里夫·威廉被拿破仑赶下台，从赫斯卡塞尔地区逃走前，曾经把500万银币交给了安塞姆。不过，他并没指望能把这笔钱再要回来，因为他觉得侵略者会把这些钱没收的。但是，安塞姆以他过人的胆量，神不知鬼不觉地把这些钱埋在了后花园里。侵略者撤退以后，他又不失时机地把这笔钱以合适的利率贷了出去。兰德格里夫·威廉再次回到赫斯卡塞尔地区时，出人意料地收到了当初的500万银币，另外，还有这笔钱的利息，以及一张借贷的明细账目表。

在罗特希尔德家族里，没有一个人做过有损家族名誉的事。这个家族的诚实有目共睹，不管是生活上还是事业上，都无可挑剔。

年轻人不要妄想通过歪门邪道来获取钱财，这样是不会有好下场的。你要有所收获，前提是必须要付出。世界上哪有免费的午餐？如果你想不劳而获，或者总想投机取巧，那么，不管你要得到的是一张彩票、一纸证券还是其他的东西，也不管这笔交易额是1美分还是100万美元，欺骗的行为都是无耻的，最终都将受到惩罚。

NO.4/ 值得信任的人能获得成功

一个把自己的言行建立在诚信基础上的人，会获得巨大的前进力量。他们不仅从外表上看起来充满自信，而且在他们内心深处，也对自己的行动十分有把握。但是如果把自己的荣誉建立在欺骗别人的基础上，就好像给自己贴上了鄙夫的标签，处处担心，时时困惑，终生不会得到安宁。

在今日世界，有许多青年人为了眼前的微小利益，不惜出卖自己的人格和信誉，这是很令人痛惜的。如果一个人把自己的人格都出卖了，即使他能获得丰厚的名利，对自己又有什么帮助呢？

如果一个人连自己的人格都不要了，怎么还能期望他去创造人生的辉煌呢？没有诚信的人生是没有价值的人生，它违背了人善良的天性，使人只顾追慕权势，忘了自身的尊严。这样的人是会为了利益不顾一切的。在人生中，没有什么比一个人的声誉更重要的了，一旦失去，想要再弥补几乎是不可能的。

圣·路易斯银行主席在一次银行家会议上说："为什么有些人能够得到成千上万美元的借贷？因为他们拥有信誉！他们不一定是富翁，但有着高贵的品质。在他们的借款史上，从来没有失信的行为。"有个银行家说，他宁愿把钱借给那些诚实的穷人，也不愿意借给不诚实的富人，虽然这些富人有很强的偿还能力，但却不一定能够按时偿还。由此可见，对于商人来说，信誉是极为重要的。信誉就是资本，而这是每个人都可以拥有的资本。

有个著名的商人曾经对一个年轻人说："你知道为什么许多人愿意赊给你全套装备吗？因为你有着诚实可靠的人品。他们了解你，虽然贫穷，却不会撒谎，借钱给你这样的人，比借给那些富有却不诚实的人要稳妥得多。"另外一个成功商人说："其实每个年轻人都有赚钱的机会。只有诚实和正直的人才能真正地拥有这些机会。"

商界是有它自身的规则的，商人们会根据你过去的言行采取行动。你曾经说过和做过的每件事都会影响到你的现在和将来。没有正直诚实品质的人，在商界将会感到束缚，寸步难行。诚实的人才会得到大家的信任，信誉是无价之宝。人们不会借钱给狡猾无耻的人，商人和银行家对此更是精明过人。他们有着对付欺诈的好办法，即设立自己的"情报机构"，他们有自己的"私人侦探"，还有自己的信誉调查公司。这是社会发展的产物，在这些机构里，可以看到最新的信息，甚至连交易的细节，合伙人的经历、能力、习惯和品质都有详细记录。这些记录或者会成就一个人，或者会毁灭一个人。

一家新开的店铺门前，围着一伙印第安人，他们审视着店里的货物，可是一件也不买。没过几天，当地的印第安酋长来到店中，对店主说："你好啊，约翰，我想看看你的货。啊！太好了！我要买一条毯子，再买一块印花布给我的妻子……我知道，毯子需要3块貂皮，再加上印花布的一块。嗯，明天我会把四块貂皮一起给你。"

没有诚信的人生是没有价值的人生，它违背了人善良的天性，使人只顾追慕权势，忘了自身的尊严。

第二天，酋长如约而至，同时带来一个大包裹，打开一看，里面全是貂皮。他对约翰说："朋友，我付账来了。"说着，他从包裹里抽出4块貂皮，一一放在柜台上。然后，他又郑重地抽出第5块貂皮，这回拿出来的可不是普通貂皮，一眼看去，就知道它的价值。酋长把它也放在柜台上。可是，约翰把第5块貂皮又推到酋长面前，说道："不需要了，尊敬的客人，你只欠我4块貂皮，多余的我不收。"两个人为了是4块还是5块貂皮推来推去，争了好久，不过，看得出来，酋长对这位新开张的店铺老板非常赞赏。

最后，酋长把貂皮放回了包裹里，对约翰看了又看后，走出门口。他大声地告诉族人："来吧，来吧，放心地买约翰的东西吧，他是个诚实的人，不会欺骗我们印第安人，他值得信任。"说完，酋长回到店中，对约翰说："刚才，如果你多收了我的貂皮，那么，就再也不会有我的族人来你这里买东西了。而且，我们还会告诉更多的人。不过，你现在已经是我们的朋友了，我们喜欢你。"果然，一天的功夫，约翰的店里就堆满了毛皮，抽屉里的现金更是多得令人羡慕。

在新奥尔良地区，发生过这样一件事：大名鼎鼎的商业巨子雅各布·巴克知道他有一艘远洋船只迟迟没有归来的消息后，焦急万分，为了防止意外，他来到一家保险公司，准备给这艘未归的船再增加一份保险。保险公司的人员了解到这艘船目前的状况后，把保险费的价格开得很高，巴克先生难以接受，双方没有达成一致意见，所以保单也没签成，他只得闷闷不乐地离开了保险公司。没想到，当天晚上，船毁人亡的消息就传到了新奥尔良。巴克先生听到后，面无表情地说了句："天意如此。"

第二天，巴克先生早早地来到了保险公司。走进办公室，他轻轻地对保险公司的工作人员说："先生，我们不用再商量有关那艘船的保险了，现在，我的船已经沉入海底。""可是！巴克先生！您请等一下。"保险公司的工作人员说着，快步跑了出去。不大会儿，他又跑了进来，手里拿着一份已经签好的保险单说："这是您那艘船的保险单！"巴克先生听了非常意外地问："这是怎么回事？"工作人员坐下来给他解释："昨天晚上您走以后，我们考虑了一下，最后同意了您的建议，所以根据您出的价格，开出来保险单。现在，船出了事故，本公司当然要履行义务，照单赔偿，请您放心。这是保险单，您务必要收好。"说着，他把一份刚刚签署好的保险单递给巴克先生。巴克先生高兴地收下了这份保险单。接下来，保险公司在确认了船只沉没的消息后，按照保险单上签署的条款，对巴克先生进行了赔偿。

诚实的人才会得到大家的信任，信誉是无价之宝。

荷兰商人施密特给他人讲了一件自己做生意的事情："在我开针线铺的时候，生意做得很顺利，只是手头总没有太多的资金，这种状况影响了店铺的发展。一次，我得到消息说，有个人想转让一批货物，而且价格很低，我很想要这批货，就去同那个人商量，可是他觉得我出的钱太少了，不愿意把货给我。不过，走之前他告诉我，要是我能够经营得当，他会考虑把这批货给我。我想，他还是希望我们以后能够多合作的，因为这样对大家都有好处。

"没过几天，他亲自来到我的店铺，对我说：'施密特先生，我打算把那批货转让给你。'我听后非常高兴，心想，这可是个难得的机会，一定要抓住。可是，当时我手里的现金只有1000美元，怎么办呢？我试探着问他：'你相信我能拿出3000美元来买你的货吗？'他十分肯定地回答：'你根本没有这么多钱。'看来，只好孤注一掷了，我如实地告诉他，现在店里只能拿出1000美元。我并不觉得这样说是很没面子的事，实言相告总比花言巧语更可信。我最佩服的人，就是美国的总统乔治·华盛顿。在他小的时候，因为好奇，想试试小斧头有多快，砍断了他父亲最心爱的樱桃树。父亲为此大发雷霆，但他却勇敢地承认错误，告诉父亲是自己做的。我想，诚实是一个人不可缺少的品质。

“果然，那位先生看到我待人如此真诚，最后决定把那批货给我，价格是3000美元。我有些担心地告诉他，一时拿不出这么多钱。他说，是我的真诚感动了他，因为做生意最重要的是诚信。所以，他愿意让我先付给他1000美元，剩下的钱等赚了以后再补上。这件事以后，我更加相信，诚实对一个人来说，是多么的重要。”

1856年的一天，林肯正在大厅内为自己的竞选进行演讲。忽然，有个人站了起来，对他的演说表示不满意，然后叫喊着离开大厅：“我不会相信他的话，他简直是目中无人，谁会信任这样的人呢？”事实上，林肯在美国拥有着极高的美誉，他诚实正直，已经成为正义的代言人。

当初，林肯刚刚涉足法律界的时候，还是个贫穷的小伙子。有一天，邮局的负责人来到律师所找到这位年轻的律师，因为林肯此前是一名邮递员，而他手里还有一笔邮局的钱没有交接完，来人就是要跟他结算这笔账目的。亨利博士和这位负责人是一起来的，因为他知道林肯现在生活很贫困，担心他把那笔钱花掉了，准备把自己的钱借给林肯。但是，林肯没有接受亨利博士的帮助，他离开了律师所，不过很快就回来了，手里还提着一个破旧的袋子。林肯从袋子里拿出邮局的17.60美元，一分不少地还给了邮局的负责人。生活再困难他也不肯挪用邮局的钱，即使是临时借用也不可以。

还有一次，林肯在受理一件土地纠纷的案件时，按规定向当事人收取30000美元的费用。当事人为难地说：“我没有这么多钱。”林肯体谅他的难处，说道：“我来帮你想想办法。”说完，他径直来到银行，让工作人员给他提取30000元美元，答应两个小时以后送回来。工作人员毫不犹豫地把钱给了他，连张收据都没填，因为，他信任林肯。

伊利诺斯州斯普林菲尔德的一名律师曾经这样评价林肯：“如果案件没有百分之百的胜诉把握，林肯是不会接手的。连那些法庭的陪审团和检察官都知道，只要是亚伯拉罕·林肯经手的案件，就一定会赢。因为，他的当事人是正义的一方。”这名律师并不是为了某种政治目的来说这番话，事实上，他和林肯是不同的党派，没必要为林肯扬名。

有这样一件事：一个当事人为了让林肯受理他的案子，就捏造事实，欺骗林肯，林肯知道事情的真相后，拒绝为他作代理。不过，另一个律师接了这个案子，而且打赢了官司，得到了900美金的代理费。当他要把属于林肯的那部分给他时，林肯拒不接受，他的正义感不允许自己这么做。

林肯曾经在店里打过工。一天，老板派他去还一位夫人的钱。当时，天已经黑了，这位老夫人又住在6英里之外，是诚实的品格鼓舞着他不顾黑暗，不辞辛苦，最终将钱还给了那位夫人。原本，他可以等天亮再去办这件事的，但是，他答应了老板尽快去做，言出必行。正因为如此，“诚实的林肯”才成了人们最可信任的人。

在他参加竞选前，曾经有盟友从芝加哥发电报告诉他：要想被提名成为候选人，就得同时获得两个敌对代表团的选票。如果要得到这两个选票的话，就得答应他们，将来在内阁中给他们留有一定的职位。林肯知道后，斩钉截铁地回复道：“叫他们死了这份心吧，我不会同他们讨价还价的，更不会受制于任何人。”他当然渴望成功、追求荣誉，但是，如果要以丧失人格来做交换，他是不会答应的。

NO.5/ 做一个值得信赖的人

当银行家放贷给一个企业主，当股票经纪人决定给一个人购买股票时，他们都会首先考虑他是怎样一个人。他们要仔细了解他的工作、生活和他的信用度，然后才能下决定。

“他稳重吗？他有储蓄的习惯吗？他的信用度好吗？他有一定的经营能力吗？他工作勤奋、头脑冷静吗？”这是每一位银行家决定放贷前都会问自己的话。没有信用度的人是不会得到别人的任何帮助的。商人们都知道：惯于节俭、珍惜时间、关心健康和懂得储蓄的人，才是值得信赖的。

年轻人的信用是自己最宝贵的财富。生意场上为人稳重、处事公正，可以为自己赢来莫大的美好声誉。如果一个人嗜好赌博、从来不及时付账、也没有什么理财能力，那么他就很难得到美好的声誉、获得别人的信任。

斯图尔特是一位正直到无可挑剔的商人。他认为，顾客有权知道事情的真相，为了自己的私利而蒙骗人是不道德的，甚至是犯罪。在他的公司里，绝不允许出现

如果一个人掌握了能够使别人信任自己的方法，那他就获得了一件无价之宝。

欺骗顾客的行为，哪怕是言语上的误导也不行，即使是商品可能存在的缺陷，也要让顾客明了。

有一次，斯图尔特来到公司询问职员某种新商品的销售情况，职员告诉他说该款商品在设计上有一些问题。说着，他拿来一个样品，想当面向斯图尔特解释这种商品的缺陷。正在这时，一个从美国内陆来的大客户走过来问："请问今天有没有我想要的新货？"年轻的推销员连忙回答："您来得太巧了，先生，我们刚刚研制出了您需要的产品，而且质量上乘。"他边说边把正要指出缺陷的样品递了过去，同时，对这种产品的功能由衷地赞赏了一番，客户听了非常满意，马上同意签订单。这时，一直站在旁边不声不响的斯图尔特先生插话说："对不起，先生，您先别急着订货，我建议您再仔细检查一下这种商品的质量和样式。"说完，他通知那位年轻的销售人员去财务部门结算工资，因为从这一刻起，斯图尔特决定，这位年轻的销售人员已经不再是公司的员工了。

波士顿的一位老板看到有位女士什么也没买，就走出了自己的店铺。他不满意地问店里的伙计："你怎么一样东西也没卖出去就让她走了？"伙计回答："对不起，老板，我们的产品和她所需要的有些区别。"老板说道："你不会说这不影响使用吗？"伙计认真地坚持道："可是，老板，那并不是她所需要的产品啊。"听到这里，老板气急败坏地问："你要搞清楚，这是谁的店？你在吃谁的饭？咱俩到底谁说了算？"年轻的伙计不卑不亢地回答："对不起，老板，如果要以说谎才能保住这份工作，那么您另请高明吧，我不会出卖我的人格。"说完，他离开了店铺。后来，这位诚实的职员成为西部最受人们尊敬的商人，生意蒸蒸日上。

比彻认为："诚实才是做人之本、经商之道。一个成功的商人绝不会失去诚信。如果只想着自己赚钱而不择手段，那无异于自取灭亡。只想着索取，而不知道付出的人，怎么可能成功呢？不可否认，有些东西能够容易地得到，但这样的拥有，人们往往不懂得珍惜。如果觉得人们可以通过剥夺他人的利益来满足自己的欲望，那么和土匪的行径又有什么区别？"

有个女人看到一些图片装帧得漂亮无比，忍不住惊呼起来："看啊，它们简直太美了！尤其是这张，上面还印有座右铭：诚实会助你成功。"图片的主人附和着："嗯，确实非常漂亮，你要知道，这些都是我从欧洲带回来的。不过，你想象不到的是，我没花一分钱就得到了这些美丽的图片。因为当时我买了很多东西，然后趁人不注意，就把这些图片夹在里面，幸运的是，没有被人发现。"他说这些的时候，满脸得意的神色。但是最重要的一点他忘了：我们的社会，欢迎的是卡莱尔所提倡的那种"正直、诚实、坦率而言行一致的人"。

一个成功的商人绝不会失去诚信。

有个缅因州的农场主，到了收获的季节，看到自己的苹果个个质量上乘，十分高兴。他把这些苹果装在桶里，准备运到市场上去卖。一路上，苹果被保存得很好，没有一点损坏。尤其令人意外的是，农场主把自己的名字和联系方式写在了每一个桶上，并且注明：如果您发现桶里的苹果有质量问题，或者对这些苹果有什么意见的话可以写信告诉我。不久，农场主收到了一封来自英国的信，信中说，大家对于他售出的苹果都非常满意，并且希望以后继续合作。

在西印度群岛的各个港口，"乔治·华盛顿制——弗农山"几个字的作用就像是通行证。只要面粉桶上印有这个标志，就可以免于检查。因为，"乔治·华盛顿制——弗农山"的面粉质量有口皆碑。无论你怎么检测它的面粉，都不会查出问题。

有个年轻的小伙子对人抱怨道："我从来没有欺骗过人，可是并没有因此而成功。"当然，诚实是成功的前提，但一个人并不会因为没有撒过谎就会成功。如果办公室里的职员被提升，绝不是因为他从不偷办公室的东西，关键在于他办事勤快，有着聪明的头脑以及别人不具备的能力。

如果一个人想要流芳百世、闻名全球，他首先要得到的就是他人的信任。如果一个人掌握了能够使别人信任自己的方法，那他就获得了一件无价之宝。

但是，世界上真正懂得这种方法的人并不是太多。由于性格上的缺陷，很多人总是无法获得他人的信任。

在人与人的交往中，第一印象是十分重要的。如果一个人能够在初次见面时就给我们一见如故的感觉，那么我们对他的好感和信任度必定会大大增加。

最容易成功的人，不是那些才华横溢的人，而是那些能够吸引别人的注意力，使别人能够信任他的人。

一般情况下，教师认为最有前途的学生是和自己最投缘的人，老板认为最好的员工是那些最合自己心意的人。

我们都有一个共同的心理：只要一个人能够给我们带来开心快乐，即使他的观点我们不同意，我们也不会有太大的反对意见，甚至从心眼里，我们倒希望他的计划能够成功。

一个推销员如果很懂得为人处事的技巧，他就能准确地把握住你的心理，只说一些你最爱听的话语。他是那么讨你的喜欢，以至于你非买他的东西不可，哪怕是实际上你并不需要。

会为人处事的人，总会给人愉悦、轻松的感觉。他们总能博得他人欢心、获得他人信任。其实，要做到这一点也并不是很难。只要你时常面带微笑、行动轻松活泼，你就会获得别人对你的好感、成为人人信任的人。

在与人交谈时，我们最好少涉及自己，因为人们都希望别人对自己有特别的关注。你只要细心听对方说，并且不时地附和一两句，你就能够调动起对方的积极性，并且赢得别人的好感，成为人人信任的人。而如果我们自以为是地大讲自己的家世、述说自己的遭遇和好恶，那么我们只会引来人家的不满和厌倦。

没有持之以恒的坚持，任何事情都不会成功。获得他人的信任也是一样。如果你今天待人热忱，明天又冷淡；今天给人家一个笑脸，明天又用一张阴云密布的脸去面对人家。那么你就绝对不会收到良好的效果。只有克服了自己的急躁情绪，凡事都做到有始有终、绝不半途而废，我们就能够赢得别人的尊重和信任。

萨克雷曾经这样说过：“如果一个人能够严守信用，那么大自然就会在他脸上刻上代表信用的符号。无论走到哪里，他都会受到人们的尊重。他的外表都能给人信任感，你会情不自禁地相信他，委托他办重要的事情。与一个人的书面保证相比，他的这种气质保证不知要高多少倍。”

值得信赖的品质，也是一个国家民主制度的基础和保证。在专制的俄国，沙皇亚历山大一世本人就是宪法。但是，在我们这个文明的国家，我们应该注意培养根植于国民心底的道德素养。老约翰·布朗曾经这样说过："对建立国家而言，一个善良、健壮、诚信的人，要远比1000个没品格的人更有用。"

"给我们一个值得信赖的人吧，在他的带领下，我们可以看到成功的希望。"斯坦利牧师这样说，"我们知道，我们可以完全信赖他，把自己的命运交付他手中。别人都倒下了，他也会坚定地挺立着。对我们而言，他就是一个忠诚可信的朋友，一个诚实无畏的劝谏者，一个两肋插刀的侠客。在这些人身上，我们可以发现那种亘古不变、万世流芳的精神。"

NO.6/ 商业中的不诚信

有则寓言，可谓发人深省：四只苍蝇感到饿了。第一只苍蝇发现了一段香肠，终于抵挡不住诱惑，放开肚子大吃一顿。结果，因为胃溃疡丧了命，因为，香肠里面含有苯胺。第二只苍蝇的命运也没好到哪去，它饥不择食，吃了面粉，结果因为胃痉挛而丢了性命，因为面粉里含有大量的明矾。第三只苍蝇呢，找到了一罐牛奶，不假思索地飞过去猛喝，伴随着一阵剧烈的咳嗽，它被呛着了，因牛奶而丧生，因为牛奶里含有太多的粉笔沫。第四只苍蝇亲眼目睹了伙伴们的不幸遭遇，感到前途无望，横下心道："既然早晚脱不了一死，不如自我了断吧。"说完，它径直扑到一张湿漉漉的纸上，纸上写有"苍蝇药"几个字。它的嘴碰到了纸，忍不住尝了一口，觉得味道还不错，心想：要死也不当饿死鬼，吃吧。于是，张开大嘴喝了起来，没想到，它越喝感觉越好，原本，它以为是药麻痹了自己，想着舒服之后就是死亡了。但事实正好相反，它感觉自己更有活力了。最终，第四只苍蝇不但没死，反而弄个肚饱腰圆。原来，苍蝇药是假的！

不久前，在一次聚会上，我听到一个布料商店经理对人吹嘘说，他现在忙着把整批的布料剪成碎片，结果把自己弄得疲惫不堪。当谈话继续下去时，我才明白，他之所以这样做，是由于他事先在广告上大肆宣传说，购买零碎的布料比按批购买要划算得多。结果人们在看到广告后，就信以为真，争相前来购买。我听过后，不禁哑然失笑，试问，如果人们发现自己被骗了，还会愿意再来这里买东西吗？

很多人认为，在商业活动中，处处讲实话、从不撒谎几乎是件不可能的事。但更为可悲的是，就连商人自己也这么认为，这不能不引起我们的深思。他们认为欺

一份报纸的信誉，就像是一个人、一个商场，如果没有对大众坦诚相见的态度，是很难取得成功的。

骗顾客只不过是获得商业利润的一种手段，就像提高生产效率、节约生产成本一样适用。很多信誉很好的商店，也千方百计地掩饰自己的弱点，用种种花言巧语来欺瞒顾客。这是很不应该的，一旦被揭穿，多年的努力就会毁于一旦。

现在，新闻界的信誉普遍不好，也是他们在报道时常常歪曲事实造成的。其实，一份报纸的信誉，就像是一个人、一个商场，如果没有对大众坦诚相见的态度，是很难取得成功的。由于讲真话而获得的奖赏，要比那些由于欺骗人而获得的奖赏高出千百倍。它更富有价值、更让人尊敬。

乔治·安吉尔曾经揭露过这样一个秘密：有个经营茶叶的大商人亲口告诉他，他所卖的茶叶，家人是不可以随便饮用的，因为只有一种茶叶是最纯正的，而这只有他和家人知道。

现代社会中，有些老板为了个人私利，哪还顾得了良心？他们会教自己的雇员怎样去欺骗顾客，只要能赚到钱就行。对于商品自身的问题，他们心知肚明，却避重就轻，睁一只眼闭一只眼。为此，他们还振振有词地为自己辩解说：“这社会是弱肉强食的，激烈的竞争使得他们身不由己，商场如战场，时时处处充满着硝烟和战火，不是你死就是我活。”

不难想象，有了这样的老板，那些年轻的雇员们，如果不能把握住做人的根本，怎么能够出淤泥而不染呢？所以有人说，社会如同大染缸，有了这样的“榜样”，那些意志力不坚定的人，便会不自觉地丧失了做人的本性，最终与他们同流合污且浑然不知。

我们的社会需要的是诚实的人：比如，医生在没有弄清病人的病情时，绝不能

糊里糊涂地给病人开药方，否则，就是草菅人命了。如果是政治家，要具有实干家的风范，绝不能每天沉醉于各种各样的应酬而无所事事，更不能为了显示自己的口才而在细枝末节上纠缠不休。如果是律师，他们绝不能为了自己的私利而不顾案件本身的事实。只为得到代理费却不顾当事人的利益，那么，他们可能得到了钱，但失去了人性。如果是牧师，他们绝不能只追求人们的欢呼和掌声，因为忠言逆耳，但却更有价值。如果是商人，绝不能把赚钱当作第一追求。因为，为人之本是诚实正直。只有真正做到了童叟无欺、一视同仁，才能使生意长盛不衰。如果是记者，绝不能为了个人扬名，或者经济利益，去应和主编的要求，连那些下流无聊的花边新闻也捧上大雅之堂。如果是真正的男子汉，就要顶天立地，决不能为自己的失误推卸责任。要敢做敢当，不能把自己的过错说成是他人造成的结果。总之，我们的社会，那些想以投机取巧而成功的人，可能会一时得势，但最终难逃被逐出局的命运。作为年轻人，更不能失去做人的准则，踏踏实实地做事、老老实实地做人，才是我们所需要的。

为人之本是诚实正直。

马萨诸塞州的健康委员曾截获这样一封信件。信中用大量的事实说明：我们现在常用的生活必须品，十有八九都是假冒伪劣产品。原文是这样的：“马萨诸塞州的先生女士们：作为你们的代理人，我有责任提醒大家，要提高警惕。因为，有证据表明，波士顿以及其附近地区的牛奶商们为了赚取更多的利润，不惜在牛奶中做手脚。对外却宣称他们的牛奶质量无可挑剔，连牛奶检察官以及州健康委员会的人都不会查出来问题。”

信中还提到：“马萨诸塞的先生女士们：我已经收到了你们的信件。现在，我会把亚当斯快递公司生产的产品尽快寄送到您手里。您可以免费品尝，请相信它的质量，不用怀疑，因为，即使是纯正的牛奶，也会有同样的现象。这牛奶是从面包里提取出来的，当然，普通人无法区分它和真正的牛奶有什么不同，就连那些检察官们也检查不出来。因为，这种产品完全可以经受住任何化学药品的检测。”

在信里，还附有详细的操作方法说明，精确地给出了需要添加的水、白糖以及盐的数量。不仅如此，信中还补充道：“如果您照我们的方法去做，只要使用我们的产品还可以从奶油中提取出新鲜的牛奶，即使不加糖，只要用力搅拌，马上就可以得到一杯香甜可口而且营养丰富的牛奶。”

设想一下，如果大自然也懂得欺骗，那么，在这个世界上，山川、河流、大海、森林都将化为虚幻。虽然，我们的地球看上去和以前没有什么区别，仍然物产丰富，资源充足，但实际上，我们却一无所有。我们眼里曾经秀丽的山川河流，不过是海市蜃楼，地球上，万有引力将不再起作用，太阳将不再是各星球的中心，原子也无将无规律地乱动。世界如果变成这样，人类将何去何从呢？

NO.7 / 诚信为经商之道

在当今社会，诚信危机越来越严重。在我们周围就有很多说谎的人，甚至是国家机构。我们感到茫然失措，不知道该相信谁好。其实，我们在为社会感叹的同时，更多的是应该替他们感到惋惜。他们最终会认识到，这样做是得不偿失的，只有诚信待人才是获取成功的最好的策略。

丧失了人格和信用，一个人的商业生命也就结束了。在商场中奋斗，获取成功的最大敌人就是缺乏诚信。在经济萧条时，许多人依靠投机取巧、花言巧语欺瞒顾客，换取了暂时的利润。但是他们没有想到的是，他们却因此丢掉了自己的人格和信用。一个真正成功的商人，是绝不会为了眼前的利益，而丢掉自己的立身之宝的。

美国经济的繁荣，一大部分原因是美国众多商行的存在。它们共同构成了美国的经济骨架。可是在众多的商行中，绝大部分的历史都不会超过450年。它们都如昙花一现，像走马灯似的在美国历史上一闪而过。究其根本，在经营期间不能始终以诚信的态度来对待自己的顾客，是导致他们失败的最重要原因。靠着欺骗，能够获得一时的繁荣，可是不会换来一世的繁荣。一旦被揭穿，肯定会被顾客所抛弃，导致自己的破产。

诚实信用是一个商家的无形资产、是自己产品的最好广告。美国几家大公司的商标，仅仅由于诚实信用的良好名誉，其价值就有上千万美元之巨。有人这样评价可口可乐公司：就算是丧失了一切资产，只要有可口可乐的商标，它就能够东山再起。

艾梅斯州长曾经说过："我一生中过得最快乐的时光，就是研究铁锨工具的那20年。那时候，无论我走到哪里，同行们都会认出我。因为，我的名字代表了诚信。"在那个年代，"艾梅斯"牌铁锨20年内都没有变动过价格，所以当时西部的人们会把“艾梅斯”牌铁锨当成货币来用，甚至用这些铁锨去偿还债务。艾梅斯州长说：“当时，我们的产品会销售到世界各地，但从来不需要代理商。因为，产品的质量是它能够长久不衰的保证，世界各国的人们都认可我们的产品。所以，我们根本不用打广告去推销，人们会主动跑上门来订货，而且常常是供不应求。”

有一个人乘马车在北非旅行，行程1000英里。他以自己的所见所闻现身说法：“不论在布尔、布须曼，还是在混居民族，只要提起‘艾梅斯’牌铁锨，就无人不知，无人不晓。”“艾梅斯”的品牌，就代表着优质的原材料和值得信赖的品质。因此，在好望角、澳大利亚，在世界的各个角落，马萨诸塞州的这个古老品牌都拥有着至高无上的信誉。提起它，人们都会称赞它做工精细、持久耐用。

乔治三世的一个使臣曾经向约瑟夫·里德许愿：“里德先生，如果你能够通过自己的能力，使得英国与殖民地之间化干戈为玉帛，结束这一场漫长的战争，将会得到1万基尼的酬金。”约瑟夫·里德听了，不屑地回答：“我不值得你们花这么大的价钱来收买，而且，如果我真的开价，会让你们的大不列颠国王吃不消。”

在伊利诺斯州，人们正在为一项法案的声明而争论不休，目的是要脱离联邦。此时，斯蒂文·道格拉斯正生病卧床。他住在斯普林菲尔德的一个旅馆里，但他不顾自己身体虚弱，叫人把他抬进了会议室，然后，撑着身子，在垫子上写《脱离联邦宣言》：我们郑重声明，伊利诺斯人诚实与忠诚的美德将代代相传。这段话得到了大家的一致通过，接下来，这段话成了当时的警句，流传在伊利诺斯州和其他各州，人们交相传诵。这样一来，那些想脱离联邦的人受到了致命的打击。美国的信用和国际地位得到了巩固，全国人民士气高涨，团结一致。

乔治·琼斯曾经说：“就是魔鬼也不会给我更大的诱惑了。”他这么说，是因为有人要他在坦慕尼丑闻事件中保持沉默，只要不在《纽约时报》上披露相关的消息就可以。如果他答应的话，将得到100万美元。事件的真实情况是：乔治·琼斯掌握了“特威德集团侵吞巨额公款事件”的证据，那些无耻的政客为了洗脱自己的罪责，就要封住新闻的口舌，于是收买他的报纸，他们觉得这样还不够保险，就想到了收买报纸老板的办法。最终，丑闻仍然被揭露，而且新闻的真实性和快捷性没有受到影响。乔治·琼斯通过自己的努力，使那些腐败的政客得到了应有的惩罚。

乔治·琼斯的诚实和正直，为他赢得了无上的荣誉。那些肮脏丑闻的主角呢？会有什么下场？尽管他们的势力看上去强大无比，甚至超过了纽约市乃至整个纽约州的力量。但是，他们贪污的数百万巨款，给他们带来了什么样的命运呢？他们最终难逃罪恶的惩罚，等待他们的只有贫穷、悲苦、耻辱、绝望和死亡。

随着社会的发展，人们逐渐意识到，自己的劳动成果应该得到相应的保护，并且为此花费了大量的精力。专利权和商标法应运而生，即使这样，也不能保证所有的创造成果都安然无恙，窃取和仿造的现象仍然时有发生。真正具有保护智力劳动和手工劳动成果的办法是：一流的品质，这也是保证产品生命力的根本所在。

一个真正成功的商人，是绝不会为了眼前的利益，而丢掉自己的立身之宝的。

斯特拉迪瓦里从来不用在他制造的小提琴上做任何专利标志，因为，没有人能够像他那样，为了制造出一流品质的乐器承受巨大的苦难。那些平庸的乐器制造商，心里想的是如何赚取更多的金钱，低廉的小提琴虽然品质不高，却可以让他们的腰包越来越鼓。所以，他们觉得斯特拉迪瓦里迂腐，嘲笑他为了一件几天就可以完工的乐器花费了一周甚至更长的时间。但是，斯特拉迪瓦里不会理睬别人的嘲笑，他下定决心用自己的人格去保证小提琴的高品质，他的名字就是质量的象征，就是代表性的商标，能够使他制造的小提琴永远没有人能够仿造出来。他的品格、诚实和勤奋，是他的专利和标志。是的，除此之外，还有什么能够保护他的小提琴呢?

提到精密时钟，“格雷厄姆”的名字众所周知。这个名字就是时钟品质的代言人，足以用来保证他的产品不被仿制。那个时候，没有一个人有能力造出那样完美的时钟。当初，他的泰母本牌和伦敦牌时钟在世界上绝无仅有，制作工艺之精良令人赞叹。他那刻在时钟上的名字，就是优异品质的见证。

约瑟夫·杰斐逊主演的瑞普·温克尔的戏剧人们无不称赞。没有任何一个人能够把角色演得如此炉火纯青。同样，银器和珠宝上只要有蒂凡尼的名字，就不会有人找到比这质量更好的银器和珠宝。一个名字就代表了一切。

希勒还是一个孩子的时候，就提着篮子在纽约的大街上沿街叫卖糖蜜。以后多少年，一盒一盒的糕点上，希勒的名字就是不可侵犯的专利，保护着他的产品。

为什么名字具有如此强大的力量？不管在哪儿，这些名字的存在，就是质量和品质的象征。人们相信他们的产品，没有人怀疑带有这些标志的产品会有质量问诚实信用是一个商家的无形资产、是自己产品的最好广告。

题。这些名字，就是最好的通行证，它们是最高明的保护神，也是最好的广告。提到这些名字，人们除了钦佩之外就是满怀敬意。

但是，令人遗憾的事情也时有发生。有些人或公司为了一己私利，想方设法欺骗顾客，只要钱赚到手里，他们不会考虑挣钱的途径。那些没有价值的商品或服务，不知坑害了多少人。这些人或者公司，最终会被世人唾弃，他们的名字无异于品质低劣的同义语，谈到他们的时候，看到和听到的人除了鄙视还是鄙视。依靠诚信经商的人，货真价实的产品会为他们赢得顾客的尊重。而那些投机取巧的人，是永远被世人轻视的。人性是追求真善美的，那些闪烁着真理光辉的东西才会拥有长久的生命力。

迥然不同的人，演绎着绝然不同的人生！一种人的名字，代表了卓越的品质，他们制造的产品经久不衰。另一种人，终其一生都在叫卖着假冒伪劣的商品，只是，不管他们的商品伪装得多么华贵，也不过“金玉其外，败絮其中”，玻璃再亮，也冒充不了钻石。这样的人天天说着谎话，连自己都相信了这是真的。珠宝、服装、家具、股票和债券，还有什么他们不能伪造？而他们原本还有的一点点人性，也慢慢地消失殆尽。

那些诚信为本、顾客至上的商人，就像蒂凡尼一样，他的员工都具有同样高贵的品质。而念着骗人生意经的小店里，还有诚实可信的员工吗？也许他们没有参与制造冒牌货，但是，天天和口无实言的老板搅在一起，“近朱者赤，近墨者黑”，久而久之，他们会见怪不怪，反被其害了。最终，因为经常与卑鄙的人交往，自己的品格也开始沉沦甚至堕落。从事这种不诚实而卑鄙工作的人，在他们的眼神里找不到清澈的目光，连说话都是心虚气短的。世界上并不缺少高尚而美好的品格，擦亮自己的双眼，别被卑鄙的人污染了我们的灵魂，与那些真诚可信的人去交往吧，自身也会因此而高大起来！

路线八

勤奋必不可少

NO.1/ 没有耕耘就没有收获

格雷先生看到15岁的儿子又逃学了，吃惊地问："你为什么不想上学？"儿子查理回答："爸爸，你知道上学是多么枯燥的事吗？我讨厌读书，再说，读书又有什么用呢？"格雷先生听了生气地训斥道："你觉得自己什么都懂了吗？"查理继续为自己辩解："乔治·里曼3个月前就不上学了，我肯定比他知道得多。乔治说了，他爸爸有的是钱，他上再多的学也没什么用。"说完，他准备向门外走去。格雷先生拦着他说："先别走，听我把话说完。你不用为自己找借口，如果你真的不想读书了，可以不读，但是，你要明白：如果不上学，你现在就得去工作。我可不想天天看着你白吃饭。"

第二天早上，格雷先生带着查理来到一所监狱参观。没想到，他在那里遇到了一个以前的同学。老同学高兴地向格雷先生打招呼："老伙计，真高兴能在这见到你。"格雷先生却说："可是，在这里见到你我感到很遗憾。"老同学听了回答："你的遗憾怎么能和我的后悔相比呢？"说着，他指着查理问："这是你的儿子？""是的，他叫查理。像他这么大时，我们都还上学呢。你还记得我们在一起念书的事情吗，约翰？"格雷先生说。老同学听了，无限感慨地答道："我倒是希望自己能够忘记呢！有时候，我真希望那只是一场梦，可是醒来却发现什么都变了。"格雷先生不解地问："怎么会这样呢？到底发生了什么事？我记得最后一次见到你时，你的状况不错呢，比我还要好得多。"

老同学低下头，半天才说："往事不堪回首啊，真是一言难尽。要怪，也只能怪我自己，后来，我好吃懒做，和那些不三不四的人搅在一起。那时候，只想着吃喝玩乐，哪还有心思读书啊？我认为自己家里有钱，读书也没用。父亲死后，我继承了一大笔财产，那都是父亲在世时辛辛苦苦挣来的，可是我哪里知道这背后的艰辛啊。因此，花起钱来大手大脚，每天和那些狐朋狗友们花天酒地，也不知道是怎么回事，糊里糊涂地过着。没过多久，我忽然发现自己一无所有了，那些所谓的朋友呢，早都跑得不见人影！人总得吃饭啊，可是我哪有能力去工作呢，更别提赚钱了。没办法，就想出了歪门邪道，结果，你也看到了。"正说着，看守来叫他回去干活，格雷先生问看守："你们这里的囚犯受过职业训练的多吗？有多少人可以通过自己诚实的劳动谋生？"看守回答："十个里也找不到一个。”

回家的路上，格雷先生对儿子说：“查理，是不是你知道我要求你去工作时感到很意外？刚才，你也听到了我那位老同学的话，我想，你应该有所收获吧。或者，你也看到了我有些钱，确实，我手里有钱，能够给你提供最好的吃穿用度。可是，这些钱买不来你的聪明才智，总有一天，你要长大，那时候，你凭借什么来生存呢？我的财富再多，总有花完的一天，坐吃山空的道理你应该懂。到那时，如果你没有能力，就只能等着饿死了。可惜，有很多人在经历了这种痛苦之后，才意识到吃苦对孩子来说并不是坏事，太优越的环境，可能会毁了孩子的一生！”小查理听着，皱着眉头想了片刻，说道：“爸爸，星期一您送我去上学吧！”

敬业对一个人的成功来说是非常重要的，唯有如此，才会拥有辉煌灿烂的业绩，这其中，勤奋不可或缺。

约翰·亚当斯小时候也产生过厌学心理，他央求父亲别再让他学拉丁语了。父亲听后回答：“没问题，约翰，不过，你既然不去学习，那就去水田里挖几条沟吧，水田需要排水了。”约翰知道父亲是说一不二的，于是顺从地接过他手中的铁锹，来到水田里，开始挖沟。这的确是件苦差事，火辣辣的太阳当头照，汗水不断地滴落下来，约翰就这样忙碌了一天。不过，挖沟的过程中，他开始反思。到了晚上，他告诉父亲，第二天要继续去学习拉丁语，父亲微笑着点了点头。

从那以后，约翰的学习再也没有被人督促过，而且，还养成了认真对待任何事情的好习惯。长大后，在美国的独立战争时期，他成了叱咤风云的人物，并且在华盛顿之后，成为美国的第二任总统。

有些年轻人想不通：“如果只是养活我自己，何必费那么大的力气去工作呢？”是的，如果一个人上无父母需要供养，下无姐妹妻子需要照顾，称得上是自由自在了，可是，他忘了一点：辛勤劳动本身就是一种美德，这对自己品格的形成和个性的发展是非常有益的。

有个富人，小时候家里很穷，没有钱让他接受良好的教育，更不要提去培养他的文化素养了。不过，他靠着自己的勤劳，白手起家，创下了一份家业，在这过程

辛勤劳动本身就是一种美德，这对自己品格的形成和个性的发展是非常有益的。

中，他牺牲了自己的很多个人利益。后来，他的条件好了，却只想着让自己的孩子能够舒适地生活。临终前，他终于明白："我给孩子们提供了太过优越的物质生活条件，却忽略了他们的教育和职业训练，等我走后，他们凭借什么来生存呢？他们不知道钱是用辛苦的劳动换来的，更不会知道珍惜。本来，他们有条件接受最好的教育和训练，成为正直而受人尊敬的人，但是结果呢？老大是医生，却从来没有病人找他看病；老二是律师，却没打过一场官司；老三是商人，却没有通过自己的努力赚到一分钱。他们把我的劝说当成耳边风，什么兢兢业业，什么勤劳节俭、积极进取，对他们来说毫无意义。他们会说：'爸爸，我们有的是钱，何必再去受那份苦呢？你赚的钱已经够多了。'"

《青年导读》里，有个西拉斯·菲尔德的故事。西拉斯·菲尔德是著名的企业家，大西洋电缆建设工程就是他提出的。16岁的时候，他离开斯托克布里奇，只身来到纽约谋生。父亲在他离开家门时，给了8美元，这点钱还是全家人省吃俭用节省下来的。

西拉斯·菲尔德来到纽约后，住在哥哥大卫·菲尔德家里，他的哥哥是纽约法律界的名人。可是，西拉斯·菲尔德在哥哥家里并不感到轻松快乐，总是愁眉不展。有位客人叫马克·霍普金斯，发现了西拉斯·菲尔德不开心，对他说："如果一个孩子离家以后，不懂得什么叫振作，我会看不起他，更不会去帮助他。"

不久，西拉斯·菲尔德来到斯图尔特商店打工，这是纽约市最好的店，做干货交易。第一年，他在那里只是个勤杂工，每天不停地四处奔波，年薪只有50美元，工作时间从早上六点到七点。后来，他成为正式店员，工作时间从早上八点开始，但要到晚上关门。

西拉斯·菲尔德在他的自传里写道："我对自己要求很严格，每天必须在顾客到达之前来到店里，只要有一位顾客没有离开，我就不能下班。

我的理想是成为最好的推销商。不管哪个部门，只要是有价值的东西，我都留心学习，因为我知道：将来如何，取决于我现在的努力。”不仅如此，下班后，他还经常去商业图书馆，在那里看书，每周六晚上举办的辩论会他也参加。他不放过任何一个提高自己的机会。

店主斯图尔特是个很严格的人。他要求每位店员早上上班时都要登记，迟到要罚款。去吃午饭和晚饭也要登记，午饭的时间是一个小时，晚饭时间是45分钟，如果超时，都要罚款。这些规定，西拉斯·菲尔德都严格遵守。同时，他对店里的工作兢兢业业，很快就得到了店主的赏识，受到提升也是情理之中的事了。

斯图尔特的店铺经营得如此之好，因为他对自己的要求从来没有放松过。多年如一日，把店铺当作自己的事业，全身心地投入到每天的工作中。他制定了周详而且完善的规章制度，保证了店铺每日正常高效地运转，哪怕他不在店中，一切都会有条不紊地进行。在别人看来，这个店铺的前景美好，可以高枕无忧了，可是斯图尔特从来没有沾沾自喜，直到去世前，还在思索着如何改进各部门的工作，以便使店铺的生意能够蒸蒸日上。

不幸的是，斯图尔特苦心经营了一辈子的店铺，被他的后人们搞得一塌糊涂。其实，只要这些后继者们能够沿袭斯图尔特成功的管理经验，完全可以把店铺经营得更好，因为，店铺已经拥有了数目可观的固定资产。当初，斯图尔特白手起家，既没人资助他钱财，也没人教给他如何去经营，他把自己融入到工作之中，对于其他的事情根本无暇顾及。轮到他的后继者管理店铺时，不能不让人感到失望。这些人分不清主次关系，每天手忙脚乱地应付各种业务，到头来却是入不敷出。尽管在短时期内，店铺的生意看上去还算兴隆，但是危机的种子已经埋下。

他们是怎样管理斯图尔特创下的这份家业的呢？有谁不知道应该时时刻刻关注店铺的经营状况呢？这些人对此却不闻不问，更糟糕的是，客户在这里感受不到被尊重，要知道，顾客就是上帝啊，如果上帝已经开始不满，那么这店铺的前景就可想而知了。不仅如此，这些人对店铺里的商品做不到心中有数，连每种商品的进货、价格和销售情况都是一笔糊涂账。他们天天沉浸在斯图尔特已经成功的光环里，高高在上地挥舞着指挥棒，对着员工们呼三喝四，而那些本该受到重视的经营策略，却被放在一边无人过问。结果可想而知，店铺里的生意一天天冷淡下来，光景一日不如一日。就连那些老顾客都开始表示不满，最终选择了放弃。这样的日子没有维持多久，几年下来，原本初具规模的店铺，在资本和信誉方面都迅速滑坡。

最后，顾客们都转向了其他店铺，原有的合作者也都另择高枝。

这一年，约翰·沃纳梅克成了斯图尔特店铺的新任经理。此时的店铺已经是个空架子，然而令人欣慰的是，沃纳梅克身上具有当初老店主的优点，能够吃苦耐劳。他用他的勤奋和智慧，使得已经濒临破产的店铺起死回生。约翰·沃纳梅克刚刚出道的时候，每天不辞辛苦，步行4英里到费城的书店去上班，为的是节省开支。那时，他每周的薪水是1.25美元，但他的理想是赚到老板10倍的收入，这个信念激励着他不断奋进。终于，他有机会接手斯图尔特的店铺，这是上帝赐给他的机遇。或者，有的人一生中有过多次抵达成功的机遇，但被他们错过了，但是，有的人只有一次，却牢牢地抓住了。约翰·沃纳梅克就是如此，他通过坚持不懈的努力，向世人证明了自己的能力和价值。店铺在他的经营管理下，生意一天一个样，渐渐地，不仅恢复到斯图尔特经营时期的兴隆，而且胜过了当日的辉煌。只有他这样的人才能拥有成功，而且，已经取得的成就不会影响他继续前进的步伐，幸运会再次青睐于他，因为，他从不会裹足不前。不难看出，敬业对一个人的成功来说是非常重要的，唯有如此，才会拥有辉煌灿烂的业绩，这其中，勤奋不可或缺。

NO.2/ 天才来自于勤奋

法国的一位作家曾经说过："米开朗基罗这个人大家是知道的，他60岁的时候，身体状况已经不是很好。但就是这样一位老人，每天在大理石上飞快地舞动着雕刻刀，创作不止。石头的碎屑如雪片飞舞，就是那些身强力壮的小伙子也赶不上他的速度。只有亲眼见过他工作的人才能相信，一个人竟然可以如此对待自己的工作，视工作重于生命。人们形容他在雕刻的时候如'龙腾虎跃'，再巨大的顽石在他这里都不堪一击，雕刻刀每挥舞一次，石片就如同飞雪一般飘落。"众所周知，一件成功的石刻艺术品，追求的是近乎完美的境界，哪怕是毫厘之差，也是败笔。可是，那些顽石在米开朗基罗的手中，就像松软的泥土石膏，他的雕刻刀挥洒自如、上下翻飞、分毫不差！

英雄惜英雄，米开朗基罗曾经这样评价拉斐尔："他的成就举世瞩目，没有

伟大的诗歌作品，就像是露出水面的桥梁，那桥梁之所以能够稳固地站立在水面上，是因为水面下有坚实的桥基。

人能和他相提并论。然而，他的成功得益于他的勤奋，而不是上帝的赏赐。有人觉得拉斐尔的作品完美得近乎于奇迹，而他自己对这一切的解释是：‘我能够取得这样的成就，是因为我对任何事情，哪怕是细枝末节，也不会轻易放过。’所以，当这位艺术家离开我们的时候，整个罗马为之悲痛，教皇利奥十世忍不住伤心哭泣。他英年早逝，才38岁啊，正当风华正茂的时候，却突然离去，怎么能不叫人痛心疾首？但是，他给后人留下了287幅绘画作品，另有素描500多张，这已经称得上是天文数字了，更何况，那些作品都是绝无仅有的，甚至价值连城。那些终日无所事事、游手好闲的年轻人，难道还不知道警醒吗？生命的价值到底是什么，只是每天吃喝玩乐，看着太阳东升西落地混日子吗？”

达·芬奇，这位享誉世界的著名画家，是个乐观开朗、朝气蓬勃、热情洋溢的人。每天，他会用自己的工作去迎接太阳的升起，直到夕阳散尽，才恋恋不舍地离开画布去吃饭休息。那些名画，就诞生在他每日不辍的画笔之中。

鲁本斯，同样通过自己的勤奋努力，成为著名画家，而且拥有了万贯家产。一天，有位炼丹师号称自己能够将普通的金属炼成黄金，并想说服鲁本斯与他合作。鲁本斯听了回答：“别在我这里吹牛了，这个秘密我在20年前就知道，怎么你还称自己是第一个知道的呢？”说着，他拿起自己的画布和画笔说道：“你看清楚，只要我的手碰到的东西，都会变成金子。”

英国画家密莱司在画画的时候全神贯注。只要他在作画，没有人能够打扰他，此时，仿佛他身外的一切都不存在了。他这样评价自己的工作：“其实，我在投入工作的时候，并不比在田野里耕耘的农夫轻松。年轻人啊，记住：努力地去工作！天才不是每个人都有份的，但是，勤奋工作却是每个人都可以做到的，没有付出，怎么会有收获呢？如果每天游手好闲，即使上帝给了你再高的天赋，又能做出什么呢？简直浪费了上帝的恩宠！不是每个人都能成为艺术家，但是，那些真正的艺术家，是不会辜负上帝的厚望的，他们拥有了过人天赋的同时，懂得应该不懈地努力，那么，成功自然非他莫属。有很多孩子被他们的父母带到我这里，我知道他们是慕名而来的。我能从他们的眼神中，看出他们对自己孩子的殷切希望。但是，我告诉他们：‘孩子不是长大后都要当画家的。’不过，身为父母要明白，不管孩子想当什么，都要从小努力、辛勤付出，才会有成功的可能。每个孩子的成才都不是一朝一夕之功，要让他们全方面地发展，从小打好基础理论，父母为此也要付出相应的精力才行。”

马丁·路德，这位伟大的宗教改革者，译著了世人瞩目的《圣经》。他的座右铭是：“工作是不可以间断的，哪怕是一天，也会带来意想不到的损失。”很巧的是，特纳也说过类似的话。特纳的老师约舒亚·雷诺德，曾经这样忠告他：“你想要走在别人前面吗？那么就努力吧，别停下你前进的步伐！或者，这样的结果会使你失去一些常人的轻松和娱乐，但是，唯有如此，你才有成功的希望。不然，成功和幸福从何而来呢？艰苦的工作虽然有些枯燥，但是终将苦尽甘来。”确实，在一般人看来，特纳的工作是艰苦的，但特纳却把这当作锻炼自己的机会，能够苦中求乐。功夫不负有心人，天道酬勤，他取得了成功。

天才，还得加上勤奋，才可能获得成功。没有勤奋，天才和常人无异。

比彻曾经说：“你看到过这样的事吗？不管在哪个知识领域，有没有一本书、一种文学作品、或者一种艺术流派是自然降生的？这些成绩的取得，哪一个没有经过开创者的艰苦劳动呢？流芳百世的背后，是常人难以想象的辛勤付出。天才，还得加上勤奋，才可能获得成功。没有勤奋，天才和常人无异。”

《荒村》的作者哥尔德斯密斯对自己的作品要求极高。他认为，每天能写出4行诗就已经很不容易，《荒村》更是花费了多年的心血才创作成功的。他说：“不管做什么事，持之以恒必不可少。对于写作来说，如果不能坚持，就不可能有成功的作品。思想的缜密、写作方式的成熟，都需要锲而不舍的努力，那些偶尔动笔的人想要功成名就，即便有过人的天赋也是不可能的。”

《生命之歌》的作者朗费罗认为，伟大的诗歌作品，就像是露出水面的桥梁，那桥梁之所以能够稳固地站立在水面上，是因为水面下有坚实的桥基。也就是说，成功的作品也离不开诗人长期的研究和学习，这就好比是水下的桥基。桥基并不会张扬在世人眼前，但没了桥基，桥又从何而来呢？

我们不妨研究一下那些被称之为伟大的作品，不难看出，这些著作的产生之初，都是经过深刻思考的。从《独立宣言》到《生命之歌》，有哪部作品是一蹴而就的呢？在最终完稿前，创作者不会放下自己的笔，更不会停下自己的思绪。要知道，拜伦的《成吉思汗》在几易其稿之后才与世人见面，为此他修改了不止百次，直到自己满意为止。

《斥腓力》的作者是古代雅典的雄辩家狄摩西尼。他曾经说过，人们大概很难想象得出，他在写作《斥腓力》的演讲稿时，花费了怎样的时间和精力，经受了怎样的痛苦和辛劳。《论共和国》的作者柏拉图对自己的作品更是精益求精、逐字斟酌。他在创作《论共和国》时，光是文章开头的第一句话，就前后修改了九回。蒲柏会为写两行诗不惜花费一天的功夫；夏洛蒂·勃朗特呢，会为一个合适的词推敲一个小时；格雷的一个短篇要用一个月的时间；吉本在写《罗马帝国衰亡史》第一章时，易稿三遍才满意，而整部宏伟巨著的完成，用去了他25年的时间。安东尼·特罗洛普曾经说："每一部成功之作的背后，都有着鲜为人知的故事。那些天天嘴里念着要创作的人，总在等待着灵感的降临，却不知道灵感原本就是厚积薄发的产物，没有平时的积累，怎么可能有灵感的出现呢？"

大律师罗弗斯·乔特的一个朋友对他说："有的人真是上帝的宠儿，偶然的机会就让他们获得了成功。"罗弗斯·乔特听了反驳道："简直是无稽之谈！照你所说，只要把希腊字母丢在地上，就可以看到史诗《伊利亚特》了？"想要成功自己降临吗？那要等到月光自己变成银子的时候了。奇迹的发生，在偶然的背后存有必然的道理，如果想违背自然法则，那是毫无意义的。只有懒惰的家伙才会为自己的失败不断地寻找借口。

亚历山大·汉密尔顿曾经说："人们往往只看到了我的成功，甚至会认为是上帝在帮助我。其实，有谁看到过上帝的恩赐呢？每个人成功的背后，都离不了长期辛勤的努力。"

丹尼尔·韦伯斯特在他70岁生日的时候，谈起自己成功的秘密说："我所取得的成就，都得益于我的努力。每天，我都会辛勤地工作，上帝也会青睐那些勤奋工作的人。"看来，辛勤的工作是获得成功必不可少的条件，如同飞机起飞时需要翅膀一样重要。

惠灵顿公爵同样以他的勤勉刻苦被世人敬仰。他的勤奋常人莫及，每一分每一秒他都不会虚度，时钟的滴答声记录着他奋进的脚步。

艾利巴罗夫勋爵刚刚步入律师界发展的时候，称得上一波三折，但是，他始终不言放弃，直到最后成功。有一阵，繁重的工作几乎把他压垮，为了给自己鼓劲，他把座右铭“读书还是挨饿”贴在随时可以看见的地方，用来鞭策自己。在德国，人们会在钥匙上刻上“刀不磨，要生锈，人不学习要落后”的警句，以时时提醒自己勤奋的重要性。

NO.3/ 勤奋能够使人充满活力

有人整天东游西逛，甚至无事生非，他们和行尸走肉又有什么区别呢？没有思想，没有勤奋，更没有收获。自然界的事物，都要遵循自身的规律永不休止地运行。左拉说：“这个世界上，有什么比勤奋地工作更伟大吗？工作，让人们有所付出，同时有所收获，一切都在不知不觉中进步着。”工作是人生中不可缺少的部分，这也是自然法则之一。如果没有人工作，也就谈不到社会的进步。如同器官会退化一样，人若停止了工作，整个机体也将逐渐失去存在的价值。只有那些耕耘不辍的人们，才会得到大自然的厚爱。

什么才是点石成金的秘诀？工作，勤奋地工作！它能够化腐朽为神奇。古往今来，那些出类拔萃的人物，他们骄人成就的取得，怎么能离得了勤奋二字呢？也正是他们的不懈努力，才使得整个社会前进的车轮旋转不已。如果一个人慵懒散漫，怎么可能有成功的机会呢。懒惰，是成功最大的天敌，它使人失去斗志、不思进取，从而终生一无所获。

《闲话集》这部作品中写道：一个人如果对社会毫无作用，那么和死人没什么区别。人的存在，要让他人感受到自己生存的意义，这样，才会活在人们心里，而不是每日只会吃喝拉撒的机器。如此看来，有的人也许到了20岁才刚出生，有的人可能30岁才开始意识到人生的意义，更有可悲之人，迟暮之年才知道自己该做什么，至于那些死前都不理解人生意义的人，生和死又有什么不同呢？

埃米尔·左拉曾经在自己的小说中描述了这样一个情节：巴黎一家洗衣店里的两个女工，边干活边聊天。她们谈论着，如果有了1万法郎，怎么来花掉这笔钱。结果，她们的结论是，如果有了1万法郎，就什么活都不干了。

卡莱尔说过："没有什么事情比专心地投入到工作中更有意义。"拥有自己喜欢的工作、有人生理想的追求，这样的人是幸福的。因为，他知道自己为什么活着，并且目标明确地去努力。人生本如白纸一张，它到底蕴藏着多少能量？这就像一条没有被开发的河流，忽然有一天，它的力量被挖掘出来，就会和其它大江大河一样，奔流不息，日夜不停。河水的流动，会把苦涩的盐碱水带入大海，那些曾经蚊虫肆虐的沼泽地会被河水洗涮一新。那时，郁郁葱葱的青草在岸边生长，清澈见底的河水如同天空中的明月，水面上泛着皎皎波光。其实，有谁又能否认工作不是生活的一部分呢？也许，工作带给我们的知识，才是最有价值的，那些所谓的'知识'对我们到底有什么用呢？"

劳动的人才是最美的。

瓦尔特·司各特说："上帝也会青睐那些早上七点起床的人。如果我不能够在早上七点钟起床，那么这一天就会一事无成。正是早起的好习惯，让我多年如一日，笔耕不辍，我所取得的成就，也都依赖于此。"客人们来到司各特家里时，常常会百思不得其解，他们想不明白，为什么司各特的时间看起来比别人要多得多；因为，他们每次来做客，司各特都有足够的时间来陪他们。他们哪里知道，在别人休息时，司各特都在奋笔疾书呢！

努力地工作吧！有人说，劳动的人才是最美的。是的，工作能够使人的眼睛更加明亮，面色更加光泽，肌肉更加有力，思维更加敏锐，沸腾的血液奔流不息，整个人都会因此而朝气蓬勃，精神焕发。忘我地工作，可以让人们忽略身体上的不适，或者可以说，勤奋地工作会让人更健康！

有人说："辛勤地工作，会给你带来幸福。"这话是不无道理的。因为，工作中的人，会更加清晰地意识到自己生命的价值。它让我们知道生存的意义，还可以让我们体会到成功的喜悦，如果我们的工作更出色些，还会陶冶我们的情操，净化我们的心灵，成为自己内心深处的艺术家，而这，

懒惰，是成功最大的天敌，它使人失去斗志、不思进取，从而终生一无所获。

与我们具体从事的某种职业是没有必然联系的。人类集体的工作推动了社会文明的进步。罗斯金曾说："判断一个年轻人会不会有所作为，最关键的一条就是：'他是个努力工作的人吗？'"

千万不要把自己凌驾于众人之上，即使你天资高于常人，但是，如果不努力，照样会被世人前进的车轮甩在后面。世上没有白来的午餐，不要认为你的聪明能够让成功自己降临，这是非常愚蠢的想法。要知道：有辛勤的付出才会有成功的希望，总想不劳而获无异于白日做梦，等到黄粱梦醒，一切都是空。要想实现自己的梦想，记住：勤奋，勤奋，再勤奋！

人的一生，如果能够对自己的国家充满热忱，而且，通过自己的智慧使他人受益，用自己的善良去帮助别人，那么，这个人再平凡，他的一生也是有价值的。

俄国的彼得大帝赢得了世人的尊重，他的成功也得益于自己的勤奋与努力。即使登上了皇位，他仍然经常穿上和普通人一样的工作服，亲自去参加劳动。在他年轻的时候，看到西欧的进步，他就为俄国的前景担忧不已，夜不能寐。从那时起，他下定决心提高自身素质，希望有一天能够通过自己的努力，提高全民素养。那年他才26岁，正是好玩的年龄，其他的王子们每天还沉浸在吃喝玩乐之中，他已经开始周游各国了。为此，他走遍世界各地，但不是为了游山玩水。每到一处，他都留心观察，虚心求教，为的是取人之长。在荷兰，他曾经给一位造船师当学徒。英国的造纸厂、磨房、制表厂和其他工厂，都留下过他辛勤工作的身影。他每天和普通工人一样，踏踏实实地干活，拿自己应得的工资。

在伊斯提亚铸铁厂，彼得花费了整整一个月的时间，全面地学习冶炼金属的技术。终于，他通过自己的努力，铸造了18普特的铁。他还兴奋地把自己的名字铸在上面。那些和他一起出访的俄国贵族子弟，有谁能想到，这位将俄国大帝能够吃得了这样的苦呢？当时有个工头叫穆勒，他告诉工人们，普通的铁匠铸出一普特的铁可以得到3个戈比。但是，他却要付给彼得大帝18个金币。彼得拒不接受，跟他说：“多余的钱不是我该要的，你还是自己留着吧。我和普通的工人一样，凭什么拿更多的钱呢？你给别人多少就给我多少。不过，拿到工钱，我想先去买一双鞋，你看，我的鞋快要从脚上掉下来了。”实际上，他脚上穿的鞋已经补过一次了。他买回新鞋后，心情非常好，高兴地说：“这双鞋真的是与众不同，因为，这是我用自己的汗水换来的。”

后来，穆勒的伊斯提亚铸铁厂里，一直保存着彼得大帝亲手铸过的一根铁棒，上面有他的名字。另外，匹兹堡的国家珍奇博物馆里，也展示着彼得大帝铸过的物品，人们把这些铸品看得非比寻常，因为，这是对伟大的彼得大帝的纪念。每个俄国人都能从中受到教育：国家要想长盛不衰，繁荣富强，需要每个国民的努力。

90岁高龄的格莱斯顿先生说：“工作，让我得到了无限的乐趣。很小的时候，我就知道了勤奋的重要，要知道，勤奋的习惯会带给你好运，你的成功会伴随着勤奋而来。当然，会工作的同时要学会休息，这样才能更好地开展后面的工作。有些年轻人认为，休息时就停止了工作，其实，好好地休息是为了更好地工作。比如，看书和思考时间太久了，脑子就会感到不清醒，那么，这时最好的办法就是，到外面去，呼吸一下新鲜的空气，放眼远方，心胸也会随之开阔。这样，身体和心理上的疲劳会很快地被驱散。要知道，努力是没有终点的。就是我们睡觉的时候，心脏仍然在跳动，大脑也没有完全沉睡。当一切都停止的时候，人的生命也就走到终点了。所以，要最大限度地顺应自然规律，有句话叫做过犹不及，说的就是这个道理。因此，我会很注意调整自己的情绪，保证睡眠的质量，同时，健康饮食，让自己的身体在工作时处于最佳状态。如果年轻人能够照我的话去做，那么离成功的距离就越来越近了。”

NO.4/ 要认识到时间的价值

一个年轻人在本杰明·富兰克林的书店里徘徊了很长时间，拿着一本书向店员问道：“这本书多少钱？”店员答道：“1美元。”年轻人以为听错了，大声说：“这么贵！能便宜一点吗？”店员肯定地答道：“这已经是最便宜的了。”

许多杰出人物之所以能名垂青史，其中一个最重要的原因就在于他们十分珍惜时间。

年轻人恋恋不舍地站在那里，问道："能请富兰克林先生来一趟吗？""他很忙，正在印刷书籍，不过我可以为您去试一试。"店员回答道。

满手油墨的富兰克林来到年轻人面前，年轻人问道："这本书能便宜点吗？"富兰克林毫不犹豫地说："1.5美元。""什么？刚才店员说1美元，怎么您却说1.5美元了呢？"年轻人不解地问道。富兰克林回答道："是的，刚才是1美元，可您浪费了我的时间，这个损失应由您来支付。"年轻人非常诧异，继续与富兰克林先生讨价还价，他最后说道："好吧，这本书您到底多少钱能卖给我？"富兰克林斩钉截铁地说："2美元。""2美元！您是不是在和我开玩笑？"富兰克林冷静地说："不是开玩笑，您耽误了我很长时间，这个损失比2美元要大得多。"

年轻人一声不响地交了钱，拿着书走了。从这位珍惜时间的书店老板身上，他明白了一个道理：在这个世界上，时间比任何东西都要珍贵。

时间如此宝贵，然而，随意浪费时间的人却比比皆是。

"唉，咖啡就要煮好了，这么几分钟我能干些什么呢？"这是我们在家里听到次数最多的一句话。然而，有多少家境贫寒、命运多舛的孩子，充分利用了这些被我们认为零零碎碎，什么都干不了时间，从而为自己开启了通往成功的大门呢？那些被我们虚度的时光，如果能得到合理利用的话，你就有可能成为一位成功人士。

休·米勒是一个聪明好学的石匠，每天他都要与沉重的大石头打交道，赚钱补贴家用。在做好分内工作的同时，他把工作中一些短暂的时间都充分利用起来，阅读科学书籍，最终他根据自己的工作经验写出了一部家喻户晓的长篇著作。

德·格里斯夫人和法兰西王后是非常要好的朋友，又是小公主们的家庭教师。她把等待小公主们上课前的时间都用于创作，日积月累，她写出了好几部充满才气和智慧的著作。苏格兰著名诗人彭斯的许多脍炙人口的诗歌，是他在田间劳动时构思而成的。弥尔顿是一位教师，同时还担任着联邦秘书和摄政官秘书的工作。在紧张忙碌的工作之余，他把一些零零碎碎的时间积累起来，写出了著名的《失乐园》。约翰·斯图亚特·密尔的许多作品都被人们争相传阅，但你知道吗，这些作品是他在东印度公司作为一名默默无闻的小职员时，利用零碎的时间完成的。伽利略是一名外科医生，他在做好本职工作的同时，从不浪费每一分每一秒。他以孜孜不倦、勇于探索的精神，刻苦钻研科学知识，经过不懈的努力，终于成为科学界一颗耀眼的明星。

许多杰出人物之所以能名垂青史，其中一个最重要的原因就在于他们十分珍惜时间。他们终其一生都在充分地利用上帝所赐予他们的每一分每一秒，孜孜不倦地忘我工作，直至成功。但丁生活的时代，几乎意大利所有的文学创作者都有另外的职业。他们同时又是救死扶伤的医生、叱咤风云的政治家、秉公执法的法官、英勇善战的士兵或是勤奋工作的商人。

在这个世界上，时间比任何东西都要珍贵。

在迈克尔·法拉第还只是图书馆里一个装订书本的学徒工时，他就把所有的闲暇时间全部用在科学实验上了。有一次，他在给朋友的信中写道："我现在最需要的东西不是金钱，而是无比珍贵的时间。如果我能有一种魔法，让那些整日无所事事的人空闲的每一天，哪怕一个小时都给我该多好啊！"是啊，只要把一些闲暇的时间积累起来加以充分地利用，就能收获丰硕的成功果实。聚少成多，滴水穿石。贵在一点一滴的积累，持之以恒。只要每天拿出一小部分时间充分地利用，就能攀登上成功的顶峰。

德国伟大的自然科学家亚历山大·洪堡每天都工作繁忙，事务缠身，只有在夜深人静的晚上或是人们正在做着香甜的美梦的凌晨，他才能挤出一些时间来做自己最热爱的科学实验。

只要每天找回在无谓的闲谈上或在东游西逛中浪费的一个小时，并行之有效地加以利用，十年后，一个平庸的人也可以精通一门科学。十年的时间，可以使一个粗俗的、毫无一点文化基础的文盲，成为一个有着相当文化修养的学者。

光阴似箭，日月如梭，失去的时光就像掉进大海里的针一样，无声无息，无影无踪。我们不能让时光白白地从我们的身边溜走。

我们应该珍惜每一寸光阴，努力学习一些有价值的知识，掌握一门科学或者养成一种良好的习惯。如果年轻人每天都能抽出一个小时来充实自己，细细品味20页书，那么在一年之后，他就可以看完一部巨著。如果你每天抽出一小时用来学习，可以使你的人生发生你意想不到的变化。每天的一个小时也许可以——应该说肯定可以使一个默默无闻的人成为一个赫赫有名的人，使一个微不足道的人变成一个对国家及社会举足轻重的人。

NO.5/ 不要浪费时间和精力

时间和精力都是一个人最宝贵的财富，明智而节俭的人从来不会把它们浪费掉。在这些人心目中，点滴时间和精力都是浪费不起的宝贵财富。

如果能够充分利用时间和精力，世界上很多人都能取得成功。正是他们把自己的时间和精力都浪费在一些无聊的事情上，才最终一败涂地。

浪费时间和精力，只会让机遇白白从身边溜走，酿成人生的悲剧。如果想要取得成功，你就要从现在开始不断完善自我，正确对待时间和精力。很多人对钱财很看重，但对比金钱重要得多的时间和精力却肆意浪费。他们对自己的精力、体力和脑力都极不珍惜，为了一时之欢，他们往往通宵达旦地玩乐。他们毫无规律地用餐，认为休假就是在浪费时间。

许多人不懂生命的宝贵，往往无谓地浪费自己的时间和精力。该做好的事情他们愣是没做好；本来用一个小时可以读一本好书，他们偏偏选择读一本坏书；本来利用青年时光，可以为将来成功打下坚实的根基，但他们却优哉游哉、四处闲逛；他们做事情从来没有一次成功过，总是事后再缝缝补补；对待工作他们也向来是马马虎虎，从来没有追求过尽善尽美。

成大事者要不拘小节。有些商人胸怀高远的志向，做起事来也是风风火火。可他们总是在细小的工作上浪费过多的时间和精力。为此他们一天到晚都感到很疲累，晚上离开办公室时也是闷闷不乐。其实，他们不懂得，头脑清楚才能提高办事

浪费时间是一个人犯的不可原谅的错误，它具有毁灭性的力量。

效率，做事情一定要抓住关键点才行。

冷静的头脑对一个人很重要。当一个人心情烦躁、头晕脑涨时，不仅办事效率低下，而且还有可能做出愚蠢的决定。

在紧张的工作中，我们要学会适时休息，只有这样，我们才能保持清醒的头脑。学会了“集中优势兵力各个击破”的战术，我们就不会在紧张的工作中手忙脚乱。当重任在身，外界的压力像潮水般压来时，你必须要强迫自己停下来，仔细审视自己的处境，明确下一步的目标，唯有如此，你才能乱中取胜、凡事有条不紊。一段时间内一个人只能做一件事情，你要学会分清事情的轻重缓急，列出先后顺序，暂时放下次要的，然后集中精力解决关键点，只有这样，你才不会在各种事情间疲于奔命。如果我们能够学会恰当利用自己的时间和精力，我们就能提高办事效率，尽情享受工作中的乐趣。

在英格兰，一幢大厦正在建造。建筑过程中，他们需要在上面装一个大钟。在这个大厦里有很多律师要办公，他们经常需要到大厅和走廊里集会，有了这个大钟，他们的工作会方便一些。

造钟人需要在大钟下面置放一句格言，于是他就在集会的人群中随便找了一个人，并让他去寻找这句格言。带着任务，这个信使上路了。在路上他碰到了一个人，于是他就上前询问。可这个人正在忙于手中的工作，根本没有听明白他在说什么，只是随口说了一句：“走开，不要来打扰我。”这个信使把这句话记了下来，就回去交差了。

造钟人接到信使送来的格言，大吃一惊。但是经过短暂的考虑，他还是接纳了这句格言。因为这句格言可以提醒那些懒汉们：时光飞逝，千万不要让它从身边溜走。

能够取得成功的人，无一不是善于利用时间和精力的高手。他们会采取种种安全措施来保护自己的身体，不让它受丝毫损伤。他们把充沛的精力看作决定自己事业成败的“秘密武器”，从不肯轻易浪费。

对于那些地位比我们高，将来可能会给我们带来巨大利益的人，我们可能会允许他们占用我们的宝贵时间。我们强迫自己坐下来听一个小时的废话，或者是做一些自己根本不感兴趣的事情，并且对此不能表示抗议，而这一切仅仅是因为我们不想表现得太粗鲁。这实在是太令人气愤了。

一般人认为精力和时间只有在工作中才可能浪费。其实在家里，精力和时间浪费得丝毫不比工作中少。许多家庭主妇每天都要花很多时间接听长舌亲友的电话，听他们在那絮絮叨叨地讲述人前人后的闲言碎语。有时她们还要接待一些客人，陪他们在那儿做冗长而又无聊的谈话。

妇女也是有很大差别的。精明强干的主妇总能抓住点滴时间，把这个家里里外外全都弄得清清爽爽。而那些不好好利用时间、喜欢东游西逛的妇女，总是浪费其他人的时间，她们一旦坐下来就再也不会起来。直到后来害得人家也手忙脚乱。像这样的主妇，除非认识到时间的宝贵，否则她们是不可能抓住每一分钟来做事的。

珍惜时间是每一个奉行节俭的人的生活准则。

一位著名的作家在谈到“浪费生命”时说：“任何伟大的人都能分秒必争、惜时如金。珍惜时间是每一个奉行节俭的人的生活准则。如果不能抓住每一分时间，一个人就不可能取得成功。”

他接着说：“浪费时间是一个人犯的不可原谅的错误，它具有毁灭性的力量。明天的幸福就在于今日你能不能抓住点滴时间奋勇拼搏。很多人抱怨没有成功的机会，其实，大量的机遇就蕴含在这点滴时间当中。浪费时间不仅会毁灭一个人的希望和信心，而且还能扼杀一个人的幸福生活。”

想一下，每一天的24个小时对于那些艺术家和科学家的价值吧；想一下这24个小时对一个希望成功的青年又蕴含着多少机遇吧。

历史是由无数个今日堆积而成的，未来也是由无数个今日铺就的。所以，每天早上醒来时，你都要计划一下今天怎样度过才不算是荒废。对于一个想成功的人来说，每一分、每一秒都是至关重要的。无论做什么工作，你都要记住，每一秒钟都是弥足珍贵的。

迪安·阿尔福德曾经说过：“关键时刻的一秒钟的价值要大于平时的一年，这是大自然铁的规律。所浪费的时间和取得的成就往往不成正比，也许你意想不到的5分钟，就成了改变你命运的关键时刻。所以，聪明人总是抓住生命中的每一分钟，以免这短暂的5分钟从身边溜走。”

年华易逝，我们切不可在无聊的事情上空耗时间和精力。每一天都是一个新的开始，每一天都是上天给予我们的成功机会，它是那么美妙而又充满挑战。在短暂的生命里，我们切不可只对着时钟，看它滴滴答答一点点走过，我们要抓住每一秒钟去开创人生伟业。我们要始终相信这样一件事情：我们的未来就孕育在今天珍贵的时间里。

NO.6/ 尽可能早地播下成功的种子

一位年轻的妈妈来到经验丰富的医生面前，咨询道：“请问，孩子从什么时候开始接受教育是最好的？”医生问妈妈：“你的孩子多大了？”妈妈回答：“两岁。”“你已经耽误孩子两年了，赶快抓紧时间弥补吧。”医生严肃地说。

想要成就一番伟大的事业，首先必须要拥有雄厚的资本，这个资本并不仅仅是指金钱。努力的态度、负责的精神、坚持不懈的奋斗也都是我们成功的资本。

做任何事情，都要有计划和准备，没有周密的计划和准备是不可能取得成功的。建造一幢房屋，首先要有图纸，修筑铁路必须首先要把地基打牢，雕刻一件艺术品也要首先有整体构思。

自小打好成功的基础，长大后就会省去很多麻烦。这就像要使一棵树在秋天有甜美的果实，在春天的时候就要播下成功的种子。

自己的优良品性要一点一滴地积累，绝不可急于求成。现在的很多青年养成了急于求成的坏习惯，这对于他们的成功是十分不利的。做任何事情都不能急功近利，也不应该心存奢望，而是应该在自己的大脑中有一个完整的计划，并且为了这个计划，一点一滴地去积累起成功的素材。现在的社会和以前的社会已经大不相同。的确，在过去的美国，就算是一个人没有受过高等教育，只要品行没有多大的问题，他们随随便便就能找到一份工作。但是现在的情况已经是今非昔比了。如果没有接受过系统的训练、拥有较高的专业素养，是很难得到一个合适的工作岗位

做任何事情，都要有计划和准备，没有周密的计划和准备是不可能取得成功的。

的。汉密尔顿先生曾经这样说过：这个时代需要的是训练有素的人。这话是很有道理的。我们应该自小就把自己锻炼成训练有素的人。

如果由于家庭的原因，你没有得到接受高等教育的机会，那么，你就更要注意在平时积累自己的成功资本。尽管你有沉重的生活负担，但是你总可以每天抽出一点时间，来阅读一下报纸和杂志。不仅如此，你也可以经常做一些研究。如果你能够坚持这样做，你将来的成就必定是惊人的。

无论在什么样的情况下，如果你发现一个青年，时时注意为自己积累成功的资本，那么，你就可以断定他将来一定会获得成功。在困苦的境地中，他们不仅不会埋怨，还会经常利用自己的空闲时间，通过不同的渠道来获取知识。在马路上，他们总能注意到和他自己职业相关的信息，在生活中，他们总是能够保持一种乐观积极的态度，像这样的人是前途无量的。

但是，在我们的生活中并不是只有美好的一面，我们还经常可以看到这样的例子，许多受过高等教育，拥有强健的体魄，也有出色才能的人，当他们没有走向社会的时候，谁都愿意相信他们肯定会获得成功。可是，事情往往没有预想的那么美好，他们终其一生也没有取得什么成就，有的甚至还一败涂地。这是什么原因呢？他们之所以会失败，就是由于在少年时代，他们自恃聪明，没有踏踏实实地去积累自己的成功资本，这是很可惜的。到了后来他们想后悔的时候，已经是来不及了。

平时我经常收到许多中年人的来信，在信中他们向我倾诉说，自己现在非常后悔，没有在青年的时候好好积累自己的才干，结果现在总是感觉到知识不够用。有的人说，由于学识上的原因，当机会来临的时候，自己不能把握，结果只能眼睁睁地看着它溜走；还有些人说，尽管自己也拥有了一些财富，但是由于知识不够，结果老是感觉到自己没有发挥出应有的才能。

在年轻时不努力，等到老了想要再弥补，也只会是心有余而力不足了。这样的人肯定是最可怜的，他们既没有良好的经济条件，也没有过人的知识和才能。当然也就谈不上什么自信、勇气和成功。

在平时，也许我们只要用自己的一半知识，就足以应付自己的工作了。但是当危险来临、机会来临时，为了能够把握住机会，我们就需要把自己的全部才能都发挥出来。如果一个人在平时不注意在学识和经验上积累，在紧急关头，他就不可能发挥自己的全部才能。这就好比是一个建筑师，在平时只要用自己的一半知识，就能把手中的工作做得很漂亮。但是，如果当他遇到紧急而又重要的任务时，他就要运用自己的全部智慧，尽可能多地采用新技术和新技巧。只有到这时，他的全部能力才会发挥出来，他平时的积累也就有了用武之地。同样，对于一个商人，在平时他是没有必要发挥自己的全部力量的。成功的商人总是把自己的才能和平时的积累，全部用到大的机会来临时，或者说是经济萧条时。对于一个青年人也是如此，在平时你是感觉不到积累的重要性的，但是，一旦有危险的情况发生，你就会知道它对你有多重要了。

学识和经验是一个人获得成功的重要资本。

学识和经验是一个人获得成功的重要资本。所以，每一个青年人都要趁自己年轻时，珍惜时间刻苦奋斗，否则，他将来的成就一定不会大。在平时，你就要做到集中精神、毫不懈怠、积年累月地去为自己获取成功的资本。

只要你积累够了成功的资本，你的性格就会变得温柔而宽厚，你的工作效率也会有大的提高。到那时，你周围的人也会变得喜欢和你在一起。换句话说，只要你积累够了足够的资本，你就能使成功变得简单而易于操作。

一个人要善于用宏伟的言辞来激励自己。鼓励性的言辞是会产生巨大的能量的。一次，迈克尔·安吉罗先生去看望他的画师朋友莱菲尔，但是很不巧，莱菲尔恰好出去了，不在家中。于是安吉罗先生就在他的画布上，写下了“了不起”三个大字，用来表达自己对他的尊敬和敬仰。莱菲尔看到了安吉罗留下的话语后十分激动，感到异常的高兴。从此他就在自己的内心里，一直把这句话作为自己的目标，日日努力，最后终于获得了极大的成就。其实，我们每一个人都应该把这句话当作自己的座右铭，常常激励自己去努力奋斗。

理想永远要比现实高出许多。当你在学校时，也许你会对自己的将来抱有很高的想象，也许你准备拼尽全力，为自己赢得一个辉煌灿烂的明天；或者你准备勤学苦读，使自己成为知识渊博的学者；或者你想组建自己的小家庭，过上幸福美满的生活。但这些都只是理想而已。等你真正踏入了社会，你就发现原来自己的每一个想法都是那么难以实现。人世间有太多的东西在诱惑着我们，它们使我们偏离了自己的航向，走到了理想的对立面。当你开始工作时，各种诱惑也就开始缠上了你，使你无法安心自修。面对诱惑，我们一定要自重，千万不可随意地将自己出卖给腐朽的生活形式。

自己体内的财富是谁也无法抢走的。无论处于什么样的境地中，我们都要力求上进。我们绝不可以把自己的一分钟、一个小时、一天都虚耗在无聊的事情上。在学识、经验、思想等方面不断求进步，会使你感觉到自己生活得充实而有意义。如果你能做到天天求进步、处处求进步，你就能避免自己在日后惨遭失败。一个有真才实学、处处求进步的人，是不会惧怕失败的。如果很不幸，他遭遇了经济上的失败、厄运的阻挠、工作上的挫折，最终没有能够获得巨大的成就、没有拥有巨额的财富，他们也不会受到别人的讥讽，别人依然会重视他、尊敬他。毕竟一个人平时积累的东西，是别人无法抢走的，也是他再次成功的最可靠保障。

忧郁不堪的面孔肯定会让我们讨厌。同样，这样的人肯定也不可能取得成功。成功之树的健康成长，需要提前种下优良的种子。如果让自私和可耻的思想种子撒播进了心田，我们肯定就不会获得安详平静、自信豁达的心境。我们要知道，如果不能播撒下和谐、希望和快乐的种子，我们肯定就很难获得成功。

路线九

把节俭当做一生的财富

NO.1/ 节俭是成功的垫脚石

关于节俭，历来有许多说法。英国著名文学家罗斯金曾经对此说过这样一段话："在人们的眼中，一般而言，所谓的节俭，只是省钱的方法。可是事实上，真正的节俭是一种用钱的方法。只有把钱用得最为恰当、最为有效才是真正的节俭。换句话说，我们应该把钱用到我们当用的地方去。"

节俭就是能够明智地利用我们一生拥有的资源。一般来说，节俭并不仅仅指节约金钱，它还可以应用到时间、精力等领域。要想科学合理地管理自己的时间和金钱，我们就要养成小心翼翼的生活习惯。

节俭的美德，可以提升一个人的生命价值，改善一个民族的命运。节俭是我们最好的朋友，它是人类所有文明的缔造者。

罗斯贝利勋爵曾经说过："每一个帝国都要遵循的总原则就是节俭。"

他还接着说："就以伟大的罗马帝国为例吧，当年它力量之强大，足以雄霸整个世界。但就是由于奢侈浪费之风蔓延，最终不免走向灭亡。又比如说普鲁士，刚开始时，它的疆土只不过是位于北欧的一块儿小而窄的沙滩。可是自从弗雷德里克大帝赋予了普鲁士节俭的性格以后，它迅速建立起世界上最强大的陆军，进而把整个普鲁士全副武装起来，为开辟疆土锻造了强有力的武器。最终它成就了霸业，今日伟大的日耳曼帝国也由此开始产生。还有法兰西，我不知道法国人是不是有喜欢储蓄的习惯。可是在1870年，当法国军队顷刻被外国军队击败，整个国家也被迫签订了不平等条约时，整个法兰西居民竟然把自己的全部积蓄都拿了出来，迅速付清了巨额的赔款和战争费用。在这些事例中，罗马是因为不节俭而灭国，普鲁士是因为节俭而建国，法兰西则因为节俭从而挽救了整个国家。"由此，我们可以看出节俭对一个国家是多么的重要。一般意义上来说，不节俭的民族肯定会灭亡的，强大的国家无一不是节俭的结果。

节俭不仅可以积聚财富，而且有助于养成许多优秀的品质。节俭是成就卓越品质的一个重要标志。厉行节俭对一个人的能力发挥有很大的益处，它可以增强我们的自我控制能力，同时也可以克服我们不必要的欲望。有了节俭的品行，我们就不会让金钱支配自己的行为，就可以主宰自己的命运。

菲利普·阿莫说："一个懂得节俭的年轻人，如果他有着诚实的品质、经济的头脑，当然就会有成功的机会。而且，他会积累自己的财富，让自己过得幸福而快乐。”有人问他是怎么获得成功的，阿莫回答：“我觉得，节俭是我成功的重要原因。这要得益于小时候妈妈对我的教育，她身上有着苏格兰祖先们俭朴的好传统。我从她那里学会了节俭，做事讲究经济原则。”

行为节俭的人，一定不会懒惰。节俭的人行事，肯定会有自己的主见，他们时刻都精力充沛、勤勉努力。比起那些奢侈浪费的人，节俭的人更加懂得什么叫诚实。

节俭的好习惯，能够带给人幸福美满的生活，使人养成自立自强的好习惯。

节俭会指引我们的人生走向成功。节俭的人向来都勤于思考、善于制定计划。他们有很大的人格独立性，做事情从来不会推三阻四。

一旦养成了节俭的美德，你就会获得控制自我欲望的能力，也会获得主宰自己命运的能力。有了节俭的美德，你就能培养起一些最重要的优良品质，比如说：自力更生、独立自主、谨慎小心、深谋远虑……换句话说，只要拥有了节俭的美德，你就会拥有生活的目标、聪明机智和独立的办事能力，你也就成为了一个非同一般的人。

谈到节俭，一位著名的作家曾经这样说过：“培养节俭习惯的唯一办法就是从现在开始就厉行节俭。其实，节俭并不需要超常的勇气、过人的智慧和高出一般人的本领，只要有生活常识和抵制自私享乐欲望的能力，你就能够养成节俭的习惯。对于那些能够自我克制的人来说，节俭是一件很容易的事情。他们也乐于在生活中处处节俭，因为从中他们得到了加倍的补偿。只要有了强烈的决心，再加上一点点耐心和自我克制力，养成节俭的好习惯从来都不是一件很困难的事情。”

如果一个人不能控制自己的欲望，不能抵御外部的诱惑，那么他就必定会变成一个穷奢极欲、不知廉耻的人。每一个有头脑的商人都会尽全力避免这种悲剧发生在自己身上。一个不能管理自己的钱财、花钱如流水的人，是无论如何也不会得到别人信任的。

有了爱储蓄的好习惯，一个人才能为自己赢来信誉，进而得到别人的帮助。如

果不是如此，即使有政府的推荐、成功人士的保证，别人也不会轻易信任他。在这个世界上，只有节俭才能够让人立于不败之地。

善于储蓄的雇员是每一位雇主都愿意得到的。一位声名赫赫的商人曾经这样说过："我最喜欢的员工就是那些善于积蓄，有节俭好习惯的人。"一般情况下，只有大家族和杰出的家庭才能培养出一个人节俭的品格。

储蓄是成功必备的一种能力。虽然能够挣到丰厚的薪水，但却不存一分钱的青年人是注定不会有什么巨大成就的。明智的商人总是欣赏那些无论如何都要存一点钱的年轻人。储蓄并不仅仅可以使我们得到金钱，而且还可以使我们养成自我克制、对事情准确判断的能力。

要想成功很简单，只要养成节俭的习惯就行了，尤为重要的是要学会储蓄。

聪明的年轻人，会时刻注意为了未来、为了家庭而储蓄的。任何一个有理智头脑的好公民，都会努力为自己赢得良好的声誉。善良的心灵、聪明的头脑、储蓄的好习惯都会为我们带来美好的信誉和更大的影响力。

在现实生活中，很多年轻人没有意识到储蓄的重要性。虽然每个月都有很高的薪水，可他们从来不存一分。在他们眼中只有及时行乐才是最重要的，以后的岁月究竟会怎样，他们根本就没有考虑过。如果你问他们将来怎么办，他们一定会回答说："顺其自然吧。这个问题，我还从来没有想过。"

没有远大的目光，不为未来做好准备，我们就不可能获得美好的前程。

培根曾经说过："如果在收入范围内，你生活得很好，那么，你就应该节省下一半的钱，把它存到银行里去。"我认识一个年轻人，每个月他都能挣到很多钱，可就是存不上一分钱，有时他也想每年至少存上那么几千元，可是一到年末他总是会发现自己手中一点钱都没有。

很多时候，有人问他都把钱都花到哪个地方去了，可他总是记不起来。直到这时，他才明白自己没办法储蓄的原因，那就是没有记下自己的每一笔开销。后来，他坐下来仔细计算了一下自己的花销，他发现原来自己的全部日常开销还不及工资的1/4，其余3/4的金钱都让自己无目的地挥霍掉了。后来，他下定决心要储蓄一笔钱，于是就到银行开了户。从此以后，每个月一发工资他就立即把一半存入银行。靠着这种方法，他不仅生活过得很充实，而且有了一大笔存款。

在短短的几年里，这个年轻人惊喜地发现：自己的生活不仅没有受到损失，而且也比以前快乐了许多。其实，只要有了强烈的动机，储蓄是一件很容易的事。当这个年轻人看到自己账上的钱越来越多时，他感到很高兴。利用这笔资金，他开始计划买房子、做生意。后来，他获得了巨大的成功，成为了富甲一方的商人。在获得金钱的同时，储蓄还帮他改掉了许多坏习惯，养成了阅读和自学的好习惯。每一个认识他的人，都感到了这种变化，对他是赞不绝口，觉得他是一个值得信赖的人。

一位著名的商人曾经这样说道："很多年轻人都跑来问我成功的秘诀是什么，其实，要想成功很简单，只要养成节俭的习惯就行了，尤为重要的是要学会储蓄。"一个青年人要自立，就一定要养成节省开支、善于储蓄的好习惯。节俭的好习惯，能够带给人幸福美满的生活，使人养成自立自强的好习惯。

一个人年富力强的时候并不太长，一般而言，绝大多数人努力工作、拼命挣钱的时间都在15到20年之间。所以，不管你的职位多好、薪水多高，你都不要把钱花光。如果年轻时把钱花得一分不剩，你还怎么可能度过舒适、安宁的晚年呢？

晚年的舒适和幸福生活，都是建立在壮年时积累的钱财基础上的。所以，不要拿你将来的幸福作赌注，从今天就开始节俭吧。为了储蓄，今天你会受到一点点损失，可是比之于晚年的幸福，这点损失又算什么呢？

节俭是通往快乐和幸福天堂的铺路石。无论如何你都要制定出严格的计划，规定每年储蓄的比率，无论数目多少，只要你能坚持长年储蓄，你就不会有一个悲惨的结局。当你看着存折上的数字慢慢增长时，你会感到发自内心的快乐。即使储蓄的数额不大，在危难时刻它也是救命的稻草。

想要立即获得巨额财富是不可能的，但是只要你能够及时储蓄，长年累月地坚持下去，你就能够创造美好的未来，你就能获得巨大的成功。

NO.2 不要做盲目攀比的人

不久前在剧院看戏，我听到一位不怎么有钱的商人说：“如果有机会坐上前面的好位置，我就再也不会坐在后面。”接着，他说以他目前的收入连一辆汽车都养不起，可他还是买了一辆。他不想让自己的孩子生活在不如人的境地中。其实，并没有人要求他一定要那么做，只是由于身边的人都有了汽车，他感觉如果不买的话，就会很丢面子。因此，他借钱买了车，尽管要为此付出多年的劳动。

能力有高下之分，当然挣的钱也会有多少之分。可是，在现在的纽约和其他大城市，许多人却一直在为面子活着。他们拼命地工作，可还是过着不如意的生活。我相信在世界上没有任何一个地方的人，嫉妒心会比生活在城市中的人更厉害。

很多人有这样的看法：如果别人拥有了某种东西，而却我没有，那会是一件很没面子的事情。别人有了汽车，你就是借钱也要买一辆，别人有了漂亮的衣服，就是把饭钱都省下来，你也要买一件，这就是典型的嫉妒心理在作怪。还有许多在封闭环境中长大的女孩子，她们常常认为：如果自己的衣服没有别人漂亮，自己就会受人鄙视。还有一些年轻人，由于受到虚荣心的束缚，假如没有好车子，就哪儿也不肯去。

很多收入水平不高的人，却处处喜欢模仿富人，这样做的结果只会使自己穷困潦倒。一位周薪只有20美元的年轻人告诉我说，每周他经常要花去15美元请一位姑娘欣赏戏剧和吃夜宵。还有一位周薪只有8美元的小伙子也向我诉苦说，每周他几乎要把一半的薪水用来请姑娘看戏。而他们做这些，仅仅是因为姑娘朋友的男友都是这样做的。

盲目攀比致使许多人根本没时间享受真正的快乐。他们每天只知工作、工作、再工作，根本就没有时间考虑这些事情值得不值得做。为了模仿别人，他们吃尽了苦头，以致连和朋友一起吃顿饭的时间都没有。

我曾经和一位悲伤的母亲谈过话，她对自己的生活没什么特别的要求。可是她不能忍受贫穷带给女儿的伤害，她特别在乎女儿有没有面子。她觉得让女儿生活在贫穷中是一件很耻辱的事情。为此，她每天都感到很痛苦。别的女孩子有漂亮的衣服，而她女儿没有；别的女孩子出入有车接车送，而她女儿没有；去饭店吃饭，别人的女儿有女佣陪着，而她女儿没有。

她接着说，虽然女儿很漂亮迷人，可只能穿着廉价、普通的衣服。她没有钱给自己的女儿买漂亮的衣服和昂贵的首饰，每当想起这些，她都会伤心欲绝。她说，这个世界太不公平了，她的女儿是那么的漂亮、迷人，本应该有仆人和金钱做伴，可现在只能每天坐在办公室里工作。

原本女儿对这个家庭没有丝毫抱怨，可是由于这位母亲终日唠唠叨叨，女儿也开始审视这个贫穷的家庭和低劣的生活环境，最后女孩也变得和母亲一样，对贫穷的生活感到深恶痛绝。从此以后，女孩总是拿自己有限的条件和别人的奢华生活相比。另外，这位母亲还向女儿灌输进了这样的思想：将来一定要嫁一个有钱人，这样，你就能过上幸福的生活了。她还告诫女儿：不管一个小伙子多么诚实、善良、勤奋，如果没有钱，那就千万不要同他交往。她竭尽全力为自己的女儿物色有钱的丈夫，我很怀疑，她甚至都没有考察那些富人的品行到底如何。

这位小姐也好不到哪儿去。在她身上根本就没有年轻人的快活、乐观的天性，她对身边的每件事都看不顺眼，对任何事情都冷嘲热讽，对自己的处境怨天尤人，对拥有的东西她从来都没有满意过。在生活中，她总觉得自己不体面、不高贵，一会说自己的帽子“破旧不堪”，一会又说“看这些衣服就讨厌”。

盲目攀比，致使许多人根本没时间享受真正的快乐。

其实，幸福更多的是一种心态。在错综复杂、嫉妒横生的环境里，当然不可能得到幸福。但是，如果拥有平和的心态，你就会获得快乐的感觉。贪慕虚荣、横挑鼻子竖挑眼的人是肯定不会得到幸福的。

追求奢靡的欲望是永无止境的。如果不对自己自私的欲望加以克制，它就会得寸进尺。错误的人生态度，只会使人受到贫穷、拮据生活的折磨。所以，明智的人从来不会让嫉妒、羡慕和愚蠢的欲望扼杀自己所有的快乐，他们只重视自身的发展和幸福。

只要去除了嫉妒、自私和错误的评价标准，无论在什么样的生活处境中，我们都能享受到幸福，过上舒适的生活。

总是看别人的脸色行事，只会失去本该属于自己的快乐。怀有嫉妒之心，我们永远不能享受快乐的生活。把自己的全部心思都花在嫉妒别人的快乐上，我们就不能愉快地享受每天发生在自己身边的事，因此，生活也就失去了很多乐趣。

让我们享受拥有廉价汽车的快乐吧，不要去羡慕别人开豪华轿车的威风；让我们享受自家的家庭快乐吧，不要去关注邻居又新添了什么家具；让我们享受在乡村漫步和小河泛舟的乐趣吧，不要去羡慕开着豪华邮轮四处乱逛的人。如果能做到这些，你会发现这个世界是多么美好。

任何财富都不是凭空得来的。塞缪尔·斯迈尔斯曾经说过："很多人羡慕、甚至嫉妒富人的财产，可是他们根本就没有想到，为了获得这样的财富，那些富人们曾经经历了怎样的痛苦和磨难。"一位公爵曾经和我说过这样一件事，一天，他一位多年不见的朋友前来拜访他。走进居所，那位朋友对他的豪华房间、昂贵家具和美丽的庭院感到既羡慕又惊讶。看到老朋友脸上的复杂表情，公爵直率地说："有一个办法，可以让你获得和这些同样的东西。""什么办法？"这位朋友急切地问道。"站在百步以内，让人用滑膛枪对着你开火100次。"公爵喝了一杯水，接着说："我敢肯定你不会做那样的傻事，可是为了得到现在你看到的一切，我至少已经经历了1000次这样的场景，有些甚至不到十步之遥。"

错误的人生态度，只会使人受到贫穷、拮据生活的折磨。

在纽约法庭，一位法官正在审问一位被捕的女孩："你为什么会犯罪？是什么原因使你变成了现在的样子？"那个女孩回答说："我只是想和其他女孩子穿得一样漂亮，但是我却做不到。"

富人在享受奢侈的生活的同时，根本就没有想到，他们会给处在贫穷境地中的人造成多坏的影响。另外一个纽约的女人洋洋自得地说，每年她花在服装上的金钱至少有20万美元。她拥有很多价值超过1000美元的衣服，一双鞋子往往都要花掉500美元。这些鞋子，连皮面都是进口的。她还自认为这样的奢华给社会带来了极大的价值，许多人因此有了工作。可是，她怎么也不想一想，又有多少穷人家的女孩子因为效仿她的行为而自甘堕落、陷入了犯罪的深渊。

谁都没有权利和义务成为别人道德上的不良"榜样"。

当自己的奢侈危害到别人时，那就是一种犯罪。任何富有的女人都没有权力在穷家女孩面前摆阔。

NO.3/ 消费是一门艺术

节俭的本质是节约而不是吝啬。

几年前，报纸上曾经报道过这样一位富人——每天他都能挣到很多钱，可总是愚蠢地花掉了。在他身上，我们看不到半点节俭的影子。一家报纸曾经刊登过这样一则关于他的新闻：

“在英格兰大酒店，来自美国匹兹堡的大富翁弗兰克·福克斯先生，用一张100美元的钞票擦完脸后，随手就把这张钞票扔到了地上。然后，他又抽出了一叠5美元和10美元的钞票，‘啪’的一声扔到吧台上，对着侍应生吼道：‘伙计，赶快给我来一杯酒，不然我就买下整个酒店，然后让你滚蛋。’”

从这个人的言行举止，我们可以很容易地猜想到他的最终命运。世间有很多人通过各种渠道积累了很多钱，可就是不知如何明智地花钱。我不知道那位尊贵的先生是如何发家的，但是，在我认识的所有人中，没有一个不是通过节俭才获得巨额财富的。对于那些不知节俭为何物的人，是根本不会了解到储蓄的重要性的。

前不久我听说了这样一件事，一位年轻人继承了一大笔财产，于是他就飘飘然、想当然地以为自己就要成为大金融家、大企业主了。他试图把金钱投入到各种有价证券中去，可是，由于他不仅没有良好的商业素养，还容易轻信别人，结果被许多狡诈的推销商抓住了弱点，骗他购买了许多将要破产的证券。最后，当他醒悟过来时，巨额财产已经化为乌有了。当他回过头来看自己购买的证券时，那些只不过是废纸一堆。像那些证券，任何一个理智的商人都不会投一分钱的。

每一个青年人都想挣钱，这一半是因为个人需要，另一半就是虚荣心在作怪。在他们心目中，能够赚钱的人，总比那些不能挣钱的人更优秀。可是，现实生活中的诱惑确实太多了，一不小心他们就会掉入别人设计好的陷阱中去。等到受了骗，想要再回头时，已经是不可能了。

不恰当地花一分钱，就是在浪费一分钱。

一个白手起家的千万富翁曾经这样说过："在纽约，我认识的100个挣钱者中，最后没有一个能够把挣的钱留住。"这话也许有点夸张，可是它却从另外一个侧面告诉了我们外界诱惑的难以抵挡。

善良、随和、慷慨的人很容易成为奢侈浪费的典型牺牲品。因为他们总是会请人吃饭、喝酒、外出旅游，慷慨大方使他们挣的钱很快就消耗殆尽。

当然了，这种人的出发点是很好的。可是，他们这样做的结果不仅是害了自己，还连累家人和自己一起吃苦。他们不能为家庭的未来生活提供可靠的保障。如果他身上有钱，任何人随便一个理由，就可以把钱从他身上借出来。我就认识一个这样的朋友，如果不是这个习惯，他早就成功了。这样做的结果是他的确拥有了很多朋友，可是他的家人却不能去饭店好好吃一顿饭。就这样，为了自己的颜面，他的家人成了他挥霍浪费的牺牲品。

像这样的人，可以从英国著名小说家哥尔德史密斯的话中得到很好的教训。哥尔德史密斯曾经说过："几十年的生活经验告诉我为人要谨慎、量入为出、学会节俭。在懂得这些以前，我总是照着书本上的话去做，无私、慷慨、热情好客……就这样，我的金钱像流水一样失去。我拿着自己微薄的薪水来发善心，甚至失去了公平的原则。可最后我得到了什么？除了总会有不幸的人来感激我的施舍外只有我妻儿的食不果腹、衣不蔽体。" 哥尔德史密斯后来不仅严格要求自己，还经常教育子侄们要厉行节俭之道。他总是对自己的儿子说："让我前半生的贫穷作为你的前车之鉴吧。"

我们每一个人都应该懂得节俭的重要性，都应该学会如何明智地储蓄钱财。如果年轻时不学会这一点，我们的生活就不会幸福。

简朴往往是容易被普通人忽视的优秀品质。一般情况下，都是挣钱在先，花钱在后。可是由于大多数人没有养成储蓄的好习惯，他们往往以极端愚蠢的方式，在今天就花完了明天的钱。

节俭在本质上就是一种消费艺术。有些行为看起来很浪费，但如果仔细追究起来却很节省。很多家庭，特别是在小城镇或农村的家庭，他们家里连浴缸都没有，但却拥有了小汽车和其他奢侈品，这是很不应该的。

我无意反对家住小城镇和农村的人拥有小汽车。在美国，如果你的生活水准达到一定高度的话，小汽车是很实惠的一件工具。有了小汽车，妇女和孩子们可以享受到丰富多彩的生活，也会拥有许多没车的人无法享受到的快乐和愉悦。但是，清洁也是十分必要的。在现代社会，浴缸是家庭生活的必备品。经常洗澡可以增进健康、解除疲劳和延缓衰老。

节俭在本质上就是一种消费艺术。

消费要适度，要做到物有所值。现实生活中，我们经常可以看到这样一些人：他们穿的是绫罗绸缎，戴的是金银珠宝，出入家门都是豪华轿车，但是肚子里却一点学问也没有，满腹的垃圾草包，骨子里更是龌龊不堪。我是向来瞧不起这些人的。想要过幸福、健康的生活，我们不仅要有舒适的家居环境，还要养成自尊的品格、美好的性情和敏而好学的头脑。如果把金钱和时间花在更有内涵和深度的地方，我们就会显得更加大气、庄重、富有品位。只有把金钱投资在追求高远的目标上，我们才会获得极大的满足。

在具有价值的事情上投资，会使你养成健康、积极的生活方式。有了积极、健康的生活方式，我们的生活才会更有价值、俭朴而又诚实、幸福而又满足。

有些人，虽然收入不高，花起钱来却大方得很。他们会买只有富人才享受得起的小古玩，为之甚至不惜把身上所有的钱都花光。其实，他们这样做是极其愚蠢的。

我认识一位原本生活很富足，但如今却穷困潦倒的女人。从小到大，她都不知道怎样去衡量物品的真正价值。每次外出，她都会买许多食物，有一些是根本就不需要的，并且在买东西的时候，她根本就不会顾及到家中还有多少存款。如今，她不仅要哀叹餐桌上没有可口的食物，还要担心明日会不会衣不蔽体。

在生活中，人类的欲望是无穷的。如果没有坚定的自制力，粗心大意，没有良好的判断力，我们就会把兜中的钱不断向外掏，哪怕有些东西是我们根本就不需要的。可是，很多人好像还没有意识到这个问题，他们每日只知花钱、花钱再花钱。

很多原本生活毫无规律、在贫穷中苦苦挣扎的人，由于学会了明智的消费艺术，已经变得相当独立了。他们信奉这样的格言："不恰当地花一分钱，就是在浪费一分钱。"正是抱着这样的生活态度，他们才能克服困境，走向幸福、安定的生活。

NO.4/ 不懂储蓄的后果

不懂储蓄的人，晚年生活一定会很凄凉。我经常听到很多青年在互相夸耀说，他们一个月可以赚到很多钱，但他们总是在拿到之后就花光，有些甚至说自己提前把下月的薪水也花光了。在他们心目中，从来没有过要储蓄的念头。像这样的青年一旦到了晚年，肯定会没有多少钱，他们的处境当然就会很悲惨。

我们要把每一个月不必要的金钱节省下来，用于自己将来的发展。可是，很多青年人不懂得这个道理，他们总是把这项资金花到了雪茄烟、香槟酒、舞厅、赌场等无聊的地方。如果他们把这笔钱节省下来的话，时间一长，他们就会发现那是一笔可观的财富。为此，他们的事业也就有了一定的物质基础。

许多青年人根本不知道储蓄的价值。他们好像也不知道金钱对于一个人事业的重要性。他们一踏入社会，就大把大把地花钱，金钱像流水一样从他们指缝中流走，可是这样做，他们除了只得到了别人一声"阔气"的感叹外，什么都没有换来。

不懂储蓄的人，在与女朋友约会时，即使是大雪纷飞，他们也非要带上一束玫瑰花，买上一些糖果或小玩意。他们以为这样的约会才会具有浪漫的气氛。其实他们并不明白，用这样的方法讨回来的老婆，是不会给自己带来任何积蓄的。

不懂储蓄的人在生活中会遇到很多问题。为了自己的面子，或者说是一时的享受，他们就会把薪水全部花光。当危机来临，自己急需用钱时，却一分钱也拿不出来。那时，他们就会后悔平时没有储蓄了。为此，他们东挪西借，最后不得不逼着自己过节俭的生活。如果这样还是入不敷出的话，有些人就会走上犯罪道路。有的人是由于挪用公款，有的人则是违背天良去做一些违法的事情。在罪恶的深渊中，他们越陷越深、难以自拔。到了这时，他们就会后悔当初自己的愚笨。

挥霍无度、挥金如土的恶习，只会使自己的抱负消减、希望减退。

那种喜欢讲花架子、空排场的恶习，不知使多少人失业、多少人挨饿，又不知有多少人因此丢掉了宝贵的性命。

浪费不知毁去了多少人的前途。关于这个问题，一位知名的作家说得很好：在我们的社会中，浪费造成了巨大的危害，究其根底，浪费不外乎有三种原因。一是，对于任何东西都想赶时髦，比如说，服装、化妆品、饮食等都要求最好的、最流行的。二是，虽然自己没有追赶时髦的想法，但是他们不善于克制自己，不懂计划自己的生活，他们总是想到什么就买什么，从来不考虑自己的需求，只图一时的兴趣所至。三是，他们有种种不良的嗜好，但是又缺乏改过的勇气，结果就使自己的金钱像流水一样失去。

节俭与吝啬是有很大不同的。一个生性吝啬的人，如果还有一点成功可能性的话，那么挥金如土、毫不储蓄的人，则是一点成功可能性都没有。

在平时的生活中，我们并不能体会到储蓄对我们有多重要。但是一个青年人，如果不早一点开始积累自己的财富，那么步入中年以后，当各种主要花销都袭来时，他就会疲于应付、捉襟见肘。如果很不幸，他又失去了职业，那么他就只好徘徊街头、没有着落。如果能够在年轻时积蓄一点钱财，他们就不会沦落到这个地步。许多人的幸福生活，都是建立在“储蓄”这两个字之上的。

为什么许多人过了中年以后，仍然过着清苦的生活呢？这是因为，他

们年轻时只顾享乐，根本不懂什么叫自我克制、什么叫量入为出。这些人应该向那些白手起家的人学习。因为那些白手起家的人，无一不是积蓄钱财的高手。无论他们口袋里有多少钱，他们从来不会花完，而且无论如何也要留下一点，以备自己以后发展所需。他们从来不会出现债台高筑的情况。

我从来没有见过一个不会储蓄的人取得了成功。挥霍无度、挥金如土的恶习，只会使自己的抱负消减、希望减退。养成节约、储蓄、量入为出的好习惯，不要对小额的金钱不以为然，聚沙成塔，只要你能够每天不断地积累下去，某一天你会发现自己已经是一个不折不扣的富翁了。

挥霍无度，会使自己的成功基础毁灭殆尽的。

该节省、能节省的地方一定要节省。如果对自己的生活没有计划性，无论一个月自己能够挣到多少钱，它们也会很快花完的。量入为出的生活方式是最好的生活方式。任何人都应该根据自己的收入，来决定自己的支出。在一般情况下，人们都有办法使自己的支出少于收入。这也是他们应该储蓄的部分，也是他们自己的财富之源。

人们很大一部分的开销，都是花在了一些毫无意义的事情上，而不是维持日常的生活所需上。比如说，吸烟、喝酒、赌博等恶习都会消耗大量的金钱，而这些生活又是我们不需要的。

为了贪图一时之欢，很多年轻人赌上了自己的毕生积蓄和大好前程。他们的生活样样紧跟潮流，根本不考虑那样适不适合自己。他们终日思考的是如何去花钱，而不是如何去挣钱和如何去发展自己的能力。由于这个原因，他们往往是债台高筑，并且为此丢掉自己的宝贵工作，有的还走上了犯罪道路。到这时，什么美好的思想、高尚的人格统统不再起作用，他们心里面只有对金钱的渴求和对占有欲的崇拜。

挥霍无度，会使自己的成功基础毁灭殆尽的。人的青春是宝贵的，一旦失去，就再也难以挽回。可是当今的很多年轻人并不清楚这一点，他们拿着自己的大好前程开玩笑，每日只知消耗，根本不懂积聚。

时间是公平的，也是无情的。它不会给任何人再来一次的机会。如果你只顾眼前，到了后悔的时候，想再回过头来已经是不可能的了。你以为在春天将田地荒芜掉，秋天还能继续补种吗？自己未来的资本，是自己在年轻时积累下的。不在春天播下优秀的种子，就别想在秋天收获甘美的果实。

自己将来是幸福还是痛苦，都取决于今天你是怎么做的。晚年当你经过自己的人生仓库时，你看到的是满仓的谷物还是杂草丛生的荒芜，全部在于你年轻时，是不是善于储蓄。

NO.5/ 养成储蓄的好习惯

前几年，纽约市教育局决定成立“便士银行”，并在每一所公立学校推行。格林副局长在公开信中说：“我们教育局决定这样做，意在促进每个学生养成节俭和储蓄的好习惯。鼓励他们节约每一分零用钱，进而去除浪费的诱惑因子。由于他们手中的金钱数额还太小，不足以在外面的银行开户。所以，我们才最终下这个决定，一旦他们存的钱达到了一定数额，我们就会为他们免费在外面开一个账户。”

纽约教育局的这种做法无疑是明智的。借着这种行动，他们促进了学生养成爱储蓄的好习惯。其实，一个人在没有养成爱储蓄的习惯以前，是什么事情也做不成的。大脑会对人的具体行为做出反应，一旦养成了爱储蓄的好习惯，神经系统就会自动防止其他不良习气的侵入。在历史上，正是这种习惯促使许多人购买自由公债，结果不仅成就了自己，还帮助了国家。

如果不养成爱储蓄的好习惯，粗心、浪费等恶习就会乘虚而入。它们只会把我们向自己不愿意的路上拖拽。习惯是人的第二天性，它和根植于我们内心的本能一样，都会直接对我们的行为产生巨大的影响。我们要善于培养自己的良好习惯，努力形成良性的思维定势，只有这样，我们才能获得左右我们行为的强大力量。但是，要从脑海里拔出种种坏习惯的烙印，是非常困难的，因为那是需要很大的勇气的。

对中年人来说，习惯的影响意义更重大。20多年来，他们一直受着习惯的影响，以后的岁月中他们还要持续受其影响。对他们而言，改掉一种坏习惯，就等于拥有了成功的宝贵资本。与养成这种坏习惯相比，去除这种习惯要多花费一倍的时间。

习惯是人的第二天性，它和根植于我们内心的本能一样，都会直接对我们的行为产生巨大的影响。

就拿嗜酒如命的凡·温克勒来说吧，当他说“以后我再也不会这样做了”时，我们谁都不会相信，因为我们谁都知道他是在自欺欺人。口头上的承诺很容易，可是大脑还是会下指令让他再去做同样的事。这正如詹姆斯教授所说的那样：在他身体内，每一根神经和纤维都在命令他再次饮酒。大脑神经中枢发出的指令是如此强烈而持久，以至于凡·温克勒根本无法抵御。结果只能是他又花掉了所有的钱去饮酒，直到烂醉如泥为止。其实，浪费的习惯和这个坏习惯简直是如出一辙。要想改变这种坏习惯，是需要很大的勇气的。反之，如果从小就养成了储蓄的好习惯，那么我们就会终生受益，不会走上浪费的歧路。

父母应该为每个孩子在银行开一个户头，这样就能激发他们养成爱储蓄和节俭的好习惯。如果不是有特殊的理由，就要鼓励孩子经常把零花钱存到里面。但是切记不要让孩子的生活太窘困，那样只会使他们养成吝啬的坏习惯。当孩子的生活必需品都不能满足时，那就根本谈不上什么节俭和储蓄。

帕克赫斯特博士是一个令人尊敬的人，一次他说：“只要你在银行里开了户，只要你养成了储蓄的好习惯，你就会感到无比的兴奋。只要坚持向里面存钱，哪怕只是一小笔，你也会像开辟了新纪元一样欣喜若狂。也许几个月后，你会突然发现，自己手中已经有了一笔为数不小的财产，那时，你会感觉自己顿时长高了几公分。你会感觉自己已经是有产阶级了，不再是一无所有的穷光蛋了。”

成熟人的标志，其中有一条就是要开始有规律地储蓄、并且真正懂得了金钱的价值。有了这些优秀品质，一个人就有了更为正确的人生观，对自己的人生也有了更好的规划。有节制的生活，不仅可以使一个人具备赚钱的能力，而且也会养成爱储蓄的好习惯。

养成了节俭的好习惯，人们就能有规律、有条理地办事。节俭对人们发展事业、形成正确的判断力都有极大帮助。许多人就是从在银行开办户头开始，才慢慢学会了节俭地生活的。

意识到自己有储蓄的能力，年轻人就能够树立足够的信心。如果还是一名员工，他以后在工作中就会勇于承担更大的责任。这是因为他们相信，唯有如此才能使自己的赚钱能力大大提高。

善于储蓄的人不怕老板炒鱿鱼，离开了老板，他也能生活得很好；可是离开了他，老板却不一定过得好。

一个总是利用银行结算的人，肯定是有着清醒的头脑、良好的判断力的。他们总是一诺千金，向来不会说到做不到。

有人曾经问一名在校大学生今年最大的收获是什么。他说，今年我在银行里存了50美元。从纯粹的商业角度来考虑，50美元确实不多，可是对于这个住校生，却是人生中一件大事。

危急关头，微薄的存款就是自己的救命稻草。很多人总是对自己的储蓄结果感到惊讶：每个月存上一点点，日久天长竟然变成了一笔巨款。

关键时刻，小小的几百元甚至上千元往往能够决定事情的成败。想象一下吧，一家公司大约有50万美元的固定资产，可竟然由于缺少1500美元的注册资金，眼看着就要倒闭。

信誉好的企业一定在银行有盈余，信誉好的青年一定在银行有存款。不论现在你户头里存款是少还是多，只要坚持存下去，你就能获得成功。

年轻人往往对零碎的钱粗心大意，不放在心上。其实，只要他们把自己看不上眼的几分钱、几毛钱都存起来，他们就能为自己积累起成功的资本。

很多年轻人总是不重视小钱的作用，他们总觉得等到自己有了一大笔钱后再存起来也不迟，或者他们想，这么一点钱，就是拿去做生意也不会有什么作用。结果他们把这样的钱留在身边，成为了引诱自己奢侈浪费的因子。试想一下，要把一点小钱花出去，那不是一件很容易的事吗？

养成了节俭的好习惯，人们就能有规律、有条理地办事。

最近一个年轻人跑过来向我诉说道，以前，他总是喜欢把金钱放在口袋里。可是他发现那样做，金钱溜得快极了。往往是等到他要买东西了，才发现早已经弹尽粮绝了。后来，他试着把金钱放到小袋子里，这样积蓄起来就容易多了。每一次他从小袋子里拿钱的时候，都要考虑再三，因此也就省去了很多不必要的费用。如果依照以前的做法，他是一定会买那些东西的。现在，他已经拥有了一笔不小的财富，过上了幸福的生活。

其实，良好的储蓄习惯往往有助于一个人的成功。如果你能够克制自我的欲望，或者为了长久的幸福放弃暂时的欢愉，那么我们就能养成高尚的品格，也会对未来更有信心。无论何时我们都要谨记：不管在什么情况下，我们都不能把自己的储蓄花在不必要的东西上。

NO.6/ 不要过度节俭

节俭不一定都是有益的。美国著名作家约瑟·比林斯说过，有几种节俭是很不划算的，比如忍受着痛苦的节俭，就是一件很坏的事情。

当节俭所获得的价值，远没有所失去的大时，节俭就是一个极其愚蠢的做法。我曾认识一个富人，他虽然有万贯家产，却成了过度节俭的奴隶。比如，为了省去十个美分，他会把自己用过的半页的稿纸，再小心翼翼地拼凑起来，作为自己下次写东西时的纸张。为此，他损失了许多宝贵的时间，在这些时间内，他原本是可以创造出更有价值的东西来的。还有，在他经营商业的时候，他也有过节俭过度，乃至于吝啬的事情。他要求自己的员工在包扎纸箱时，无论如何都要节省下来一些绳子。为此，员工们不得不花很多时间来精打细算。虽然由于这一规定，浪费了他的很多时间，但是我们这位“节俭”先生却仍然是乐此不疲。

在这个世界上，只有很少的一部分人懂得节俭的真正奥妙。节俭并非等同于吝啬，它是对自己的财物做最经济、最有效率的安排的一种处世态度。节俭也不是一毛不拔，而是要用钱得当。该使用时绝不手软，不该用时，一分也不能花。

善于节俭的人，绝不是那些吝啬鬼。他们用钱有度，绝不计较一分一角的蝇头小利。而是靠着自己理智的头脑、合理的做事去获得成功。但是，那些不善于节俭的人，往往会为了节省一分钱的小东西，而丢掉了获取一元钱的机会。斤斤计较的人是不可能获得成功的，吝啬也是很不合算的，这两样品格，都是人进步的大敌，我们应竭力避免。

善于节俭的人，绝不是那些吝啬鬼。

广义上的节俭，并不仅仅是指精打细算，还包含有深谋远虑和权衡利弊两种要素。有时，最聪明的节省，反而会以浪费的形式表现出来。比如，在商场中，人们的交际费用，表面看来是一种浪费。可是，正是由于有了这样的交际活动，商人们的商品才能更快、更好地销售出去。由此看来，在这上面所花的费用，不仅不是浪费，还是一种大度的表现、一种恰当的投资方式。

慷慨大度往往可以帮助一个人实现心中的梦想。它会帮助我们在多方面收获财富，在社会阶梯中不断上升。这样做远比把金钱存入银行划算。所以，最终能够成就大事业的人，一定都是能够做到深谋远虑、不斤斤计较的人。想要成功的人,是不会让吝啬妨碍了自己梦想的实现的。

节俭的习惯，如果用之不当，不仅不会对自己的事业有所帮助，反而还会使自己陷入极端被动的境地。许多人就是由于这个原因，不仅没找来进身之阶，还为自己多加了一块绊脚石。俗话说，种得少，收得少。同样的道理，商人不肯多花资金来购置新的机器；农夫因吝啬不肯多下种子，都是不合理的节省，他们都是不会得到好收获的。

吝啬是获取商业成功的大敌。我认识一个年轻的商人，

不合理的节省，会极大地损耗人的精力和体力。

当他还是小孩子时，他就在各方面注意节俭，甚至到了吝啬的程度。长大后，在生意场上，他在这方面更是有增无减、变本加厉。一套衣服和领带，不穿到破旧不堪，他绝不肯换新的。在他的脑海中，从来没有邀请谁吃饭的念头。为此，他落下了吝啬的名声，人人都不愿意和他打交道，结果导致了他事业的失败。但可惜的是，他自己到现在还不知自己错在何处。

要想在职场上获得成功，必须防止过度的节俭。有很多人为了节省一点小钱，竟然赔上了自己的健康。这是极不明智的。一个人无论怎样贫穷，绝不要在食物上节省，因为食物是健康的基础，也是获得成功的保障。

不合理的节省，会极大地损耗人的精力和体力。由于这个原因，很多人身体患着疾病，还在拼命工作。这样做，不是良好意志力的体现，而是极其愚蠢的行为。它不仅使自己深受痛苦，还导致自己在职场上一败涂地。

我们生命中一件最重要的事，就是清除自己前进的障碍。凡是阻碍我们前进的，无论是什么，我们都要竭尽全力地将其铲除。

成功需要体力和智力作保证。所以，凡是有利于我们体力和智力发展的事情，无论付出多大的代价，我们都要试着去做，这是成就一番事业的黄金法则。为了我们事业的成功，在金钱方面，我们是万不可以太过于吝啬。

事情都有两面性，很多人崇尚节俭，但也有很多人反对不合适的节俭。

不恰当的节俭，不仅不会给我们带来好处，而且还会损害我们的生活。许多家喻户晓的谚语都反映了这种现象，比如说“小处节省，大处浪费”、“省一分油钱，毁一艘轮船”……

节省不该节省的费用，只会浪费自己的大量时间和精力。曾经有这样一个老板，为了节省电费，他总是不舍得开灯。结果顾客看着昏暗的店面，犹豫不敢进。其实，这个老板不知道，明亮的灯光其实是最好的广告。

太注意细节、过于谨慎的人，往往缺乏做大事的智慧。不恰当的节省，即使获得了蝇头小利，也会使自己变得越来越古板，以至于不能抓住干大事的机会。所以，无论何时，你都不能以牺牲发展心智和提高能力为代价，来拼命节约。

创造力是一个人事业成功的“助推器”。但是，如果事事小心、处处俭省，你的潜力就会受到遏制，你的创造力就会逐渐消失。同时，一个吝啬的人，是绝不会过上快乐、幸福日子的。

树立正确的节约观、用正确的思想来充实自己的头脑、合理地投资，都是一个有志青年应该学会的基本技能。

NO.7/ 必要的支出与投资

有人说：“春天不舍得播种，秋天肯定没有丰收。”这话很适用于商业领域。不理智的节约就等于巨大的浪费。

一个人想要建造新房屋。旧房子拆掉后，他觉得如果仍用旧地基的话，肯定能够省下一笔钱，所以就没有重新打地基。可是新房子比旧房子要高好几层，原来的地基又不牢固，结果刚盖好就摇摇欲坠了。过了没几天，房屋就倒塌了。在现实生活中，这样的人不止他一个，他们为了节省小钱，结果满盘皆输。

在教育投资上的吝啬，致使许多青年人懊悔终生。年轻时，他们认为花那么多钱只为找一个工作太不值得了，或者是认为即使读了很多书，自己也不一定能成功。所以，就没有去接受高等教育。还有许多青年人在校期间不好好学习，凡事只拿最低要求约束自己，还时常为逃学、考试作弊洋洋自得。更有一些年轻人过于看重金钱，不舍得吃有营养的东西。还有一些年轻人不愿意为了提高自己的素质而牺牲娱乐时间，工作中总是敷衍塞责。像这样的年轻人，到了社会上，在竞争中肯定会处于劣势。由于过于节俭，没有打好基础，结果致使他们一事无成。

年轻时不接受良好的教育和专业训练，长大后肯定要付出惨痛的代价。

年轻时不接受良好的教育和专业训练，长大后肯定要付出惨痛的代价。我认识一个人，在很年轻的时候，他就开始经商做生意。之所以选择这条路，就是因为他觉得花费那么多时间接受教育太不值得了。可是在做生意时，由于基础不牢、知识有限，在竞争中他总是处于不利地位。而他的对手一个个不仅接受过良好教育，而且具有深厚的商业功底。他这样做的结果是什么呢？终其一生他都一事无成。

其实，他很有才华，本可以成就一番事业的，可就是底子太薄，结果一败涂地。他做梦也没想到，自己年轻时落下的课程，现在竟然要一点不剩地补回来。尽管他十分努力，可效果还是不太明显。此人一生中经历过无数次的失败，最终还是一事无成，而这一切仅仅是因为年轻时没打下扎实专业基础。

如果在年轻时能够把基础打牢，凭他的聪明才智，他本可以成就一番事业。有了坚实的基础，他就不必花费那么多精力来克服身上的弱点，从而也可以使自己的生意处于竞争中的有利地位。如果运气好的话，他早就成了一个举足轻重、富有影响力的人，可现在的实际情况是，他不仅过着拮据的生活，而且根本就没有什么影响力。

在现实生活中，很多愚昧的父母为了增加家庭收入，竟然让孩子辍学外出打工。他们不知道，在当今社会，只有接受了高等教育的人才有可能抓住成功的机会。

在我们社会中，很多人为了省钱而忽略了朋友。他们常常以省钱为借口，拒绝参加各种社交活动。他们没有时间去拜访别人，也没有时间接

不学会合理、明智地消费，你就不可能取得最大的成功、最完美的气质和最圆满的人生。

待客人。在他们心目中只有金钱才是最重要的，他们没日没夜地工作，直到精力衰竭、被迫回家度长假为止。

许多人总是担心未来，害怕自己会失业、会食不果腹。因而现在的生活就过于俭省，从来不敢享受今日的美好生活。他们一直活在对明天的恐惧中，从来没有出去休几天假或者旅行一次。好像那样做，就会使他今天蒙受了巨大的损失，明天就会到地狱门口似的。

我认识一个吝啬的商人，由于商业上的事务，他经常要出国。可是，对于那些国家的名胜古迹，他却一处也没有进去过，因为他不舍得掏门票钱。每一次，他都在建筑物的外面看看就走，从来不会进去仔细地观望一番。所以，尽管这个人去过很多地方，可他从来都不能详细地讨论他到过的任何一个地方。

看吝啬的人外出旅游真是有趣。

为了省钱，他们连旅游指南也不买，更不愿意雇导游。到了一处名胜古迹，他们不舍得买门票，结果只能在外围转来转去。其实，他们也不想一想，那么贵的路费都花了，还在乎这么一点小钱吗？

如果有条件的话，慷慨大方会为你赢来许多金钱买不到的东西。比如说朋友间友好的帮助和鼓励，和有教养的人交际，有名望、有经验的人的指点……

举个例子来说，如果一个人能够拿出10到15美元参加一次聚会，这本身对于低收入者也不是什么难事。在聚会上，他可能结交到成就卓著的人，或者获得超出1000美元的鼓舞和灵感。在那样的场合中，一个人的雄心壮志很容易受到巨大的刺激。在那里，一个人可以结交到许多博学多才、经验丰富的人，这对于他们提高自身修养、增进知识、开阔视野是有很大帮助的。其实，像这样的消费就是最大的节约。

在你专业范围内，某个卓越人物如果举办晚会，而你也有一定的支付能力，那么你就要力争参加。因为在其间你会受到莫大的益处。这比你为了省钱，而到那些倒胃口的地方去好得多。

当然了，我并不鼓励把所有的一切都商品化。但是我确实希望年轻人能够结交那些能够支持、鼓励他们的人。

如果与厉行节俭、精力充沛、事业有成的人建立了联系，在不知不觉中，一个人的能力就能飞速进步。和这样的人交往，花上一些钱是值得的，因为这才是最明智的投资。

不学会合理、明智地消费，你就不可能取得最大的成功、最完美的气质和最圆满的人生。

合理的消费就是明智的投资，有那种技能的人是不会被错误的节约观所困惑的，也不会被奢侈浪费的观念所牵绊。

鼠目寸光的人，只会造成钱包鼓鼓、脑袋空空的后果。我们要学会树立正确的人生观、合理的节约观，唯有如此，我们的生活才会越来越美好。在这个世界上，有很多富人，口头上说的是要过“简朴的日子”，可实际上却是因为自己太吝啬。像这些人是不值得我们学习的。

路线十

要确立远大的目标

NO.1/得过且过的思想要不得

由于某种原因陷入失败的境地后，许多人会灰心丧气，产生得过且过的思想。我们常常可以听到他们对别人说“算了吧，过一天是一天吧”、“混口饭吃就行了”、“怎么样也不至于丢掉饭碗吧”。其实，一旦产生了这种思想，实际上就等于承认了自己的失败。我们每一个人，都应该有追求进步和成功的雄心壮志。没有追求进步的强烈自信心，我们是不会过上正常人的生活的。

振作精神，可以使一个人的生活变得充实。在精神上振作起来，虽然未必能够得到物质上的利益，但却能够使你得到人生的无穷乐趣。只有振作起精神，你才能够集中起全部的精力和体力去完成一件事。如果不振作起自己的精神，你就不会得到明显的进步。即使有了相当经验的积累和聪敏的头脑，如果凡事不能打起十二分的精神，你也不会有成功的机会。如果一个人有充沛的精力、坚定的意志力，那么他的收入一定不会只是停留在“养家糊口”的水平上。

只有对自己有一个清醒冷静的认识，我们才有可能去成就一番事业。对自己身体内包含的才能和学识一无所知的人，是不会认真考虑自己的人生前景的。遇到任何事情，他们都是能拖就拖，不能拖就敷衍了事。他们只用极少的精力来应对发生的事情，根本不去考虑会有什么样的后果产生。

如果不肯振作精神、不肯以热忱的态度来应对发生的事情。那么，无论一个人有多大的才华、多大的能力，他也是绝对不会做出什么成就来的。

缺乏自信的人，是不会有属于自己的生存空间的。有很多人好像从来没有学会自立自主，他们凡事依赖别人。一旦轮到自己做决定，就会非常的害怕。当受到侮辱时，他们宁愿忍受，也不愿意站出来反抗。在他们的一生中，他们就是依靠别人的帮助、策划、决定才活到了今天。

有很多人在无谓地消耗着自己的能量和才干。他们不懂得要勇于负责任的道理，遇到事情总是习惯性地躲闪、逃避。危难来临时，他们总希望别人能够伸出援手来帮助他、保护他。

在得过且过者的眼中，世界上根本就没有什么需要他们去做的事情。所有的工作都已经有人在做。并且这些人的才能，都比自己要高出许多。他们觉得这个世界上的工作岗位太少，无论走到哪里，都好像是没有自己的立足之地，没有人真正需要他们。的确，像他们这样的人是不会得到人们的认可的。社会各界需要的是那些肯负责任、肯努力奋斗、有事业心、有自己的主张的人。

自信的人是从来不会跑到别人面前去哭诉的，这是因为他们懂得一个人要想在这个世间立足，就要学会坚强和埋头苦干。只有那些懦弱无能的人才会在别人面前哭诉，埋怨自己一天到晚没事做，这其实是他们不能把握自己力量的表现。

振作精神，可以使一个人的生活变得充实。

在很多人的心目中，感觉做一个名人太累，于是他们就抱着这样的想法来从事自己的工作——我不要做一个一流人物，只要能够做一个二流人物，我就满足了。我从来没有想过要富可敌国，只要有足够的钱使用就行了。其实，这种人的想法并不聪明，这个世界是一个充满激烈竞争的社会，不进则退是普遍规律。如果你是一个一流人物，想要成为一个二流人物太容易了，你只要不显露出自己是一流人物就可以了。但是如果你不是一流人物，想要成为二流人物，那就很难了，你会觉得自己其实是三流人物，甚至不是个人物。所以，如果可能，尽量使自己的位置向前移，不然你就会像滞销的货物一样无人问津。

当然，如果是迫于自身的条件和外界的压力，你不得不待在一个较差的岗位上，那也是谁也没办法的事情。但是，如果有可能的话，你最希望的还是穿最好的衣服、吃最好的食物。人都是利己的动物，即使你不舍得花许多钱在吃穿上，那么你也肯定会希望自己的心灵能够变得高贵。这些都是人之常情。

如果有一流的人物在，没有人愿意使用二流的人物，除非是不得已。用人单位都希望自己能够得到一流人物来为自己工作，二流人物正如二流商品一样，是不会有太大的营销空间的。

自己是什么人物，不是由自己说了算的，那要看别人的评定。所以，在工作之前不要有什么一流人物、二流人物的

自信的人是从来不会跑到别人面前去哭诉的，这是因为他们懂得一个人要想在这个世间立足，就要学会坚强和埋头苦干。

想法，尽到自己的最大努力，别人就会给自己一个公允的评断。有些人习惯于浪费自己的时间，总是在无聊的事情上浪费精力，他们不仅理解力差，而且言谈举止也显得十分迟钝，这种人是无论如何也算不上二流人物的，充其量只能是一个三流人物。还有一些人，他们也很糟糕。他们把自己的所有时间都用来尽情享乐，终年过着花天酒地、醉生梦死的生活。他们不仅不能激发自己的能量，每天还在糟蹋自己的精力、体力和智力。这种人更是谈不上什么人物，他们充其量也只是这个大千世界的附庸罢了。

坏的生活习惯会影响一个人的身体健康。如果一个人连健康都没有了，那么他怎么还会有可能谋得好的职位、获得成功呢？

一个人无法在竞争中取胜的原因是多方面的。那些无法跻身于一流人物行列、在竞争中落败的人，有的是因为沾染上了不好的生活习惯，有的是由于没有接受良好的教育，有的则是由于不能完美地处理人际关系。这些都是一个人成功的大敌，我们一定要尽全力克服。

只有通过苦干和打拼得来的东西，使用起来才不会惴惴不安。同样，对于一个职位，如果是自己费尽心智、克服无数的困难换来的，我们就会格外地珍惜。做事时必定会小心翼翼，凡事追求尽善尽美，从而避免自己的辛苦毁于一旦。但是如果自己的岗位是通过其他渠道得来的，那么，在那个岗位上，他的感觉一定不会好。因为在心里他们也知道，自己没有这方面的才能，无论付出多大的努力，如果没有外力的帮忙，自己也不会得到这个职位。只有靠着自己的努力一步一步升上来的职员，才会有这方面的天赋和才能，因为他们经历了各种考验。高职位需要的是渊博的学识和过人的才干，除非是自己亲自学习过，否则是不会获得的。那些依靠外力的人，由于别的原因，即使是坐上了高位，也会在现实生活中处处碰壁、无所适从。

如果一个富商把自己的孩子安排在自己公司里担任高级职位，但是这个孩子并没有什么过人之处，有的只是父亲的关系，那么这个孩子还稍微明智一点的话，他一定会感到羞愧难当、无地自容。因为他知道像这样的职位，应该由一位经验丰富、精明强干的人来担当。自己因为凭借父亲的关系就占据高位，几乎是不劳而获。只要领悟到这个问题，他一定会觉得自己很没有尊严，是无法在众人面前抬头挺胸的。

不是依靠自己的才干获得的职位，是没有意义、毫无价值的。只有对自己的双手和头脑有充足自信的人，才会坚定不移地朝着自己的目标前进。一旦确定了自己能够胜任某个工作，你就要百折不挠地向着那个目标前进。只要你不灰心丧气、不怕吃苦、不急躁，你就会有所建树。不要埋怨自己升迁太慢，要在每一个职位上都努力为自己积累丰富的学识和经验。只有这样你才能把自己培养成一个有知识、有能力、有才干的成功人士。

NO.2/ 确定目标，全力以赴

人生需要确定目标和方向。没有规划好的人生，从来不会顺利到达成功的彼岸。得过且过、浑浑噩噩是制约人走向成功的大敌，它所产生的后果足以使人目瞪口呆。可是，现实生活中，我们经常可以看到这样度日的青年人：对于生活，他们毫无目标，只知随波逐流。他们人生的航船，既不知从何处起锚，也不知在何处停靠。宝贵的光阴、珍贵的青春岁月就这样从指缝间溜走，可他们却什么都没有得到。每一天，他们都在拥挤的人流中被迫前进，只知道朝向领取面包的地方。站在大街上，顺手拉住一个匆忙前进的行人，如果你问他将来打算做什么，有什么远大的抱负，他定然会茫然无措，用几近呆滞的眼睛看着你。对他们而言，这样的问题他们从来没有考虑过。他们从来不知道自己到底要去做什么，只是在那漫无目的地等待机会，并希望以此可以改变自己的生活。

很难想象得到，一个没有生活目标的人可以顺利到达目的地，一个没有远大抱负的人可以安然度过混沌和迷惘。远大的目标能够对生活产生巨大的影响，它能使一个人的努力集中到一处，能够为我们的工作和生活指明奋斗的方向。只要有了这两点，我们前进的每一步都必将更加稳重有力，我们付出的每一分努力也必将有双倍的收获。

懒惰闲散、好逸恶劳的人从来都不可能取得多大的成就。向来只有那些既有坚定的目标，又肯奋勇拼搏的人，才有可能顺利到达成功的峰巅，也才有可能引领一代风尚，成为万人敬仰的英雄。

不肯接受新的挑战，无法强迫自己为了理想付出艰辛努力的人，是永远也不可能取得太大成就的。

远大的目标能够对生活产生巨大的影响，它能使一个人的努力集中到一处，能够为我们的工作和生活指明奋斗的方向。

任何想要成功的人，每天都不应该无所事事地度过：他不能满足自己每天要晚起的欲望，他也不能等待心情好了以后再去工作。无论何时，他都要强迫自己在工作需要的时候起床；无论多么沮丧，他都要迅速调整好自己的情绪立即投入到工作中去。只有这样，他才有出人头地、获得成功的一天。

很多人之所以失败，就是因为他们不仅胸无大志，而且太懒惰。他们从来不肯为了自己的事业成功辛辛苦苦地工作，他们也不愿意为了赢得别人的尊重而做出必要的努力、付出相应的代价。在他们心目中，安逸的生活永远是最重要的，拼命地享受现有的一切才是一个人应该做的。他们鄙视那些为了理想拼命奋斗、不断流血流汗的人，在他们看来，那样做无疑是在浪费自己的青春。

世界上有太多默默无闻、平平庸庸的人，终其一生他们也很难获得什么成就，究其原因，无非以下几点：身体上的懒惰、懈怠，精神上的冷漠、彷徨，对一切事情都放任自流的思想倾向，回避、惧怕挑战的生活心理。

现在的时代是一个堕落的时代，我们很难从中找到一个鼓励、支持我们坚持奋斗下去的理由。于是，很多人堕落了，思想变得消极而颓废。而衡量一个人是不是堕落的基本标准，就是他的理想和抱负是不是在不知不觉中日渐褪色和萎缩。在世间，再也没有一件东西比远大的抱负更能激励人心了，正是它在不断地激励着我们向新的人生高峰冲去。

时刻注意让自己保持高昂的斗志，对那些不甘于平庸的人来说是非常必要的。我们所有的生活动力都来源于远大的抱负，没有它，生活就会变得苍白而又无力，我们生存的价值也就受到了质疑。为此，我们必须让理想的火种永点燃烧，让勇气时刻在心田熠熠生辉。

一个毫无远大抱负、只知玩弄人生的人，是非常危险的。意志力在人的一生中起着非常重要的作用，没有了它，我们就极有可能一事无成。比如说，如果一个人服用了过量的吗啡，负责救治的医生就绝对不能允许他睡觉，因为这时睡眠就意味着死亡。为了达到这个目的，有时医生不得不采取一些很违背人道的措施：使劲地捏、掐病人，用器械对他进行猛击，用冷水对着他猛冲。总之，一定要采取一切办法使他不至于睡着。在这时，一个人的意志力就起了决定性作用。如果他意志坚定，求生欲念强烈，就可能渡过难关。相反，如果他一旦意志消沉，陷入睡眠，那么他就可能再也醒不过来了。

没有远大的志向，人就容易丧失前进的动力。现实生活中，我们经常可以看到这样的年轻人，他们有良好的知识储备，也很有才华，可就是没有远大的目标。于是，他们前进的脚步就迟迟不能挪动，自然也就无法抓住迎面到来的机会。

没有远大的志向，一个人根本就不可能取得成就。这就好比是一块手表，它可以没有精致的表针，也可以不镶嵌昂贵的钻石，可是它不能没有发条。这是因为发条是它最重要的部分。同样，远大的志向也是一个人生活的发条。如果没有远大的理想，即使一个年轻人接受过高深的大学教育、有健壮的身体，他也是不可能获得成功的。

没有远大的志向，人就容易丧失前进的目标。我曾认识这样一个人，尽管已经年届30，可他还是没有选择好自己一生的职业。他根本就不知道自己适合做什么，也根本没有想过自己将来能够做什么。像他这样的人，即使有出色的才华，也只能在犹豫彷徨中慢慢老去。

年幼时，抱负和雄心是表现得最明显的。但是，它并不是一直都保持不变的，如果我们不注意倾听它的声音，它就有可能渐渐消失。当它萌动的时候，如果不加以注意，多年以后就再也难以找到它的踪迹。万物同理，任何一件事物，不管它的品质如何优异，如果被长时间放置，其功能也会逐渐退化、乃至消失。

对一件事物，如果我们不能及时使用，它的功能就会在不知不觉中渐渐消失。这几乎是自然界一条颠扑不变的定律。唯有那些经常使用的东西，才能长久地保持生命力。这就好比我们的肌肉、大脑或某种能力，不用则废。

如果不想让自己的能力日渐萎缩死亡，就要不断地使用它们。沿着自己内心深处发出的“力争上游”的呼声，我们可以为自己的理想努力奋斗，并在其鞭策下不断前行。

理想和抱负不是可以永久保持的固定资产，一味地拖延，只会使它的影响力越来越小、直至消失。如果对自己内心里的愿望和激情加以肯定，它就会日益显露出勃勃生机。

对那些丧失了志向、消解了抱负的人来说，生活不再具有任何意义，他们虽然生活在这个大地上，却无异于行尸走肉。在我们周围的人群中，这样的人为数不少，可在他们的心中，曾经也一样跳动着不熄的热情火焰，只不过这一切都已经过去了。表面上来看，他们似乎与常人无异，可事实上，他们却生活在无边无尽的黑暗之中。无论是对于这个世界，还是家庭、个人，他们都不再具有任何价值。

消亡了远大抱负和理想的人，无疑是这个世界上可怜、卑微的人中的一类。由于没有经常向内心里加入足够的燃料，他们胸中热情的火焰渐渐熄灭了。一味地压制内心潜藏的冲动和激情，使他们再也难以发出前进和奋发的呐喊。

只要让自己的斗志永远张扬高昂的风帆，只要胸中热情的火焰仍在继续燃烧，我们的生命就会有划亮天际的一天。同样，拥有了这种优良品质，无论身处何种恶劣的环境，也无论自己的先天条件如何糟糕，我们的锋芒和锐气就不会消失殆尽。

如何使自己的生命永远充满激情，如何为自己树立明确的奋斗目标，如何让自己胸中热情的火焰永远燃烧，如何让自己时刻保持斗志高昂的状态，是我们在生活中面临的最大挑战之一。

要想取得成功，就要对未来设定坚定的目标。有了坚定的目标，我们的未来会是什么样子呢？一般来说，一个人的决心和愿望决定了他将来能够走多远。对一个意志不坚定的人而言，他们的未来不会闪光，也不会有远大的前景。只有目标才能说明一个人究竟是怎样一个人，也才能说明他有多大的成功潜力。

罗伯特先生说过：“在我们心中都存在着一些欲望，比如说对享乐的欲求，这是一种很自然的渴望，但它是极低级的。同时，我们还有另一种自然欲求，那就是对更高贵、更崇高生活的渴望。”其实，对任何人而言，如果能够克制前一种低级欲求，满足第二种高级欲求，他就能成就伟大的事业。

如果一个青年人能够获得他人的信任，那么他的成功就会简单得多，但是要做到这一点并不容易。他一定要在刚开始踏入社会时，就下定脚踏实地、绝不夸夸其谈的决心，并且一字一句地落实自己的承诺；他要严格控制每次约会的时间，同时又不损害别人的时间安排；他时刻要把自己的名声看作是无价之宝，时刻注意自己的一举一动；他必须时刻站在真理和正义的一边，并且与它们形影不离。只有做到了这些，一个人才有可能赢得别人的信任和帮助。

未来究竟会怎样，我们谁也不知道。但是，就像未来的竹子包含在竹笋里一样，我们未来的幸福也蕴含在目前的状态中。如果我们的人生就是一棵树，那么，未来它能否开花、结果，全在于种子是否优良和成长过程中营养是否得到及时补充。只有在过去和现在，我们都为它提供充足的养分，它才有可能成长为参天大树。

没有远大的志向，人就容易丧失前进的动力。

一个人要想获得美好的名声，就要这样做：随着岁月的流逝，他不断积累起深厚而崇高的道德品质，并且能力也在不断地拓展与提高。其实，这些也是生活的真正意义之所在。每一个人的基本素质都是天生的，并且相差不大。但像树木一样，同样的幼苗，只有那些获得良好照顾、养分充足的，最终才有可能长成参天大树。经过相同的时间，有的树木可以做桅杆，有的能去做钢琴，但有一些只能当作木柴烧掉。这又是什么原因呢？付出的不同，收获肯定也不一样。从一棵幼苗长成参天大树，需要时间和耐心，同样，一个人成才也要经过漫长的教育、经历和拼搏。只有在各方面都具备了相应的条件，我们才能最终成就一番事业。

天赋、运气、机遇、智力和优雅的举止对一个人的成功固然很重要，但是如果没有明确而坚定的目标，那就肯定不会取得成功。无论是在生意场上、社会上还是政治上，很多人都是随波逐流，这绝对不是一件好事。盲目地随波逐流，只会使自己漂浮在自己喜欢但却不可能实现的幻想中。斯多克曾经说过：“很多人养成了随波逐流的坏习惯，在100种情况下，他们会选择100种不同的职业。对自己的人生，他们根本就没有明确的目标。”成功人士虽然各有各的缺点，但是坚定而明确的目标却是他们的共同优点。

小仲马在一本著名小说的结尾这样写道：“能够拯救我们的人在哪里？能够带领我们奔向成功的人在哪里？我们需要这样的人。哦，请不要去远方寻找这样的人吧，其实，要寻找的人就在这里，你就是这样的人，我也是这样的人，每一个人都是这样的人。如果你还没有坚强的意志力，那么，没有什么比做到这些更难的事情了。但如果你已经具有了这样的意志力，那就再也没有比这些更容易的事了。”

NO.3/ 人生目标要高远

如果一个年轻人只满足于现状、没有点滴通过努力来改进生活的渴望、更缺乏攀登更高人生高峰的勇气，那么他的潜能就不可能完全被挖掘，当然也就不可能达到成功的巅峰。

不仅要有理想，还要使这个理想适合自己的实际情况。现实生活中，许多人的目标定得太低，与他们自身的能力毫不相称。他们的理想过于平庸、过于单调乏味，根本没有任何挑战性。像这样的目标，有和没有是没有任何区别的。

一般情况下，我们的抱负必须要高于我们自身的能力。唯有如此，我们才能创造轰轰烈烈的人生，也才能过上积极、有益的生活。对大多数人而言，文明程度越高，抱负也就越大；而抱负越远大，我们前进的步伐也就越有力。相反，你永远不要指望一个目标低下的人能够攀登上成功的顶峰。

假如我们都能很容易地达到自己的理想，那么世界肯定不会像今天这样美好。如果是这样，谁还愿意每天在太阳下拼搏流汗呢？如果是这样，谁还愿意保持长久的工作热忱呢？如果是这样，谁还愿意在痛苦与失望中苦苦挣扎呢？如果是这样，谁又愿意去从事那些繁重的苦差事呢？

又假如我们每个人都出生在权贵之家，过着衣来伸手、饭来张口的生活，平日里接触到的都是锦衣玉食，生活里追求的唯一目标就是尽情玩耍、尽情享乐。那么，我很怀疑，我们人类究竟能在大地上存留多久？我们的精神世界又能比野蛮世界高出多少？

一定意义上讲，正是人类无法满足的欲念指引着人们踏上了漫漫求索之旅。俗

理想就像是生活中的催化剂，它会使所有的个体在不知不觉中发生改变。

话说的“水向下流，人向上求”讲的就是这个道理。人类有太多的欲望和追求：希望把自己提升到更高的职位，希望使自己变得更加富有魅力、更加迷人，希望获得美满的婚姻、温馨的家庭，希望自己能接受高等教育、学识渊博，希望能够进一步拓宽自己的视野、丰富人生阅历，希望能有更多的财富和社会影响力。虽然这么多的欲求给我们带来了痛苦与磨难，但也正是由于它们的存在，我们才有可能发展到今天文明高度发展的时代。正是由于它们的存在，我们才能满怀信心、积极向上地去生活。

有了希望和远大的抱负，虽然不一定能够取得成功，但是你的生活处境一定会有所改善。不可否认，在我们周围，还有很多人仍然远远落后于时代的进程。他们拼尽全力，可仍然跌跌撞撞地在黑暗中苦苦探索。有了希望和远大的抱负，就能获得《圣经》中摩西般的力量。对其恰当地加以利用，它就能带领我们走出沙漠，步入充满希望、生机勃勃的大陆。确实，当我们处在痛苦和失望的境地中时，如果丧失了对未来的理想和抱负，我们在追求的过程中一定会心力交瘁、疲惫不堪。

无论在什么时候，一个民族的理想和抱负高远与否，决定了其在人类文明阶梯上所处位置的高低。根据一个民族的理想性质，我们可以很容易地断定它的实际状况和未来的发展潜力。在当今社会中，最有鼓动力量的东西就是理想的不断提升了。

现在的时代，社会发展日新月异，社会前进的节奏比以往的任何时代都更为迅速、快捷。在这样的大背景下，我们唯有树立更为远大的目标、更为崇高的理想，才能具备更高级的知识，也才能赶上时代的节拍。其实，只要付出更艰苦的努力，我们的理想与抱负就会变得越来越崇高、越来越积极、越来越纯洁。

理想就像是生活中的催化剂，它会使所有的个体在不知不觉中发生改变。新的理想会激励人们去为之奋斗，并最终成为时代所要求的合格种子。毫无疑问，我们每一个人生来就有拥有理想的权利，也有达到至善幸福状态的权利。

停止前进就意味着倒退，这是大自然铁的法则。只有那些永远不满足的人，才能在前进的路上毫不懈怠。在那些永不停止前进的人眼中，我们每一个人都存在着某些不完美的因素，因而也就有改善和提高的必要。年轻人之所以可贵，就在于他这种不知疲倦的精神状态。在他们身上，永远洋溢着蓬勃旺盛的生命力，无论何时，他们都在生长着、发展着、前进着。他们永远不惧新的挑战，永远也不会陶醉于现在的成就。在他们眼中，更美好、更充实、更理想的生活就在前面不远处等着他们。

对任何事情都持精益求精的态度，希望今天比昨天过得更好，愿意为了理想不懈奋斗……这些都是成功所需要的优良品质。一定意义上说，在这个世界上，没有其他任何东西能够与它们相媲美。

在生活中，努力和那些比我们优秀、比我们更有知识、比我们更有素养、比我们更加优雅的人接触，会在不知不觉中使我们变得更加迷人、魅力四射。此外，和某领域里有着渊博学识和经验的人结交，会大大有助于我们理想的确立和事业的发展。同样的道理，如果我们每天和那些意志颓废、斗志消沉的人厮混在一起，我们也会变得萎靡不振、消沉堕落。当一个人只想混在比他低下的平庸之辈中时，也就意味着他离成功的距离越来越遥远了。即使如此，当他一旦摆脱这种烦躁的尘雾，变得勇敢而又勤奋时，他所取得成就必定是十分惊人的。

高远的理想能够开阔我们的视野，使我们不至于沉迷于一时的成绩。

高远的理想能够开阔我们的视野，使我们不至于沉迷于一时的成绩。它能使我们的心灵豁然开朗，使我们的自我意识全面苏醒。此外，崇高的理想和远大的抱负也会形成一股强劲的推动力，鞭策我们不断提升自己的思想道德水平。崇高理想和远大的抱负会使我们全身都充满力量，会把我们深埋的潜能挖掘出来。当你用理想指引你向前走时，你会发现，一种蓬勃的热情在你身上激荡，一种全新的力量在你的血液里往返奔突，一种崭新的希望也开始在你心中萌芽、扎根。

缺乏远大的理想和抱负的人，是不可能取得多大成就的。如果没有理想和抱负，我们就少了一种鞭策、激励我们奋勇向前的力量，我们的意志和决心也会受到严重削弱。同样，只有崇高的理想和远大的抱负，才能帮助我们焕发蓬勃的朝气、翻越无穷无尽的障碍、最终奔向成功的顶峰。无论何时，我们都要使自己保持一颗向上的心。如果一个人把学习和工作看作是一种无穷无尽的折磨，那么他就肯定不可能放开手脚大干一场。那时的他，就像是一名戴上了沉重木枷的囚犯，每一步都步履维艰，也像是一匹拉着最重的车子的瘦弱的老马。可想而知，处在这种状况的人，是很难有所作为的。总之，只有让理想的太阳永远高悬在头顶，我们才能焕发全身所有的能量，我们也才有可能达到成功的彼岸。否则，迎接我们的就只有失败。

英才多自困境出。在逆境中条件虽然不是很好，但却往往容易使人产生改天换地的雄心壮志。生活太舒适，有时反而不利于一个人的成才。不用怀疑，对自己本职工作的热爱也是获得成功的一个重要因素。没有对工作的高度热忱，我们就不可能在重重危险面前奋勇向前。如果某一天你发现自己突然找不到生活的目标了，或者以前感兴趣的工作再也引不起你的丝毫兴趣了，那么一定是你身上的某个环节出了问题。当你感到无所事事、百无聊赖时，你最好重新为自己的人生定位，然后找到新的目标。在社会中如果没有找到合适自己的位置，一个人是很容易迷失自己的，也容易让失望和沮丧吞噬自己的热情和斗志。当你发现自己的学习成绩下降、工作激情衰退、对世事的厌烦情绪增加时，那么，无论产生这种现象的原因是什么，你都要想办法补救，并且立刻着手去改正它。如果你能够把完成一件事情当作自己的目标，并尽全力去立刻行动。那么，你将会惊奇地发现，原来完成一件事并没有想象中那么困难。花需要精心地培育和呵护，同样，我们的理想和抱负也要不断地维护和滋养。想要理想顺利开花结果，不仅要有合适的土壤，还要有充足的养料，并且要不断地灌溉。在我们的生活中，有这样一部分人，他们对未来不抱有任何期望，每天只知道拖着疲惫的双腿缓缓前行。就这样，当别人从他身边风驰电掣地超过去时，他还在怀疑，纳闷自己为什么会行进得那么慢？其实，我们每一个人都应该懂得，没有激情和理想的人生，是不可能产生巨大的爆发力的。

很多人把自己深陷泥潭、无法前进的原因，归于糟糕的运气。这是十分错误的。他们更应该从自身去找原因。像他们这些人，一般都没有理想。他们守着固定的轨迹运行，从来没有想到过作任何改变。他们从来不让自己的激情燃烧，就像永远不让机车里的水沸腾一样。他们是胆小而又懦弱的一群，每天只知道躲在角落里怨天尤人、满腹牢骚。他们远远落后于时代前进的步伐，当别人已经开始用火车旅行时，他们却还在以步当车。

缺乏崇高的理想和远大的抱负，是很多人，尤其是那些闲散懒惰、好逸恶劳者平庸至极的一个重要原因。也是由于这个原因，现实生活中的很多人穷其一生也无所成就、默默无闻，在历史舞台上扮演着无足轻重的次要角色，这是很可悲的。

NO.4/ 具体化的目标更容易实现

任何事情，无论其表面看来多么困难，或实现的路多么漫长，只要将其具体化，发展的前景就不会很黯淡。执著地追求和努力工作，会使理想渐渐露出原形。不想去实现的理想是不能称其为理想的。如果不愿为了理想付出辛勤的努力，理想就永远也不可能实现，当然也不会有什么价值可言。没有执著的心态，或者只是对自己的理想冷淡待之，那无疑是在浪费自己的生命。

当理想变成具体的目标时，一切都会变得不再遥远，也只有如此，个人的努力才会对此产生有效的影响。为了理想，个人会被不断激发出前进的决心和动力，不知不觉中，创造力就有了产生的土壤。热切的希望、执著的追求和坚持不懈的努力，都是使理想转化为现实的重要因子。

我们的工作效率，一定程度上取决于我们的思想、情感和理想的特点。牢记理想是追求完美的具体表现，无论何时，对待自己的理想都要像对待完美的存在体。

理想永远只是希望实现的东西。在自然界中，人是最喜欢为自己找借口的动物。望着坎坷重重的道路，我们总喜欢说自己已经尽心尽力、全力以赴，我们也总喜欢抱怨自己状态不佳、没有发挥出正常水平，我们也总是喜欢抱怨自己时运不济、命途多舛。但是，如果愿意为之不惜一切、付出最大的努力，那么，我们肯定就会得到自己想要的东西。现实生活中，很多人之所以可怜，就是因为他们没有意识到在自己心中存在着太多的阴影。在这些阴影下，原本安宁、幸福的生活，变得凄凄惨惨、风雨交加。无论哪一种思想，一旦长时间驻留在某个人心中，它就会与个人的生命紧密结合起来，时刻影响着他的生活。因此，在现实生活中，无论何时都不要承认自己软弱无力，除非你想品尝失败的苦果。任何人都不是超人，只有把

保持一个完美的目标、追求一种全新的生活状态，理想会很快地融入到你的生活中，并帮助你成为一个完美的人。

自己的思想集中于一点，才有可能获得最大的成就。作为一个人，来到这个世界上，最神圣、最崇高的使命就是获取成功。要达到此目标，除了拥有非凡的才华和良好的机遇外，特别的自信也会产生无比巨大的力量。

如果想在某个领域取得成功，你就要尽可能多地使远大的目标具体化，并且要记住，目标一旦确定就不可轻易再更改。不懈的努力、坚定的目标，不仅会使你的人生得到升华、理想变成现实，也会使整个人类社会因此不断进步。整个社会的发展趋势告诉我们，错误、罪过和邪恶的生活，不仅不会使弱者变强，反而会使理想被现实的阴霾吞没。作为平凡的人类，我们没有自卑的理由。

生活和理想总是手牵着手。因为你想生活变得更加精彩，在理想的实现过程中，你向往的品格、你追求的生活都会一一来到你身边。某种程度上来说，理想决定一个人的命运。因此，了解了一个人的理想，也就等于知道了一个人的前途，

每天晚上休息之前，都要给自己留下一点时间来思考。静静地坐下来，任凭思想四处驰骋。不要觉得这是在浪费时间，也不要为你不切实际的幻想担心，因为事实证明，在人类发展史上，没有想象力人类就不会进步。上天给了你想象力并不是为了捉弄你，而是为了帮助你成就伟大的事业。为了把你从平凡的生活中提升出来，为了使你免受俗世生活的困扰。如果你不能凭此抓住机会，那么，你就枉来人世一遭，必定也会留下许多遗憾。

当然了，我所说的理想并不是荒诞无稽的幻想。任何来自现实的、合理的愿望以及来自心灵的神圣渴望，都会使我们的生活变得更加高尚。无论周围的环境变得怎样令人不快或不友善，我们也都可以把自己的生命提升到一个理想的高度。

每一个合理的愿望背后，都有一种神圣的东西在里面。在我心中，这种包含有神圣性的愿望，不仅会为我们补充生命缺乏的营养，也会给我们带来无穷无尽的精神滋养。那些愿望不是会置我们于死地的苦果，更不是会焚烧我们的烈火，而是来自心灵深处的慰藉。那种自我实现的渴望，是对改良自我的最大梦想。假如说一个人的最大梦想只是捡拾破烂，那么他的一生也就是捡破烂而已。

良好的精神状态、真挚的心灵渴望，都是我们对生命做出的真诚祷告，关于这一切，大自然肯定会给予我们相应的回报。不懈追求心中所想的，我们最终必将得到。只是人们很少意识到，他们的愿望同样具有惊人的力量。这种祷告不同于嘴上的祷告，而是来自心灵的祈愿。

把注意力集中到一点，目标专一，肯定会产生出一种神奇的创造力，而借助这种力，我们肯定可以创造出自己所渴望的东西。

每一个人的梦想实现时，都是一个伟大而壮丽的时刻。

来自心灵深处的渴望，会激发我们无穷的创造力。它不仅会使我们的才智得到增强、能力得到提高，而我们的梦想也会因此变成现实。信誉，是大自然永远最看重的东西。如果愿意为了理想付出巨大的代价，那么，大自然肯定会把我们渴望的东西交还给我们。有了理想，就好比我们的思想之水找到了源头，从此以后便能一无所惧地奔向广阔的海洋。在向前的路上，这个思想之源不断产生强大的动力，进而让我们的愿望和志向汇合。

如果南方永远不可到达，鸟儿就不会一到冬天就飞向南方。同样，如果理想在现实中找不到实现的条件，我们就不会产生这份狂想。渴望更广阔、更完美的生活，渴望最大限度地自我实现，渴望过上不朽的生活，是人类的本性，生命不止，追求不息。

符合自然规律、遵循自己的本性，植物才会开花、结果。也只有如此，植物才会在特定的时间开花、结果、成熟。如果花还没有开放，冬天就来了；果实还没有成熟，就从树上掉下来了。那么，发育不全肯定是对这株植物的唯一评语。

如果我们发现，在生命之灯熄灭前，千百万人中还没有人取得成功，那么，我们也可以肯定这是不正常的。

当我们看到一棵有生命力的树枝被狂风吹折时，我们会觉得这是不正常的。同样，当我们发现一个具有无限潜能的人被无情扼杀时，我们也会觉得这是不符合常理的。还没有完成自己的目标，生命就突然夭折了，这是很悲惨的一件事情。

事实上，人的潜力是无穷的。即使那些才能非凡、受过良好教育的人，等到自己行将就木时，也感觉到自己并没有发挥出全部的实力。他们就像是那些苹果树，刚开始发芽，就被死神的镰刀一下砍断了，而他们的潜力和梦想也被无情地掩埋了。

但是，理性和逻辑却告诉我们说，是一株树就要枝繁叶茂、开花结果、硕果累累，是一个人就要想方设法地自我实现。如果不能使自己畅意地活在这个世界上，那么，我们还要想象力干什么呢？抓住时间和机遇，让我们的思想开花，努力为自己的理想奋斗，我们的理想就必将实现。这就好比植物遇到合适的机会，在合适的时间、地点就会开花、结果一样。

我们有理由相信，每一个平凡的人身上，都有着能够完成理想的不平凡特质。而问题的关键是你能不能把它们发掘出来。保持一个完美的目标、追求一种全新的生活状态，理想会很快地融入到你的生活中，并帮助你成为一个完美的人。

来自心灵深处的渴望，会激发我们无穷的创造力。

NO.5/ 关键是把目标付诸行动

为了获得成功，我们要立刻开始行动。你准备什么时候去做那些自己梦寐以求的事情呢？你要知道：一味地等待好事从天而降，期盼别人会帮助自己，只会使你陷入失望的泥潭中。

眼高手低、有了目标却不行动，除了会消磨人的意志力、摧毁人的创造力外，再也没有其他方面的作用了。总是梦想美好的事情，而不愿付出行动，这种人是永远也不会取得成功的。在现实生活中，很多人只是在自欺欺人，他们一直向别人述说自己的高远理想，可就是不能立即行动。他们似乎不知道，这样想除了会让自己受伤害外，再也不会带来其他的任何东西。

我们都会憧憬美好的明天，可是如果不付出行动，那些只是遥远而又凄迷的梦想而已。计划永远都只是计划，无论是写在纸上，还是表述在口头，都不能让我们获得现实的东西。试问：如果没有建筑工人的努力，工程师们的设计蓝图也只不过是一张废纸而已。

理想变为现实，必须经过三个过程：把目标具体化，集中精力、全力以赴，把目标转化为现实。在这三个过程中，每一步所需的条件都取决于我们自己，别人的想法和抉择对我们都没有多大的影响。无论何时、何地，能够帮助我们实现理想的只有坚强的意志力。

西奥多·瓦尔曾经说过这样一句话，他说："缺乏准备，缺乏实干精神，缺乏考虑周到的素养，是当今青年人的三个致命弱点。他们空有一番雄心壮志，却不愿意立即行动。"

实干精神可以帮助一个年轻人实现心中理想。具有了实干精神，我们就能从芸芸众生中脱颖而出。在很多失败者身上，往往蕴藏着许多没有开发的能力。其实，只要能够好好利用自己的这些能力，他们就能获得成功。

我们要经常扪心自问：我是不是抓住了身边的每一个机会，我是不是努力把所有的事情都做到了最好，我是进步了还是落伍了。如果能够经常这样问自己，我们就能对自己有一个清醒的认识，这对我们的成功是很有益的。

奥利弗·霍尔姆斯曾经说过："在行动中，关键是保持正确的方向，至于自己处在哪个位置上倒不是十分重要。"

很多才华横溢、拥有远大理想的人，结果还是不免于失败，这是什么原因呢？他们行动时总是疑虑困惑、停滞不前，没有勇气向前迈出一小步。他们一直在等待机会，就像是那个可怜的农夫在日日等待着第二只兔子撞死。他们做事从来不愿意全力以赴，更别说孤注一掷了。像他们这样，又怎么可能取得成功呢？

时代飞速向前发展，但也越来越复杂多变，很多人内心彷徨不定，不知道自己的人生目标在何方。但是，我们并不是只要填饱肚子就行的野蛮人。今天，人类社会已经进化到文明的高级阶段，每个人想要合理地确立自己的人生目标也越来越困难。一个人的事业能否成功，与他是不是合理地确定了人生目标密不可分。一旦确定了合理的人生目标，你就既能适应激烈的社会竞争，还能激发自己的潜能，大步地向着心中的目标前进！但是，如果随意地确定自己的人生目标，觉得它是大有前途而滥用精力，那么，成功的希望将会微乎其微。

只有精神上的保证，而不付诸于实际行动是远远不行的。光说不练，不仅不会为自己带来荣耀，反而会使自己陷入极端不利的境地中。现实生活中，很多人往往以这种想法从心理上来自我陶醉。在他们心中，只要一直企盼着实现自己远大的理想和抱负，就等于已经达到了目标。很显然，这种想法是很错误的。像这种做事拖泥带水、磨磨蹭蹭的人，是永远也不会得到想要的成功的。他们生性懦弱、惧怕失败，从来不敢把自己的幻想拿到现实中去接受检验。一方面，他们希望通过刻苦的努力来实现梦中的理想，另一方面，他们却又惧怕辛劳，老是幻想着天上掉馅饼。

一味地等待好事从天而降，期盼别人会帮助自己，只会使你陷入失望的泥潭中。

这样做，只会有一个结果，那就是一败涂地。

远大的理想和抱负之花需要多种养料的不断滋养，才能茁壮成长，并顺利开花结果。比如说，坚强的意志力、坚韧不拔的决心、强健的体魄以及顽强的忍耐力都是这种特殊养料的构成要素。没有这些优良品质作基础，再远大的抱负和理想也只是空中楼阁、水中明月。

当你强烈地感觉到需要完成某件事的时候，你就一定要抓住这种感觉，并立即着手去做。其实，当你内心深处不可压抑的激情四处奔流时，也正是你自我意志需要猛烈爆发的时候。这也是一种你一定能够完成某件事情的标志，如果你让它从你身边溜走，日后你一定会感到后悔。

机会是不可储蓄的，当它来临时，你一定要立即抓住，并立刻使用，否则它将不可再用。许多人心目中都有这样一个错误的想法，那就是伴随着生命冲动和激情的机遇永远与生命相伴。于是，他们习惯于放弃，习惯于拖延。其实，他们不懂得，甘露只能在当天使用。等到太阳落山，鲜美的东西将变得毫无价值。同样，等你信心衰退、意志消沉时，你休想再把这种机遇利用起来。

不断向后拖延自己应该做的事情，只会使我们的激情冷却、干劲消解，等到那时，原本轻而易举就可以做到的事情，也会变得难以达到。其实，我们做事的最佳时机是在自己精神饱满、身强体健、目标明确和斗志高昂时。每一次的拖延和迟缓，都会腐蚀我们的意志力，削弱我们的决心，使我们难以得到想要获得的东西。如果不在自己激情迸发、满怀热情和干劲时把要做的事情做完，日后我们一定会为之付出双倍的代价。

永远不要让自己胸中不断燃烧的熊熊火焰熄灭。无论处于什么样的境地中，我们都要下定决心告诉自己，我们一定要轰轰烈烈地活上一辈子。唯有如此，我们才能不屈服于生活的重压，振奋起精神，努力为心中的目标奋勇拼搏。

胸无大志、墨守成规的人，永远也不会让人们感到安心。如何去帮助这些精神上的低能儿，也是生活中最令人头疼的难题之一。在生活中，他们一方面努力压制自己天性中积极向上的一面，一方面又不愿意通过后天的努力来获取荣耀和金钱。他们缺乏足够的进取心去开创全新的事业，即使开始了，也很难有持之以恒的精神来完成这份艰巨的工作。

> 实干精神可以帮助一个年轻人实现心中的理想。

永远不要指望一个自甘堕落、随波逐流的人能够做出什么不平凡的业绩。像这样的人，虽然明明知道自己只不过发挥了自己潜能的一小部分，可他们就是不愿意付出艰辛的努力来把另外一部分转化为可能。他们能够对贫穷的生活安之若素，却不肯对自身的能力进行进一步挖掘。同样，如果一个年轻人缺乏雄心壮志、精神萎靡不振、情绪低落消沉，我们就可以断定他根本不可能取得什么了不起的成就。他们只愿意顺着原有的固定足迹走下去，根本没有想到过要去改变。他们的生活就像是无根的浮萍，根本没有固定的目标，究竟明日会面临着怎样的命运，他们根本就没有考虑过。他们甘于平凡、逃避责任，总是抱着得过且过、消极避世的态度生活，就如飘飞的柳絮一样毫无归属感。他们人生的每一步都没有坚实的足迹，潜藏于他们内心里的那些能力注定要被无情地消解殆尽。

NO.6/ 唤醒你潜在的力量

榜样的力量是无穷的。有了榜样在前面指引，他所散发出来的感染力，会驱策和激励着我们，让我们为了美好的新生活奋勇前进。许多成功人士都有过四处旅行的经历，这种旅行有一个显著的好处，那就是它能提供许许多多我们意想不到的机会。在其中，我们可以和形形色色的人接触，并让自己和他人进行比较，进而不断地提升自己的能力。此外，和他人接触，尤其是和比自己优秀的人接触，会激发我们极强烈的竞争心理和征服欲望，进而也有助于我们全力以赴地去争取成功。

生活在都市或身处旅行中，会使我们思考许多事情。看着大街上匆匆忙忙走过的人群，我们根本就不知道他们做了些什么，他们取得了些什么成就。但是我们可以看到城市中高耸的烟囱，巨大的厂房和办公机构，繁荣的商业街，而这一切反过来又会激励我们在其中寻求到自己的立足之地。对所有陌生的事物，我们会在脑海中留下一长串的问号，但同时，我们内心里的反叛因子也会发出追向前方的呐喊。你会在心中想，为什么别人做得到的事情，我做不到呢？难道我不可以成为一个重要人物吗？一旦产生了这种意愿，一旦急切地渴望着成功的降临时，无形之中你的力量就增加了好几倍。

在奋斗的过程中，急功近利、缺乏耐心往往会导致人们努力的失败。

在奋斗的过程中，急功近利、缺乏耐心往往会导致人们努力的失败。太着急想要获得成功，反而来不及去做充分的准备工作。当人们梦想着一步登天时，往往忽略了在幕后应该挥洒的汗水和泪水。看着别人的成就，容易被不切实际的追求冲昏头脑，整日里只想着怎样去摘取成功的果实，却没有想到过要为此付出艰辛的努力。世间没有免费的午餐，任何想要不付出努力就得到成功的想法都是极端错误的。想要在匆匆忙忙中一蹴而就的人，往往不能做到全面、均衡地发展。他们也往往是一些目光短浅、思想狭隘的人。缺乏良好的感知力和判断力是他们的致命弱点。狄德罗曾说过："那些伟人所达到的高度和巅峰，并不是在突然间一蹴而就的，当他们的同伴沉浸在甜美的梦乡中时，他们还在深夜孤灯下苦苦奋斗。"狂妄自大往往导致悲剧的发生，在一种不切实际的目标刺激下，人们固有的敏感性变得麻木迟钝。有些人甚至为了达到一夜暴富或功成名就的愿望，竟然不惜以损伤自我尊严为代价，采用种种卑劣的手段来满足一己之欲。这是十分错误的。意志不坚定的人们往往会在追求野心的同时丧失品格、远离正义。

在追求幸福的过程中，如果谁不幸沦为了自私、野心的奴隶和牺牲品，那将是很可悲的。这样的人往往太看重名望权势，他们不惜以任何代价来换取自身的飞黄腾达。为了获取世俗的名利，他们宁愿踏着别人的头颅和鲜血前进。

不加限制的野心最终会使一个人走向灭亡。在这方面，亚历山大大帝和战神拿破仑都是这方面的典型例子。如果一个人的野心过分膨胀，他就难以再用清醒的头脑来面对这个世界。欲望蒙蔽了他的双眼，权势使他的头脑麻木。

妄想超越所有人的野心，是一种很危险的因素，他会使一个人固有的优良品性受到极大的损失。

我们每个人都应该有这样一种抱负，那就是努力使自己免于平庸和世俗。我们生命中都有一些独特的，带有个人特征的品质，如果能够对此加以利用，我们就能达到自己的目标。假如每天毫无目标地生活，终日无精打采，那么，最理想的抱负也难以找到根植于现实的土壤，拥有再强能力的人也不可能达到卓越之境。

只要挖掘出潜藏于内心的能量，我们就能激发出自己的雄心壮志，成就一番伟业。作为一个人，最重要的是要学会唤醒你自己。

一般情况下，别人对我们的信任和鼓励，会对我们产生积极的影响。如果这些人恰好又是我们极其敬仰的，那么，这种激励作用将是巨大的。相反，如果一个人对我们的能力感到怀疑，或者难以对我们的闪光点加以肯定，那么我们就很难把自己的能量完全发挥出来。被人欣赏、被人器重是一种十分美妙的感觉，如果对此投入足够的关注，也许我们的职业生涯就有了一个转折点。机会往往是在不经意间来到我们身边的。

偶然的机会可以塑造一个英雄。当阅读一本激励人心的书或一篇感人至深的优美散文时，很多人好像感到自己的大脑突然被闪电照亮，从此找到了一个崭新的自我，开始了一段崭新的自我塑造。也许，如果没有某一本书或者某一篇文章，许多人的潜能终其一生也不可能发挥出来。我们应该相信，任何可以使我们认识真实自我的东西都是无价之宝，因为它们足以唤醒我们全部的潜能。

此外，有益的朋友对于我们的成功也有着意想不到的帮助。交一个好朋友要远比交一百个冷漠淡然的朋友强得多。当我们选择朋友时，一定要争取和那些在世界上有所作为的卓越人物做朋友，他们是一些能够激励我们、点燃我们奋斗热情的人。

多接触那些优秀的人物，他们能够激发你的志向，能够使你深刻地了解自己，并且能够促使你多思考、快行动。对于那些能够影响你一生的人，一定要注意保持密切的联系。我们中的很多人之所以没有成功，就在于他的潜能没有发挥出来，有的甚至根本没有被唤醒过。很多人直到晚年才认识到自己身上原来蕴藏着巨大的能量，可是为时已晚，而他们本来是可以大有作为的。只要我们每一个人在年轻时都对自己有一个清醒的认识，那么，我们才有可能把自己的全部能量发挥出来，也唯有如此，我们的自我价值也才能得到最大意义上的实现。

许多人在将要离开人世时，还在叹息自己的能量没有全部发挥出来。可是，这时候说还有什么意义呢？要想不在有生之年留下任何遗憾，我们就应该想尽办法使自己尽可能早地开发出全部才能。对许多人而言，他们只使用了自己全部能量的一小部分，其余的绝大部分都在自己脑海里沉睡着。而这些能量，如果加以合理地利用，是大有所为的。

对生活的麻木和愚昧，是很多人无法认识真实自我的重要原因。

对生活的麻木和愚昧，是很多人无法认识真实自我的重要原因。生活中，有许许多多极其普通的工人，他们每天做着最简单、繁重的体力劳动。其实，只要他们能够把自己内心里潜藏的能量发挥出来，他们完全可以成为企业家、政治家或某个顶天立地的人物。正是由于他们的麻木与愚昧，才导致了他们根本无法认识到真实的自我，结果终其一生也只能做着低级笨重的工作。每天在太阳下挥汗如雨，为维持基本的生存条件而苦苦奔波。像这样的人物太多了，在他们身上明明蕴藏着无穷无尽的能量，但他却对自己一无所知。

还有许多女孩子，同样面临着相同的困境。她们或是做着小职员、电话接线员之类的单调工作，或是在其他一些不具有任何挑战性的特殊职位上打发日子，这是很可悲的。对她们中的许多人而言，如果能够对自身的能量加以合理利用，是肯定可以做出一番成就来的。一旦她们认识到自我并对自我进行了合理的定位，她就完全有可能改进自己的生活状况。

如果你对自己的生活状况不太满意，那么请你暂时停下来吧。给自己的心灵放一次假，安安静静地坐下来，全面而又仔细地衡量一下自己。也许你能从中找到问题的症结所在，尽管这样的心理诊断既费时间又费精力，可对你以后的成长却有莫大的帮助。留下一点闲暇时间来关照一下你自己的内心世界，让自己在宁静中考虑一下自己的发展前途，也许当你再次睁开双眼时，原有的一切都改变了。在自己心中，你要不断地叩问自己："为什么别人能够做到的事情，我却做不到？""为什么别人能够做出不凡的业绩，而我却只能平平庸庸地过一辈子呢？"

在这种自我发问和诊治中，也许以前你没有发现的宝贵品质和能力就浮出水面了。到那时，你会惊叹于你自己竟然拥有如此巨大的财富。而且，一旦你得到了这些财富，你的生活就将取得根本性的转折和突破。

在一个平庸至极的工作岗位上长时间地工作是很危险的。这样做只会束缚住我们想象的翅膀，使我们沦为自身工作的奴隶。今天做的工作只是昨天工作的重复，明天做的工作又是对今天工作的重复。这样的循环过程中，只会使一个人的精力日渐衰竭。我们原有的多种才能，也会在这种单一才能的单调重复下日渐萎缩，直至消失不见。最终，连我们自己都会相信我们只有做这一种工作的能力。无疑，这是非常可悲的。

我们通常都会对自己潜藏的能量嗤之以鼻，借此来掩饰自己的无能。但是，我们要明白，我们经常运用的能力虽然会越来越发达，但我们那些搁置不用的能力也会慢慢退化。

要对自己提合适的要求。低标准要求自己，是对自我人生的一种犯罪。它会拖住我们前进的双脚，使能力也趋向于低标准。不具有挑战性的目标是没有任何意义的，那是因为我们的整个身心在其间并没有得到应有的锻炼。如果不能节节上升，那便只有步步后退。在人生的竞技场上，你不可能永远只停留在某一个固定位置上。

NO.7/ 把目标坚持到底非常重要

在美国历史上，智力平平的人获得成功，才华出众的人却遭遇失败是很正常的现象。如果我们仔细分析一下那些失败者的案例，我们就会发现：他们之所以失败，完全是因为缺乏不可动摇的决心和坚韧不拔的意志力。

查尔斯·萨姆纳曾经说过："成功必须要具备三个条件，那就是有毅力、有毅力还是有毅力。"

如果没有决心和毅力，即使有好的机遇也不一定抓得住。教育只会使我们的知识增加，却不会使我们的意志力有丝毫增长。不能坚持自己的主张、左右摇摆不定的人在世界上是没有地位的。欧文说过："意志力几乎可以为你去除种种困难。它能替你开辟前进的道路，使你沿着既定方向坚定不移地走下去。"不利的处境能够激发潜能、创造奋发的力量。有了坚定的意志力，即使遇到一千次挫折，你也不会回头。历史上，无数人凭借着坚强的意志力战胜了贫困、耻辱和不幸。

信心和理想，是我们追求幸福的最大动力，它们引导着我们不断进步。

亨利·比彻曾经说过："失败造就了不可战胜的伟人，形成了推动世界前进的英雄品质。千万不要惧怕失败，正是失败让我们更接近成功。"

纽约州州长西摩是一个非常有能力、备受人们尊敬的人，在回忆往事时，他说："如果必须要抹去曾经做过的20件事，我会抹去什么呢？是曾有的失败经历，还是受委屈的时刻？不，都不是，这些都是我成功所必需的。我要抹去的是自己曾有的成功之举，而不是这些苦痛。我需要失败，它们是我最大的人生财富，没有它们，我将一事无成。"

在工厂里，还没有经过磁化的航海罗盘，无论放到哪里，指针方向永远是各不相同。可是，一旦被磁化，情况就完全不一样了，它们好像是受到了某种神秘力量的牵引，全都指示着同一个方向。在这时，它们已经完全变成了另外一种东西。磁化前，地球磁极对它们没有丝毫影响，当然，它们也不可能指示正确的北方。可是，一旦被磁化，无论带到哪里，它们也会一直指向北方。

许多平庸的人，就像是没有磁化的指针。他们缺乏那种被称为神秘力量的强烈进取心。在进取心没有被激发前，他们对任何事情都无动于衷。

既然这样，那么，进取心又是来源于哪里呢？人们向着目标前进的巨大能量又是来源于哪里呢？进取心又是如何影响到我们成功的呢？

什么是进取心呢？很少有人能够静下心来仔细思考一下这个问题。进取心对一个人的影响是很重要的。事实上，进取心的本质，就是宇宙的最高奥秘。进取心存在于我们每个人的生命中，就像是本能一样深深掩埋着。只要我们能够把它唤醒，就能获得那种神秘而有趣的力量。

我相信，强烈的进取心和坚强的意志力，是一个人取得成功的决定性因素。正是它们在激励着人们不惧艰难地向前进。这种力量，不是靠纯粹的人力就能创造的，它是宇宙力量在人身上的具体体现。虽然如此，我们每个人还是会感觉得到这种激励作用对我们人生的巨大作用。为了获得对这种力量的使用权，很多人愿意以牺牲自我和放弃舒适的生活为代价。

强烈的进取心和坚强的意志力，是一个人取得成功的决定性因素。

向上是每一粒种子的天性。所有的生物都有向上的动力，甚至连蚂蚁和蜜蜂都有这种本能。正是这种力量，刺激着种子破土而出，努力向上生长，直到开出艳丽的花朵、结出丰硕的果实。也正是这种力量，刺激着天地间万物在各自的轨道上运行，不断展示出生命的魅力。这种激励作用，也存在于我们体内。它激励着我们不断去完善自我、追求完美人生。

这种力量不是一成不变的。长时间不使用，它就会消失。一旦沾染上懒惰的恶习，它也会让我们停滞不前。

如果我们能够在这种力量的指引下，努力去生长、开花、结果，我们就能收获美好的人生。可是，现实生活中，很多人却常常无视这种力量的存在，或者只是在无可奈何时，才听从它的安排。这样，他们就会使自己的生命变得微不足道，自然收获不到任何东西。

这种力量，总是激励着我们为了美好的明天奋斗，不容许我们有丝毫懈怠。人类的能力是无限的，所以，我们的进取心和愿望也是没有穷尽的。客观地讲，目前我们取得的成就是历史上最伟大的，我们达到的高度足以令前人羡慕不已。可是如果我们不向前走，总有一天，我们也会落在别人身后。当我们因为获得一点小成绩就沾沾自喜时，这种内在的力量，就会在我们耳边响起，召唤着我们向着更为高远的目标前进。这股神秘的力量，是我们追求更高理想的推进器。

琼·菲特曾经说过："信心和理想，是我们追求幸福的最大动力，它们引导着我们不断进步。"

梭罗说过这样的话："难道你听说过这样的事情吗：一个人一辈子向着一个目标前进，结果却一事无成？其实，这是不可能的，生活中绝对不会有这样的事情发生。一个人始终抱有期望，坚定不移地前进，他就肯定能够提升自己的才能。人们的努力不会白费。只要用英勇的姿态、宽宏的胸襟、真诚的信念去追求真理和光明，就肯定会有收获。"

强烈的进取心会使我们更加崇高，它是一种激励人心的伟大力量。

消灭不良品质的最佳方法，就是用良好的品质去取代它们。一旦形成了那种不断激励自我，始终向着高远目标前进的习惯，我们身上的不良品质和恶习就会被清除得一干二净。缺少了相应的成长环境，恶习就无法生长。只要有鼓励和坚韧的意志力，我们就能铲除恶习生长的土壤。

向着更高、更远、更好的目标前进，是我们克服堕落倾向的最好方式。

只要有进取心，哪怕只是微弱的一点，它也会像是来自天堂的种子。只要有合适的土壤和阳光，它就能够茁壮成长，直至结出甘美的果实。如果有了进取的种子，但我们身体内却没有足够的肥料和养分，那么，这颗种子也无法成活，最后只能是枯萎死亡。一旦进取的种子死亡，野草、荆棘就会四处蔓延。

很多人有这样一个误解：他们认为进取心是天生的，不是后天培养所能换来的。为此他们放弃了努力的希望。这种思想和做法都是极端错误的。进取心可以通过后天的努力加以改善。一个人即使天生雄心壮志，如果不好好培养这种进取心，它也会在种种磨难面前消减殆尽。拖延、避重就轻、害怕承担责任都会严重削弱一个人的进取心。同样，良好的心理状态，是能够培养一个人的雄心壮志的。

人们通常会注意到雄心壮志在敲打着自己的心扉，可就是不想去理会。他们害怕艰苦的劳动，从不敢偏离平庸的轨道线。就这样，成功的品质和强烈的进取心渐渐离他们远去，雄心壮志也逐渐退化。最后只剩下平庸的躯体在苟延残喘。

遵循大自然的规律，我们每一个生命都应该力求达到更高的生存境界，这是我们的本性特征。只要不断在前进中改善自己，丑小鸭可以变成白天鹅，毛毛虫可以变成花蝴蝶。但是白天鹅不会退化成丑小鸭，花蝴蝶也不会蜕化成毛毛虫，这是不

符合进化规律的。

如果发现自己有这种来自内心的呼唤，你就要注意了，是成功、还是失败全在于你怎么去选择。如果你拒绝接受它的劝导，这种声音就会越来越弱，直至完全消失，到那时，你的进取心也会消退，你的人生也将陷入死胡同。相反，如果你能紧紧抓住这份灵感，持之以恒地努力下去，你就将获得光明和快乐。

NO.8/ 永远不要熄灭年轻时的雄心壮志

是什么让你在少年时代就立志要成功？是什么能够让你为了目标不懈奋斗？又是什么让你总觉得未来都是美好的？毫无疑问，答案就是憧憬、希望，是永不熄灭的雄心壮志。

如果有一天，你发现自己年轻时的雄心壮志冷却了，这也就意味着你衰老了。只要抱着憧憬未来、渴望进步的目标，以精益求精、更上一层楼的态度做事，一个人就永远也不会衰老。当雄心壮志在胸中纵情燃烧时，你全身都会充满了激情和活力。那时，无论做什么事，你都不会感觉到疲劳。

随着时间的流逝，我们似乎变得越来越聪明了。工作时，大多数人越来越避重就轻，再也不愿意拼命去争取那些年轻时的梦想。其实，这样做是会使我们的人生目标降低、进取心减弱的。

许多人年龄一大，就再也没有年轻时的那种激情了。他们变得不注意服饰和形象，办事也不太认真、只是一味地敷衍塞责，遇到困难也不愿意去思考，生活过得平庸至极。但是，他们总是说这样的话："没办法了，我又不是年轻人了。"

随着岁月的流逝，能够保持积极的进取心，一如既往地坚持当年的理想，无论何时何地都能保持对工作的新鲜感，对一般人而言，的确是很困难的一件事情。

能够始终保持对工作的兴趣，是维持一个人进取心永不衰竭、永不减弱的最大秘诀。如果一位艺术家，能够始终深爱着他的工作。那么，无论年纪有多大，他也能够保持高涨的热情、充沛的精力，如同一个青年人一样。

随着年龄的增长，许多人变得懒惰而颓废。他们不愿意再为年轻时的梦想付出

能够始终保持对工作的兴趣，是维持一个人进取心永不衰竭、永不减弱的最大秘诀。

艰辛的努力，也不愿意以当年的雄心壮志作为今日的奋斗目标。像他们这样的生活是不完整的，也是没有可能取得成功的。

永不消退的雄心壮志，是我们需要用生命去细心体味的一种品质。很多人认为：雄心壮志一旦树立，它就会成为一个人生命中永恒不变的东西。其实，这种想法是极端错误的。一个人的雄心壮志如果不经常付诸实践，就会在悄无声息中迅速消退。工作能力开始退化、人生开始衰老的一个主要标志，就是强烈进取心的减退。如果能够保持年轻时的进取心永不改变，即使年纪大了，我们也不会畏惧任何困难。

即使是在最坚强的人心中，也会有求胜利和求安稳两种心态的剧烈斗争。我们年轻时通常都会有成就伟业的雄心壮志，可是随着年龄的增长，在苦痛郁闷中我们就会降低自己的目标和要求。选择最顺畅、最简单的路走，是每个人的天性所在。但是，这种追求轻松舒适的本能与成功是格格不入的。剧烈竞争的社会要求我们永远保持年轻的心态，而寻求安稳的本性则会把我们拖到懒惰的道路上去。

世界上再也没有人比那些完全没有进取心的人更可怜了。为了暂时生活得安稳和舒适，他们一次次地拒绝内心里催他奋进的声音。随着岁月流逝，他们理想的火焰逐渐熄灭。其实，只要有希望存在，无论处境是多么艰难，我们都会有东山再起的决心。一旦进取心消失，推动我们前进的巨大动力也会随之消失。

保持雄心壮志永不消减，是一件很困难的事情，它需要很多条件。除了需要一个人的进取心足够坚定，它还需要有持之以恒的意志力、果断的决策力、强健的体魄和坚强的忍耐力。

如果不想迅速衰老，一个人就要注意培养自己的进取心。无论做什么事，如果想要成功，那就肯定离不开强烈的进取心。

如果有科学的生活态度和理性的思考力，我们就不会随着年龄的增长降低自己的人生标准，不会放弃少年时代的雄心壮志。

生命力是一个人最宝贵的东西。每个人都希望事业成功、人生美满幸福，可是生命力不支却会使这一切设想都化为乌有。如果想保持充沛的精力和强健的体魄，我们就要时刻保持有强烈的进取心。大多数人由于养成了不良的生活习惯，致使生命力被白白浪费掉，这是违反健康和长寿原则的，也是我们应该引以为鉴的。

我的一位朋友，他有一个不好的习惯，就是喜欢计算自己余下的生命岁月。每天他都会在脑海里计算自己的晚年生活，他常常说："过了60岁，我就什么事情也做不成了。到那时该怎么办啊？"

没有雄心壮志和缺乏远大的抱负，是一个人失败的重要原因。

很多人认为：到了一定的年龄，人不仅体力和精力会下降，进取心也会迅速减退。其实，这种看法不仅错误，而且有极大的害处。如果我们能够保持旺盛的生命力，就算是不可能完全达到年轻时的状态，我们也可以做成许多看似不可能的事情。

如果对生活失去了兴趣、丧失了生命的精气、变得残酷无情时，我们就是真的衰老了。事实上，一个人只要不离开生活，他就永远也不会衰老。一个人的精神是否衰老与年龄无关。但是，如果一个人偏离了年轻时的梦想、落后于时代潮流，他就势必会停止进步和追求自我完善的步伐，他势必会衰老。

许多伟人直到老年还能保持年轻人的心态。比如说：马歇尔·菲尔德直到老年，思想仍然没有任何衰老的迹象；格莱斯顿80岁高龄时，思维仍然敏锐、犀利。这些人到了老年办事依然认真而仔细，依然兴趣盎然，依然雄心勃勃，依然能够严格要求自己，依然对未来抱有美好的憧憬。

许多经商的人一旦从商界里退出来，就完全迷失了自己。由于平时不注意保持良好的生活方式，不注意培养自己的社交才能，不注意培养对艺术、音乐、读书的热爱，结果一旦脱离原来的生活方式，就再也没有事做，整个思想一下子变空虚了。对这些人而言，从工作中退下来，就意味着从现实生活中退了下来，甚至说是从命运舞台上退了下来。他们对退休后的生活完全没有准备，也没有朋友可以来排遣寂寞。

没有雄心壮志和缺乏远大的抱负，是一个人失败的重要原因。如果一个年轻人在开始做事时，就没有明确的计划，凡事犹犹豫豫、迟疑不决。那么，跨入社会后，他也只能是在平凡的工作岗位上度过平庸的一生。

每次看到一些年轻人由于缺乏明确的理想和生活目标，只是一天天地混日子，我就会感到非常痛心。时代已经发生了巨大的变革，如果不能了解责任和理想的重要性，他们就不可能适应这个激烈竞争的社会。现实生活中，很多年轻人毫无目标，只是按部就班、随波逐流地生活。如果你问他们现在正在做什么，将来又准备做什么时，他们就会告诉你：他也不知道自己将来能做什么，现在他只是在等待机会而已。

阿道弗斯·莫纳德曾经说过：“现在的许多年轻人之所以会失败，就是由于总是处在大事做不了和小事不屑于做的人生状态之间，结果必然会导致一事无成。”

一旦没有了目标，人就再也不能兴致盎然地生活了。伟大的理想、崇高的思想都能够催人奋进，使人努力改善健康状况、延长寿命，增加生命厚度。美好的期望永远都是一种永恒的激励，可以唤醒我们的潜藏能量。像那些仅仅为了生存而活着的人，无疑是很可悲的。

NO.9/ 做一个永不满足的人

很多胸怀大志、能力卓越的人，满怀希望地向着目标进发，可是，却在中途满足于刚刚取得的一点小成就，然后再也不肯向前走。世间最悲惨的事情莫过于此。

满足于平庸生活的人之所以可悲，就在于他们对人生中更伟大、更美好的东西缺乏追逐的兴趣。当开始对取得的成绩感到心满意足时，你的雄心壮志、远大理想、高尚品格都已经开始退化了。

在人世间，只有永不满足的人，才会促使我们改变现状、追求完美。对于一个安于现状、裹足不前的人来说，什么更高的目标、更好的愿望，统统都是他所不知道的事情。他们不知道：只有永不满足的人，才是人类中最伟大的精英。

如果前进的期望足够有力，你就不会安于现状、迟疑不前。在更为积极的努力下，你就可以在目前的基础上成就更大的业绩。作为一名雇员，如果认为自己已经做得足够好了、从此便不再向前进，只是恪尽职守、忠于雇主、勤奋工作，那么你只会得到应有的工资，那笔巨额的奖金你却是永远也不可能得到了。高额的奖金，只属于那些永不满足、努力把工作提升到更高水平的员工。

你觉得自己的工作已经做得足够好了？再也没有改进的余地了？从此自己可以引以为荣了？不，如果这样想，你就错了。我敢断言，如果你是一家企业的老板，你肯定不会有这样的想法，你一定会把工作效率提升到更高的档次。在利益驱动下，你会找到恰当的方法来做到这一点，你会这样想：如果多一点进取心，我的工作将更有成效，我自身也会更富有经验。在工作中，如果你经常想到的不是薪水，而是如何积累成功经验，你就永远不会对自己的工作感到满意。只要对手头的工作抱有极大的兴趣，你就不会轻易满足，自然，也就更容易做出更大的业绩。

许多年轻人对自己没有过高的期望，也没有什么美好的期待，只是安于现状、浑浑噩噩地过日子，那是一件多么悲伤的事情啊。

许多有高超才能的人也安于现状、满足于暂时所得。他们对更好的职位、更高的薪水好像都无动于衷。我的一位朋友就是这样一个人。他的才能甚至比他的老板还要出色得多，但是多年来，他一直待在那个老板的公司里做一名小职员。很多次，我劝说他自己创业，并且保证他可以比他老板做得更好。可是，他始终只抱着过最简单生活的态度。他说："我为什么要去做更大的生意呢？难道现在我的生活不够好吗？现在我考虑的只有我自己，不是别人。我只要尽情地享受生活，而不是自寻烦恼。我也知道，如果创业，我一定可以成功，但是自己创业却会耗去我太多的精力。"

一个人的职位越高、薪水越高，自然需要承担的责任也越大。但是，如果想到你可以充分发挥自己的全部才能，想到运用才智可以为自己带来极大的满足感，想到你可以像一个真正的男子汉，想到你可以把成功的喜讯传播到世界各地，那么，你还能无动于衷吗？如果有了这样的想法，你就会利用自己所有的机会和天赋去完成肩负的使命。为此，无论付出多少的努力和代价、承担多少责任和风险，你也会认为是值得的。

我们可以达到自己期望的目标，这很容易。但是如果想要取得成功，我们就要总是期望更高、更好、更神圣的东西，并为此付出不断的努力。如果能够完全主宰自己的思想和行动，我们的雄心壮志就会很容易变成现实。但是，如果我们的愿望是低级庸俗的，那么，我们自身的品格也会受到污染。一定程度上来说，我们的理想是什么样的，我们的生活也就会是什么样的。

在社会需求的刺激下，在人类美好愿望的驱动下，人类文明取得了前所未有的进展。只要我们在做好本职工作的同时，不断努力地去追求更高的理想，我们未实现的梦想就会变成现实。

努力爬向更高、更舒适的位置，是人类的天性。努力把自己塑造得更为高雅、高尚，努力获得更多的财富和更高的社会地位，会塑造出我们完美的性格、增强我们的力量、推动我们的生命不断向上，也会使别人对我们充满了信心。

如果取得了一点成功，赢得了一点公众的赞美，就从此沾沾自喜、裹足不前、

只有那些永不满足、追求完美、精益求精的年轻人，才会成为最终的胜利者。

放弃了下一步的努力，我们的进取心就会消磨，我们前进的力量就会失去。厌倦和懈怠也会时刻困扰着我们，使我们一蹶不振。

过早的成功，有时不是一件好事情。对很多人而言，它就像是鸦片，能够麻痹人的心灵。想要克制这种不良情绪，唯一的办法就是拥有永不满足和恒久的进取心。与做好本职工作相比，追求更为高远的目标，往往需要更多的勇气和坚强的意志力。

舒适的生活和对未来的恐惧感，征服了许多意志不坚定的人。进取心的第一个敌人就是懈怠，如果不能战胜懈怠这个大敌 ，我们就不能一如既往地追求更美好的生活和事物。安于平庸是一个人失败的先兆。有一段话这样说道："想要登上顶峰、呼吸至纯空气的人，一定是那些不肯轻易休息、坚持攀登的人。缺乏进取心、安于现状、容易满足是世界上最坏的事情。安于现状的人，他们天性中缺乏足够的勇气来激励自己前行，他们也没有足够的进取心来开创事业，更没有足够的忍耐力去完成艰苦的工作。"

如果一个风华正茂的年轻人只是安于现状，对高远的目标无动于衷，那么他的潜力就不可能充分发挥，他的前途也会一片暗淡。如果没有足够的进取心，你就不会付出艰苦的努力去实现心中的理想，当然也就不可能创造出什么成果。

只有那些永不满足、追求完美、精益求精的年轻人，才会成为最终的胜利者。也只有他们才能朝着更为高远的目标前进，直至把理想变为现实。

行动就有成功的希望，努力是实现进步的唯一途径。当一个人满足于所得、不

只有永不满足的人，才是人类中最伟大的精英。

以高标准要求自己时，他的体力、精力、意志、道德都会走下坡路。相反，如果能够一直希望通过不懈的努力来改善自己的处境，他就永远也不会停下探索的脚步，他也就能够造就更加高尚的人格。

真正伟大的人物从来没有认为自己是已经成功了的，只有那些小人物才会满足所得、自认为已经成功了。对成功者而言，随着他们的进步，他们制定的标准也会越来越高。他们的眼界越开阔，他们的进取心就会越强烈。如果获得了一丁点成绩你就不再向前、就缺乏了向着更高位置努力的动力，那么，你的处境就会非常危险。在竞争剧烈的社会，如果你不能做得更好，你就会被别人超越，不进则退是商场上永远不可变更的规律。

为什么那么多人会安于现状、不去追求更高的目标呢？亲戚朋友会告诉你，你已经做得很好了，这是一个最大的原因。一旦认同了他们的说法，你就会丧失前进的勇气。在这种情况下，你应该听听这样的建议："不要以为看似不可能的事情，就不会发生。如果你已取得了相当的成就、自认为地位稳固，就放弃了追求更好目标的愿望，那么，你就可能会被时代抛弃。"我们应该牢记这样一句话：只有注意内心的力量，并且有效地利用，我们才能实现最高的理想。

只要坚持这样做，某一天，你会突然发现，你已具备了把所有梦想变为现实的能力。到那时，你一定会欣喜若狂，无比巨大的自信心也会随之被唤醒。这样，就没有任何事情能够阻碍你去实现自己的目标了。

平庸者才会满足于所得、停步不前，成功者从来不会感到满足。对于成功者来说，任何事情都没有穷尽的时候，只要努力，就一定还可以做得更好、更完美。只有永不满足的人，才会持之以恒地去追求更伟大、更美好、更充实的东西。

路线十一

经受住挫折的考验

NO.1/ 莫被失败捆住了手脚

霍桑的作品《红字》给多少人带来了欣喜和快乐？这是美国历史上最伟大的浪漫故事了。有谁能想到，如此完美的情节，感人的话语，流畅自如的表达，精妙细致的修辞，竟然出自一位腼腆木讷、不善言辞的作家之手呢？

《红字》创作之初，霍桑并没有意识到它将产生轰动效应。这部作品的成功，应该归功于那些难以计数的素材。他把看到的、听到的、感受到的，都详尽地记录在笔记本中，这些成为他完美作品中不可缺少的组成部分。其实，霍桑的人生中也有过低谷。那时候他被塞伦的海关除名，很长的一段日子里食不果腹，每天只吃些栗子和马铃薯。经过了20年默默无闻的努力，他才终于获得人们的认可。

能够最终获得成功的人，一定具有坚定不移的信念，不管遇到多少挫折，遭受多少失败，他们都不言放弃。再坚持一点，再努力一点，成功就在眼前。也许，胜利已经在向我们招手，只是我们还没有看到而已，可是，有多少人在这一时刻放弃了努力？宝剑只差一次锤炼就能出炉了，可是，无数人在这个时候与成功擦肩而过。

伦敦有个男孩，出身低微，家境贫寒，为了得到了一份工作，他下定决心，哪怕是走遍所有的公司，只要还有一个地方没有去询问过，都不能放弃，直到找着工作为止。随后，他坚定不移地开始了自己的求职历程。可以想象，后来的岁月里，他无数次地充满希望叩响招聘办公室的大门，得到的是无数次的失望。但是，不管失败多少次，他始终不言放弃。

这一天，男孩又来到了一家新公司。负责人告诉他，这里需要的是经验丰富的员工，并且问他怎么找到这家公司的。男孩如实地回答说，他来这里应聘，没有熟人介绍，但是，哪怕这次再碰壁，他也会坚持下去。负责人听了他的话，对他的执著精神非常赞赏，就让男孩准备好一份个人简历交过来，到时看是不是能够录用他。其实他这么做的目的，是想看看男孩的书法。因为，有不少的人看上去冠冕堂皇，但写起东西来，不仅没有真才实学，甚至连最起码的书写工整都做不到。公司负责人是想以此来了解男孩的能力与才学。结果，男孩的简历中，语法清晰，书写工整，字迹刚劲有力，他如愿以偿地得到了这份工作。事实证明，他的工作也非常出色，很快成为公司的业务骨干，并且创下了骄人业绩。

历代伟人成功的秘诀无非就是，跌倒了再站起来，绝不向命运低头。

失败可以使一个人发现自己的真正才干，认识真实的自我。如果一个人在一生中，从来没有遇到过挫折，尤其是触及自己生命本质的挫折，他是不可能唤醒自己内部潜藏的能量的。

判断一个人的品格，最好是看他失败后如何行动。如果一个人在失败后能够激发出新的计谋与智慧、使潜藏的能量觉醒、增加自己的决断力，那么他就能在前进的途中引吭高歌、一帆风顺。

爱默生曾经说过："伟大人物不同于平凡人之处，就在于无论他们遇到什么情况，都能不改自己的初衷和希望。无论遭遇什么样的厄运，他们也都能坚持前行，直达梦想的彼岸。"

历代伟人成功的秘诀无非就是，跌倒了再站起来，绝不向命运低头。支持人前进、使军队不怕死亡向前冲的，其实就是一种精神。有了这种精神，人就能用勇往直前，直至获得成功；如果缺少了这种精神，人就会处处碰壁、无所依靠。有人曾问一个孩子，他是怎样学会溜冰的。那个孩子朝他调皮地笑了一下说："没什么，就是跌倒了，再站起来就行了。"跌到并不意味着失败，跌倒了却不愿意再站起来，才是真正的失败。

许多人在回忆自己的往事时，好像只有伤心事，没有什么能让自己高兴的回忆。在他们的记忆里，或是亲人的逝去，或是亲密朋友的远离，或是失去了自己宝贵的职位，或是营业失败，或是由于种种原因，自己的生活难以为继。在这些人眼中，自己的历史就是一部伤心史。他们在自己所期望的事情上从来没有获得过成功。其实，这样想是完全没必要的。无论遭遇了多大的失败，只要自己不放弃，就一定会有获得成功的那一天。

失败是上天对你人格的一次检验。只有在这次试验中过关的人，才能够摘取成功的桂冠。如果一个人，在除了生命之外，已经到了一无所有的境地，可他竟然还能有足够的勇气站起来、能够重整旗鼓再造河山，那么，在不久的将来，他就会迎来成功。而对于那些在打击面前一败涂地、不敢再向前走的人，是永远不会得到上天的垂青的。

有些人在经过一次两次失败后，还能挣扎着站起来，可是当一连串的打击接连而来时，他们就会觉得自己是天生不适合取得成功的。于是他们就自暴自弃、不愿意再做进一步的努力。其实，这种态度是极不可取的。在我们的生活中，根本就没有彻底的失败，我们之所以还没有成功，只是因为时机还没有成熟罢了。所以，无论距离成功有多么遥远，也无论失败过多少次，我们一定要以饱满的热情，去迎接下一次的挑战。记住，要永远把自己置于自信的境地中。

> **跌到并不意味着失败，跌倒了却不愿意再站起来才是真正的失败。**

人的一生中是可以实现多种转变的。狄更斯在他的一部小说里提到过这样一件事情：守财奴斯克鲁奇年轻时是个爱财如命、极为贪婪的家伙，他不仅一毛不拔，而且还为了得到自己想要的东西不择手段。在前半生中，他把自己的全部精力都放到了钱眼里。可是到了晚年，他竟然变成了一个不仅乐善好施、宽宏大量，而且真诚爱人的人。为此，他备受人们爱戴和尊敬。表面看来，这是一个荒诞不经的故事。可是，斯克鲁奇是有生活原型的。其实，人的本性都是善良的，只要不断地加以改进，就一定能够获得成功。因此，既然一个人扭曲的本性都能加以改变，失败又怎么可能不会转化为成功呢？只要我们有足够的勇气来面对生活、面对失败，在失败的环境中毫不气馁、勇往直前，我们就一定能够取得最终的成功。

判断一个人是不是失败者，不能简单地只以钱财的多寡。有很多人虽然失去了自己的所有财产、变得身无分文，可是我们仍然不能把他们称为失败者。因为在他们身上还有不可屈服的意志力和坚韧不拔的精神。这两样东西，是比金钱要宝贵得多的人生财富。

真正伟大的人，对于世间所谓的成功和失败是看得很淡的，对此他们毫不在意。因此，无论面临多大的失败，他们都能保持从容镇定、毫不慌乱。当面临一种极端危难的环境时，心灵脆弱的人往往会束手无策，坐以待毙。可是那些伟大的人物不会，他们会冷静地分析自己的处境，对未来做出准确地预测，指引自己反败为胜、到达成功的彼岸。

失败是成功之母。温特·菲力也说过："失败，是走上更高地位的开始。"许多人之所以能够获得最后的成功，得益于他们屡败屡战的顽强精神。对于那些没有经历过失败的人，是永远不可能获得真正意义上的成功的。通常来说，失败会锻炼人的意志和品质，给人的前进提供经验和教训。

NO.2/ 坚强地面对挫折

在现实生活中，我们经常可以看到一些失魂落魄的人，他们好像总是很失望，对什么事情都没有热情，就是对生命本身也没有激情。那么，是什么引起了他们的不快乐呢?

一般而言，如果不是进取心遭受了巨大挫折，或者是在生活中找不到合适的位置，一个人是不会失去对生活的乐趣的。如果我们发现一个人整日郁郁寡欢、失落不快，对什么工作都抱着无所谓的态度，那么我们就可以肯定他在生活中受了挫折。无法实现自己的理想，或者由于某种原因自己被理想欺骗，都会导致进取心减退。梦想的破灭只能用痛苦来形容，它会使人的天性受损、性格扭曲、意志力削弱。如果能够意识到自己有某方面的天赋，却不得不受命运的玩弄，终年做着平凡的工作，那么，想要他仍然保持高昂的进取心将会是很困难的一件事。如果是发现自己没有成功的天赋，在余下的生命里只能带给身边一些人微不足道的快乐，那又是多么令人绝望的一件事情啊！在这两种情形下，人类的意志力和坚韧性都会受到巨大的考验。

我们往往能够对别人做出客观的评价，而对于我们自身却往往不能认清。我们可以很轻松地说别人一事无成，但是与他们相比，也许我们更糟糕。我们不知道将来我们的心灵会遭遇怎样的苦难，也不知道自己的进取心会遇到什么样的挫折。如果我们发现没有实现理想的能力，也没有力量去抚平心灵的创伤，但是为了父母妻儿却不得不继续艰苦地走下去的时候，我们是多么痛苦啊！在这种毫无希望的奋斗过程中，除了应尽的责任，我们一无所获。

我曾经认识一个既有迷人个性又有漂亮容貌的女人，从她的言行举止里，我们可以很轻易地发现她有极佳的音乐天赋。可是，由于她丈夫认为音乐只是一种业余爱好，所以，她也不敢大量提及音乐。为此，她的进取心受到了极大的损害。

她身边的朋友都认为浪费这份天赋是一种罪过，可是她丈夫仍然不愿意看到她接受正规训练，虽然他完全有能力负担她的全部学习费用。就是这样，这个女人的进取心一再受到沉重打击，她在音乐方面的天赋和潜力也一直被掩埋着。

虽然她尽量不提及音乐方面的事情，想要寻找其他的快乐来弥补，尽力完成自己做妻子的责任，可是，身边的朋友们还是清楚地看到，她的才能在慢慢流失，她的进取心也在日益枯竭。

> **在世间，没有任何事情比扼杀一个人的天赋更残酷的事情了。**

在世间，没有任何事情比扼杀一个人的天赋更残酷的事情了。一个人的天赋，既可以成为我们的终身爱好，也可以帮助我们取得成功。压制旁人的进取心，严格意义上来说，是一种犯罪，那只会使快乐的人感到痛苦。可是，千千万万的丈夫正在做着这样的事情，他们以为自己是妻子的主人，就可以有权利要求她们放弃自己的理想。可是，他们怎么不想一想是什么让自己妻子毫无活力、终日郁郁寡欢。

也许并不是所有的丈夫都是这样的，他们在家中并不仅仅想到自己，其中有不少人认为自己是十分慷慨的，但是由于他们过分重视自己的事业和理想，结果在潜意识里就认为妻子是自己的附属品了。

在家庭中，强烈的个人主义很容易造成家庭成员之间的不平等。

由于被剥夺了追求理想的权利，许多妇女很是悲观失望。可是为了家庭，她们又不得不把自己的悲观和失望掩盖起来。但是，表面的隐藏，只会使她们的内心痛苦不堪。这样的打击对每一个人而言都是极沉重的，在日后也肯定很难恢复过来。对于那些由于进取心受挫而倍感失望的人，也许埃拉·威尔科克斯曾经说过的话会对她们有所帮助，他说："千万不要抱怨生活，白白浪费自己的力气。你只要去寻找那些自己喜欢做的事，并在那方面做出努力，直到到达目的地就行了。学会享受每一天，这才是快乐人生的最大奥秘。如果长时期沉浸在苦闷中，只会使自己的精力白白浪费掉。"

要相信你会比别人做得都出色，世界上最愚蠢的事，就是推卸眼前的责任。

我们应该相信，在这个世界上，必定有一件事情只有我们才能做得好。你是独一无二的，没有人可以取代你的地位。每个人都有自己的任务，如果不能进入自己的角色，那才是最悲哀的一件事情。缺少了我们，世界是不完美的。所以无论遭遇什么样的挫折，我们都不能自暴自弃。

约翰·卢伯克曾经说过："在这个世界上，好像没有人能够体会生命的幸运。他们不去想象一下，如果世界缺少了我们会变成什么样子。他们不懂得，其实他们掌握着改变世界的重要力量。"

我们每一个人都有高远的目标，我们可以拼尽全力去追求，可是，我们也不能因此就忽略了别人的幸福，丢掉了感受生活之美的机会。

人类的最高使命就是要不断进步，让世界和平安宁，让每一个人生活富足、满意。

进取心对我们每一个人的真正意义，就是它能让我们不辜负上天的厚恩，努力奋斗去实现生命的梦想。对于社会来说，进取心意味着很多东西，比如说：它能不断推动我们去接近目标；让我们的思考一天比一天深入；让我们对自己越来越有信心。

在生活中经常会有这样的事发生：由于贫困，父母没有能力同时让自己的两个孩子接受高等教育，其中的一个男孩必须在农场劳动，来帮助家里还债。可是，就在这样的处境下，反而激发了他的万丈豪情，最后他取得的成就远远大于自己读大学的兄弟。

一个女孩子由于某种原因不能进入大学深造，对自己身外的东西也知之甚少，可是最终她却成为了作家、音乐家或演员，这要远比她读大学的姐妹的成就大。

只要充分利用自己体内的巨大潜能，立即开始行动，我们就能取得成功。在历史上那些成功人士中，有很多名字我们听都没听过，也许他们出身卑微，也许他们身有残疾、也许在奋斗过程中他们饱受折磨，可是这一切都没能够阻挡他们走向成功的步伐。借着坚强的意志和不屈不挠的精神，他们终于获得了成功。

开始创业时，就要树立远大的理想，就要立志成为生活中的强者。无论前进的路多么坎坷，如果选对了方向，你就能到达成功的彼岸。不要让疑虑不安阻挡了你前进的步伐，不要让恐惧在起点就把你麻痹，不要让懦弱伴随你一生。只要努力向前，高扬自信的风帆，你就能与自信常相伴，就能去除懦弱，成为行动上的巨人。

事实上，只要你时刻用雄心壮志武装自己，立即开始行动，着眼做好眼前的事，你就能获得力量。

要勇于承担责任。只要下定决心，你一定可以引领时代风尚。要相信你会比别人做得都出色，世界上最愚蠢的事，就是推卸眼前的责任。如果你认为等到以后条件成熟了、一切都准备好了再去承担应有的责任，那么你就会丧失做人的尊严。没有承担责任的勇气，我们就不可能做成任何重大的事情。

我们经常可以听到这样的话："我知道，我应该在今天做好这件事，可是今天我不能做。"或者说是："今天我心情不好，不愿意做。"为此，他们一拖再拖，直到把成功的机会都失去了。

只要更好地把握自己，更好地承担责任，我们的整个工作效果就会得到很好的改善。对于那些失败者而言，如果能够及时履行自己应尽的义务，哪怕是仅仅坚持一个月，他们也能找到成功的道路。什么事情对你是有益的，完全取决于你的人格发展、自我认识。不管经历了怎样的不愉快和艰辛，我们都要坚持前往、永不放弃。

要深信自己能够成功，要相信自己的能力。只要你不畏艰难，世间便没有什么艰难险阻能够妨碍你走上成功的道路。只要能打开自己的潜藏能量之门，便再也没有什么人能够关闭你的自我实现之门。

我们如何塑造自己、如何成就自己，都不依赖于外界的力量，而是完全取决于我们自身的力量、取决于我们的天赋和资源。

建造房屋，在一砖一瓦动土前，在工程师心中就已经有了清晰的蓝图。同样，无论做什么事情，我们都应该在心中构思好做事步骤。只有这样，我们才能不辜负灵魂的期待，才能把理想变为现实，也才能把心中的渴望转化为行动。

永远不要放弃自己的希望，永远不要放弃对未来的美好憧憬，永远也不要让任何困难打扰了自己前进的步伐。做事前，首先就要在大脑中描绘出渴望中的样子。只有这种精神状态，才能帮助我们把理想变为现实。在实现伟大目标的过程中，我们会获得一种神奇的力量。

NO.3/ 挫折可以激励一个人前行

一个人的才能只有在巨大的灾难来临时才能发挥出来。在日常生活中，一个人是不是有才能是很难发现的。当危险来临，或者是重大的压力出现时，他们的才能就会暴露出来。这就像是只有在美国的政治发生了重大变故，或者是国内大乱时，林肯、格兰特、法拉格特、谢尔曼、李将军等人的才能才能够充分发挥出来。

在美国，有很多人功成名就了，但是还有许多人的才华在沉睡着。他们正在等待着那些伯乐们去发现他们、给他们以施展才华的机会。所以雇主不要担心自己找不到好的雇员，只要有一双善于发现的眼睛，你就能发现千里马。这些人早已经准备好了才华，只要你能够给他们机会，他们就会创下惊天伟业。

拿破仑手下有一名大将作战十分勇敢，屡立奇功。拿破仑在评价他时，说："他的真面目在平时是看不出来的，只有到了战场上，当他看到遍地的伤兵和死尸时，他的雄心才会被激发出来。到那时，他就会拥有狮子般的力量。为了摧毁可怕的敌人，他会不惜一切代价，就像一个恶魔一样可怕。"

人类的一些力量，不在极端危险的境地中是不会爆发出来的。

人类的一些力量，不在极端危险的境地中是不会爆发出来的。这些神秘的力量，除非经过巨大的打击和刺激，否则它是没有可能从一个人的体内觉醒的。所谓非一般的刺激，绝不是指普通的挫折。它特指当人们经受了讥讽、凌辱、欺侮后，产生的不可抑制的复仇欲望。

巨大的挫折和失败，往往能爆发出伟人的天赋。艰难的情形、绝望的境地和极端的贫穷，在历史上都造就了许多伟人。如果拿破仑在年轻时没有经历过失败，他是不会取得后来的成就的。正是以往的挫折，培养了他足智多谋、刚毅果敢、镇定自若的品格。没有这些优秀的品格，他是不可能取得成功的。

人生的每一次成功，都是艰苦奋斗的结果。一个商人评价自己的成功时，说道，如果没有挫折，我是不可能取得这么大的成功的。他觉得，不是在艰难的境地中的努力拼搏换来的成功是不可靠的。只有在艰苦的境地中，不断地超越自己、克服缺陷，最终获得了成功，才是最快乐的事情。

在绝望的境地中还能坚持不懈奋斗的人，是最能启发自己潜能的人。

我认识一个年轻人，现在他是一家大公司里的高级主管，是每个人都羡慕的青年才俊。可是，大家不知道，当他在大学读书时，由于家境贫寒、衣衫褴褛，曾多次遭到同学的取笑。但是，在那样的环境中，他不仅没有倒下，反而生出了万丈豪情、立下了远大的志向，从那时起发奋图强，最终才有了今日的成就。而那些当年嘲笑他的人，现在还在平庸的岗位上过着平凡的生活。

当这个年轻人成名后，有人问他成功的经验，他说："自己读大学时所受的苦难，是对他最好的激励，也是他前进途中最好的鞭策力量。"

在绝望的境地中还能坚持不懈奋斗的人，是最能启发自己潜能的人。如果林肯生活在一个富裕的家庭中，能够很轻易地走进大学去读书，那么，他也许永远不会成为美国总统，永远也不会成为历史上的伟人。一个人在舒适安逸的环境中生活得太久，就会丧失成功的机会。他会觉得自己不用付出太多的努力，也会有惊人的成就，可事实上，这样的人是很难成功的。林肯之所以伟大，就是由于即使身处危难的环境中也能坚持不懈地奋斗。

在平凡的生活中，一个人能够发挥出他应有能量的25%就已经很不错了，但是如果是身处极端恶劣的环境中，始终在与困难和挫折作斗争，那么，余下的75%的能量也有可能被完全激发出来。

人的能量蕴含在体内，是需要有东西来激发的。当巨大的挫折突然降临到一个人的头上时，在他身体内潜伏的力量，就会很突然地涌现出来，这种力量有时连他自己都没有意识到，但是他却能凭借这种力量，获得事业的成功。

有一个很奇怪的现象，在学业和事业上有出色成绩的女子，大多是相貌平平的人。也许正是由于这个原因，才使她们有时间去关注自己的学业和事业，也才会激发出远大的理想，进而产生为之不懈奋斗的勇气，最后获得了意想不到的成就。上天是公平的，他给了这些人另外的财富来弥补长相的不足。在历史上，有很多人为了要弥补自己身体上的种种缺陷，不断地培养自己的高贵品格，最终获得了极大的成就。

在英国有一个残疾人，生来就没手没脚，可是他却能像常人一样生活，并在当地获得了很好的口碑。据说有一个人慕名前去拜访他，竟然为他睿智的思想、优雅的谈吐所折服，完全忘记了他是一名残疾人。

塞缪尔·德鲁小时候是一个顽皮、散漫的孩子，什么事也不放在心上。可是，他哥哥的去世以及他经历的一次险些送命的不幸，给了他沉重的打击。从此以后，他开始变得勤奋努力，利用一切可以利用的时间认真读书，几乎达到废寝忘食的地步。他非常喜欢潘恩的《理性的选择》这本书，也正是这本书使他在写作方面的天赋大放异彩。当时，很多人对这本书存在非议，塞缪尔·德鲁经过巨大的努力驳倒了人们的非议，也使自己的写作才华得到人们的认同。

这种在艰苦的环境中不懈奋斗的能力，不是人人都具有的。所以在这个世界上，能够彻底发挥自己力量的人不是太多。但却有许多人，天生惧怕苦难，终其一生也没有认识真正自我的机会，更别谈获取人生的成功了。

著名数学家达兰贝尔有这样一段话："坚持，放弃将一无所有。谁都会遇到困难，不过别怕，你进它就退，否则的话，你等着失败吧。前进！才有成功的希望。"阿拉贡把这段话作为自己的座右铭，遇到困难时，用它来激励自己，终于，他获得了成功，成为当时最杰出的天文学家。他说："是达兰贝尔的话给了我战胜困难、不断前进的勇气。"

埃德蒙·伯克认为："敌人并不可怕，或者我们要感谢他们。因为，有了对手，会逼迫我们更加周密地去思考问题，更加深刻地去认识事物，不断地提高自己，以应对敌人的把戏。这样，我们就不会每日高高在上、无所事事、虚度此生了。"

库柏学院伟大的创建者在学院奠基石上写道："本人建立这座学院，是为了给孩子们铺起一条通往科学殿堂的道路，让他们能够感受生活的美好，在课本中学会创造，热爱上帝，欣然接受大自然赋予的一切，并且在长大成人之后，将自己的所学奉献给我们的国家。"

查尔斯·诺道夫举过这样的例子："看看那些被父母视为掌上明珠、溺爱坏了的孩子吧。冬天，别人在外面打雪仗的时候，他们却蜷缩在屋子里，围在火炉旁。

每天，叫他们起床可不是件容易事。他们的口袋里，零食不断。假如他们学会了游泳，也要在父母千叮咛万嘱咐后才能下水。然后呢，父母站在岸边，片刻不敢离开，唯恐有什么不测。那些穷人家的孩子呢？每天只能光着脚到处乱跑，早晨很早地起床去干活，就是冬天也穿不上保暖的衣服，更别提有糖果吃了。不仅如此，他们还要小小年纪就去工作，不然哪里有饭吃呢？我们的少爷小姐看到这些可怜的孩子，能够有同情心就已经不错了。但事实证明，穷人的孩子早当家。过于优越的环境，如果不能够正确对待，很可能对孩子无益却有害。上帝不会因为谁是富人的孩子就对他另眼相看。”

获得成功的前提条件是什么？第一，要有吃苦耐劳、努力工作的作风。第二，要有不怕困难和挫折、持之以恒的精神。如果具备了这两点，再加上你的聪明才智，我想，你一定会获得开启成功之门的金钥匙的。

天天坐在那里，幻想着能够出人头地、一步登天是最愚蠢的表现，只会一事无成，虚度一生。要努力把自己的本职工作做好，并且还要不断地探索和提高，精益求精。取人之长，补己之短，少说多做，使自己的勇气更加果断，精力更加充沛。少一些无谓的社交活动，多一些对业务的研究探索；少一些夸夸其谈，多一些合理建议。不要在工作中取得一点小小的成绩就沾沾自喜，应该时刻想到怎样才能把工作做得更好，让周围的人都欣赏你。有一个永恒不变的真理说：付出和回报永远是相等的。

当遇到挫折时，不要灰心丧气，要勇敢地去面对、抗争。失业并不可怕，可以从头再来、重新开始。如果你能鼓起勇气把得到的第一份工作做好，还担心得不到更好的工作吗？

NO.4/ 坚韧的意志力带你走出困境

没有坚韧的意志力，试问一切丰功伟绩哪一件是可以办成的呢？坚韧是引你走出困境的明灯，是带你奔向成功的千里良驹。

现实生活中，时常可以看到因坚韧而成就伟大事业的例子。坚韧的品质可以使一个娇弱的女孩子勇敢担起全家生活的重担；可以激励许多贫穷人家的孩子艰苦奋斗，找到成功的路；可以帮助一些残障人摆脱自卑心理，过上自立自主的生活；可以使老年人找到生活的乐趣，快乐地度过晚年生活。在人类的历史上，每一次奇迹的诞生，每一座大型建筑的兴建都是由于坚韧而成就的。人类历史上最大的奇迹——美洲的发现就要感谢当初开拓者们的坚韧。

坚韧是一个人的事情，没有别的东西可以弥补和替代。家庭环境、基因遗传和当权者的垂青，都不能使自己的坚韧意志有所改变。唯有自身的努力，才能积聚起自己所需的坚韧。

坚韧的精神是最宝贵的，具有了这种精神，才有可能去获得成功。

想要取得成功，没有其他的一些优秀品质也许可以，但是少了坚韧的意志力却万万不行。如果有了坚韧的意志力做依靠，即使整日劳动也不会感觉到累，即使在极端困难的境地中，也能挣扎着向前走去。

坚韧是克服贫穷的最好方法，人类的历史可以证明这一点。一个依靠坚韧获得成功的人，要比一个依靠金钱、权势获得成功的人崇高得多。

已过世的克雷吉夫人曾经说过这样一句话：美国人现在是世界上最富裕的人，他们成功的秘诀就是不怕失败，他们在事业上从来没有恐惧过，他们毫不顾及失败，即使失败，他们也会依靠坚韧的意志力卷土重来，直至成功为止。

有些人缺乏坚韧的意志力，一次小小的失败就当成是自己命运的滑铁卢，从此一蹶不振。这就是没有坚强意志力的表现，如果一个人有坚强的意志力，就算是真到了自己人生的滑铁卢，也会奋斗至一兵一卒，绝不会轻易投降。如果还有那么一点儿机会，他就一定能够东山再起。

有这样一些人，无论做什么事，他们都能拼尽全力。做事之前，他们都有明确的目标和不达目的决不罢休的勇气。如果很不幸，他们失败了，很快他们就会笑容可掬地站起来，拍去身上的灰尘，然后继续前行，直至得到胜利为止。

在美国南北战争期间曾经立下过赫赫战功的格兰特将军就是一个这样的人。他曾说过，在他的字典里，没有“不能做的事”和“彻底的失败”这两个词。任何困难，任何险阻，都不足以让他前进的步伐停止下来。正是凭借着这股坚韧的意志力，他才能率领北方军队连战连捷，为维护美国的统一做出了杰出贡献。

没有坚韧勇敢的品质，是很难成为一个大人物的。如果缺少它，在前进的途中就会不敢冒险、惧怕失败，遇到机会也不能抓住。假如很幸运得到一点儿成就，他们就会沾沾自喜、自鸣得意、骄傲自满、裹足不前。

世界上的一切伟大事业，都在坚韧者的意料和掌握之中。因为历史上伟大的发明，都是这些有坚韧意志的人所造成的。当事物没有被发明之前，人们的生活是艰难的，可是，通过发明家的坚韧努力，一旦成功，我们又是何等的愉悦，生活又是变得何等的轻松！可曾有人想过，在没有发明缝纫机以前，我们做一件衣服要经历多少痛苦？发明东西的过程就是一个承受磨难的过程，在这期间，有人忍受不住非人的折磨，退了下去，可是有一部分人留了下来，坚守着自己的努力，直到成功为止。

半途而废的人永远不可能获得成功，这些人做事往往有始无终，这就是缺乏坚韧的意志力造成的。任何事情开始都很容易，可要完美地做成一件事情却很难。要估计一个人能力的高下，不能看他做过多少种事，而要看他完成过多少事。

持之以恒是一个成功人士必须具有的美德。没有持之以恒的精神是很难独立做完一件事的。如果缺乏这种品格，就算是开始努力了，在中间也经历不起一丁点儿的挫折，很容易半途而废。只有那极少数人，能够勉力支撑，最终到达成功的彼岸。在这些极少数人身上，就闪现着坚韧毅力的光芒，没有这个，他们不可能取得成功。

一个人可能有很多优点，可问题的关键之处，不在于你有多少优点，而在于你能否保持住这些优点。要看一个人能否成功，首先要看他有没有成功所需要的素质，再者就是看他能不能保持住这些优点。如果二者他都具备，那么无疑在人生的征程上，他将获得巨大的成就。所以，坚韧的精神是最宝贵的，具有了这种精神，才有可能去获得成功。

只有身处逆境时，才能真正看出一个人的品性。在逆境中还能谈笑自若的人，比那些一陷入困境就全线崩溃的人要伟大得多。处于逆境而不气馁的人是具有成功的潜质的。许多人，没有坚强的意志力去面对生活中的种种困难，结果在失败的重压下，过早地匍匐于命运的脚下。

NO.5/ 锻造改变环境的力量

一个人能否树立远大理想和成就辉煌业绩，生活环境有着巨大影响。周围环境是愉快还是悲伤，身边朋友是经常启发、鼓励你，还是反对、打击你，对你的将来都会产生直接影响。

在与人交往中，我们会不自觉地沾染上一些亲密友人的特点。所以，选择朋友很重要。与朋友交往，他们会在我们身上烙下痕迹，虽然我们自己没有察觉，但其他人却能够看得一清二楚。

在印第安人的学校里，每年都会展出一些毕业生的照片，在毕业照上，学生们的神情与他们刚从家乡出来时截然不同。从外表看起来，他们一个个容光焕发、精神抖擞。那种掩饰不住的对未来向往，让人觉得他们每个人都能做出一番惊人的业绩来。可是，一旦回到自己的部落，在现实生活中奋斗过一段时间，他们之中的绝大部分又逐渐变回了原来的样子。之所以会有这样的结果，没有走入一个能激发自己潜能的环境是最重要的原因。

在同一般的失败者的谈话中，我们发现，没有走入一个能激发自己潜能的环境，是他们失败的一个极其重要的原因。

有很多智慧绝伦、身强体健的年轻人，本来可以成就一番事业，结果，终其一生却深陷在平庸的泥潭中、过着极平凡的生活。这是什么原因造成的呢？没有挖掘自身潜藏的能量、忽视了别人对他们的帮助，是造成他们失败的最大原因。一直漠视他人的成功，结果自己也丧失了成功的机遇。

无论经历怎样的事情，在你的一生中，你都要争取走入到一种可能激发你的潜能的环境中去。尽力和自己的朋友在一起，他们是那么了解你、信任你，他们会适时地鼓励你，这对于以后你的自我发展有莫大的影响。努力去接近那些已经取得了成就的人，他们往往是志向远大、情趣高雅的人。如果你缺乏奋发有为的精神，接近那些坚决奋斗的人吧，你会在不知不觉中深受他们的感染。如果你想追求完美，接近你周围那些努力向上爬的人吧，他们会鼓励你为了自己梦想不断做出新的尝试。

人一生下来就像是一块没有经过雕琢的璞玉。周围环境会不断地琢磨我们，使我们发出耀眼夺目的光彩。很多时候，我们是成功还是失败，完全取决于身边的那

努力去接近那些已经取得了成就的人，他们往往是志向远大、情趣高雅的人。

几个朋友。他们就像是打磨我们的轮子，没有他们，我们就不可能闪耀出自己隐藏的光彩。虽然很多人有出色的才华，但却一辈子也不可能激发出来，这是很可惜的。其实，无论自己怎么做，我们身上的潜能也不可能得到百分之百发掘。

真正可以激发一个人潜能的东西，往往是微不足道的。偶尔看到的一句格言，接受了一次布道，聆听了一场演讲，读了一本激励人心的好书，朋友不经意的鼓励和信任，都有可能激发我们不曾发现的潜力。

我认识几个人，在商场上，他们曾经一度遭受沉重打击、萎靡不振、过着消极颓废的生活。偶然的机会，他们读了一本好书、或是听了一场激励人心的演讲。于是，内心潜藏的能量被激发出来了，他们从黑暗的环境中挣脱出来，最终能够东山再起、再创辉煌。

温德尔·菲利普斯、韦伯斯特、亨利·克莱等大演讲家的讲演，不知点燃了多少年轻人心中奋斗的火焰，也不知在多大程度上推动了美国的历史进步。

在美国刚刚建立时，许多辩论社团和俱乐部曾经激发了无数青年为了祖国不懈奋斗的激情。一旦离开这些俱乐部，人们就无从得到有益的鼓励和影响的。

城市中的气氛更适合创业者居住。比之于乡村，大城市就像是一个世界博览会，每个人的成功与失败都在这里轮番上演。整个城市中，四处激荡着积极向上的电流，鼓舞着人们积极创业、发挥全部能量和热情。

进取心可以互相影响。在旅馆、俱乐部或其他地方遇到了一些人，恰巧他们又在谈论某个人的成功事迹。那么，你就会扪心自问："为什么他们能够做到的我却不能呢？不，我也一定可以办得到的。"带着这样的想法，一个人就会对成功有全新的理解，他也一定会全力以赴地投入到工作中去。

我认识一些小企业主，他们的生意向来不是很成功。可是，自从他们与来自城市里的大老板交谈过后，他们就获得了巨大的能量。回到乡下以后，他们大刀阔斧地进行改革、勇往直前，终于使自己的公司发展壮大。

同样的事情不仅发生在企业间，在个人身上也时有发生。年轻的乡村小医生得到了去参观城市医院的机会，在那里他参与了治疗，与许多著名的医生交谈过。当他回来时，他就已经下定了决心——自己一定要在这个领域做出一番伟业。

经常与那些志向高远、工作全力以赴的人交谈，我们就会很容易受到他们的感染，获得前行的动力。

地处偏僻、缺乏竞争力的小商贩，由于很少有机会见到同行中的佼佼者，所以，他们总是停滞不前地过日子。这样，他们的理想和雄心壮志就慢慢地暗淡下来了，潜力当然也就不可能得到全面发挥。同样，如果总是做那些简单的事情，日复一日走以往的老路，一个人就永远也不会意识到自己还有许多东西需要学习。就是在这种不自觉中，他们被社会淘汰了。

经常与那些志向高远、工作全力以赴的人交谈，我们就会很容易受到他们的感染，获得前行的动力。

小城市和乡村有一个极大的缺陷，它们的环境不足以激发一个人的雄心壮志。周围的环境缺少刺激，人们毫无生气地活着、过着与世无争的生活。这样是没办法使人们获得潜藏于内心的巨大能量的。

如果你想获得成功，你就要经常和那些成功者交谈。从中，你可以吸取他们的成功经验。如果够细心，你就会发现：成功者不仅有远大的理想，而且还善于制定当前的任务。正是借着这些目标的指引，他们才能言行一致，心无旁骛地沿着既定目标前行。他们把整个生命全都融入到事业之中。无论从事什么工作，他们的目标永远都是同行中的第一名。

我曾经认识一个人，他有着极强的自制力。他绝不会让消沉的想法有侵入自己脑海的机会，在他的意识中，情绪低落、心态消沉就意味着失败。同时，他还认为，与心态消极的人交往，只会给自己带来不良影响。

我们必须承认这样一个事实：我们会在不知不觉中深受环境的影响。成功者的

朋友也会是成功者，失败者只能与失败者为伍，不幸的人身边全都是命运悲惨者。

年轻人刚离开学校，往往对未来都有过高的要求。他们满怀憧憬，在社会中冲冲撞撞，慢慢地，他们的雄心壮志就消退了。这是由于学校环境和社会环境不同的缘故。在学校里，宽松的学习环境、朋友间纯真的友情，都会激励他们满怀雄心壮志地去实现自己的理想。可是一旦离开学校、踏入社会，激烈的竞争、人与人之间的尔虞我诈，渐渐地就会让梦想之花随着时间的流逝而枯萎。

对年轻人而言，没有什么恶劣的环境是不可改变的。林肯、富兰克林、弗雷得·道格拉斯、约翰·沃纳梅克、马歇尔·菲尔德以及其他数以万计的成功者，都是从恶劣的环境中挣扎出来的。恶劣的环境不仅没有使他们沉沦，反而锻炼了他们坚强的意志力。

很多人直到老年才发现自己的潜能，可为时已晚，后悔已经不及了。所以，年轻人一定要注意趁早激发自己的潜能，培养昂扬的斗志。只有这样，我们才能抵挡外界不良环境的影响，进而最大限度地发挥自己的才能。

NO.6/ 改变自己的思想与心态

几年前，随便露营的人把纽约的中央公园弄得一团糟。他们擅自在公园中划出一块块空地来，然后在上面宿营。结果每一天的早晨，整个中央公园内一片狼藉。这些人的存在，给那些土地的真正拥有者造成了不小的麻烦。其实，这些人已经触犯了法律，他们已经侵犯了别人的土地所有权。

不仅如此，在人的精神世界中，也经常有这样一些“擅自占地者”。比如说：偏见、武断、迷信、怯懦和嫉妒等消极思想。它们盘踞在人的脑海之中，挥之不去。乍看起来，它们并没有什么危害，可日子久了，你就会发现，它们已经在你心底深深扎根了。

在世间生活，我们必须明白这样一个道理，那就是我们的行为是建立在观念之上的。我们的身体协调不协调，很大程度上取决于此。

健康还是不健康，完全由我们的意识、观念决定。很多人懂得这个道理后，开始在短短的一年内，学会了正确的思考方式。这样做，不仅使他们的精神风貌为之大变，而且还帮助了他们中的绝大多数取得成功。在以前顾虑重重、愁眉不展的脸上，如今写满了希望、快乐和喜悦。

圣保罗曾经说过这样一句箴言："更新你们的思想，然后你们就能获得新生。"这话是很对的。他的意思是说，我们应该改变、净化、更新和提高我们的思想观念。

哪里有衰亡，哪里就有成长。只要不停地向前迈进，我们就能不断获得新的思想。不断地追求知识进步，退化、衰老和腐败就会不断地从我们生命中退出。

现实生活中，很多人都有过思想观念突然更新的神奇经历。这种观念常常在不经意间到来，在你还没有来得及抓住它时，它就已经飘散到历史的尘烟中去了。让快乐和幸福的光亮照进我们的生活吧！这种观念至少会陪伴我们走过一段很平坦的大路。当你觉得心情沮丧、前途一片暗淡时，当你觉得寒冷突然不期而至时，你就会明显地感觉到自己真的是越来越老了。平日里，朋友间的互相拜访，或者周末去乡间走一走，都能带走我们身边无限的悲伤。在我们外出旅游时，也许会碰到一些迷人的风景，或者碰巧遇到一些我们从书本上得不到的知识，那时，我们一定会欢呼雀跃。长期以来，大自然珍藏着它心爱的艺术品，直到你来到它身旁，它才慢慢地为你敞开心扉。这不仅会使美丽、壮观和庄严的事物来到我们身边，而且我们的人生也将获得巨大的满足。

很多人认为，人一生下来，思想观念就已经形成，后天的努力很难将其改变。在他们眼中，思想的范围、界限，都已经被遗传注定了。除此之外，他们还认为，自己所有的努力不过是给头脑稍微增加一点教养罢了。这种观点是极端荒谬的。证明它荒谬的例子比比皆是。一个人通过努力，可以成功地革新自己的思想。后天的努力，不仅可以弥补先天的不足，而且还可以为自己带来能力上的提高。确实，很多人在不自觉中就已经完成了这一进程。

就拿勇气来说吧，许多成功人士并不是一生下来就具有的。可是，他们从不气馁，在坚信自己的基础上，不断磨炼自己，直到勇气可以为他们随心所欲地驾驭。到最后，他们一个个都变得顽强、坚毅和勇敢起来。

许多年来，为人父母和教师者，都有这样一个困惑：一个人的天性到底能不能够被后天改变，如果能，在改变的过程中，后天的教育到底有多大的作用？到现在，大多数的科学家都认为，一个人的性格、才能，主要都是在后天培养起来的。

尽管遗传也有很大的作用，但是，如果不注意后天的培养作用，一个人肯定不能健康、顺利地成长。在幼儿园中，经过千百次的观察，人们发现，一些专门为孩子设计的益智类小游戏，竟然能起到意想不到的作用。比如说，在需要勇气的游戏中，那些胆怯的孩子慢慢变得自信起来。当他们进入自己的角色以后，好像整个人都变了。他们不再是唯唯诺诺、羞怯忸怩的胆小鬼，而变成了八面威风、不可一世的勇敢者。这些使人快乐、勇敢的小游戏，在大人们看来也许是微不足道的，可对那些孩子来说，却成了改变他们一生的契机。

更新你们的思想，然后你们就能获得新生。

如果一个女孩因为自己长得不漂亮，处处受到同伴们的戏弄。那么，你就应该开导她树立“自己一点也不丑”的理念，她们之所以那么说，不是她的原因，而是她们不懂得欣赏。其后的时间里，你所要做的就是不断加强她的这一理念，直到这个理念成为改变她一生的力量。这才是一个真正的人应该去做的。对一个人而言，心灵美永远要大于形体美。知道了这一点，人们就不会再为容貌丑陋感到忧郁悲伤了。

许多人之所以无力挣脱无知和迷信的束缚网，正是由于担忧把他们的思想扭曲了。看着那一张张被恐惧、焦虑摧残的破败不堪的脸，谁又能无动于衷呢？尽管现在有许多人并不能体会到这种深远的感情，可是，没有怜悯与同情，我们人类就不可能走到今天。基本上来说，我们的思想是被不可抑制的情欲支配着的。但是，如果我们掌握了思想形成的规律，那么，想要再去根治那些不治之症就不会十分困难了。到那时，就像撕开了一张密网一样，阳光会在瞬间照下来。

就以爱发脾气这个坏毛病来说吧，如果你能从源头上断绝怒火的来源，那么，控制怒火也就不会是一件很困难的事情。很多时候，我们失去了自我控制，最主要的原因，是你在心底深处没有意识到这样做的坏处。当你怒不可遏、口出恶言、态度粗暴时，你的人生也就从此打上了灰色的印记。

相反，如果你能断绝怒火的来源，就像把木材从锅底抽去，那么，你的性格将变得温厚宽容。想要达到此目的，你所要做的仅仅是学会运用宽厚善良的思想罢了。等你一旦领悟了这种思想的真谛，你就再也不会怒火中烧了。到了那时，你会惊奇地发现原来那些药真的具有不可思议的能量。

母亲往往能够看到孩子身上不为人知的优点。但是，在世间还有许多母亲犯了老挑孩子缺点的毛病，虽然她们的本意是让孩子更加努力，但是无形之中，却泯灭了孩子的自信心。这是很不应该的，也是其他母亲应该引以为鉴的。每一个母亲都希望自己的孩子能够根除潜藏心底的坏毛病，但是，如果想要远离这些坏毛病，并不是仅仅靠几句鞭策的话就行的。

很多父母、教师总是尽力地称赞孩子，希望他们能够从中找到前行的勇气。这是十分正确的。如果不这样做，孩子身上那些闪光的品质迟早有一天会被消磨殆尽。同时，也唯有如此，我们才能看清整个世界的变化。教育的根本目的是什么？我觉得最重要的就是保住孩子心中最有益的思想。具有鼓动性的思想不仅会使人免于平庸，还会使一个人身上的缺点、毛病越来越少。

这个方法，同样可以用来根治我们自己身上的缺点和缺陷。如果过分强调自己身上的不足之处，那么，迟早有一天，我们会对自己彻底失去信心。到了那时，我们就会使自己变得越来越不快乐，而我们身上的缺点和不足也会越来越严重地束缚住我们。

相反，如果能够把世间万物都尽可能地想得完美一点，那么，我们肯定就能发现自己身上的闪光点。从对自己的赞美中，我们可以看到灿烂的前程。

当谈论自己或他人时，如果你能把自己或他人都当成是完美的化身，那么，这个世界将变得无比美丽。不要觉得自己是意志薄弱、道德败坏的典型，我们都是极平等的个体。

优秀的牧师总能让很多人改过自新，原因之一就是他们注意到了人身上善良、出色的一面，为此，不管人性如何堕落，他也总能在绝望处看到希望。在牧师的眼里，每一个人背后都站着一个天使。

如果觉得一个人已经无可救药了，那么，你就不会尽全力去帮助他。相反，如果能够从他身上看出希望之所在，那么，你就会不顾一切地投入到挽救他的工作中去。

菲利普斯·布鲁克一生中，极大地影响、改造了许多毫无尊严、寡廉鲜耻的家伙。他之所以能够做到这些，一个最大的秘密就是他总是设法从那些人身上找出光

一切思想上的革新、心理上的准备，必定会为自己迎来意想不到的收获。

彩照人的形象。这些形象不仅给了人们巨大的鼓舞，而且还让他们自己感到了没有被抛弃。

在物质生活方面，我们的世界每天都在进步。但在精神层面上，却没有如此明显的进步。无论是教育体制还是学习方法，都远没有机器效率提高得快。确实，在发明创新、经营管理方面，人类取得了十分了不起的成就。但是，在科学思维的培养方面，我们不仅没有进步，相反，还失去了许多宝贵的思想资源。

有人说，未来的医生，首先必须是一个心理学家。他不再仅仅只医治人的身体创伤，他还要成为人们心灵的真正教导者。正确的思想，直接导致了健康的生活方式。无论是在过去，还是在未来，我们的身体状况永远都是心态的反映。

如果一个健康状况不佳的人，始终把自己当作是一个完美、健康的存在体。无论病情多严重，他们也坚决拒绝那些病态的、混乱的、不好的情景，那么，很快他们就将大大增加痊愈的希望。平和、合乎实际的想法，向来是调节悲苦、愁闷的良药。

一切思想上的革新、心理上的准备，必定会为自己迎来意想不到的收获。把病态的、不健康的思想彻底从心中清除，并用完善和美的眼光来看世界，终有一天，你不仅将改变你的思想，还将改变这整个世界。

NO.7/ 把自己锻造成才

爱默生曾说过："人类不是上帝造出来的泥土，更像是一块生铁。只有经过不断的锤打，我们才能为自己造出一片天堂。"

所谓的成功，就是能够最大限度地利用你这块材料，而不管它是一块布，还是一块铁。而所谓的伟大的成功，也不过是具有能把极普通的材料转化为无价之宝的能力罢了。

一块铁的最佳用途是什么？在不同人的眼里肯定会有不同的答案。

第一个人或许是个半生不熟的铁匠，根本没有炉火纯青的技艺。所以，他觉得这块铁的最佳用途就是把它制成马掌，并且，他很为自己的创意自鸣得意。在他眼中，这块粗铁不过只值两三个美分，而他强健的肌肉和三脚猫的功夫，已经把它的价值提高到了10美元，所以，就不值得花太多的时间和精力去加工它了。

这时，从远方来了一个磨刀匠。比之前一个人，他受过更好一点的训练，也有更高的雄心和眼光。他告诉铁匠说："这就是你从这块铁里看到的一切吗？给我一点铁，让我告诉你它的价值究竟在哪里。我要让你看看头脑、技艺和辛劳到底能够把它变成什么。"这个人对粗铁有过很深的研究，也懂得许多锻冶工序，更重要的是，他还自带了工具。在烧制的炉子里，这块铁被融化了，接着被碳化成钢。然后它被取了出来，重新加热到白热状态，接着再被投入冷水中增加柔韧度。到了最后，他又对其进行了细致的压磨抛光。当这项工作结束时，这块铁已经变成了价值2000美元的刀片，这让第一个铁匠很惊讶。毕竟，2000美元比之10美元 ，价值已经得到了极大的提高。

但是，另一个工匠看完磨刀匠出色的表演后，却不以为意地说："如果你不能做出其他更好的东西来，这些刀片也已经很不错了。但是，这块铁的价值，你却连一半也没有挖掘出来。我曾经仔细研究过铁，知道它里面究竟蕴含了些什么。"

这个匠人的技艺更加精湛，眼光也更为独到。显然，他接受过更好的训练，并且具有卓绝的意志力。因此，他能够更深入地看到这块铁的本质，而不仅仅只囿于马掌和刀片——他把这块铁变成了绣花针。要知道，制作肉眼看不到的针头，需要比磨刀匠更精细的工序和更高超的技艺。

这一位工匠认为他的工艺可谓是精彩绝伦，因为，他已经使这块铁的价值翻了数倍。在他眼里，这块铁再也不可能有其他更好的用途了。

但是。另一个技艺更加高超的工匠出现了。他的眼光更高、头脑也更发达。他曾受过顶级训练，手艺极其精湛，此外，他吃苦耐劳、极具耐心。他对那些马掌、刀片、绣花针连看都没看，最终，他用这块铁制出了精细的钟表发条。同样一块铁，当别人看到几千美元的刀片或绣花针时，他却从中看到了价值10万美元的产品。

但是，故事到此还远没有结束。另一个更出色的工匠出现了，他告诉所有的人说，这块铁的价值还没有物尽其用。而他自身具有的神奇力量却能使它的价值进一步提升。在他眼中，即使是钟表发条，也不算是上层之作。他对冶金学的各个方面都很精通，他知道用这种生铁可以制作出另外一种弹性物质，只要在锻炼时再细心些，它就不会再坚硬锋利，而会变成另外一种特殊的金属。

他用更为犀利、更明察秋毫的眼光，看出钟表发条的每一道制作工序还可以加以改进：金属质地还可以再精益求精，而它的每一条纤维、每一个纹理还都能做得更加完美。于是，他采取了许多精加工的工序，并且成功地把这块生铁变成了精细的游丝线圈。经过这么一番艰辛劳作，他竟然把仅值几美分的铁块变成了价值100万美元的东西，而同等重量的黄金还没有它昂贵。

逆境、贫困、痛苦、灾难都是提升我们忍耐力的契机。

但是，还有一个技艺更加精湛的工匠，他的工艺可谓是登峰造极。他的技艺和产品都很少被人所知，甚至连百科全书里面都从未提到过。他拿来一块铁，经过一番精雕细刻，所呈现出来的东西足以令钟表发条和游丝线圈黯然失色。当他的工作完成之后，你就见到了牙医们经常用的那种用来勾出细微牙神经的精致钩状物。在市场上，一磅黄金大约值250美元，而同等质量的这种东西，要比黄金贵重上千倍。

也许，其他的专家和工匠还可以使产品更精细，但是要穷尽这一块铁的价值，绝不是一朝一夕所能办成的事情。

这件事情听起来真是让人不能相信，但这种神奇确实在我们身边发生了。而要达到这一点，不仅对眼、手和鉴赏力有严格要求，而且还要求做事时一丝不苟、刻苦耐劳和坚韧不拔。

在人的智慧下，一块质地粗糙的金属可以价值倍增，那么，我们自身呢？试问，还有谁能够阻挡我们这个思想、道德和精神完美混合物的发展力呢？但是，这也不是一件很容易的事情，锻造铁块如果只需要一打工序，那么锻造我们自身就需要上万种努力。铁块只是一种只有在外力打击下才能起作用的惰性物质，而人却是各种作用力和反作用力的合成物，他能通过更高的自我，即居于特殊地位的真实人格，来掌控全局。

先天资质只对我们的自我完善起到很小的作用，我们人生这块铁究竟能够变成什么样子，能否被锻造得更加灿烂辉煌，取决于我们是否付出了艰辛的努力。

在日常生活中，我们也会经历铁块所受到的痛苦与考验，但这是必需的。不经过这一道工序，我们就不可能达到人生的最佳状态。逆境、贫困、痛苦、灾难都是提升我们忍耐力的契机。如果你能成功经受住考验，那就必将有所成就。同样，对一个志向高远的人来说，艰苦环境的压迫、忧虑焦灼的折磨、重重困难的阻碍、令人心寒的冷嘲热讽、经年累月枯燥的教育和纪律带来的劳累都是必不可少的。

只有经过千锤百炼，铁块才能变得更硬、更纯、更富延展性和柔韧性。也只有到了这时，它才能适合任何一个工匠的梦想用途。没有经过任何加工的生铁，每一锤都会打断它，每一座熔炉都会融化它，如果是这样，你就不要希望它还会有什么大的用途了。一块优质好铁应该经得起各种考验，同时这些优点和品质，也会随着每一次考验巩固下来。我们不同于铁块的另一个地方在于，铁块的品质主要靠天生，而我们身上的品质则主要靠培养。

动手前，出色的工匠就在生铁里看到了加工后的产品。同样，我们也应该在自己的生活中看到灿烂辉煌的前途，并努力把它转化为现实。如果我们的眼光只停留在马掌和刀片上，那么我们的所有努力都不会造就钟表发条和游丝线圈。要养成目光远大的品性，必须要勇于斗争、经受得起考验，而且我们还要相信只要付出肯定就会有收获。

只有失败者、无名者、懦夫才会逃避磨难和考验。经过日晒雨淋，一块生铁可能会变得毫无价值，但是如果不使用，它就肯定没有价值。同样，人的一生也是如此，如果不努力去完善它、考验它、想方设法增强它的柔韧性，它肯定就会腐蚀掉。

把一块铁锻造成普通的马掌并不困难，但是要把人生境界提升到很高的境界，那就绝不是一件简单事了。

现实生活中，很多人认为自己天赋低劣、远远赶不上别人。但是，只要我们愿意，通过不懈的努力，我们肯定能够把自己培养成优秀人物。持之以恒、刻苦耐劳和坚韧不拔，是可以把原材料的价值提升到令人惊讶的程度的。自古英雄不问出路，作为织布工的哥伦布、作为印刷工的富兰克林、作为奴隶的伊索，作为乞丐的荷马、作为磨刀工之子的狄摩西尼，作为瓦匠的本·琼森、作为列兵的塞万提斯、作为修轮工之子的海顿都通过不断的努力，不断地完善自我，最后终于使自己变得卓尔不群。

1000个孩子在刚出生时不会有多大的差别。但是，几十年后，其中一个生活

要养成目光远大的品性，必须要勇于斗争、经受得起考验，而且我们还要相信只要付出肯定就会有收获。

条件很差的孩子，却创造了其他所有人都没有创造出的价值。这是什么原因呢？难道我们仅仅只能说那999个孩子的资质太差吗？

使用同样的材料，有人建成了宫殿，而另外一个人，却只能搭建一个茅舍；同样的玉石，有人雕琢出了令人赏心悦目的美丽天使，而另一个人却雕琢出了令人不寒而栗的怪物。什么原因呢？某个孩子可能把失败归咎于机会太少、没钱上大学，但另外一个条件远不如他的孩子，却可能通过自学获得巨大的成功。

确实，要成为游丝线圈或精细软钩，需要很多道艰难的工序，但是，另一方面，你能忍受自己永远是一只马掌或一块生铁吗？

NO.8/ 困境成就强者

我们每个人天生的资本没有任何差别，我们生来都是富有的。只要有了强健的体魄、美好的心灵、健康的思想和完备的四肢，一个人就是富有的、就是有成功潜质的。事实上，在每一个人身体里和意识深处，都蕴含着巨大的能量。但是，这些能量不是在表面漂流着的，你必须通过自己的努力把它挖掘出来。

詹姆斯·塔森是一个富有的澳大利亚人，拥有2500万美元的财富。他的身体非常强壮，身高6.4英尺，长得十分高大。他天生非常轻视钱财，喜欢体验各种生活。他经常说："当我离开这个世界时，我会把这些金钱都扔到身后，因为它们对我毫无用处。"他经常会用一种非常轻松的方式说："金钱什么都不是，只不过是一种供人娱乐的游戏罢了。"

当有人问他："你所说的这个供人娱乐的游戏是指什么呢？"每到这时，塔森就会用一种少有的专注表情盯着他说："就拿我自己来说吧，我在沙漠里工作过。征服沙漠，用全部精力与沙漠作斗争是有很大乐趣在里面的。我把沙漠变成绿洲，在其中修建要塞和公路，使牲畜在里面生存。我所做的每一件事，别人都无法否认。在我死后，人们会逐渐忘记我，可是，许多人仍将在我生前所做的事情之中受益。”

难道不是自强不息的精神才使人做成了伟大的事业吗？在逆境中不断奋斗，用坚强的意志力支撑自己前行，最终一定会得到丰厚的回报。现实生活中，有许多年轻人总是踯躅不前、萎靡不振、无法把握自己的目标，他们总是幻想着希望幸运之星会突然降临，为什么会有这种事情产生呢？就是由于缺乏坚强的意志力。

乔治·皮博迪年轻时穷困潦倒、孤立无援。一天，他拖着疲惫的身体，忍受着伤痛和饥饿，请求美国康科德一个小店主同意他做伐木工，以此换得住处和食物。后来，在这份工作中，他投入了全部精力，终于摆脱了贫困，成为了美国著名的富商。

吉登·李小时候家境贫寒，在冬天甚至买不起鞋子穿。可即使如此，他仍然坚持赤脚踏雪去工作。他给自己定下了苛刻的规矩：每天必须工作16个小时。如果由于某种原因不能实现这个目标，他就会牺牲自己宝贵的休息时间去弥补。通过不断实践自己的诺言，最终他成为了一位富有的商人，并且当选为纽约市市长和国会议员。

一位名叫罗斯的绅士，年轻时备受坎坷，一度陷入困境，由于负债累累被捕入狱。在牢房中，他并没有灰心丧气。他在墙上写下了这样的话：“今年我40岁，等到50岁时，我要拥有50万美元的财富，等到60岁时，我则要成为百万富翁。”就是靠着这番雄心壮志，最后，他积累了300万美元的财富。

惠普尔曾经说过：“很多商人遭受灭顶之灾，不是由于缺乏商业天赋，而是缺少一种商业方面的勇气。”

希拉斯·菲尔德最成功的事情，莫过于在大西洋海底铺设海底电缆，使美洲和欧洲能够建立有线通讯。当这一设想提出来时，他已经很有成就地从职业生涯中退休了。可是，他依然全力以赴地投入了这项事业。在工作中，他遇到了难以想象的困难，包括保护纽芬兰岛上的大片原始森林、游说国会提供资助、缺乏维护长距离电缆的经验、电流无故中断等等。但是由于他的坚强意志从未发生过任何动摇，最后他取得了成功。换句话来说，他最后的成功，应该完全归功于人类伟大的心理力量。

在逆境中不断奋斗，用坚强的意志力支撑自己前行，最终一定会得到丰厚的回报。

《每日快报》总编辑詹姆斯·布鲁克斯的创业历史，同样是曲折坎坷。最初，他只不过是缅因州一个普通的商店职员。21岁时，他的第一份工作，为他换来了一桶甜酒的报酬。他一直抱着要进入大学学习的愿望，背着箱子到了沃特维尔。但是，直到大学毕业，他仍然是身无分文。

另一个著名的报人詹姆斯·贝内特，在40岁那年还只仅有300美元财产。他开始创办《纽约先驱报》的最初地点，是在一间简陋的小屋中。他把一张木板搭在两个圆桶上作为办公桌，而他自己则是身兼数职：既是打字员又是印刷员，既是勤杂工又是老板，既是出版商又是小记者，既是校对员又是编辑。可即使如此，刚开始时，由于跟随大众潮流，他还是经历了无数次失败。后来，他决定走出一条自己的路，并且凭借此获得了成功。其实，他的这些失败都印证了温德尔·菲利普斯的至理名言："失败？这世间根本就没有什么失败，失败只是走向成功的开始，是通向成功的第一步。"

具有57年报业经验的瑟洛·威德是一位受人尊敬的资深人士。他不仅具有强壮的体格，还有坚强、敏锐、和蔼、机智等优点。在纽约州，他一句话就能影响当地公共政策的制定。一次，他向我们讲述了自己少年时代的传奇故事。

"小时候，家里很穷。在卡茨基我只上了一年多时间的学，最多不超过一年半。在我还只有五六岁时，我就感到自己家十分贫穷。因此，我就努力找一些事情做，希望能够养活自己。

"我的第一份工作是在一家制糖厂里。我十分珍惜这得来不易的工作，因此非常投入。即使是现在，每当我回忆起那些在槭树林中采糖汁的日子，仍然会露出会心的微笑。可是在那段快乐的时光中，我依然是没有鞋穿。那时的冬天十分寒冷，我感到没有鞋子真是一个大麻烦，后来我在自己脚上裹了一些旧毛毯，才感觉好一些。当春天来临、积雪开始融化、大地重新露出黝黑的臂膀时，我就将脚上的旧毛毯扔掉，重新开始赤脚工作。

“对于我们这些制槭树糖的童工来说，还是有很多空闲时间的。如果能够找得到书，我就会利用这些时间来读。可是，那时除了《圣经》，其他的书很难找得到。于是，我只能想方设法地去借书。

“为了得到书籍，有时我会做一些别人看起来很傻的事情。一次，我听说3英里外的一个人有一本十分有趣的书。于是我就赤着脚去找他借那本书。那时，地上的一些积雪已经开始融化了，我就在那样的地方停下来暖一暖脚。如果碰倒一段较长的路没有积雪，我就会感到是一种莫大的幸福。很幸运当我见到他时，那本书还在。我向他说了很多好话，保证不把书弄坏、弄脏，他才同意把那本书借给我。回家时，我抱着那本书，竟然情不自禁唱起歌来，一点也没有觉察到我是赤着脚走在雪地里。

这世间根本就没有什么失败，失败只是走向成功的开始，是通向成功的第一步。

“那时，蜡烛还是奢侈品。如果哪个小孩子在夜间想读书，他只能借助壁炉里燃烧的松枝光亮，趴在地上才可以。就这样我如饥似渴地读完了那本借来的书，到现在我还清晰地记得那本书的名字，那是一本《法国革命史》。

“接下来，我到了奥隆德加的一个钢铁铸造厂工作。我要做的事就是独立铸造、打磨和准备模子。这种工作很消耗体力，可是我们每天三顿饭只有腌肉、黑麦和面包。虽然如此，我还是非常喜欢那种在熔铁炉旁工作时的感觉。

“26岁那年，我到另外一个地方学习印刷术，每天要从早上五点一直工作到晚上九点。虽然很苦，但是它却揭开了我人生事业的序幕。”

贺拉斯·布什尔曾经说过：“在生活中，遇到的困难越大，一个人前进的动力和激励力量也就越大。”

类似威德和格里利的故事在美国到处都有。许多人都曾与贫困作过艰难斗争，最终才取得了显赫地位和巨额金钱。

我们每一个人都知道天文学家开普勒的名字。可是很少有人知道，在有生之年，他一刻也没有松懈过，始终在勤勤恳恳地工作，孜孜不倦地探索天象奥秘。在他年轻时，生活也是十分艰难，他不得不干各种各样的工作来维持生计，甚至到了只要有人肯出钱，他就愿意替人工作的地步。

瑞典博物学家林奈上学期间非常贫困，为此，他不得不用纸来补鞋。虽然如此，他还不得不请求学校给予相当的资助。

在获得最大成就的10年中，身为皇家学会会员的艾萨克·牛顿，竟然交不起每周两先令的会费。考虑到他的情况，皇家学会准备免除他缴纳会费的义务，可是，牛顿并没有同意。

著名化学家、法拉第的导师汉弗莱·戴维年轻时一样是饱经磨难。虽然很少有机会学习科学知识，但他却具有非凡的勇气。为了做实验，他利用了一切可以用的东西，包括旧铁锅、水壶以及瓶子。就是在这样的环境中，他开始了自己的成功历程。

乔治·斯蒂芬孙幼年时家中一贫如洗。他父母有8个孩子，却只有一间房屋。因此，乔治不得不和牲畜为邻。但是他却能挤出时间来研究发动机。17岁那年，他已经拥有了第一台发动机。他既不会阅读，也不会写字，但是这台发动机就是他的老师，他就是那忠实的学生。在空闲时期，许多人把时间都花在了游玩上，而乔治却在拆卸、清洗、研究他的宝贝机器。后来他因为改良发动机，成为了一名远近闻名的大工程师。

脚踏实地、埋头苦干、不屈不挠的奋斗意志，是这些人成功的法宝。正如他们其中的一位所说的那样："我们的成功，是用我们的艰苦铺就的，是凭我们的努力换来的。"

路线十二

一定要管住自己

NO.1/ 切记不要乱发脾气

利文斯敦是个声名远扬的传教士。他的母亲拥有平和的基督徒性情，温和是她的天性，她柔婉的性格使人们对她无不尊敬，她的高贵和尊严无人能及。与之形成鲜明对比的是诗人拜伦的母亲，她很难控制自己的情绪，极易发脾气，这使得她的一生总处在烦躁之中。

其实，没有哪个人不会发脾气。当然，也没有哪个人天生就是发脾气的，但是，如果经过教育还不懂得克制，只能令人望而生厌了。脾气的好和坏并不是一件小事，因为它会影响到人的生活，甚至是生命。一位医学权威曾经说过，劳累过度、环境恶劣、营养匮乏、居所简陋、懒惰放纵等等，都将影响到人类的生活质量。但是，上述种种加在一起，都比不上狂暴的脾气对人的危害更大。有很多人，虽然经历了人生的很多磨难，却能长寿，那是他们有着温和的性格，而脾气暴躁易怒的人，很少有长寿的。

弗莱彻先生是个出了名的脾气暴躁之人。一次，他的管家因为忍受不了他的暴脾气而提出辞职，弗莱彻先生破天荒地没有发脾气，请求管家留下来，他说："我知道自己爱发脾气，但你也是了解我的，脾气来得快，走得也快……"管家无奈地说："可是，你马上会继续再发新的脾气！"最终，管家执意要走。

有一次，米拉波在做演讲，内容是关于赛马的。可是，他的演讲频繁地被叫喊和辱骂声打断："诽谤！胡说！下去吧！"米拉波不得不停下来，面对其中情绪最为激昂的一个人，友善谦和地说："这样，我等大家先说，然后再继续。"

马修·亨利说过这样一件事。有一对夫妇都是出了名的急脾气，奇怪的是，他们在生活里很少吵架，日子过得快乐而安逸。为什么呢？因为他们制定了一条原则，两人都遵守得很好，那就是，每次只能一个人发脾气。

一天，有个人怒气冲冲地冲进了惠灵顿公爵的书房。脚还没进屋，已经听到他那大嗓门嚷嚷着："我叫亚玻伦，来这里就是要你的命！"公爵不惊不急地问："是要杀我吗？好奇怪的事。"亚玻伦又叫了一遍："我就是来杀你的！"公爵问道："必须今天杀吗？"他回答："他们没说到底是哪天，不过，我必须得杀了你。"公爵说："哦，那现在可不是时候。你没看见我正忙着吗？有很多信等着我写呢。这样，你过几天再来吧，来之前通知我，我会做好准备等你。"公爵说完，

脾气的好和坏并不是一件小事，因为它会影响到人的生活，甚至是生命。

继续低下头去写信。暴徒被公爵的镇定和从容降服了，渐渐地冷静下来，待了一会儿，转身走了出去，再也没有回来。

苏格拉底知道自己要发脾气时，就提醒自己："小点声！再小点！"以此来控制自己的情绪。如果人们能够意识到自己的情绪越来越激动的话，一定要提醒自己闭紧嘴，免得暴怒而难以控制。有许多人，就是因为愤怒过度而突然死亡。再有，暴怒的情绪会严重影响到人的身体健康。

乔治·赫伯特说："辩论的时候，冷静是取胜的法宝。过于激动的情绪，会使人的思维受到局限，这样，微小的失误都可能导致失败，真理也将变成谬论。"有个朋友问他："那么，如果人家要和你争吵呢？"他回答："这很简单，他要吵是他的事，我何必要生气呢，让他跟自己吵去吧。"

在牛津皇家学院的一间屋子里，窗户上写着："英王亨利五世曾在此居住。"人们提起这位勇敢的国王，会这样描述："他不仅征服了敌人，更可敬的是，他征服了自己。"这位年轻有为的国王，在1415年的阿金库尔战役中，以少胜多，打败了兵力数倍于己的法国军队。当然，取得如此的战绩，是因为他具有惊人的智慧和勇气。

有人问比肯斯菲尔德："为什么女王总是对你喜爱有加呢？"他回答："这不难，你看到过我和女王争吵吗？再有，不愉快的事我好像总也记不住。"

有位候选人看上去很有前途，于是被人引荐到一位资深的政界要人面前，想从他那里得到一些成功的经验，同时想知道怎样获得更多的选票。这位政界要人提出了一个要求："你每打断我一次说话，就得付5美元。"候选人答应了。政客问："我们什么时候开始？"候选人回答："现在就可以了。"

政客说道："听好。如果有人对你进行诋毁或者污蔑，你要做到不急不怒。"候选人说道："噢，这个我能做到。不管人们怎么说我不好，我都不会发脾气。我可以把这些当作耳旁风。"政客继续说："很好，这是非常关键的一条。不过，说实话，像你这样没有教养，称得上流氓的人，我当然不会投你的票……"候选人忍不住了，插嘴道："先生，你怎么能攻击我……""请付5美元。"政客毫不客气地说。"啊？这只是一个教训，是不是？"候选人强忍着没发怒。政客答道："是的，你说得没错。但实际上，你比我说的还要糟……"这回，候选人再也控制不住自己的脾气了，大叫道："你怎么能这么说……""再付5美元。"政客平静地说。候选人已经顾不得自己的形象，气急败坏地说："你的10美元赚得也太容易了吧！"政客仍然不愠不火地说："没错。不过，先生是要先结账呢，还是我们继续？因为，你要知道，不讲信用和赖账的'美名'你是担不起的……"候选人再也忍不住了，叫道："可恶的家伙！""再付5美元。"政客说。这下，候选人忽然意识到："又一个教训。看来，我得调整一下自己的情绪了。""很好！"政客说，"我收回刚才说过的话，其实，我没有一点不尊重你的意思。在我心中，你是个值得尊敬的人，只是想到你出身低贱，而且又有那样声名狼藉的父亲……"年轻的候选人再次忍不住怒气叫道："你才声名狼藉!""请付5美元。"政客微笑着说。年轻的候选人因为控制不住自己的脾气，付出了高昂的学费。

> 暴怒的情绪会严重影响到人的身体健康。

最后，政客严肃地对他说："你现在应该清楚了，这绝不仅仅是5美元的问题。要知道，你每发一次火，或者生一次气，都会因此而失去一张选票。你想想，选票和钞票比起来，哪个更重要呢？"

NO.2/ 控制好自己的情绪

如果不能控制自己的情绪，我们就很容易迷失前进的方向。没有自制力，我们就像是一个没有罗盘的水手，任何一阵狂风都会让我们偏离原来的航道线。每一次不负责任的思想，都会把我们推向不可预料的远方，从而无法实现心中的目标。

高贵品格的主要特征之一就是自制力。那样的人，能够平静而镇定地注视着一个人的眼睛，甚至在极端恼怒的情况下也不会乱发脾气。这样的人能产生一种言语无法描述的力量，让你感觉到他就是命运的主人。有了这种宝贵的品质，你就可以

高贵品格的主要特征之一就是自制力。

随时随地控制自己的思想行为，这会给你的品格塑造带来尊严感和力量感，从而有助于品格的全面完善，这也是其他任何东西无法做到的。

不能随时控制自己情绪的人，是永远也不会获得巨大成就的。他们只有在自己高兴时才能做到这些，或者对某件事情迫不得已时，才能控制住自己的情绪。而那些真正的成功人士，从来不会让他人的意志力来决定自己的行为。他们是自己命运的主人，是天生适合做领导的人。他们拥有极强大的精神力量，在压力巨大时，总能保持旺盛的精力和充沛的体力。这种人是造物主创造出来的理想人物，是人群中的领导者。

不能控制自己的情绪，就只能做情绪的奴隶；不能按自己的意愿来行事，就只能成为庸庸碌碌的懦夫。这样的人，是永远也不可能取得成就的。

如果一个人是自己命运的主人，他的思想就会受到正确的引导，他也不会轻易受到猜疑和嫉妒的影响。他们会理智地控制自己的脾气，不让自己陷于沮丧和绝望的泥潭中，他们也不会有意无意地乱发脾气。对他们而言，要驱逐冲动的恶魔，改变复杂的情绪非常简单，只要稍微调整一下心态就行了，就如同轻轻合上一个开关一样。

比利斯·卡曼说："心理平衡的主要影响力和实际价值之一，就是为那些想要塑造完美品格的人提供机会。"能够保持心理平衡、懂得自我控制的人，很容易超越那些心理不平衡、情绪易于失控的人。后者常常容易受到外部因素的影响，一阵飓风、一场暴雨足以令他们改变原来的目标。他们完全不能控制自己的情绪，任由体内的冲动四处乱撞，他们的行为也只会带来可怕的后果，他们的生活从来不能快乐、幸福地度过。

很多人总是抱怨得不到成功的机会，向来没有愉快、幸福地过日子。可是，他们却不想一想这到底是为什么。像他们那样总是控制不住自己周期性的焦虑、急性子、不满和消极情绪，总是不断地贬低自己或高估自己，总是不断地抱怨天气、抱怨时代不公和生不逢时，总是抱怨自己频频受到种种疾病和麻烦的困扰，又怎么可能取得成功呢？在生活和工作中，他们总是玩忽职守、对事情浅尝辄止，又喜欢到处批评、吹毛求疵和用居心不良的言辞去伤害别人，又怎么会得到别人的尊敬呢？他们这样做，无非是在损耗自己的体力和精力。他们的这种思维模式，只会带来消极的、不具有任何建设性的计划。他们根本就没有认识到，这样的行为和思维模式，只会降低他们的工作效能，使他们离成功、快乐和幸福越来越远。由于不能控制自己的情绪，不能保持心理状态的和谐，他们根本无法得到那些吸引他们的东西。

曾有人说过："对任何人而言，不能控制自己的情绪、心理失衡，就表示无论他走到哪里，也只会看到喧嚣的一片。"心理失衡，缺乏自制能力，就意味着你的生活一直处在混乱之中，就意味着你的生活一直没有建设性，就意味着你一直生活在充满了喧嚣和不安的气氛中。

不能控制自我情绪的一个最好例证就是突然间的暴怒。很短的时间内，无法形容的暴怒会把一个人彻底改变。暂时性的发狂状态，完全扭曲了原来安宁、快乐的脸庞，他的面目变得如此狰狞，以至于连亲戚朋友都很难把他辨认出来。此外，暴怒对一个人的神经系统也有很大的伤害，它会很轻易地耗尽一个人的全部活力。即使你是一个精力充沛、有旺盛生命力的人，暴怒过后，你也会像经历了长时间的疾病一样，变得非常虚弱和疲惫。突然间的暴怒，会像暴风雨一样摧毁你的心理防线，它能降低你的工作效率，破坏你的思考能力和健全的心智。几分钟前，你还是个健康、理智的巨人。暴怒过后，由于经受了巨大的心理打击，你就变成了一个胆小、怯懦的生物。正是这种悲惨的事情，正是这种悲惨的个性，剥夺了你的力量和人格魅力，使你变得庸庸碌碌、毫无作为。

暴怒就像是在人的头脑中进行了一次异常剧烈的化学反应，在短时间内一切都变得让人无法再辨认出来。其实，突然间的暴怒只是一种严重而迅速的心理爆炸。也许，一个暗示、一个想法、一种微不足道的侮辱、打击或中伤，都有可能使你立即陷入到一种无法控制的狂热中去。片刻之间，你的全部生命力都会在这种狂热之中毁灭殆尽。在那种情况下，你已经不再是一个人，而变成了一头不可驯服的野兽。因为不能控制自己的情绪，你成了狂暴的奴隶，而不是自己命运的主人。

轻微的焦虑感如果不消除，长此以往，就会给人造成巨大的损害。愤怒、猜疑、报复、憎恨、嫉妒和所有诸如此类的情绪，都会削弱一个人的生命力，使人陷入恐惧的泥潭中。许多年轻人之所以选择自杀，就是因为多年来他们一直沉浸在暴怒的情绪之中，无法从悲伤的境地中解脱出来。他们的生活是如此令人难受，以至于他们选择了放弃自己的生命。

我曾认识一个女人，她总是生活在焦虑之中。每天她都神经兮兮的，并且十分容易发怒。每次一发怒，她就会像疯了一样，完全丧失了理智。发怒时，她整个人完全被某个恶魔控制住了，她一直咆哮着，直到筋疲力竭、完全崩溃为止。每次暴怒过后，她总说自己会头痛。毫无疑问，在发怒的过程中，一种致命的毒素在她体内和脑海中产生了。而头痛只不过是这种毒素在她体内发起全面进攻的征兆罢了。

不能控制自己的情绪，会严重损害一个人的形象和声誉。

暴怒引发的后果是十分可怕、恐怖的。暴怒的时候，人体内那些脆弱的血管都有破裂的危险，尤其是一些特定部位更容易受伤。在某一次狂暴的大发作中，大脑里的血管也有破裂的可能性，这可是会危及到人的生命安全的，著名的亨特博士之死就是一个最好的例证。大家都知道，中风、肝病、消化不良、皮肤感染等疾病常常会引起愤怒情绪的猛烈爆发。但是，很少有人知道，暴怒反过来也会促进人体内潜伏着的疾病细胞迅速生长蔓延，进而引发更严重的疾病。

人们的精力往往会在愤怒中消耗殆尽。因为暴怒往往出乎我们的意料，总是在看似平静的状况下突然爆发，所以，我们要尽可能地切除诱发的外界因子，比如说：烦躁、懊悔……这些无用的情绪，只会消耗我们的宝贵能量，浪费我们的脑力、体力和精力。而如果我们能够把这些力量用到合适的地方，它们就会帮助我们取得辉煌的业绩、成就盖世功业。

在纽约中央火车站，我曾经看到过这样的例子。一个人准备坐火车去外地办事，可由于堵车没能在规定的时间到达车站。但是这时火车还没有开走，他完全还有时间上车。可不幸的是站台门已经关上了，而且站台管理员也拦着不让他过去，这件事使那个人十分愤怒。恰好那一天又很闷热，所以，几分钟过后，他就开始变得狂怒不安起来。他不停地咆哮，好像疯了一样，看起来十分恐怖。那时，我情不自禁地想到，这一幕应该让每一个人都看到。这样，他们就会懂得，即使事情没有按照自己的计划发展，也绝不能感到气愤和不安。像这样在公共场合大吵大闹的笨蛋，不仅会让周围的人讨厌他，而且还会耗费自己许多宝贵的精力和体力，而利用这些力量，他们本来是可以办成很多事情的。

坏脾气的猛烈爆发，往往是由很小的一件事引起的。因为糟糕的咖啡、考坏了的饼干和冰凉的茶水，暴怒往往会在餐桌旁发生；因为不小心打碎了一件瓷器或小古董，常常会引来烦躁不安；因为女仆一个不经意的小错误，可能会引发一场灾难；因为晨报没有及时送到，也有可能引发一次暴怒。像这样的事情，往往使得两分钟前还笑容满面的人，片刻间脸色突变。我们可能都见过这样的情形，一个狂暴不安的人愤怒地离开办公室，随之重重地带上了门，门框几乎都要被他给震掉下来了。

暴怒通常会带来痛苦和不舒服。一次不可控制地乱发脾气，可能会导致家庭成员几天内不说话。如果更严重的话，可能会毁掉一生的友谊，拆散一个原本幸福、美满的家庭，使亲人、爱人和友人再也没有机会聚在一起。

不能控制自己的情绪，会严重损害一个人的形象和声誉。几乎所有的人都明白，一个不能控制自己情绪的人，是不适合担任重要职位的。事实上，不能控制自己的情绪就是对自身虚弱的承认。正是因为他们不能控制自己，所以也不适合去控制其他人。

NO.3/ 能够经受住诱惑

女海妖，据说她们的身体半人半鸟，能够唱出美妙动听的歌，使得过往的水手神魂颠倒，最后航船触礁沉没。尤利西斯在自己的船经过女海妖居住的岛屿之前，命令所有的船员用蜡堵住耳朵，然后把自己绑在桅杆上，这样就可以不受女妖歌声的威胁了。俄尔甫斯在寻找金羊毛时，也要经过这个小岛，不过，他演奏出了更加美妙的音乐，以至于征服女妖，最终安全通过。

其实，人们在面对诱惑之时，只凭借道德的力量是不够的。把自己绑在桅杆上，或者用蜡堵住耳朵，也都不是最好的办法。刚毅的精神和非凡的品质，才能战胜诱惑，就像俄尔甫斯奏出的仙乐一样，不是躲避了就安全，征服对方才是真正的强者。人不能没有情感，但理智同样不可或缺。如果情感是风，那么理智是舵。船无风难以前行，无舵则会迷失方向。

亚历山大称得上年轻有为。33岁前，他就在伊萨斯、格拉尼卡斯和阿拜拉的战役中取得了骄人战绩，从而建立了自己的帝国。可是，这位在战场上英姿飒爽的豪杰，最终被自己的欲望征服了。称帝之后，每天只顾着在巴比伦花天酒地，放荡堕落的生活很快摧毁了他的英雄本色，直至毫无意义地死去。对自己的欲望说“不”，才是真正的强者。“只有一次”，这样的借口不知毁了多少英雄豪杰。“有”和“没有”是质的不同，而有多少不过是量的问题。有了第一次，那么第二次也容易多了。

那些满身坏习惯的人，不就像那艘着火的大船一样吗？

拿破仑，不知道战胜过多少敌人。驰骋沙场，他都能够处变不惊，面对千军万马，也不会皱下眉头。可是，当他被囚禁于大西洋那个荒芜的小岛上时，却没有保持自己应有的风度，为了一些小事与哈德逊·洛尔爵士争论，而且毫无气度可言。

莎士比亚的著作中，有无数的生命因为情绪失控而造成身体或精神的毁灭。如约翰王，这是个对权力无比热衷的人。欲望让他的人性逐渐泯灭，曾经拥有的高贵、高尚，被一点点吞噬，结果沉沦得与畜生无异，像野兽似的狂撕乱咬。再有李尔王，暴怒成了他致命的敌人。同样，麦克白先生和麦克白小姐那超级膨胀的野心击败了他们心中的义务和荣誉感，促使他们最终犯下了谋杀的罪行，当然，谋杀后的恐惧、懊悔与自责，是他们应得的报应。奥赛罗呢，嫉妒的怒火烧毁了他的理智。类似的人物还有很多，他们任凭自己的情绪主宰大脑，结果一定会遭到狠毒而残酷的打击。

伯恩斯在给一位女士的信中谈到：“夫人，您要知道，那些人会因为我没有陪他们一起喝酒而埋怨我。为了朋友，我只能委屈一下自己了。”年轻人，这样做其实是很愚蠢的事。为了去迎合谁而放弃你良好的品性，其实是自己的损失。

一艘船从伊利湖开往安大略湖，行驶到尼亚加拉大瀑布不远的地方时突然着火了。大火来势凶猛，已经无法控制。船员和乘客赶快逃到救生艇里眼看着大船燃烧，直至看着它沉入湖底。当时天很黑，燃烧的大船就像漂浮在水面上的火炉，火光冲天。岸边看热闹的人挤得水泄不通，探头看着大船燃烧。当船要沉没的一刹那，人们都屏住呼吸，等待着最后的时刻。没有人能挽救大船，它无声无息，渐渐

如果一个人能够克制自我、保持冷静、抵制欲望和恐惧，那么，没有谁能够战胜他。

地、渐渐地，沉入大海。只有嘶嘶的燃烧声、红红的焰火、缥缈不定的烟雾陪伴着大船。突然，滚滚的海水淹没了船身，大船彻底地消失了。其实，那些满身坏习惯的人，不就像那艘着火的大船一样吗？黑夜，充满了诱惑，燃烧的大船沉浸在水流中，最后消失。或者，他是多么希望有人能伸出援救之手：帮帮我吧。可是，没人有办法，更没人能帮助他们。

身在旅途的人，有谁能够欣然接受酗酒的代价呢？原本温馨舒适的家、情深意切的妻子、乖巧可爱的孩子，他们在盼望着亲人的归来啊！那些孤注一掷的赌徒，虽然也可能有千分之一赢的机会，但是，赌桌早已夺去了他们的本性，能力、前途、学识、爱人、孩子、家产等等，都不再重要。也许，他们原有机会可以一展身手的，他们原本可以受人尊重的，但是，在赌桌旁，他们还能拥有什么呢？无外乎是血本无归、酩酊大醉、混乱的头脑、多病的身体、人格的丧失、最后，他们只能毫无尊严地死去。

有个年轻人，在英国的默西河里淹死了。人们从他的口袋里发现了一张纸条，上面写着："生命对我已经没有意义！别问为什么。酒夺走了我的幸福和快乐。我宁愿去死，让默西河洗刷我的罪过吧。"不到一个星期的时间，验尸官收到了来自英国各地的200多封信，都是失去孩子的父母寄来的，信中询问那个年轻人的样子，想确认是不是自己的孩子。一个人的离去，牵动了200多个家庭的心，过多的人因为他的早死而陷入悲痛。200多个家庭，在伤心，在难过，因为不能确认死者的身份，众多的父母们忍受着失去孩子的痛苦，他们的心在流血。罪魁祸首是谁呢？酒！

曾经有人举办了一个戒酒晚会，有个德国人在会上说："以前，我会时常头疼，难以忍受，身体也会感觉到疼痛，口袋里呢，却分文皆无。现在，我的头和身体哪都不疼，精神愉悦，而且，兜里竟然还有20美元。那是因为，我不需要酒了，以后也不再需要。""不"，是多么简单的一个字，孩子们都会很快学会。可是，对成年人来说，面对诱惑时，这个字却重有千斤，难于开口，但是你有没有想到，一个“不”字，就代表了生命的尊严和一生的幸福。

诱惑前，能说“不”，敢于说“不”的人，不管他的身体多么虚弱，他都是坚强的，有力的！这种力量，是发自内心深处的。这种力量，不分年龄，不分男女，不分地位，更不分身体的强弱，只要下定决心，就会产生无穷的力量。如果一个人能够克制自我、保持冷静、抵制欲望和恐惧，那么，没有谁能够战胜他，同时，他将获得幸福。相反，放任自己的人，休想真正前进，成功不会光顾这样的人。自制带来刚毅，引领着我们的灵魂不断前进。

在学校，学生可以学到知识，但只有真正地进入社会，才能使自己成长并且成熟起来。生活，会给我们上好最生动的一课。回顾一下美国的历史吧，那些曾经在政坛上叱咤风云的人物，他们的才干令人钦佩，成就令人瞩目，然而，绝大多数都来自于乱石丛生、山脉纵横的新英格兰地区。这里，诞生了伟大的演说家、诗人、牧师、艺术家和发明家。马萨诸塞州艾塞克斯县，是个名不见经传的小地方，可是，曾经有人列举了191位杰出的艺术家，演说家、诗人和文学家，他们都曾在这个没人在意的小县生活过，演讲过，写作过。

人总是要适应自然的，我们只能在可能的限度内去利用自然，改造自然。而大自然会对我们的付出回报以健康、快乐、幸福的生活。如果人类硬要逆天而行，违背自然规律，打破自然界的平衡，那么，最终受到惩罚的当然是人类自己。痛苦、疾病会随着自然灾难的降临而光顾到人类。不过，大自然会引导人类正确地认识它，运用它。

要想让年轻人抵制生活中的诱惑，不被那些眼花缭乱、目不暇接的各种欲望击昏头脑，最好的办法是，让他们具有理想，让如画的美景充满他们的大脑。这样，理想的力量会激励他们前进，而那些诱惑比起坚定的理想来，就显得苍白无力了。生活中我们常常会看到这样的事，母亲们把玩具放在蹒跚学步的孩子前面，吸引着孩子一步步向前走。孩子最后拿到玩具并不是母亲想要的结果，但是这样做的过程，锻炼了孩子的肌肉，帮助他学会走路，玩具，不过是个小小的工具而已。大自然就像是我们的母亲，她引导着人不断进步，当我们取得一个成就的时候，新的目标又在向我们招手了，这就像母亲手中的玩具，我们不断地拿到玩具，在这过程中，我们成长着，成熟着。如果我们能够坚持不懈，那么，世界将会越来越开阔，人类将越来越强壮。

不难理解，人们要听到那些细微的声音，就要集中精力，不断地循环往复，

因此，听力会越来越灵敏，同理，其他器官也一样，经过严格训练后，我们的感觉也会越来越敏锐。“劳动创造了人”，人类通过劳动，不断地获取经验，增长知识，没有劳动，这一切从何而来呢。一个勤劳的人，不管他从事的是体力劳动还是脑力劳动，都将有所成就。

人总是要离开学校的，老师不能够教我们一辈子。社会，是我们一生学习的地方。生活中，我们学会为人处世。思想也随着经历的增多而逐渐成熟，原本的个性鲜明，经历了社会生活的打磨之后，那些不切实际的棱角会慢慢消失，整个人会因此成熟起来。生活，让我们懂得了什么叫耐心、坚韧。告诉我们要想获得，首先要付出。实践，让我们具备了处理事情的能力。辛勤地耕耘吧！这会让我们迅速地成长起来，为将来的成功铺平道路。不可否认，人骨子里都是有惰性的，所以，战胜自己才是最重要的，也是最难的，这需要非同一般的毅力和决心。只有如此，才能克服与生俱来的安逸思想。逆境使人奋进，不要再抱怨上天的不公，努力才会有成功！

NO.4/ 成为情绪的主人

面临困难或紧急情况时，千万要保持头脑的清醒。清晰的思路、明智的判断能力，无论何时，都是一个成功者所必需的。在困难的境地中，如果你感觉到自己被恐惧和忧虑缠住了，那么，你就绝对不要再采取任何形式的大规模行动了。这时，你不仅不能慌张，还要积极地准备用与之相反的思想来中和它。不管怎么样，一定要让自己成为思想的主人。多想一下自己心平气和时的情形，那样，你的头脑就会冷静下来。明智地把事情办好，不仅不会让你心乱如麻，而且还能很快地平息你心中的忧虑和焦躁不安。

我们生下来不是作为不良情绪的奴隶而存在的，我们更不是喜怒无常的心情的殉葬品。当人们必须要履行作为人的职责时，他首先要记住的一点就是万不可受制于不良情绪。人类生来不是被主宰的，我们是为了统治某些东西才来到这个世界上的。

对一个训练有素的人来说，驱除心头浓密的忧郁阴云，是很容易的一件事。可是，困扰我们大多数人的是，我们在驱散心头阴云的同时，却把自己的心扉也紧紧锁上了。试图以全力抹杀的方式来消灭不良情绪，是注定要遭受失败的。勇敢地打开心灵的大门，让快乐、希望、通达的阳光照进来，才是我们最应该做的事情。

在艺术学中，一门最精湛的艺术就是如何控制自己的情绪。当舒适、幸福的生活被不良情绪封锁时，我们要学会拿起真、善、美之剑，来勇敢地闯关。学会引领真善美，摒弃假恶丑；学会专注于和谐，摒弃混乱不堪的事物；学会专注于生，而不在乎于死；学会专注于健康，而远离疾病困苦；等等。如果学会了这些，不良情绪将彻底地从我们生命中消失。我们也必将迎来更加辉煌灿烂的明天。要全部做到这些，并不是一件很容易的事。但是，我们可以尽全力接近自己心中的目标。

真正伟大的人，往往都能主宰自己的情绪。

如果能用幸福代替忧伤，那么，忧愁和沮丧将失去进驻你心田的机会。让幸福紧守自己的心灵大门，忧伤等不良情绪将会远遁。

想要驱除生命中的黑暗，首先就要让自己的生命充满阳光。想要避免混战，最好的办法就是追求和谐。如果能够拒绝错误，你的头脑里将充满真知。远离邪恶，真善美自然会降临。摆脱了讨厌和不健康的东西，一切有利于身心健康的东西就纷纷到来了。要时刻谨记，一个大脑装不下截然相反的两种思想。

为什么不养成一个兼容并包的思想呢？要知道这可是成功最需要的一个朋友。只有具备了这种素质，那些反面事物才不会在你头脑中留下印痕。

在自己的头脑中，我们要尽可能地抹去一切令人讨厌的思想。要知道，那些不健康的、与死有关的思想，向来只会释放精神毒素，根本不会产生芳香。在这个年代，我们需要的是和谐、令人愉悦和振奋的东西。

时常保持快乐的心情，可以使自己信心十足地面对生活中的困难。真正伟大的人，往往都能主宰自己的情绪。他们是富有化学心灵的人，就像用酸性能够中和碱性一样，他们往往能用乐观的心情消除沮丧的情绪。

但是，要发生这种反应，是需要很大学问的。如果不幸溶到了其他的液体了，不仅不能中和，还会使药性增强。化学家懂得各种液体的作用，才能使药品发挥各自的作用。

因此，一个对社会充满了乐观态度的人，就像一个化学家一样，能够巧妙地把握各种药品，让它们向着自己的目标前进。他们能够用乐观消灭悲观，用和谐解除偏激，用友爱淘汰仇恨。正是由于懂得各种控制自己情绪的方法，他们的心灵才不会有太多的负担，也不会有太多的痛苦。

任何苦闷都能消除。就想每一种毒药都有解药一样，只要你能用理性的眼光去看待生活，你就会获得消除苦闷的解药。每一个人，在生活中，都会遇到苦闷和悲伤的时候，如果能够控制自己的心灵，我们就会迅速从不良的情绪中解放出来，继续朝着成功前进。

遇到糟糕的事情时，要善于向着事物相反方向想一想。比如，当一个人心中充满悲观、偏激、忧愁的思想时，就要立刻想到和谐、友爱的思想，这样忧伤就会减去，快乐也会在不知不觉中到来。

仁爱之心是消除仇恨的法宝。人应该学会像调节水温一样，来调节自己的情绪。当水温太低时，就加入一点热水，当水温太高时，就加入一点凉水。当自己的心中充满仇恨时，就要用仁爱之心加以消解。

清除恶念的最好方法，就是用真善美的思想来取代它。有些人认为，只要把恶念去除就行了。但是他们不知道，用真善美的思想来取代才是更有效的方法。

只要阳光射进来，黑暗就会消失。人们无法去除心理的黑暗，是由于不肯敞开自己的心扉，让阳光洒进来。

大部分人认为，思想只存在于脑神经里。可是，现代医学和生理学发展却证明，这种观点是极端错误的。生理学家发现，在盲人的手指头上也有大量神经元存在。很多盲人都有一种惊人的技艺，比如说，他们能够辨别纺织品的做工是否精细，甚至颜色的深浅。这种现象足以证明人的判断力并不仅限于脑神经。

每个人体内细胞正常与否、健康与否、是生存还是死亡，都与我们的思想有着非常密切的关系。人的身体是一个整体，俗话说，牵一发而动全身，讲的就是这个道理。人的身体是由十二种不同的细胞组成的，比如说，脑细胞、骨细胞、肌肉细胞……一个人身体是否健康，取决于全身所有的细胞能否紧密地联系起来。任何一种毒素，如果有害于一个细胞，它势必也会对全身所有的细胞产生毒害。有时，其中的一个细胞出了问题，就能导致人的全身都会出状况。

邪恶的思想会损害自己的健康。生理学家们研究发现，一切邪恶的思想，由于会造成人的怒火上升，所以神经系统就会受到损伤。这种损伤是非常巨大的，有时甚至需要数周时间才能恢复原状。无数的实验证明，一切健全、愉悦、和谐、友爱的思想，都有助于人们的身体健康。相反，那些偏激、绝望、悲伤的心情，都会有损于细胞的活力，影响身体健康。

著名的心理学家，科斯教授做过一个试验，证明了人的感情是可以影响人的健康的。愤怒和忧郁的情感，会有损于人体健康，影响生命活力，而快乐的心情，对自己的健康则有积极的影响。

科斯教授说："良好的情感对一个人的身体健康有积极而全面的影响，它使人的细胞更新速度加快，使人的体质增强。但不良的情感，对于人的心理和身体，却是有弊无利。这两种影响，都会使人的脑细胞发生变化，并且，这种变化是永久的。"

健康的思想和不健康的思想，是势不两立的。只有用健康的思想武装自己，不健康的思想才会无从入手。在自然界中，没有一种污染是不可以通过化学的方法清除的。同样没有一种不健康的思想，是不可以通过健康、正确的思想来肃清的。真实、善良、美好的思想是可以去除偏激、固执、悲观的不和谐思想的。一个人一旦有了健康的思想，不健康的思想就会远离他而去。

在生意场上，我曾有一个好朋友。每次回到家中他都显得是筋疲力竭。可是到后来他发现，回到家后洗个热水澡，再穿上礼服，会让他迅速恢复体力。经过这些努力，他活脱脱地变成了另外一个人。

当苦恼、痛苦、担心和焦虑牢牢地缠上我们时，不知怎么的，我们就会感到十分地疲惫。其实，在这时，你只需要洗上个热水澡，再换上件好衣服，一切就会随之改变。

生活在乡村，有时是一种绝大的幸福。它那美丽的风光、清新的空气无一不是解除困乏的良药。在忙完了一天的工作后，如果能够去空旷的田野中走一走，你肯定会变得力量倍增，丝毫感受不到疲累。

愤怒和忧郁的情感，会有损于人体健康，影响生命活力，而快乐的心情，对自己的健康则有积极的影响。

无论周围的生活多么令人沮丧，只要你能够掌握自己的情绪，你就会拥有整个大自然。让自己的心灵勇敢地朝着太阳开放，阴影肯定会无处逃遁。

当你正视忧郁时，你就会发现，原来这个世界并不是那么可怕。在这个美丽的世界中，无处不存在着令人高兴的事情。总是显露出一副悲伤、沮丧的面孔，不仅不会使自己快乐，还会使身边的人情绪低落。其实，这样做是一个很愚蠢的决定，乃至于是一种罪孽。在自己悲伤的时候，你不妨这样对自己说："我肯定会快乐起来的，我有做人的基本原则。这一切都取决于我自己，我要努力去纠正那些悲伤的回忆。"

NO.5/ 忧郁的破坏作用

卡莱尔曾经说过，经常面带忧郁、悲戚伤感的人，是善于释放精神毒药的天才。无论你怎么努力地防御，他也会使你变得郁郁寡欢。他们坚信自己的生活态度，至死不愿意改变。他们是天生的忧郁种子，到处散播着精神毒素。

不要认为这是不可改变的，没有人天生就是可怜虫。当然了，也没有人是天然的忧郁者。只要愿意，你就可以把令人不快的思绪全都变成幸福快乐。

世人都是平等的个体，因此，谁也没有权利给自己的同胞制造精神或肉体上的伤害。在自己的同胞面前，表现出快乐和幸福，不仅是对人的起码尊重，而且也有助于整个社会的文明进步。无故的伤害，不仅不会给自己带来幸福的快感，而且还会使别人在痛苦中苦苦挣扎。

在世间有一个很奇怪的现象，那就是许多人竟然能够对忧郁安之若素。不管忧郁在什么时候光临，他们都无动于衷。好像受损害的不是他们自己，而是那些与自己无关的人。谈论自己的不幸与悲伤时，他们总是一遍又一遍地向别人描述自己的痛苦情状。可直到最后，他们也难以下定决心来改变自己的命运。他们总是喋喋不休地向别人述说那些事情的繁琐细节，好像他自己的命运不该如此悲惨似的。可是，如果回过头来看一看造成这种现象的原因，他们就会明白，这并不是上天的刻意安排，而完全是他们咎由自取。

我曾认识一位被“忧郁”缠身的人，无论何时遇见他，他都是一幅愁眉苦脸的样子。不仅他个人如此，他身边的人由于受到他的影响，也开始变得烦躁抑郁。从他身上，你好像看到了整个人世的苦难，好像全世界的苦难都由他一个人在承担似的。无论在何种场合，只要他在场，人们就很难高兴起来。在他面前，再乐观的人也难免流露出悲戚之色。他冰冷的表情和令人丧气的话语，总是会把人带进无边的寒冷之中。在他身边，你会不由自主地感到不寒而栗、透心冰凉。

造物主把我们安排在这个美丽的星球上，不是让我们来承受悲伤、忧郁的。严格说来，我们来到这个世界上，是为了享受快乐和幸福的。整日的愁眉苦脸、牢骚满腹、怨声怨气肯定不符合造物主的本意。

爱默生曾经说过：“一副快乐、聪敏的面孔，某种程度上来说，是有文化修养的一种表现。”在人世间，我们偶尔会瞥见这样一些面孔。在他

甘受自己恶劣情绪摆布的人，是永远也不会成为一名优秀的领导者的。

们身上，我们可以看到其他人身上所不具有的神圣光芒。这样的面孔很容易使你想起安详、平和、快乐等形容词。在还没有接触到这些人之前，他们的面孔就为我们做了良好的自我介绍。可是，与这些神圣的东西相反，那些悲伤、忧郁的面孔，总能让我们望而生畏、不寒而栗。

在文明的世界中不应该再有忧郁者。人类的文明进步，足以使忧郁者和沮丧者易位。应该没有人愿意愁眉苦脸地生活一辈子，当然更没有人愿意和这样的人共同生活一辈子。只要这种人在场，其余的人就会感

到十分沮丧、泄气。

一个人如果经常愁肠百结，那么，他肯定会遭到身边人的厌恶。有了他们存在，别人就容易变得愁苦郁闷。

在这个世界上，再也没有什么东西比忧郁更容易传播了。

> **不要在悲观、绝望时做重大的决定。**

在世间，很多人获得的成就，根本无法和他们的才能相匹配。究其原因，就在于他们自身的恶劣情绪。沮丧、低落的情绪阻碍了他们的前进脚步，使他们的事业无法顺利开展。

见到那些牢骚满腹、愁眉紧锁的人，我们总是会本能地闪躲。这就好比我们看到粗劣的东西，会本能地躲闪一样。喜欢那些美丽、和谐、令人愉悦的人或物，是人类共有的天性。

你带给别人多少喜悦，别人也会以同样的方式回报你多少。同样，一个不健康的头脑，带给人们的永远只会是无边的悲伤。

在一个家庭中，如果有一个牢骚满腹的成员，那将会是一件很不幸的事情。受到他的影响，整个家庭都将陷于不和谐之中。他总是对现有的一切心怀不满。天气、家庭出游计划都有可能成为他们郁闷的根源。不管什么时候，也无论整个家庭作出了什么决定，他们肯定会觉得不满意。在他们心里，对整个家庭有一种本能的反叛。他永远都不想和家人一起行动，家人想在这一方面努力，他们却偏偏喜欢在另外一个方面努力。事实上，他所做的一切事情，都和构建一个和谐的家庭背道而驰。他与自己的环境看起来是如此的不协调，乃至于他与周围的任何事物根本不可能相容。同一时间，他不可能与周围的人共享同一件快乐的事情。他们不仅会把自己弄得很不快乐，而且还会对整个家庭造成致命的打击。

很多事实证明，那些表面上看起来痛苦不堪的人，往往不能够控制住自己的情绪。比如说，正在郁闷、生气的他，一听到客人来访的门铃声，瞬间就变得笑容可掬。这就好比是一个常年犯病的人，在朋友问起时，总是会习惯性地撒谎说自己的病症已经全好了。其实，这样做是完全没必要的。一味地压抑自己的思想，只会使自己更加忧郁。这就好比休眠的火山，表面看起来十分平静，可一旦喷发，造成的损害将会是致命的。

至今，我还对那个人记忆犹新。由于某种深切的忧虑，他变得十分忧郁，以至于他的整个身躯都变形了。这与以往的他，简直是判若两人。为此，他商业上的伙伴都先后离开了他，最后连他最亲爱的朋友也都竭力避开他。在整个过程中，他其实并不明白，其实是忧郁的思想害了他。

由于忧郁，很多才华横溢的人终生碌碌无为。这是一种多么令人伤心的事情啊。

每当我看到一个个生龙活虎、精力充沛的人，因为心灵上的阴影，而最终一事无成时，我都会发自心底地感伤。他们本来可以成为顶天立地的巨人，可最终却混到了这份田地，这不能不让人万分悲痛。设想一下，一个本来可以领导万千工人的人，由于沉郁的性格，最后却贫病交加。这是一种多么巨大的资源浪费啊。由于受到忧郁这个心灵恶魔的支配，很多天生可以创造伟业的人，最终却是无所事事，这是一幅多么凄惨的图景啊！

现实生活中，我们随处都可见到这样的人，他们虽然雄心勃勃，却不得不做着极其平凡的工作。对于现实生活，他们有太多的不满，可确实是一点办法也没有。

甘受自己恶劣情绪摆布的人，是永远也不会成为一名优秀的领导者的。我曾认识一个聪明睿智的家伙，他从来不会被不良的情绪诱导。虽然他的脾气很怪异，但和他接触过的人，都明白他将来一定会有所成就。而对于那些反复无常者，我们根本就找不到和他们相接触的缝隙。现在还是艳阳高照，几分钟后就是瓢泼大雨。你根本不可能预测他下一步究竟会做什么，他也永远不会正眼看你一下。当他心情愉快时，他是如此的乐观通达，而一旦心情变糟糕时，他又是如此的暴戾恣睢。当悲观失望时，他眼中的一切也都覆盖上了一层灰色。正是这种心态，使他永远也不能放心把一件事情交付给不相知的人。他总是想削减开支，努力使世人按照自己的想法过下去。于是，他拒绝了别人的帮助，而旁人也拒绝了他。长此以往，他就成为了忧郁祭坛上的牺牲品。在合适的时候，他根本不知道抓住稍纵即逝的机会。而事后，又常常懊悔不已。面对变幻莫测的世界，他甘心匍匐在了命运的脚下。如果他能以浩然之气来应对整个世界，那么，他就肯定会变得勇敢刚毅、快乐幸福。不屈从于变化无常的性情，这应该是每一个成功人士的必备素质。

沮丧会使人难以对未来做出合理的安排。在心情沉郁时，是不太适宜做出重大决策的。愁眉不展时，人们极容易做出各种各样的蠢事来。我曾认识一些人，为了贪图一时之欢，他们竟然变卖家产，做出了极为荒谬的事情。那么，他们为什么要这样做呢？一个根本的原因就是他们缺乏安全感。在他们眼中，没有现金在手边，他们就不可能彻底放下心来。每当生意上遇到了麻烦，他们首先想到的不是如何挽救，而是如何不让自己一无所有。这样的人既缺乏魄力，又没有胆识。

当心灵被焦虑、怀疑和沮丧占领时，一个人很难再做出理智的判断。合理的判断来源于清醒的头脑，而清醒的头脑则来自于对未来事物深刻明了的剖析上。当你的心灵处在担忧和忧虑的情况下时，绝不可以贸然行事。头脑清醒、思维清晰时，所有的有利因子都会跑过来帮助你。而担忧、苦闷时，精力不免被大量分散。不能把自己的注意力集中于一点，肯定就不能有效地赢取未来。面对反复多变的世界，心平气和、镇定自若是绝对必要的，不要在悲观、绝望时做重大决定。

现实生活中，很多人之所以取得了令人惊叹的成绩。一个很重要的原因，就是他们绝不肯在自己情绪不佳时做出判断。忧郁、沉闷时，他们肯定会把重要的事情向后推延。他们不惧怕未来，也绝不会胡乱地去改变未来。即使是遭遇金融恐慌时，他们也绝不草率行事。处在纷繁多变的形势下，他们会把每一分智慧都用到赢取成功上。他们有清醒的头脑、冷静而清晰的分析思维，所以，无论何时遇到他们，你都会看到一个乐观、自信的个体。

无论何时，头脑都能保持清醒的那一类人，肯定不会被沮丧、郁闷随便左右。即使乌云突然遮住了他们的头脑，他们也不会糊里糊涂地变得愚昧无知。冷静、清晰、积极的思考能力，是他们高于一般人的显著特点。

NO.6/ 树立克服忧郁的坚定信念

截然不同的两种事物是不可能整合到一块去的。克服不良情绪的办法之一，就是要用好情绪、好心情来取而代之。只要将不良情绪驱逐出自己的精神家园，任何一个人都可以获得幸福感。虽然做到这一点并不是一件很容易的事情，但是，我们的不良情绪却完全可以因此而改变。

如果你深受自己不良情绪的影响，那么，你不妨顺应时代潮流，以真正的热情投身于你周围正在进行着的事情上去。健全的人应该学会和周围的人群多联系、交流。也许，联系的多了，交往的多了，自然人也就变得开心、快乐了。永远不要让自己显得心事重重的，老是担心自己会失败的人，最终肯定会被世界淘汰。我不敢说，自己的行为能让身边的人感到愉悦，但最少我们的行为应该不至于让身边的人感到讨厌。

依靠忍耐力，可以克服生活中的许多困难，甚至做成许多原本已经没有希望的事情。

自怨自艾永远都是那些多愁善感者的专利。忧郁之所以难以消除，就在于人的心灵太过于柔弱。想要克服这个缺点，仅有自我暗示还是远远不够的。

任何人、任何事物都不应该动摇你的这一坚定信念。通过自身的努力，你完全可以征服那些消极的思想。永远不要丧失对生活的信心，唯有如此，你才能每天都生活在快乐之中。

要养成善于遗忘的习惯，缺乏激情和不能忘记悲伤，是很多人终生难以走出痛苦的根源。如果能够忘掉那些不良影响，我们的生活将步入一个全新的境界。

忘掉一切不愉快、不幸的事情，是一个人保持快乐心境的重要准则。为了开心、愉快和幸福，我们应该从自己的记忆中，把这一切悲伤都统统抹去。一旦让泄气、可怕的事情再次出现在自己脑海，我们的生活就绝不会再是开心、快乐的。对于那些不愉快、有害的经历，我们唯一能做的事情也许就是亲手埋葬它们。

终日记着那些不幸的经历和错误，不仅不会使我们的生活有所改变，而且还会使我们身上的压力越来越大。直到一天，它会完全摧毁我们心底的崇高信仰。日久天长，它在我们心中会变得越来越厚重，越来越可怕。

我们都曾经主观臆测过一些事情，可怕的事情会使我们痛苦不堪。但是，一个神经过敏、疑神疑鬼的人，肯定很难获得真正意义上的成功。这些曾有的悲伤场景，驻足在我们心中，直到有一天将我们埋葬。

上帝赋予我们各种不同的本领，并不是为了限制我们的快乐生活。我们应该尽情享受上帝的这种恩赐，不可轻易放弃享受幸福、快乐的权利。

悲伤、忧愁，是违背人类本性的。现实生活中，我们随处可以看到一张张焦虑、忧愁的脸，他们紧缩的眉头似乎在向人们诉说着生活的不如意。在这个美丽的星球上，他们就是一群不肯轻易改变自己的生物。其实，这些东西足以剥夺我们的幸福，使我们步履蹒跚。换句话说，敌人只不过是我们内心中一种不和谐状态而已。只要愿意，我们随时都可以把他们消灭殆尽。

面临小小的困难就萎缩退让的人，是肯定不会取得多大成就的。如果陷入了失望的黑暗中无力挣脱，你就要学着用一种更加开阔的视野来看待整个人生。

活在世间，万不可做井底之蛙。虽然拼命向上爬，却总是不免掉下来的命运。这样的话，我们曾有的一切努力，都会瞬间就变得无影无踪。每当遇到不顺意之事，逃避并不是唯一的办法，更重要的是要鼓起勇气来勇敢面对。

在影响成功的诸多因素中，最具破坏性的往往并不是那些反对我们的人，而是我们自身。建成一座房子往往需要几年，但是焚毁它却只需要几分钟。毁掉大师一生的心血，只需要在上面加上粗浅的一笔。同样的道理，愤怒、嫉妒、悲伤和忧郁就是那粗浅的一笔，划上去很容易，但想要再擦掉则很难。

要学会适时地把眼光转向别处，随着眼界的改变，你的人生也会大不一样。

对那些遭受了一点失败就一蹶不振的人而言，这个世界根本毫无吸引力。

也有许多人，虽然明知道这样做会失去很多东西，可他们还是义无反顾地走了下去。不用怀疑，只有奋斗才会获得财富，因而，拥有一颗岩石般的心，有时并不是一件很值得高兴的事。百折不挠的毅力和勇往直前的决心，才是我们应该追寻的梦想。失去财物并不能算是真正的失败，失去

意志不坚、没有忍耐力的人，世界上往往没有他们的立足之地；而那些意志坚定的人，世界却会替他们打开成功的大门。

斗志那才叫真正的失败。永不枯竭的战斗意识，才是我们最宝贵的财富，有了它的存在，我们就不至于陷入真正的贫穷之中。

在现实生活中，有很多时候，我们不得不面对难以避免的困境，这时，我们要学会忍耐。当“智慧”没有发挥的余地、“天才”也不能扭转败局、“技巧”和“伶俐”也不能给我们丝毫安慰，我们的种种能力，好像都已经离我们远去，我们的生活好像陷入彻底的绝望之中时，我们就需要忍耐的支持，有了它的陪伴，我们才不会被轻易击倒，才会经过短暂的停滞之后，走向成功。

依靠忍耐力，可以克服生活中的许多困难，甚至做成许多原本已经没有希望的事情。忍耐的力量是无坚不摧的，当我们的一切能量都消失不见，所有的才能也都无用武之地时，忍耐却在自己的位置上默默地坚守，支持着我们不倒下去。

成就一番事业，绝不可能是一帆风顺的。当危险袭来时，许多人停了下来，只有那些拥有极强忍耐力的人才会坚持前行。人人都感到绝望无助的时候，富有忍耐力的人，却能从其中看到胜利的希望，他们默默地坚持着，为自己的目标努力着。

忍耐是修养的一部分。坚持有礼貌的做法，可以让一名商人获得成功。比如，在商场中，无论顾客是多么的粗暴无礼，怎样的不讲礼貌，甚至是对自己表现出侮辱性的言辞，那个商人都要表现出大度和宽容，更加殷勤地接待，用和气的言语来消除他们的怒气。只有长期坚持这么做，才能得到顾客的青睐，使自己的业务有所发展，如果没有忍耐力，遇到不平就大吵大闹，怎么可能使自己的生意有大的进展呢？

作为销售者应当如此，作为一名顾客也应当如此。当你去购买书籍或订购衣物时，即使销售者对你态度相当地冷淡，你也要毫不动气，彬彬有礼。一般而言，销售者对于这样的顾客是不大容易拒绝的。如果你那样做，他们不仅不会对你草率应付，相反还会对你产生无比的崇敬之情。

如果一个人，不仅能够拥有乐观、宽容、诚恳的生活态度，同时还极富忍耐力，那么他是无比幸运的。

做自己喜欢的事，从事自己有兴趣的职业，是我们每一个人都希望看到的。但是在很多时候，我们却不得不去做那些我们不喜欢，甚至从内心里感到反感的工作，到了那时我们就需要忍耐力的支撑。

事情不挑剔、不排斥，无论工作合意与否都会尽力去做的人，是最容易获得成功的。那些面对自己不喜欢的工作，却能以坚毅的步伐，满腔的热忱去做的人，是具有英雄般忍耐力的人，在他们身上是最具有成功需要的素质的。

只有那些竭尽全力、以极强的忍耐力向着自己的既定目标前进的人，才是最能获得别人尊敬和钦佩的人。

那些意志不坚、缺乏忍耐力的人，是最容易受到别人轻视的。这样的人，不仅不会得到别人的帮助，反而会受到别人的践踏和弃绝，最终难免走向失败。

没有坚定的决心和极强的意志力，往往做不成伟大的事情，也不会得到别人的尊敬和信赖。唯有那些有坚强忍耐力的人，才能够创造一切，才能够获得他人的信赖。

意志不坚、没有忍耐力的人，世界上往往没有他们的立足之地；而那些意志坚定的人，世界却会替他们打开成功的大门。所以无论何时，都要以一颗极具忍耐力的心来面对世界上的种种困扰，并在此基础上，发挥自己的天才，方能获得最后成功。

NO.7/ 不要为打翻了的牛奶哭泣

“不要为打翻了的牛奶哭泣”。在这句朴素的格言里，包含着世界上所有的真理。

任何事情都不可能通过经常回忆、懊恼，从而使它们获得成功。对以往事情的懊恼、沮丧，只会削弱自己的力量，使你无法在工作中取得更大的成绩。如果明白了这个道理，你就不会再为往日的过错担忧了。你可以为以往的过失感到遗憾，但是只要你有下次做得更好的决心，那就足够了。

“如果当初那样做的话，今天我就成功了。”这样的人总是在为昨天的错误决

灰色的记忆，不仅不会为你今天的生活带来任何有价值的东西，而且还会毁灭那些你已经获得的东西。

策懊恼不已，但是他们不明白，在为过去的日子担心、焦虑时，他们有可能会错过今天生意上的更大机会。

“过去的就让它过去吧。”一位哲学家这样说，“错误是不会长久的，没有任何一种东西是长久不变的。”

我认识这样一个人，当他错过了火车，或者遇到了小小的失望时，他总是说：“没什么大不了的，谁又能够记得多年前发生的烦心事呢？”其实，今天看起来很严重的麻烦事，等过了一段时间，你就会把它忘得一干二净了。如果是这样，为何你不现在就把它忘了呢？

遇到麻烦事，你应该这样对自己说：“它不会持久的，没有任何一种麻烦会持久。”这样，你就能获得轻松愉悦的心情，大踏步地向前走。

在现实生活中，我们总是试图抓住那些已经丢失的东西，幻想能够弥补过去的损失。因为那些过去的痛苦和烦恼，我们经受了多大的痛苦和折磨啊！其实，这样做是很不明智的。我们应该忘掉过去的那些烦心事，努力抓住即将到来的每一个成功机会。

如果让你从头再来，也许你会说：“现在这样做太迟了吧？”你为什么要这样说呢？历史上有多少伟人，是从一开始就一帆风顺的吗？他们也曾有过遗憾，也曾失望、气馁过，也曾犯过各种各样的小错误，有的甚至犯下过罪行。但是，他们没有就此一蹶不振。到了中年或老年，他们却能改变自己的命运，把所有的阴影都抛到了身后。

灰色的记忆不仅不会为你今天的生活带来任何有价值的东西，而且还会毁灭那些你已经获得的东西。学会把那些不会给自己带来力量和高尚情感的东西排除出去，是一门高深的学问。只有埋葬那些毁灭快乐的往事，忘记那些因卑鄙、猥琐的行为带来的痛苦，我们才能过有价值和有意义的快乐生活。

我曾认识这样一些人，因为经历了太多不快乐、令人沮丧的事情，结果大脑里充满了悲观消极的思想，心情总是得不到片刻的平和与安宁。

你为什么还要让错误、羞辱和伤心缠绕着你呢？难道它给你带来的折磨还不够多吗？难道它还没有加深你额头上的皱纹吗？难道它没有压弯你的肩膀吗？难道你不觉得，是它带走了你生活中的乐趣和欢笑吗？难道你不觉得，是它让你的步伐不再沉稳有力吗？难道你不觉得，是它剥夺了你的快乐，使你的白发渐渐增多吗？难道你不觉得，是它使你变得过于严肃而早衰吗？既然这样，你为什么还要继续受它的摆布，任由它带走你体内更多的东西呢？为什么你不能彻底把那些悲伤的往事从记忆里抹掉呢？为什么你还让它继续来破坏你的未来呢？哎，让我们痛快地挥挥手，让这一切远去吧！

经常回忆过去的错误，只会引发我们更大的不愉快。

不要再为了那些无聊的事情伤心、烦恼，不要再刻意去记起和描绘它们，不要让它们在你的内心里生根、发芽、成长。为了将来，为了成功，我们要把它们彻底忘掉。

经常回忆过去的错误，只会引发我们更大的不愉快。如果一件事已经伤害到了你的自尊心、使你痛苦不堪，那么你为何还要一而再、再而三地唤醒痛苦的记忆呢？难道活在对往事的遗憾里，你会得到什么好处吗？其实，经常反思那些留下无尽遗憾的事，只会更深地伤害我们。

我们都有过这样的经历，当我们偶然间打开了一封旧信件，或者找到一件小礼物时，我们心底潜藏的悲伤是多么强烈地喷发而出啊！打开它们，就像是开启了潘多拉魔盒一样。

我曾认识一个中年女士，到现在她仍然珍藏着初恋男友送给她的东西。可是，她的这个恋人对她并不好，不仅认为她毫无价值，而且还粗暴地对待她、百般羞辱她。这些东西被她放在了一个精致的小箱子里，每当打开来看到这些东西时，她都要哭上几个小时。

睹物思人，见到一件东西可能会引发我们无尽的悲伤。很多惹人喜爱的纪念品，结果反而会使正在愈合的伤口再次流血。既然我们不能忘掉那些悲伤的画面，那么，我们为何不消除引发它的外界因子呢？

许多女孩在出嫁后，依然珍藏着那些前男友的情书。事实早已证明，那些人根本就是情感的叛徒，他们早已经无情地抛弃了她们，可她们竟然还对此念念不忘。像她们这种做法是多么愚蠢、荒谬啊。要想过上快乐的生活，我们就要忘记那些过去使我们遭受折磨的事情；就要忘记那些让我们觉得苦恼、丢尽脸面的错误。像这样的事情我们要迅速地忘掉，最好是让它们再也没有机会出现在我们脑海里。为了让你生活得愉悦、健康，女士们，把那些旧信件烧掉，把那些纪念品扔掉。把它们从你的家中，从你的视野里，从你思维可及的范围里扔出去吧！保留着这些东西，只会让你一遍又一遍地品尝痛苦和折磨。

在现实生活中，很多人有一种病态的渴望，那就是渴望着再次经历相同的挫折和伤害。像这样的人，是永远也不可能把那些痛苦的往事从自己心里驱逐出去的。

还有很多人，根本就不知道如何消灭这些可怕的幽灵。让他们忘掉这些事情，往往要经历漫长的时间。于是，他们年复一年地拖着疲惫的脚步，在痛苦中慢慢前进。就是这些东西，阻碍了人类的进步，扼杀了人们的欢乐。

那么，我们如何忘掉那些使我们厌倦的事物呢？又如何驱逐那些毫无价值的观念呢？ 这真是一个很大的问题。我们应该把这样的事情，看作是对我们的一种考验和教诲。我们应该从过去的伤痛中吸取教训，然后大步走向前去。只有端正了态度，我们才有可能把这些消极思想从我们的生活中驱逐掉、遗忘掉。

NO.8/ 以主人的姿态来控制自我

一个人能否控制自我的全部秘密就在于他能否控制自己的思想。我们头脑中存储的信息会逐渐渗透到我们的生活中去。如果我们是自己思想的主人，我们就能控制自我，让思维、情绪和心态为我所用。

当一个人身陷困境、绝望挣扎时，难道我们会在救与不救这个问题上犹豫不决吗？当然不会，内心的善良和同情心，不会让我们眼睁睁地看着他越陷越深、处于危险的境地中。所以，当一个人生气时，我们应该和他站在一起，共同面对情绪冲动带来的不良影响。如果我们和他一样，情绪冲动地对待一些事情，那么，这无疑是在火上浇油。当然了，如果我们能够施以援手，对方肯定会心存感激，虽然有时他们并不能从中得到任何好处。虽然我们可以帮助他们做到自己做不到的事，阻止不良事态的发展，但是，我们这样做，同时还会给他们带来无尽的遗憾。

当沸腾的热血在体内激荡时，想要控制自己的思想和言行是很困难的。但我们要明白，如果让自己成为了情绪的奴隶，那是一件非常危险和可悲的事情。那样，不仅对我们的工作和事业非常有害，而且还会降低我们的办事效率，甚至对我们的名誉和声望产生非常不利的影响。如果我们不能完全控制和主宰自己的情绪，我们就不得不承认——自己不是命运的主人。

一个人能否控制自我的全部秘密就在于他能否控制自己的思想。

要想获得从容镇定的力量，就要在生命中的每时每刻，对自己的个性进行研究和培养，就要时刻注意锻炼自我的持续控制能力。一位著名作家说过这样的话："如果一个人能够从容镇定地面对困境，那么，他就可以非常迅速地从危险和不利的境地中摆脱出来。如果缺少了这种力量，当一个人处在非常大的压力下时，他就无法保证思维的准确性和流畅性。我们在紧急时刻能不能够控制住自己，很大程度上决定了这场灾难以后会朝哪个方向发展。在一场灾难中，如果能够控制住自己的情绪，我们就可以统筹全局，为自己赢来主动权。此外，我们还可以通过自己的意志力，去要求那些不能自我控制的人，让他们走到正确的道路上去。"

如果一个人因为恐惧、愤怒和其他原因，而丧失了自我控制能力，那是非常可悲的。以后许许多多的重要事情，都会让他们明白做自己的主人有多么重要。牢牢控制住自己的命运，彻彻底底成为自己命运的主人，对一个人的成功是有很大帮助的。

现实生活中有很多这样的人，他们通常有远大的志向——要成就一番伟业，成为宇宙中所有能量的主人。可是他们又不能完完全全地控制自己的情绪，常常会让路给微不足道的力

我们应该明白，我们的健康、快乐和幸福，完全是掌握在自己手中的。

量。在前进的过程中，他们随时有可能从理性的王座上走下来；很多时候，他们会无奈地承认自己不是一个真正的人，承认自己不能控制自己的行为；有时，他们会表现出卑微和低下的特征；更多的时候，他们会因为说了一些粗暴和不公正的话，而失去了一个最好的朋友，或者伤害到一个脆弱的灵魂。我们可以想一下，像这样的人怎么可能取得成功呢？

连小孩子都懂得如何去控制自己的行为，以免受到伤害。他们会避免触摸那些会灼伤皮肤的东西，或者那些可能会伤害到身体的锋利东西。可是，在现实生活中，许多成年人的行为反不如一个孩子。他们没有学会如何避免那些伤人的言辞和锋利逼人的粗暴脾气。

通过观察一个人的日常生活，我们可以对他做出准确的评价。如果一个人喜欢谈论麻烦和苦恼，并且总是习惯无限地夸大它们，还经常会为了一点小问题大呼小叫，那么，我们就可以断定，他绝不是一个有着强大力量的人。这样的人总是缺乏心灵上的平衡感，因此他也不可能对事物做出恰如其分的判断和评估。

真正强大的人，无论是男人，还是女人，都不会被家庭琐事困扰。无论在哪个地方，他们总是能够保持快乐的心境。错过火车也好，火车迟了也好，他都不会让这些外部原因影响到自己的心情。这样的琐事根本影响不到他，短时间内，他就能调整好自己的精神状态，或者想出解决问题的办法，或者干脆就不去理它。

那些总是让坏脾气和不良情绪主导自己思维的人，那些总是为了一点小错误，就不断谴责自己、大发雷霆、自寻烦恼的人，都没有意识到，因为这种态度，他们的内心经历一场怎样的浩劫，他们也没有意识到，因为这种态度，他们的健康开始受到破坏、寿命也开始缩短。其实，我们应该明白：每一次焦虑和烦恼，都会在一个人的身上留下印记；每一种有毒的或有害的思想，都会对人体造成巨大的伤害；每一种让人感到不快的情绪，都会以各种方式损害到身体内的上百万个细胞。由于不良情绪，我们的生命活力开始下降，能量开始慢慢枯竭。与之相反，那些仁爱、希望、勇气、乐观、信心、和谐、安宁、祝愿等美好的情感，则会对我们的身体产生积极影响。它们会滋补我们瘦弱的身体，提升、鼓舞和巩固整个脆弱的神经系统。

我们应该明白，我们的健康、快乐和幸福，完全是掌握在自己手中的。所有那些让我们感到不快、导致我们心理失衡和不和谐的情绪、思想、观念和感觉，都是我们获得幸福、快乐、进步和成功的敌人。

一位著名作家这样说过：“只要把污池里的水抽掉，并且把清澈的溪水顺着建造好的水渠引来，我们就可以把一片没用的沼泽地，变成一块堆满了金黄谷物的田地或富饶的果园。同样的道理，只要排除你思想里的污水，引来积极、健康的清水，我们就会获得平静。同时，我们也能拯救自己堕落的灵魂，使美德之树在我们心灵和生命里开花、结果。”

每一个人体内都有巨大的潜能，每一个人都有足够强大的力量，来面对生活中的急风暴雨。如果我们可以控制自己的情绪，我们就能在不利环境的重压下保持和平宁静，我们就能做自己命运的主人，我们就可以借着它的指引顺利到达成功的彼岸，我们就可以养成美好的情操。做到了这些，无论处在多么荒凉和不和谐的环境中，也无论生活条件是多么艰难，一个人都能把自己体内天赐的巨大潜能开发出来，并且加以利用。

路线十三

做事情要果断

NO.1/ 优柔寡断只能造成悲剧

世间最可怜的人，不是那些食不果腹、衣不蔽体的人，而是那些犹豫不决、意志不坚的人。优柔寡断之人，遇事从不敢按照自己的意愿进行，一定要等和别人商量讨论过以后才敢行动。这种人，既不会相信自己，也不会得到别人的信赖。

由于受到犹豫不决的坏毛病的影响，很多人美好的梦想无法实现。在现实生活中，有太多这样的人，其中的一部分，甚至到了无可救药的程度。他们从不敢决定任何事情，不愿意承担一点风险，懦弱到让人无法言语的地步。之所以会有这种现象的产生，没有责任感是一个重要的原因。害怕承担相应的责任，对未来的事情缺乏决断力，不敢相信明天会更好，是造成他们失败的重要原因。由于不敢相信自己，很多人的想法陷于失败的泥淖，无法自拔。

有这样一个故事。一个父亲有两个儿子在战争中成了敌人的俘虏，他愿意用自己的生命和所有的金钱把儿子赎回来。结果，对方告诉他，只能放回一个儿子，他必须做出选择。慈爱的父亲饱受折磨，想想两个儿子，哪个也舍不得放弃。他为了儿子可以牺牲自己的生命，可是在这紧要关头，他却总也下不了决心要救回哪一个孩子。结果，在他陷于选择的痛苦中时，两个儿子都被处决了。

所以，不要让自己在多种选择间冥思苦想，面面俱到、万事完美的状态只能在理想中出现，因此，必须要做出取舍，有失才能有得。别再纠缠细枝末节，抓住问题的关键，迅速做出决断！一旦决定，就不要再犹豫，只要全力以赴去行动，就算会有不完美，也总比那些思来想去而毫无行动要强得多。

威廉·沃特说：“如果一个人永远在选择间徘徊，那么最终每件事都难以成功。事物总是多方面的，我们不可能八面玲珑。但是，如果在做出决定后再反悔，那么无异于又回到了起点，个性软弱、没有主见的人，当然成不了大事。他们只会在原地踏步，甚至会倒退，怎么可能前进呢？古罗马诗人卢坎，他所提倡的是那种具有恺撒式坚韧不拔精神的人。事实上，也只有这种人才能获得最后的成功。因为他们懂得做事前要先请教别人，然后果断地决策，并且义无反顾地去执行，不管中途遇到什么样的困难和挫折，也不会被吓倒。这样的人，在哪里都会出类拔萃、出人头地。”

莎士比亚笔下的哈姆雷特，称得上是优柔寡断的典范了。他是个思想上的巨人，行动上的矮子，能力和理想之间存在着很大的差异。有些人看到问题后，马上做出决定，因为目标明确。哈姆雷特呢，考虑得过于周全了，事物的方方面面都要前思后想，各种各样的可能在他的头脑中翻来覆去地出现。结果呢，拖泥带水的性格铸成了他命运的悲剧。

不计其数的人一生懒散、碌碌无为，死前也觉得两手空空，总想抓住什么，结果手里什么也没有。其实，上帝给了每个人机会，只是被这些人在考虑再考虑中给耽搁了。那些成功的商人，就是因为抓住了机遇，而机遇，总是会降临到那些有准备的人身上。在机遇来临时，他们顶风冒险，果断出击，一举成名。

有个智者曾经说：“对于一个人来说，培养他具有果断决策的能力，这在他的生命过程中是非常重要的。”

> 如果一个人永远在选择间徘徊，那么最终每件事都难以成功。

或者，有人会担心，快速做出的决策，要承担的风险会更多些。是的，那些不成熟的判断可能会给我们的行动带来不利。但是，一个人偶尔做出错误的决定，总比从来不做决定要好。如果一个人每次决策都是错误的，只能说明他在智力上有问题。换句话说，一般情况下，人们的决策中总有正确的因素，所以，不用担心决策会不断地引发坏的结果。许多成功人士，都是得益于快速的决策和非比寻常的魄力，关键时刻的优柔寡断，只能失败。

尼古拉斯在对圣彼得堡和莫斯科之间的铁路进行初次勘测时，有许多官员对此次任务抱有怀疑态度。他们的信心不足，其实并不是因为对技术的担心，而是出于自身利益的考虑。尼古拉斯发现后，当机立断，面对铁路路线勘察的地形图，拿出一把尺子，迅速在起点和终点之间画了一条直线，然后，用不容辩驳的语气宣布：“必须这样铺设铁路。”没有人能够改变他的决定，于是，路线就这样确定了。

安特塔姆战役刚刚结束，林肯总统就在国会上宣布：“现在，我命令，废除奴隶法，马上执行。”他这么做，是相信公众会支持他。如果一个人对自己的决定总

如果一个人对自己的决定总是没有信心，那真是一件再可悲不过的事情。

是没有信心，那真是一件再可悲不过的事情。因为，这种性格的人，什么时候也不会把自己的决定贯彻到底。

莎士比亚曾说："每当恺撒说'做'时，就表示他的行动已经开始了。"乔治·艾略特则说："如果一个人总要等看到结果才肯做事，那么他永远不可能做成大事。"

NO.2/ 要保持清醒的头脑

时刻保持镇静和正确的判断力，是一个人成为杰出人物所必须要具备的素质。在任何环境，任何情形之下，我们都要保持清醒、保持镇静。当别人都陷于慌乱时，如果我们还能够保持镇静，我们就会获得比别人多得多的成就。

只有懦夫才会在挫折面前易于慌乱、手足无措。那样的人是不能承接重任的。

想要在职场中获得晋升，不能以为只要有出色的才华就行了，他还需要有冷静的头脑、敦厚的性情和能对事物做出正确判断的能力。在很多公司中，我们会发现，有些人才华平平，却占据着重要职位。为此，很多人感到不可理解。这是因为，这些公司在选择重要职位的人选时，更看重的是头脑的清醒。

头脑冷静的人，不会因为外界的事物轻易改变自己原有的计划。无论境地怎么改变，他们都能冷静地思考，看准机会，给自己赢取最大的利益。经济上的损失、权谋上的暂时失败，都不能令他们灰心丧气，在艰难困苦中他们也绝不失态。同样，当事情按照自己的计划进行时，他们也不会骄傲轻狂、鄙薄对手。

要做到遇事冷静，就得事先做好准备。在事情没有发生前，就已经预料到它所有可能发生的情况。这样，就会在事情来临时，做到胸有成竹、从容应对。在这个社会中，只有那些经过大风大浪、见过世面的人才会处变不惊。而那些情绪不稳、遇事就慌的人是不可能获得成功的。

靠近两极的冰洋中，巨大的冰山从来不曾为狂风暴雨所倾覆。它们将自己的7/8都埋藏在海底，只在表面露出1/8，正是由于这个原因，它们才能紧紧抓住海洋的心，任凭风狂浪急，也从不为所动。这矗立在海洋中的冰山就是我们绝好的榜样。只有有了深厚的积聚，才能在任何冲击下都保持镇定。

头脑冷静的人，不会因为外界的事物轻易改变自己原有的计划。

和谐的思想，是取得镇静的良好方法。即使有特殊的才能，如果思想偏激、遇事易慌，那么，他也不会取得很大的成就。没有和谐的思想，空有某方面的才干，就像一株树上只有一根枝条在繁茂地生长，而其他部分却日益萎缩一样。

韦伯斯特在美国是一个有着巨大影响力的人。他之所以能在律师界和参议院取得极大成就，原因就是他思想冷静，遇事能够做出正确的判断。这种优秀品格的养成，给了韦伯斯特很大的帮助。

没有准确的判断力，就会做出许多蠢事。结果不仅浪费了宝贵的资源，还使事情向着更加糟糕的方向发展。很多才华横溢的年轻人却做出了许多不可理喻的事情，究其原因就是由于没有准确的判断力。

一个人，一旦背上头脑不清醒、判断力低下的名声，就很难获得别人的尊敬。他一生的事业也会因此大打折扣。

如果你想获得他人的信任，你就要锻炼自己，在平时就培养对事情做出准确判断的能力。在工作中，对每一件事情都要处理得当，不能因为事情小，就敷衍塞责。许多人就是不注意小问题的解决，结果问题越积越大，最后一发不可收拾，导致了最后的失败。对小事情的态度，最能体现一个人的素质。如果一个人对小事随随便便、不以为意，他就会在无意之中减少了自己成为伟大人物的可能性。

如果你能常常逼迫自己、时时督促自己做自己不愿意做的事情，并且都能不受外界的影响，将事情做得很好，那么你的品格和判断力就会有大的进步。在你做事的过程中，你也会赢得别人的尊敬和爱戴。

如果能够把自己的全部精力都用来追求成功，那么我们就一定能够获得成功。如何使自己保持清醒的头脑、准确的判断力呢？那就要使自己的精力不断地得到积蓄和扩充。我们绝不可以把自己的精力毫无意义地浪费在无聊的事情上。一个人只要有了充沛的精力，无论是怎样艰难的事情，他们都能想办法办到。

虽说精力对我们是如此的重要，但是仍然有许多青年人，不知爱惜自己的精力，随意挥霍着自己的宝贵财富。

在春天，由于积雪融化，河流的水位上涨。这时有经验的农夫就会在河道里修筑水闸。这样做，一来可以避免流水冲垮农田，二来就是为夏日积聚水源。这是因为到了夏季，由于天气炎热，河流容易干涸，进而导致干旱。如果把水流积聚起来，就不会有这样的担忧了。

没有深谋远虑的眼光，一个人是很难取得成功的。

万事万物的道理是相通的。做人的道理其实和上面的例子没什么分别。在自己年富力强的时候，就是我们的春天，我们的精力就像是河水一样丰沛。在这时，我们就要有意识地去避免精力的白白流失，修筑起拦截精力的水闸。只有做到了这一点，我们的精力才不至于刚过中年就难以为继，从而导致事业的失败。

狂嫖乱赌、操劳过度、空侃闲聊都会使我们的脑力遭到极大的损害。健康、智慧、判断力、创造力都不是一成不变的，如果你不知珍惜，它不仅会逐渐萎缩，而且有的甚至还会丧失殆尽。如果是这样的话，你就再也没有可能取得成功了。

随着工业文明的扩展，便有了不夜之城的诞生。由于有了这样的场所，不知有多少青年情愿损失自己的休息和睡眠时间，去换取一夜狂欢。如果是很长时间紧张工作后的放松，那也无可厚非。可是当他们疯狂放纵自己达到无节制的时候，那就是一种灾难了。但是他们好像并不觉得可惜，反而为此沾沾自喜，他们并不知道这已经对自己的前途产生了不良的影响。

还有那些嗜酒如命的人，如果他们知道畅饮一次，自己会为之付出多大的代价，也许他们就会发誓从此与酒绝缘了。当然了，这里所说的花费，指的并不仅仅是金钱上的。更为可怕的是，它会使你的部分才能迅速消退、直至消失。每一次狂欢，你就像是在自己的脑海中埋下了一颗定时炸弹，总有一天它会爆炸，把你炸得粉身碎骨。在你大口大口饮酒的时候，你也把精神上的吸血鬼吸进了自己体内，它们在你的体内翻滚着，把你的血液搅浑浊了，然后再一口一口地吸下去，直至把你掏空为止。当某一天酒醒过后，你发现自己的才能全都不翼而飞了，那时你会大吃一惊的。

缺乏果敢的决断力，凡事犹犹豫豫，是只会把自己的精力白白消耗掉的，是只会使自己的事业一败涂地的。

不良的情绪也会使我们的生命力大大降低。比如说，脾气暴躁、容易愤怒的人，当他大发雷霆时，他的体力、脑力、精力都在飞速地减退。

身体衰弱、脾气狂躁、荒淫无度、意志不坚等不良的习惯，都会成为我们成功的大敌。一切毫无意义、卑贱恶劣的做法，都会阻碍我们顺利地到达成功的彼岸。

老板不会喜欢一个精神萎靡、有气无力的员工。而那些精力充沛、身体强健、敢作敢为的人，则会处处受人欢迎。我们都希望获得成功，但是成功只属于那些头脑清醒、有理智的判断力的家伙。雇主都希望能得到这样的人，让他们来帮助自己打理生意、招待顾客。

没有深谋远虑的眼光，一个人是很难取得成功的。贪图一时的享乐，只会使自己失去一生的幸福。有些人就是宁愿得到一时的安乐，也不愿意睁开眼来为自己的将来做一下打算。这种人是无可救药的，是注定不会成功的。

有些人宁愿为了短暂的愉悦，而放弃一生的快乐；还有一些人，愿意为了片刻的安逸，情愿终生受苦。这难道不令人感到万分惊奇吗？

像他们这样的人，生活的目标与大多数人是不相同的。他们所追求的就是，怎样使自己当前的生活再安乐一些，怎样使自己的生活再省力气一些。就这样，他们总是在寻找偷懒的机会，可就在这时，成功的机会也与他们擦肩而过了。每逢天阴下雨，或者是比较寒冷时，他们就会龟缩在家中，不愿意去工作，这样就在他们休息时，机会就从他们身边悄悄地溜走了。像这样的人，久而久之，就养成了一种惰性，根本就不会再有勇气去追求光明灿烂的前途了。

我们每个人都是很“聪明”的。谁也不愿意去做那些又脏又累、又不讨好的工作，可是有些人的聪明已经过了头，结果使自己沉迷于享乐，白白丢失了成功的机会。

我们社会中有很多这样的失败者，他们没有远大的理想，只愿待在社会的底层自得其乐。做事情时，由于他们既怕苦、又怕累，又不肯奋力向前，结果导致了自己一生庸庸碌碌、地位卑微、收入微薄。

成功无论在何时，都是那些刻苦努力、积极上进的人所享有的专利。英国有一个盲人，通过不断努力，最后竟然成为了世界闻名的大音乐家、大慈善家和大数学家。很多人对此很不理解，他们不明白一个瞎子为何会有如此强大的意志力呢？许多人因此慕名前去拜访。他的妻子在一次采访中，透露了他成功的秘密：他并不比别人聪明，只是他善于抓住每一个机会去学习，最后才有了今天的成就。

“抓住一切机会，发展自己的才干”，这是每一个希望成功的青年人都应该牢记的一句话。在生活中，你必须善于控制自己的意志和情绪，不要使自己受到过多的外界干扰。无论处境是怎样的艰难，你都要泰然处之、奋勇向前。当你遇到困难、遭遇挫折时，你要把它当作是上天的一次考验，从废墟上重新站起来，再创辉煌的事业。只要你沉着应对，你就会有克服一切艰险磨难的勇气和方法。所以，坚定不移地向前进吧，你会获得巨大的成功的。

NO.3/ 培养自己准确的判断力

最受欢迎的青年人，永远是那些拥有巨大的创造力和非凡经营能力的人。那些只知唯命是从、按部就班地听从他人的吩咐去做事情的人，是永远不会获得成功的。唯有那些有独立思想、有创造性、肯钻研问题、善于经营管理的人才能给人类带来福音。他们在现实生活中充当了开路先锋，为人类事业的进步做出了不可磨灭的贡献，同时也为自己赢取了巨大的声名。

尽快抛弃那些迟疑不决、左右思量的坏习惯。它们只会使你丧失你原有的主张，无谓地消耗你宝贵的能量。

对自己没有坚定的自信心，没有勇往直前的勇气，也是很多人不能取得成功的重要原因。很多青年人就是由于沾染上了这个坏习惯，遇到事情时，明明做出了详尽的计划，但就是不能付诸行动。他们总是畏首畏尾、瞻前顾后，最后坐看成功的时机丧失。就算是他们终于鼓起勇气去行动了，他们也从不敢放开手脚，大干一场，他们总是东奔西跑地去征求人家的意见，结果反被别人的种种意见弄得没了主意，最终只能是精力耗尽、一事无成。

一个有希望的青年，一定是一个拥有坚决的意志力、办事从不犹豫彷徨的人。他们在自己工作之前，就已经想好了该怎么去做。在工作中，即使遇到了困难，他们也只会认为这是上天对他的刻意考验，因此就绝不会轻易认输。在现实生活中，我们应该学会这种处世态度。在事情没有开始时，我们要尽可能详尽地去准备。但是一旦事情做了决定，我们就千万不可再犹豫动摇，只要一步一步地按照自己的计划去实行就可以了。在向着自己的目标前进时，千万不要因为别人的话而停下自己前进的脚步。要专心致志地从事自己的工作，不能听信别人的闲言碎语。

缺乏判断力的人，往往很难完完整整地做好一件事情。

判断力太差的人是不会取得成功的。凡事喜欢依赖别人的人，即使是遇到一丁点儿问题，他们也会东奔西走，向自己的亲人和邻居求助。他们做事的过程就是向人家征求意见的过程。在不断的与人商量中，他们的目标越来越偏离自己的航向，最终走向了失败的海洋。

缺乏判断力的人，往往很难完完整整地做好一件事情。很多时候，他们根本就不会开始做一件事。他们将自己的大部分时间和精力，都消耗在犹豫和迟疑当中。

成功的人做任何事，总好像是轻车熟路。这是因为他们能够把握住时机，凡事能够当机立断。一旦对事情有了清醒的认识，他们就会制定出周密的计划，并且绝不让自己拖延，立即就要动手去做这件事情。

在机械厂有一种力量极其强大的机器，它能够把从各处收集来的破烂的钢铁，轻易就压成坚固的钢板。善于做事、有理智判断力的人，就和这种机器一样。他们做事异常敏捷，只要是他们愿意做的，那就肯定会取得成功。不管在这中间他们会遇到多少困难，他们总能让自己的理想实现。

一个胸怀大志、理智自信、目标明确的人是不肯轻易与其他人分享自己的做事计划的，更不会和其他人反复商议。除非对方在见识、能力诸方面都远远高出自己。在决策之前，他们会对事情做详细的考察，前前后后地研究。然后根据自己的经验和知识，做出最周密的安排和计划。一旦决定了自己的目标后，他们就会立即行动。

一个头脑清醒、具有理智判断力的人，是一定会坚持自己的主见的。

一个头脑清醒、具有理智判断力的人，是一定会坚持自己的主见的。他们不会稀里糊涂地做事，更不会投机取巧。他们也不会永远处于徘徊不前的状态当中。在前进的过程中，他们当然也会遇到困难，但是他们绝不会轻易退出，因为他们知道，那样只会使自己前功尽弃，功亏一篑。

二战中，英国著名的将军基钦纳就是一个拥有极强自主判断力的人。他是一位不善言辞、态度严肃的军官，但是他打起仗来就像雄狮一样勇猛，能够做到每战必捷。在战前，他都会制定出严密的作战计划。一旦计划制定下来，他就会运用自己超凡绝伦的才能去实现它。在这期间，他是不屑于和其他人讨论的，就是他的参谋长也不例外。在南非战场上，基钦纳是如何调兵遣将的，除了他的参谋长以外，是任何人也不知道的。他只管下命令，告诉各个军队的行动方案和任务，其他的他一概不说。此外，基钦纳要到哪里去，是不会提前告诉任何人的。他完全让自己掌握着自己的行动。据说在战争开始后，某一天的早上六点钟，他突然出现在卡波城的一家旅馆里。当时在旅馆里本该有几个正在值夜班的军官，但是却看不到人影。于是他就走进了那些军官们的房间，一言不发地递上了自己写好的一张纸条。那是一条简短的命令："今天上午十点，专车赴前线，下午四点，乘船返回伦敦。"基钦纳全然不听他们的解释和辩解，更不听他们的求饶，就这样一张纸条，就给了所有的军官一个警告，并且还起到了杀一儆百的作用，为自己树立了至高无上的权威。

基钦纳将军有无比坚定的意志力和超出常人的冷静态度。由于他深知自己使命的重大，因此为人处世向来公正无私。他对待自己的属下当罚则罚、当奖则奖。他做事情从来没有半途而废过。就是由于具备了这些优良的素质，他才最终成就了一番伟业，培养了自己伟大的魄力和远大的抱负。

基钦纳将军还是一位做什么事情都胸有成竹的人。他总是冷静地去分析自己遇到的每一个问题，然后按照自己的计划去做。基钦纳将军没有丝毫的名利之心，他向来不会看重别人的赞扬，尤其是属下们的阿谀奉承。他也从不狂妄自大，待人永远和和气气、平平静静。这位驰骋沙场、百战百胜的名将，是我们每一个向往成功的人的典范。在他身上集中体现了成功所需要的全部素质。他不仅非常自信、做起事来专心致志、富有创造性、拥有理智的判断力，而且为人机智、反应敏捷、一旦遇到机会就能紧紧抓住。他不愧是我们每一个人学习的榜样。

NO.4/ 要珍惜你的时间

珍惜自己的时间是每一个成功人士的获胜秘诀。每一个想要取得成功的人，总是想设法赶走那些闲聊的人。他们海阔天空的闲聊，只会消耗自己的时间，使自己宝贵的光阴在不知不觉中流走。

一个做事有计划的人，是不会在不相关的事情上浪费太多时间的。无论是老板，还是职员，只要是对自己的公司不能有所裨益的话语，最好还是少说。千万不要在上班时间拉着别人闲扯，那样做实际上就是在妨碍别人的工作，降低人家的工作效率。

有些人担心自己如果那样做的话，会使客人下不了台。事实上，如果你的态度足够谦恭，客人是会明白你的处境的。比如，一个大公司的老总向来以谦恭待人著称，每一次与客人谈要办的事后，他都会很有礼貌地站起来，然后与客人握手道歉，十分遗憾地说自己还有很多事情要做，不能再陪他们聊下去了。他这样说，那些客人不仅会了解他，而且对他的诚恳态度也感到满意，所以也就不会对他的不赏脸心怀不满了。

与任何人来往都能做到简洁迅速，这是每一个成功者的必备条件，也是一个人最可贵的本领。

与任何人来往都能做到简洁迅速，这是每一个成功者的必备条件，也是一个人最可贵的本领。只有认识到了时间的宝贵，一个人才会有目的地去防止那些爱饶舌的人来打扰自己。在美国企业界里，最会利用时间的人就是摩根了。他总是能用最短的时间将要做的工作谈完，然后就打发人家走人。虽说为此他得罪了许多人，但是，就算是那些记恨他的人，也把他当作是自己的人生典范。事实上，我们每一个人都应该学会这种节约时间的美德。

有人计算过摩根的收入，每分钟可高达20美元，这也就难怪他为什么那么珍惜自己的时间了。摩根在晚年仍然坚持每天早上九点半走进办公室，下午五点回家，除了与生意上的人来往以外，他从来没有和一个人交谈过5分钟以上。

如果你去过摩根办公的地方，你就会明白他办事高效的原因。他有一间很大的办公室，和其他的老板只愿意和自己的秘书待在一起不一样，他是和许多的职员待在一起。这样做，他就能够随时地指挥员工，让他们按照自己的意愿去工作。

只有那些善于把握现在、面向现实的人，才会在现实生活中获得极大的成就。

摩根之所以能够节约时间，还在于他有卓越的判断力。因为有了卓越的判断力，他节约了许多时间。在他面前，拐弯抹角地说话是很愚蠢的，因为他一眼就能够看穿你想要说什么。如果你闲着没有事情做，只是来找他胡乱聊天，那么，摩根是绝对不会理你的。

在人类历史上，没有比今日更伟大的日子了。人类以往的日子，都是由今日汇聚而成的，历史上无数的今日像滚雪球似的，越积越大，才有了今天人类生活中种种辉煌的成就。今日是以往各个时代最优秀的人物留下的智慧结晶，它代表着以往各个时代的最高成就。

今天是伟大的，还在于它是以往各个时代的延续。在今天中，包含着人类的种种成就与进步。现在的青年，和五十年前、一百年前的青年相比，所享受的物质财富，不知要高多少倍。

第一次和第二次科技革命，由于蒸汽机和电力的发明，人们从苦役中解放出来，生活开始变得安逸而舒适。过去时代的种种发明，为今天人们的舒适生活奠定了基础。

重视目前的生活，是最明智的生活态度。现在有很多人感慨生不逢时，好像过去的时代都是很好的，如果他们生活在过去的时代，就一定能够获得极大的成就。其实，如果不能把握住今天，无论生活在哪个时代，都会导致失败的人生结局。昨天已经逝去，不可追回，明天还是一个未知数。我们能够把握住的唯有今天。既然我们只能生活在今天，我们就要在今天去创造更多的财富和价值。

只有那些善于把握现在、面向现实的人，才会在现实生活中获得极大的成就。那些善于利用现实的人，是不会浪费自己的精力去追求虚无缥缈的事情的。他们不会将过多的时间耗费在追悔过去的失败经历上，也不会将自己的精力虚掷在幻想未来的舒适生活上。这样，在现实生活中，他们就有足够的精力来面对生活中的种种困难。因而，他们做事时，才会比别人更完美，更成功。

不要把自己的时间，都用在幻想未来上。人应该有梦想，但不能终日沉迷于梦想。只有不沉迷于幻想，才不会损害自己的人生乐趣。不要因为向往着远方的牡丹，就把脚下的玫瑰抛弃。

我们并不反对人们幻想明天，我们只是反对过度的幻想。明天的生活无论多美好，还只是没有实现的梦幻。哪怕明日你就能拥有汽车洋房、娇妻好友，可是今天，你仍然是一无所有的穷光蛋，你还是需要为今天的面包去奋斗。所以，不要老是去计划明天，而要把眼光定位在今天。唯有善于把握今天的人，才能创造出今日的幸福，才能把注意力集中在自己正在从事的事业上。我们切不可为了明日虚幻的幸福，而忽视了今天的机会、今天的享受。

人不可长时间地停留在自己的幻梦中。一个过多幻想未来的人，就会对当前的事情丧失兴趣，就会感到生活枯燥乏味。

真正的快乐，蕴含在我们生活的今天中，而不在虚幻的明天里。所以把握住今天吧，你会获得超值的回报的。

NO.5/ 做一个果敢的人

自信心是一个人最宝贵的财富。只有自己先信得过自己，别人才有可能信得过你，也才有可能把重要的任务交给你。一个优秀的年轻人，应该有血气和胆量来面对生活中的种种艰险和危难。一个遇事犹犹豫豫、迟疑不决的人是很难有坚定的自信力和理智的判断力的。这样的人永远没有自己的一贯主张，他们凡事听凭人言，从不敢果敢地决定任何事情。

拥有坚定自信心的人，必定是意志坚定、敢作敢为的人。有了坚定的自信心，他们就有足够的能力去应对生活中的种种艰险。即使有什么意外的事情发生，他们也总能沉着应对，不惊慌失措、乱了分寸。正是由于他们相信自己，别人才会相信他。别人都知道他有勇往直前的性格，都知道他们无需求助于人就能获得成功。所以，大家也就对他特别信任。

古今的成功者，无不是有着极大的勇气、敢于面对一切艰难困苦的人。没有坚定的自信心，是不适合在各行各业中但当领袖、先驱的。

现在的社会，生存竞争异常的激烈。那些做事三心二意、缺乏勇气和自信心的人，是不会找到自己的立足之地的。他们是会处处受到排挤的。

没有充足的自信心，就不会遇事立即行动。这样只会使自己白白丧失成功的机会。成功要求每一个青年人，都具备坚定的意志力和善于把握机会的自信心。

如果一个青年人，做事情总是拖拖拉拉、缺乏自信心。那么，在决断一件事情时，他就会犹豫不决、固步自封。这种人的生活一定会是死气沉沉、毫无希望可言的。

爱默生曾经说过这样一句话："毫无疑问，上帝是赋予了每个人都能成就大业的能力的。"

如果我们对自己的人生抱着负责任的态度，我们就不会得过且过地混日子。其实，我们每一个人都会有锦绣前程，前提是只要我们能够将上天赋予我们的能力充分发挥出来。很多有卓越才能的人，本可以做出巨大的成就，结果却在平庸的工作岗位上终老一生，这是非常可惜的。之所以会有这种现象的产生，不能适时地对自己的人生方向做出调整，是一个重要原因。没有坚定的自信心，没有坚信自己会成功的意志力，我们就不能从糟糕的教育、职业、环境等不利因素中奋力挣扎出来，当然也就不可能发挥自己的过人天赋，去创造光明美好的前程。

我们每个人都能成就大事，每个人的才能都是相当的。只是有些人能够将自己的潜力激发出来，有些人则不能。

潜能就像是一把双刃剑。如果我们不知开发利用，总是一味地模仿别人，站在别人的阴影下，那么我们不仅不会收到任何益处，反而会使自己陷于巨大的不利和危险之中。

要把你宝贵的精力集中到一点，全力以赴地去做一件事情。唯有如此，才会有成功的可能性。即使你只有做鞋匠的天赋，你也要立志做成世界上首屈一指的制鞋大王。胡思乱想只会使自己的精力耗散、智力衰减，使自己的潜能无法发挥。所以我们要有创新精神，万不可盲目追随别人。

有希望成功的人，是永远不会怨天尤人的，他们向来勇于承担一切后果。无论做什么事情，他们都会满怀信心。在不可能的境地中，他们也总能够打出一条出路来。他们的目光永远只盯着“成功”两个字。为了这个目标的实现，他们会摒弃其他的一切杂念。自主的创造性给了他们无穷的力量，他们绝不会跟在人家背后亦步亦趋。在计划和方案制定好之后，他们绝不会拖延，一定会马上行动。一切的阻碍、磨难、险阻，在他们看来只是上天对自己的考验而已。试问，有了这些优秀的品质，一个人怎么可能不成功呢？

成功要求每一个青年人，都具备坚定的意志力和善于把握机会的自信心。

能够建功立业的人，是时刻充满生气、精力充沛的人。他们是有伟大魄力的人。他们有远大胸怀、敏锐的直觉、开阔的视野、果敢的判断力。他们傲视一切，就像是天神一样，在我们头顶俯视着我们。而那些只知跟在人家后面人云亦云、亦步亦趋的家伙，是只配做命运的奴隶的，他们根本不会享受到生命的最高乐趣。

要做自己的主人，要做自己命运的主人。没有成功的机会不要紧，只要我们肯努力，我们就能从环境的种种束缚中挣脱出来，创造自己需要的机会。只要鼓起勇气，与阻碍我们成功的敌人作斗争，我们就能成功。

许多人有这样的想法，他们觉得世间所有的事物都是在命运的掌握之中。如果上天注定了你会成功，即使不努力你也会有大的成就；如果上天注定了你是一个失败者，无论你有多努力，你也不会取得成功。这种想法是极其愚蠢和荒谬的。一味地屈从于命运，不振奋起精神，只会等待上天的眷顾，那是非常可悲的。它会对一个人的天赋、才能、品格都造成莫大的伤害。

一个人的成功，是需要自己创造机会的。在前进的道路上，它需要你鼓起勇气、拿出力量、立即采取行动。无论任何人，只要做到了这一点，他就能够为自己赢得极大的发展空间。一个做事有条理、肯负责任、有满腔热忱的人，是很容易成功的。

想要取得成功，你就需要立即行动。这也是提升你自己的人格，发展自己的个性的最佳途径。立即动手去做你想要做的事，你就不会在日后抱憾不已。在行动中，你要不断地学习，吸取别人的优点、改正自己的缺点。也许刚开始时，你没有勇气、没有忍耐力，缺乏自信、缺乏魄力，没有理智的决断力，但是这些都不重要，只要你善于学习，一切都会慢慢聚拢到你的身上。你应该相信自己是上帝的宠儿，上帝赋予了你特殊的才能，只要你能够发现它，激发它，你就能做出惊人的成就。身上的缺点，你必须尽全力改正，这是你生命中的一个重要使命。只要你能够坚定地做下去，在无形之中，你的人格、魄力、才能都会有飞速进展。

一个做事有条理、肯负责任、有满腔热忱的人，是很容易成功的。

在危险的境地中，千万不要紧张，因为那是锻炼你的才能的最佳场所。美国的伟大人物格兰特将军就有这种秉赋。遇到了困难，他绝不会自暴自弃，他总是抱着我一定会成功的决心去行动。每当大难临头，在他身上你是看不出任何犹豫不决、优柔寡断的印迹的，他总是勇敢地冲上前去，扼住命运的咽喉，力挽狂澜。

如果你能读一下美国历代伟大人物的传记，比如说，林肯的、华盛顿的、格兰特的……你就会收获很多东西。他们是那么的勇敢坚决，那么的一往无前，一定会给你无限的力量，指引你找到成功的路途。在他们的字典里，你是找不到“害怕”、“畏惧”等字眼的，他们只知道埋头做好眼前的，精心计划好将来的。

在危急关头，没有坚定信念的人，是很容易变得退缩不前、精神萎靡的。这样，他们就不可能克服困难、赢得成功。有时不仅不会成功，他们反而会闯下大祸，陷入一败涂地的境地中。在危难中，只有那些意志坚定、思维清晰的人，才有可能杀出重围、走向成功。

为了争取成功的希望，我们一定要振作起来。那些优柔寡断、懦弱无能的人是不会有充足的自信力的。如果你的自信心发生了动摇，你的事业之基就会随之动摇，如果是这样，你就很难再取得成功了。

NO.6/ 办事情要直率且迅速

有人曾提出了四种良好的习惯，即：守时、诚信、坚毅和迅速。这四种良好习惯的养成，会使人受益终生。没有时间观念的人，自然不会珍惜时间，那无异于浪费生命。不懂诚信的人，最终将自取灭亡。性格中缺少了坚毅，再容易的事也会半途而废，不能成功。同样，做事拖拉、不讲效率的人，原本可能拥有的成功，也会错失良机，而机不可失，失不再来。

直率而迅速的工作方法，是每一个成功人士的必修课。对于任何问题，我们绝不可以马马虎虎、敷衍了事。在事情没有明朗之前，我们一定要仔细研究，制定出一个万全之策。但是一旦知道了自己的目标所在，我们就一定要立即动手。在与人谈判时，能用一刻钟时间办成的事情，我们绝不可以花上一个小时。那样做，在事情谈妥以后，我们就要立即打住、赶快告辞。

成功的商人或工程师，是不肯陪闲人聊天的。他们知道如果那样做，无疑是会浪费掉自己许多宝贵的时间的。跟无聊的人会面，是很痛苦的一件事情。光是见面的互相寒暄，就能够把人弄到崩溃。在谈话中，他们东拉西扯很长时间，也不能让人明白他们究竟想要说什么。

直率而迅速的工作方法，是每一个成功人士的必修课。

给人留下了说话毫无头绪的坏印象，对自己的成功是十分不利的。有很多人确实拥有高超的才能和过人的见解，但就是由于这个原因，弄得别人不想理他们，结果只会是空负了自己的满腹才华，最终也只能是一事无成。

办事干练、为人精明的人，大都具备这种办事直率、迅速的优点。他们把时间看作是自己最宝贵的财富，倍加珍惜，从来不肯把一分一秒的光阴浪费在无聊的事情上面。

因为办事拖延迟误、不能迅速地加以解决，导致了许多人的失败。办事拖延的人遇事总是迟疑不决、优柔寡断，结果就在他们左思右想的时候，许多有利的商机白白丧失了。

在法庭上，直率而迅速的工作态度显得尤为重要。许多很有前途的律师，就是由于不能迅速地将自己的观点讲清楚，结果导致了失败。一位在美国联邦最高

如果没有果断迅速的处事方法，即使你有高强的本领、渊博的学识、聪明的大脑，你也不可能取得成功的。

法院供职的法官说过这样一段话：一件案子的胜败关键，就在于对案件的最核心问题的辩论。在出庭时，有些律师由于考虑到这件案子的重要性，就拉拉扯扯地说了一大堆废话，并且举出了无数的例子来证明自己的观点。这样做的结果只能是，不仅把法官和陪审员搅得头晕目眩，而且也由于话语和细节过多，容易被对方抓住把柄。其实，他们不懂得，在法庭上的一分一秒都是十分宝贵的，它不允许你多说一句废话。如果你有足够的证据，你就要尽量用简洁的语言把它阐述清楚。这才是最好的辩护方法。

如果没有果断迅速的处事方法，即使你有高强的本领、渊博的学识、聪明的大脑，你也不可能取得成功的。因为你根本就没有办法抓住事情的重点，根本也不明白自己到底需要什么。

刚刚从学校毕业的大学生，在选择职业的时候一定要注意这一点。许多人就是由于缺乏迅速果敢的性格，结果对每一个工作都左思右想，最后致使机会一个一个从自己身边溜走，这是非常可惜的。在这些人中，有很多是出生在富贵之家，父母对他们有着很高的期望。但也就是这份期望，成了他们束缚自己的锁链，使他们无法迅速果敢地抓住良机，最后只能是抱憾终生。所以，当今的父母一定要注意了，绝不能给自己的孩子过多的压力，那样做只会使他们养成办事犹豫的坏毛病。

罗伯特·奥格登曾经说过这样一句话：据我的观察，许多无法取得成功的人的最大弱点，就是多嘴多舌。他们讲话毫无逻辑性，根本无法切中要点。一般情况下，一个沉默寡言但是却能够使身边的每一个人都明白自己在说什么的人，大都是很容易获得成功的。老凡德比尔特也曾说过类似的话：“我的成功秘诀就是少说话、多做事。”

成功的人大都具有勇往直前的性格。有很多人的失败就是因为缺乏冲劲，动力不够，就像子弹火药不足不能射出枪膛一样。有了雄心勃勃、排除万难的决心，才会有冲向成功的动力。一个人的能力再强，天资再聪慧，如果没有冲劲，也很难成功。在我们的社会里，除了诚实以外，人们最缺少的就是精力了。其实，大家都懂得精力的重要性。再聪明的办法，如果只停留在脑子里，也毫无用处，同样，不把思想付诸行动，也是毫无价值。决心固然不可少，但如果不能坚定地去执行，再大的决心也没用。生活需要打拼，工作更是如此，只有具有闯劲的人，才能清除前进路上的障碍，生机勃勃、精力充沛的人，获得成功也是必然的事情。即使能力有限，但是如果能够干劲十足，也要强于那些能力虽强却毫无干劲的人。

精力旺盛的人会得到大家的钦佩是因为他们在遇到困难时能够随机应变、永远不会屈服，哪怕阻碍再多也不能让他们退缩。这样的人是不可战胜的，他们会及时纠正自己的错误，陷于困境时，能够迅速找到解脱的办法，然后继续前进。在我们周围，因为缺乏冲的精神而失败的例子举目皆是。这样的人遇到困难便会止步不前，他们没有追求理想的决心，血液里缺少钢铁般的意志和成功的力量，当然也不会有成功的机会。上帝是公平的，每一个年轻人都拥有智力和体力，同样拥有成功和幸福的机会。

NO.7/ 养成立即行动的好习惯

在我们每个人的一生中，都会有许许多多的幻想和憧憬。美好的理想、周密的计划，能够让我们看到自己的生活价值，激起前进的勇气。树立远大理想是我们走向成功的第一步，但只有理想和憧憬是远远不够的，最重要的问题是我们怎样去实现它。立即行动是最好的办法，一味地拖延只会使自己的理想冷却，使自己的意志受损，最终导致自己的梦想难以实现。

在希腊神话里，智慧女神雅典娜是从爱神丘比特的脑子里突然蹦出来的。当她刚出世时，就具有了华美的容貌、高尚的理想、深刻的思想和宏伟的幻想。其实，在我们的脑海里，都藏着一个雅典娜。当一个新奇的主意和远大的理想突然产生时，我们一定要抓紧时间去实现它，因为它就像刚诞生的雅典娜一样，是最具有成功的潜质的。如果不能抓住机会，它就可能会在时间的洗涤下渐渐褪色，最终失去了实现的价值和意义，成为无用的思想和观点。在现实生活中，许多人养成了办事拖拖拉拉的坏习惯，在他们身上，从来没有发生过立即去解决问题的情况，其实，

拖延能够使人懈怠，削弱人做事的能力，减缓人前进的步伐。

这样的人是没有意志力的懦弱者，他们缺乏成功者的素质，也没有走向成功的可能性。

你想把一件事放到明天去做，可是明天究竟会发生什么样的事情，又有谁能够预料得到呢？一日有一日的决断和理想，每天都有每天的事，只有那些绝不把今日的事拖到明天去做的人，才能够掌握生命的主动权，赢得成功的机会。

人做事情是需要热情的。每一个新奇的想法在刚诞生时，我们都会把很高的热情投注在里面。如果我们不能抓住这个机会尽快去实现它，一旦等到热情冷却再去做那件事，我们就会感到疲惫不堪，成功的概率也就极低。拖延会消灭人的创造力，妨碍人们做事。过分的谨慎和缺乏自信都是做好一件事的大敌，它们只会消磨人们的做事热忱，让人们对自己的想法熟视无睹。

把今天的事情拖到明天去做，实际上是不划算的。今天的事情不做，非要等到明天再做，做这个决定本身所消耗的能量，就足以在今天把这件事情做成功。在事情刚开始时，我们会感觉到在这个工作里蕴含着无限的乐趣，因此，就算是工作时再苦再累，我们也会感到无比幸福，但是，如果过了这一段时间，我们就会失去做这件事情的兴趣，到那时，想要再把这件事情做好，几乎是不可能的。

人的命运总是带有很大的不可捉摸性，成功的机会往往稍纵即逝。如果当它出现时，不能适时地抓住和利用，那会是非常可惜的。

制定好的计划，就一定要去执行，这是每一个想要成就伟大事业的人，所必须要具备的素质。决断好了的事情不去做，不仅不会对我们产生任何积极的影响，反而会浪费很多宝贵的精力。

一个人的写作，靠的是灵感。当一个生动而强烈的意念产生时，如果一名作家不能快速地将它抓住并记录下来，事后他会后悔不已的。优秀的作家总是随身带一支笔，一旦灵感来临，无论自己的事情有多忙，也要把它记下来。

对于一名优秀的艺术家来说，灵感同样重要。当一个奇妙的幻想飞入脑海时，就像一道闪电照亮了他的整个生命，这就是灵感来临时的征兆。如果在这个时候创作，他一定能够取得惊人的成就。可如果他是一位办事拖拖拉拉的人，迟迟不愿意动笔，一旦等这份激情消失，他就再也难以创造出优秀的作品来了。也许在过了许多日子后，他突然想起来那天的灵感，想要去动笔捕捉，可那个印象早已消失不见、杳不可寻，不再具有任何操作性。

灵感就是这样，稍纵即逝、不可捉摸。所以，我们对已经到来的灵感，要赶紧抓住，趁热打铁。

> 制定好的计划，就一定要去执行，这是每一个想要成就伟大事业的人必须具备的素质。

拖延有时会造成巨大的损失，有时甚至会使许多人的生命丧失。在战争中，一位将军由于没有及时阅读前线送来的报告，结果导致了全军覆没、身死人手，一世英名毁灭殆尽。当前线的司令官命人把情报送过来时，他正在和别人玩牌，于是他就随手把这封信塞进了裤袋，没有及时阅读。事后他看到这封报告时，就知道大事不妙，赶紧去调兵遣将。可是一切都已经来不及了，敌方将领已经率领自己的队伍兵临城下了。最终他不仅全军覆没，而且自己也丧命在敌人手上。由于自己的办事拖延，导致了自己的几万军队覆灭，还赔上了自己的性命、荣誉和自由。这难道不足以引起我们的警醒吗？

当一个人有病时，就要及时医治。如果不去医治，只是以为忍一下就会好的，那么一旦等到病情恶化、成为不治之症时，再去已经是来不及了。

拖延能够使人懈怠，削弱人做事的能力，减缓人前进的步伐。在这个世界上，没有什么比拖延更为有害。

人应该力争养成办事不拖拉的好习惯。当自己受到拖延的诱惑时，就要振作精神，坚持办事果敢的作风。绝不能轻易就做了拖延的奴隶。如果一个人做任何事都能立即行动，并且充满自信，那么他就能克服办事拖延的坏毛病。对于一个人的成功，拖延是最坏的敌人，它不仅偷走了我们的时间、损毁了我们的高贵品格、败坏了成功的大好机会，还抢夺走了我们的自由，让我们在现实世界中一无是处，四处碰壁。

工作时多拖延一分，就少一分成功的希望。要医治拖延的恶习，就要学会立即动手去做自己的工作。

"立即行动"，是每一个想要成功的人都需要谨记的人生格言。只有立即行动，才能克服拖延的坏习惯，才能给我们的成功增添胜利的筹码。

阿莫斯·劳伦斯说过："要想办成一件事，必须养成立即行动的好习惯。这样，才有可能走在别人的前面。而那些拖沓的人，会永远被时代甩在后面，他们就是跑得再快，也成不了赢家。"如果每做一个决定，都要去请求别人的帮助，那么自己是干什么用的呢？紧急关头，必须要有自己的判断力，同时要有做出决定的勇气。有人问亚历山大征服世界有什么秘诀，他说："马上去做就够了。"

危急关头，拿破仑能够反败为胜，因为他能够迅速地做出决断，抓住自己认为最明智的做法，所以他才能够成为雄霸欧洲的主人。曾经，他凭借自己伟大的意志力，几乎征服了整个欧洲。每次重大的战役，不管是多么小的指令，他都能迅速做出反应。遗憾的是，滑铁卢的惨败，就是因为他决断前的犹豫，等决策出来时，为时已晚。

在一次审判中，最初，陪审团中有11个人赞成定罪。只有一个陪审员始终坚持自己的观点，认为嫌疑人没罪。他说，就是让他去监狱坐牢，也不会违心地说一个无辜的人有罪。开始，没有人同意他的看法，都认为嫌疑人所犯的罪过铁证如山。艰难的辩论，长达24小时，最终，人们被这个无法战胜的"顽固分子"说服，判决嫌疑人无罪。当然，我们所说的坚持，要基于理智的思考上。愚蠢而顽固的人做出的决定，是不应该支持的。"顽固不化"和"坚持到底"这是两个完全不同的定义。

一个有修养、有内涵的人，应该是能够很好地控制自己言行的人。有时候，人们会遇到一些突如其来的问题，紧急关头，必须马上做出决定。这时候，他要调动所有的智慧和才干，迅速做出反应。尽管这个决定可能有不妥之处，但是时间不允许他再去考虑，当务之急是马上行动。其实，人的一生中，有许多的重要决定都是没有经过充分考虑而做出的。

詹姆斯·帕顿夫人，每当回忆起和巴特勒将军一起驰骋战场的情景，都会对将军那快速决策的能力赞不绝口。她说："不管多么危急的关头，他都能够像凸透镜那样，聚焦自己的全部精力去思考问题，然后迅速做出决定。决定做出后，他已经投入到下一个问题中去了。"

路线十四

自己主动把握机会

NO.1/ 自助使人成功

你一定听说过“美孚石油公司”这个名字吧？但你知道它是怎么发展壮大的吗？你知道约翰 · 洛克菲勒这个人吗？现在让我来告诉你吧。

美国石油储藏量非常丰富，但产量却非常低，主要是因为当时的石油冶炼方法十分落后，而且使用起来也不安全。洛克菲勒意识到美国人口众多，石油的用途将会十分广泛，投资石油产业一定会大有作为。于是他找到以前曾经一同工作过的维修工塞缪尔 · 安德鲁，合伙开了一家小炼油厂，固定资产只有一千美元。

1870年，安德鲁发明了一种新的石油冶炼方法，洛克菲勒用这种方法炼出了他们的第一桶石油，他们生产的石油质量好，所以生意十分红火。后来，他们又增加了一个合伙人，名叫弗来格勒。

但过了不久，安德鲁由于对现状不满，要求退出合伙关系。洛克菲勒问道：“你要什么作为补偿呢？”安德鲁不假思索地说：“一百万美元。”第二天，洛克菲勒就将这笔钱交给了安德鲁，并对他说：“你只要一百万美元，而不是一千万，我想你会后悔的。”

经过二十年的发展，美孚石油公司由一个不起眼的小炼油厂，发展成为石油业的巨头。固定资产已达到九千万美元，而它的市场价值更是不可估量。

很多人有一个不好的习惯，那就是，一旦自认为在某一方面缺少特殊的技能，他就不再有奋进的动力，以为再怎么努力也是枉然。可是，他们并不知道许多获得非凡成就的人，当初也与常人无异，也不知道自己有什么特殊的技能。只是由于他们的自信力远远高于一般人。他们始终相信自己必将获得成功，在此基础上，他们不断做出新的尝试，不断提高自己的才能，不断地为成功积聚起了丰厚的资本。

对于一个人的成功而言，自信心有不可取代的作用，它比家庭背景、势力、金钱来得更为有力，它能鼓励人们克服困难、追求光明、获得成功。

在实际生活中，有些人年轻时靠父母，长大了依靠亲戚朋友，一切事情都想有人来替他策划、思想、工作，这虽然比自己动手简单、轻松得多，但却使自己陷入依赖别人的泥淖中不可自拔。我们应该知道，没有人会永远陪伴着我们，一旦他们离我们远去，我们的生活又将会如何？其实，每一个人，都能实现自立自助的梦想，每一个人都有能力依靠自己的双手生活得更好。

人一旦丧失了前进的动力，有了事事依赖别人的观念，就会变得懒惰不堪，就会离成功越来越远。

自助能够激发人的奋斗精神，让人为了目标，不管前面有什么困难，都会奋勇向前。而一旦养成凡事依赖他人的坏毛病，就会祸患无穷。有些为人父母的人，从贫穷的境遇中挣脱出来，知道在那样的环境中奋斗有多苦、有多累，所以他们不希望自己的孩子再经历同样的磨难。在生活中，他们处处替孩子着想，尽自己的最大能力给孩子安排好一切，以为这样才算是尽到了做父母的义务。可结果往往事与愿违，孩子养成了依赖别人的坏习惯，在现实生活中，经不起一点风浪，承受不了一点小小的挫折，当然也就不可能获得多大的成就。

自立、自助是叩响成功大门的敲门砖，是取得成功的保障。

自立自助是叩响成功大门的敲门砖，是取得成功的保障。世界上，只有那些摆脱了依赖性，扔掉了别人舍弃的拐杖，有坚定的自信心的人，才能获得最终的成功。

只有危难时，才能显示出一个人的勇气和智慧。平静的港湾里，锻炼不出优秀的水手。风平浪静时看不出一个人是否训练有素、是否富有经验。

只有在危难时，才能锻炼一个人的意志、陶冶一个人的性情。

抛弃依赖之日，也就开始走上激发自己潜能的道路。当一个人开始自立自助时，他也就踏上了成功的旅途。

别人的帮助，会传递给我们温暖的感觉，但更多的时候却会起到相反的作用。给你一切想要的东西、让你无所事事的人，并不是你最好的朋友，只有那些鼓励你为了目标不懈奋斗、自立自助的人，才是你真正的好朋友。

一个身体健康、思想健全的人，如果接受了太多他人的帮助，就会感到自己不是一个完整的自我。一个人只有凭借自己的双手和智慧吃饭，自立自助地活在这个世上，才会感到无比的满足、无比的幸福。

缺乏自助精神的人，注定会一事无成。贪图省事，缺乏自信，从不敢按照自己的意志去做事，是人生最大的不幸。如果一个人遇事总是东询西问，只有在征得别人的同意后才敢做决定，那么他的才能就会逐渐消失，整个人也会渐趋平庸。

一个人如果不敢按照自己的意志生活，不敢按自己的想法表达意见，那就是自己将自己置于不幸的境地。自立自助，不懈努力，就一定会获得完美的人生。

NO.2/ 靠自己去创造机会

软弱的人总是等着机会到来，而勇敢的人却主动创造机会。

夏宾曾说过："强者不会坐着等机会降临到自己头上，而是去寻找机会并紧紧抓住它，使机会成为开启成功之门的金钥匙。"

在人的一生中，遇到特殊机会的可能性是微乎其微的。可是机会却经常来到你的面前。行动吧，朋友！牢牢抓住它，使它成为你走向成功的一种契机。

犹豫不决的人天天喊着："老天爷，给我一次机会吧！"其实他不知道，机会就在身边。难道不是吗？课堂上，老师的谆谆教导是一次机会；一次考试是你人生中的一次机会；工作中，前辈耐心传授经验是一次机会；运动员每一场紧张的比赛是一次机会；医生给病人看病是一次机会；在报纸上发表一篇文章是一次机会；买卖双方的谈判是一次机会；一次学术讨论是展示你才华的一次机会；一次对你自信心的考验也是一次机会。

人活在这个世界上就是一次机会。你可以通过努力、施展才华取得成功。那么这个机会回报给你的东西，就远远超过它本身。菲来德·道格拉斯是一个奴隶，像他这样连人身自由都没有的人，却可以通过自己的不懈努力，最终成为一位伟大的政治家、演说家和作家。想一想这是因为什么？现在的年轻人，不论哪方面都比道格拉斯当时的条件优越，有理由不做得更好些吗？

懒惰的人经常躺在那里抱怨没有机会，而勤劳的人总是在辛勤的工作中创造机会。头脑灵活的人善于在细微的小事中寻找机会，而粗心大意的人，却总是让机会轻易地从自己的眼前溜走。有些人在他的一生中时时刻刻都在寻找机会，从不放过任何一件小事情。对于一个有远大理想的人来说，在他们生活中遇到的每一个人和每件事都是一个机会，都会给他们带来丰富的知识和宝贵的经验。

有句名言这样说："幸运女神会光顾每一个人，但是如果这个人没有做好迎接她的准备，幸运女神就会离他而去。"

美国运输业中，有一位大名鼎鼎的企业家名叫科尼里斯·范得比尔特。他经过分析认为汽船在航海方面将会大有作为，于是他不顾家人和朋友的强烈反对，毅然放弃了原本蒸蒸日上的事业，到一艘汽船上当了船长，年薪仅为一千美元。范得比尔特感到，要想在航海方面有所发展，必须要有纽约水面航行的专有权。

可是在当时只有利文斯敦和富尔顿才有航行的专有权，范得比尔特认为这个法令违背了美国宪法的精神，他强烈要求政府取消这个法令，经过多次的努力，他最终获得了成功。不久他就拥有了属于自己的汽船。

当时美国政府要为往来欧洲的邮件支付大笔费用，于是范得比尔特便提出他可以免费送邮件并保证质量，他的这一要求马上就得到了政府的批准。在此基础上，范得比尔特很快就建立起一个庞大的客运与货运体系。

懒惰的人经常躺在那里抱怨没有机会，而勤劳的人总是在辛勤的工作中创造机会。

美国幅员辽阔、人口众多，范得比尔特又预见到铁路运输将会是前景广阔。于是他又积极投入到铁路的建设事业中，最终成为美国铁路运输业的巨头。

命运是可以改变的，一个成功的人不会甘受命运的摆布。世界上许多成就伟大事业的人，原本就是出身低微、家境贫寒的孩子。譬如，仅仅凭借发明了一个推进器，而成为美国著名的大工程师的富尔顿；仅仅凭借药店里的几瓶药品，而成为英国伟大的化学家的法拉第；靠着一家小店铺里仅有的几件工具，竟然成为纺织机的发明者的惠德尼。此外，现在普遍适用的电话，竟然是贝尔用极其简单的器械发明的。

美国历史上，个人通过不懈奋斗而创造奇迹的故事，是最动人、最感人肺腑、最催人泪下的。在美国，许许多多的男男女女一旦确立了远大的目标，就算是在奋斗的征途中遇到种种的艰难险阻、风霜磨难也绝不退缩，他们忍耐着、努力着、依然相信明天会有好运的到来，最后他们终于获得了成功。还有一些人，本来在社会中处于底层，十分平庸，但是他们依靠自己的艰苦劳动，以坚韧不拔的意志努力奋斗，结果成为了社会各界中的名人、领袖。

“没有机会！”失败者常常如是说。在他们看来，他们之所以失败，是因为缺少机会，是因为没有得到当权者的青睐，是因为别人总和他竞争，总是先一步抢占了好的位置。

可是，有成功意志的人绝不这样想，他们不找这样的借口。他们从不奢望机会能主动找上门来，他们也从不向身边的人哀求帮助，他们更注重的是通过自己的苦干去创造机会。他们深深地明白，没有人能给自己想要的机会，唯有自己才能帮助自己。

一次，亚历山大指挥军队刚打了一个大胜仗，他手下的将领问他："是不是要等待下一次机会来临时，再去攻打另一座城市？"亚历山大听完后，勃然大怒，嚷道："机会是自己创造出来的，不是等来的！"不是靠等待，而是靠自己的努力去创造机会，是亚历山大取得成功的重要原因。

一个人不管做什么事情，都要等待机会的来临，这是很不明智的。因为一切渴望和努力，都可能因为等待而不再有意义。

许多人认为，只要有机会，就会很容易地打开成功的大门。在他们看来，机会就等同于成功，有了机会，就算是不努力，也会取得成功。实际上，这种想法是极其错误的，无论做什么事，一旦有机会，不仅要及时把握，更要借此机会不懈奋斗、不断追求、争取早日成功。

现实生活中，到处都是失业的人群，表面看来，是因为劳动力太多，社会需求不足。可是，在大批人群失业的同时，许多大公司却在到处急聘人才，许多的职位保留着，等待着有人来填补。当然，这些企业招收的只是那些受过高等教育、有良好专业技能的高素质人才。因此，每一个将来想要获取成功的人，现在就要努力打下坚实的基础，否则，在现实生活中奋斗过一段时间后，也只能无奈地站到失业人群中去。

人们很多时候并不理解自己要做的事业，往往把它们看得过于高远。其实，再伟大的事业，也是最简单的工作累积，也是从底层一步步锻造出来的。

如果读过林肯的传记，了解了他幼年时代的生活境遇，再回过头对比他后来的成就，青年们会作何感想呢？幼年时，林肯住在一所极其简陋的茅舍里，没有窗户，也没有地板。在今天人们的眼中，他不亚于生活在远古时代的原始人。在生活上，他缺乏一切的必需品；在学习上，他没有足够的书籍来阅读。虽然他的住所离学校非常远，可他仍然坚持每天跑二三十里路去上课，风雨无阻。为了进一步发展、提高自己，他不惜远行百里去借书籍来阅读。是一种什么样的力量在支持着他？在如此艰苦卓绝的环境中，林肯不懈奋斗，不止向前，最终成为了美国历史上最伟大的总统之一，他的奋斗精神也成为了全世界人所敬仰的人格典范。

成功不会眷恋那些一味等待机会的人，它永远只垂青那些富有奋斗精神的人。每一个年轻人都应该牢记，机会只能依靠自己的奋斗来创造。如果以为机会是在别的地方、是靠某个人赐予的，那他就一定会遭遇失败。

如果“没有机会”是一个人不能取得成功的理由，那位生活在穷乡僻壤里的穷孩子，怎么就入主白宫作了总统呢？与之相反，在同一时代，那些生长在良好教育环境中的孩子，其成就却远不及他。怎样来解释这种现象呢？让我们再来看看那些生活在贫民窟中的孩子们。他们中的一大部分人，最后不是成了议员或商界领袖，获得了极大的成就吗？让我们再了解一下那些大金融家、大政治家、大农场主，他们之中的哪一个不是靠艰苦的个人奋斗而成功的呢？

成功不会眷恋那些一味等待机会的人，它永远只垂青那些富有奋斗精神的人。

因此“没有机会”只是那些惧怕未来的懦弱者们所找的借口，勇敢的人向来不屑于那样做。

想一想，有多少事情等着我们去做？一句温暖的话语，一个小小的帮助，就能给予别人莫大的鼓舞。上帝赋予我们的才能是均等的，我们每个人都具有诚实的品质、美好的愿望和不屈不挠的性格，这些都是我们成功的保证。许许多多的英雄人物，时时刻刻在激励着我们去奋勇向前。

崭新的时代给我们带来了前所未有的机遇。不要等着机会主动来到你面前，应该去积极地寻找、去创造机会。弗格森小时候，用一串珠子来计算天上的星星。乔治·史蒂芬森在昏暗的小屋里，用粉笔得出了一个数学定律。伟大的军事家拿破仑屡次在“不可能”的情况下创造了奇迹。他们都是主动去创造机会，直至成功。

所有伟大的领导者不论在什么时候，都能创造出非比寻常的机会，然后再利用机会取得成功。对于懒惰的人来说，即使再好的机会摆在他的面前，他也会视而不见，而勤劳的人却能利用一个普普通通的机会，开创出一番惊人的事业。

NO.3/ 掌握自己的命运

成功的机会很少出现，即使出现也是稍纵即逝。那些办事拖拉、从不脚踏实地的人，是不可能抓住这样的机遇的。费尔普斯曾经说过这样的话，他说："要时刻注意寻找机会；一旦找到，就要果断、及时地把握住；当机会在手中时，要用全部的精力去争取成功——这是一个成功者必备的三种素质。" 柴皮恩也曾经强调过这种观点，他说："守株待兔的人绝不可能成功，只有那些主动出击的人，才可能发现机会、利用机会，最终让机会服务于自己的成功。"

那么，根据一个人意志力的强弱，就可以判断他将来是成功还是失败吗？一般意义上来说是这样的。如果能够满怀激情、不惧诱惑地工作，即使是面临困境，也依然会坚定信念，朝着目标不断前行，这样，他就一定能够取得成功。

不是所有从塔希什出发的船只，都能够满载着俄斐的黄金顺利归来。可是，这不是任凭那些小船在港湾慢慢腐烂的理由。虽然它们成功的希望不太大，可是也要让它们到大海上搏一下。既然是航船，就应该在大海中接受锻炼。

梅勒斯曾经说过："意志的力量不是显露在外面的，它是无法察觉的，但是，它确实存在于每一个人的思想中。我们需要的就是去发现它、展现它。这个过程肯定会充满艰辛，但它确实能够给予我们巨大的力量。一生中，如果刻意地把自己封闭起来，不去激发这种能量、任其沉睡，我们只会消磨自己的意志、束缚自己的手脚。那么，怎样才能激发这种力量呢？对自己有一个充分的了解、正确评价自己的能力是达到这个目的的必由之路。"

一位著名的教育家曾经这样说过，他说："只要对生活充满了渴望，并且为之不懈奋斗，就一定能够克服种种困难。在任何一个人的脑海中，都会有这样一个映像，某人年幼时由于家境贫寒不能入学，但是却渴望能够获得好的教育。后来，这种渴望支持着他付诸行动。从此以后，这个人面前呈现出了一条平坦的康庄大道。实际上，这样的事例是存在的。它告诉了我们这样一个事实：如果渴望变成了一种明确的目标，那么，在前进的道路上我们就会感到有一股无形的力量在推动着自己。"

缺乏自信心是我们取得成功的最大敌人。如果没有自信心和坚强的意志力，我们就容易受到环境的影响，任凭命运的摆布。如果对自己抱有极强的自信心，坚信

如果渴望变成了一种明确的目标，那么，在前进的道路上我们就会感到有一股无形的力量在推动着自己。

自己一定会成功，那么，即使遇到了困难，你也一定能够克服。其实，你要相信自己生来就是为了取得成功的。

也许生活中会有种种磨难在考验着你的自信心，但你应该冲破这些世俗的羁绊，用行动证明自己的天才。如果有人对你说你不会成功，说你根本就不是成功的料，你不必理会，只要勤勤恳恳地努力就行了，毕竟事实会证明一切的。

比之于中年人，年轻人有自己的优势。在年轻人身上有一种难得的精神：勇敢，不畏惧任何事情。换句话说，就是初生牛犊不怕虎，就是时刻对自己充满着无比的自信。

一般情况下，别人对我们的评价，取决于我们怎样评价自己。那些有充足自信的人，别人也会非常容易信任他。但如果是非常胆小怕事、从来不敢相信自己、缺乏理智的判断力、总期盼着依赖别人、不懂自己去开拓美好的生活、害怕承担责任的人，那就肯定不会获得他人的信任。

勇敢而自信的人，总能赢得别人的信任和喜爱。如果一个人做事时总是雷厉风行、充满自主性、相信自己一定会成功，那么他就一定能成功。

已经获得成就的人，谈到自己成功的秘诀时，都反复提到一个问题，那就是要相信自己。在此基础上，他们积极开拓、勇往直前，敢于“冒天下之大不韪”，敢于标新立异、特立独行。他们从来不担心自己会孤立无助。

现在的社会，竞争激烈、运转节奏很快，那些胆小怕事、犹豫不决的年轻人是不会获得生存空间的。只等待、不主动出击的人，是不可能获得成功的。有望成功的人总是那些不仅勇敢，而且善于抓住机会的人。

成功的法则就是要不断向前，自信会给你永不枯竭的前进动力。

自信在别人眼中有时会显得过于自负，可这不是我们不自信的理由。在自己眼中，这样的自负怎样都不过分。

人生下来就是为了获得成功的，你要坚信自己的神圣权利，永远不要承认失败和贫穷。无论遇到什么困难，你都要坚定地前行。只要坚定地走自己的路，最后你

无论在生活中，还是行动中，一个人必须时刻坚信自己能够取得成功，否则，他就根本不可能成功。

一定会取得成功。如果连你都不相信自己，还怎么要求别人去信任你呢？

我曾经听过一个年轻人向他的老板这样要求说："请给我重要的职责，太容易的工作不能激发我的全部才能。"在说话的同时，他伸出了两只健壮的臂膀，做出勇挑重担的姿势，眼中闪耀着诚恳的光芒，浑身都是自信的力量。这样的人无疑是有成功潜质的。

这个世界是属于那些坚强果敢的实干家们的。有句话不是说"世界永远为那些目标明确的人敞开大门"吗？

世界是很奇妙的，它会造出种种困难来阻挠你获得成功。可是，如果你不向它屈服，困难就会向你屈服。一旦困难发现对你没有什么影响，那么它就会退却，甚至有可能帮助你获得成功。

普伦蒂斯·马尔福德曾经说过这样的话，他说："无论在生活中，还是行动中，一个人必须时刻坚信自己能够取得成功，否则，他就根本不可能成功。"

爱默生说过："我相信天意的安排，从来没有付出了没有收获的道理。只要我们艰难地、不怕牺牲地向前走，总会有到达成功的一天。只要坚信意志的力量，一本书、一座雕像或者是一个名字都会令我们找到前进的动力。对于那些没有干劲、没有决断力的人，我从来不相信他们能够取得成功。"

NO.4/ 把握机会，创造奇迹

坚定的意志、不畏艰险的勇气和必胜的信心，会使所遇到的困难发生改变吗？答案是肯定的。

贺雷修斯只带两名士兵就让托斯卡纳的九万大军望风而逃，是因为什么？莱奥尼达斯能够以弱胜强，打败了波斯百万军队是因为什么？恺撒大帝总能百战百胜，是因为什么？温克尔里德身负重伤，还能毅然坚持战斗，这是因为什么？拿破仑指挥的无数次战斗，从来也没有后退过，是因为什么？谢尔曼将军单枪匹马来到阵地上稳定军心，带领战士们坚守了阵地，这是因为什么？这些都是偶然吗？不是，那是因为他们有必胜的决心和不怕困难的精神。

在历史的长河中，有许许多多这样的例子。这些例子告诉我们，英雄人物在困难面前是从不退缩的，而是勇敢地抓住机会，所以他们取得了辉煌的成绩。他们总是临危不惧、胆识过人，让世界为之喝彩。

对每个人来说，机会都是平等的，没有大小之分。

也许你会说，他们是英雄、伟人，或者说这世上只有一个拿破仑。但我们应该清楚，现在青年人所遇到的困难，比起拿破仑穿越阿尔卑斯山要容易多了。

对每个人来说，机会都是平等的，没有大小之分。善于把握机会的人，哪怕是一个普普通通的机会，他也会把它变得非同寻常。

1838年9月6日的早晨，天灰蒙蒙的，暴雨如注，狂风大作。在兰斯顿灯塔里，有一位年轻的姑娘正在睡梦中。突然，她被一阵凄厉的呼叫声惊醒了。她拿起望远镜，看见远处的海面上，有九个模糊的身影，正抓住一块木板，随着波浪时隐时现。他们不远处的岩石边散落着失事船只的残骸。

姑娘叫醒了还在沉睡中的父亲。他朝远处的海面上仔细地观察一番之后，无奈地摇着头说："上帝呀，救救这些无辜的可怜人吧！可是这样的天气，我们也无能为力。""不，只要我们去争取，一定能把他们救出来的。"女儿眼含热泪恳求着。父亲面带难色地说："那就试试吧。但这鬼天气，以我多年的经验，根本就没有成功的希望，连我们也不一定能活着回来。"

随后，这个勇敢的姑娘与父亲一道，奋力地划着桨在暴风雨中穿行。遇难船员们凄惨的呼叫声，给予了小姑娘无穷的力量，她与父亲齐心合力，将生死置之度外，艰难地向船员划过去。九个遇难的船员得救了。这真是一个奇迹。

被救的船员看到眼前的救命恩人竟然是一位弱不禁风的小姑娘和一位年迈的老人，都难以置信。船员们连连说："亲爱的姑娘，上帝都被你们的行为感动了。"这件事很快传遍了整个英国。他们的勇气和胆识，连高贵的国王和威猛的武士们都自愧不如。

善于把握机会的人，哪怕是一个普普通通的机会，他也会把它变得非同寻常。

纪实小说家乔治·埃格尔斯曾讲过这样一个故事。

在威尼斯城中有一位富有的商人，名叫西格诺·法列罗。一天晚上，他要举行一个盛大的宴会，所邀请的嘉宾全是社会名流。宴会马上就要开始了，可就在这时，甜点设计师说，他设计的那件大型的甜点不小心被弄坏了。管家听了，急得像热锅上的蚂蚁一样，不知道怎么办才好。因为那件大型的甜点是用来装饰餐桌的，它将显示主人的富有。如果没有摆上，肯定会受到耻笑。

管家正急得团团转的时候，一个瘦弱的小男孩儿走到他面前，怯生生地说道："能让我试试吗？再做另外一件东西来代替它。""你是谁？竟敢口出狂言，这可不是闹着玩儿的！"管家喊到。孩子小声说："我叫安东尼奥·卡诺瓦，是雕塑家皮萨诺的孙子，现在是厨房里干粗活的仆人。"管家半信半疑地问道："小家伙，你不是开玩笑吧，真能做吗？"小孩挺起胸膛从容地说："如果真能让我来试一下的话，我就可以做一件东西摆在餐桌中央。"管家想，反正现在也没别的办法了，干脆就让他试试吧。可是他非常担心，不知道结果会怎样。小孩子端来了一些黄油，不慌不忙地干了起来，一会儿功夫，刚才的那些黄油在孩子手中已变成了一只栩栩如生的狮子。管家惊讶得嘴都合不上了，连忙叫人把狮子摆到餐桌中央。

晚会开始了，嘉宾们有说有笑地来到宴会大厅。这些嘉宾全是当时的名人，有高贵的王子，有见多识广的王公大臣，还有高傲的艺术评论家。当他们看到餐桌上摆着的狮子时，都异口同声地称赞道："真是一件天才作品，只有伟大的艺术家才能做出来。"客人们都不忍离去，连他们来此干什么都忘了，好像宴会变成了鉴赏会。他们生气地问西格诺·法列罗："你请了一位伟大的艺术家，为什么不让我们见一见？他怎么肯将这样高超的技艺浪费在这么容易化掉的黄油上呢？"法列罗也愣了，忙问管家是怎么回事。管家一五一十地向主人说了事情的经过，并把小安东尼奥叫到主人面前。

客人们听说，这个黄油狮子竟然是一个小孩做的，都以为听错了，惊奇地问："什么？是这个小孩子做的？""是的，千真万确，就是这个小孩做的。"管家回答说。“真是天才少年，前途无量呀！”高贵的客人们纷纷赞叹道。富有的主人当即决定，不让小孩再干那些粗活了，他亲自出资请最好的老师，把小孩培养成一位伟大的艺术家。

法列罗履行了自己的诺言，为小安东尼奥请了一位非常有名望的老师。可能很多人不知道安东尼奥小时候怎样有才华，但没有人不知道，世界上有一位著名的雕塑家——安东尼奥·卡诺瓦。

有一个英国小男孩儿在和朋友玩耍时出了车祸。一辆车从他身上轧了过去，动脉被轧断，鲜血直流，小男孩儿痛苦地呻吟着。在场的人眼睁睁看着小男孩儿痛苦的样子，不知道怎么办才好。这时有一位名叫阿斯特里·库珀的年轻人从这里经过，他迅速拿出了手帕紧紧地绑在男孩儿的伤口上，然后抱起小男孩儿向医院跑去，小男孩儿得救了，人们向库珀投来了赞许的目光。经过这件事以后，库珀就暗下决心一定要成为一名出色的外科医生。

功夫不负有心人，经过长时间的准备和等待后，机会终于向他走来了。一位生命垂危的病人急需手术，而那位医术高超的手术师却不在此地，于是库珀被拉到了手术台前，可以想象，这次手术对库珀来说是多么的关键。库珀有信心和能力完成这次紧急的手术吗？他能比那位医术高超的手术师做得更好吗？如果他做到了，他就有可能成为一名出色的外科医生。机会就在眼前，是被困难吓倒远远地离开，还是鼓起勇气战胜困难？答案就在他的手中。

NO.5/ 机会很难失而复得

在一间画室里，一个年轻人看到一尊雕像的脸被头发遮着，脚上还长着翅膀，非常好奇，就问雕塑家：“它叫什么名字？为什么它的脸藏起来了，脚上还长了翅膀呢？”雕塑家回答道：“它是机会之神。因为它的脸被头发遮着，所以即使它在我们身边，也没有人能看清它。它总是悄悄地飞来，又悄悄地飞走，一旦它飞走了，就再也不会回来。”

有一位作家曾经这样描述机会女神：“她的头发只长在前额上，脑后却没有。

如果你想抓住她，就必须紧紧地抓住她前额的头发，一旦松开了，她就会飞快地逃走，任凭你有天大的本事，也不能把她捉回来。”

然而，对于那些碌碌无为、不思进取、只知道吃喝玩乐的人来说，再好的机会又有什么用呢？

有一位船长讲述了他的一段亲身经历。

一天晚上，海上风很大，波涛汹涌。当船长他们行驶到半路上时，碰到了因为发动机故障而抛锚的“中美洲”号。船长大声地向他们喊道：“你们怎么了，需要帮助吗？”那艘船上的亨顿船长回答道：“情况有点糟糕，我正在全力抢修。”船长又问：“要不要先把船上的乘客转移到我的船上？”亨顿回答道：“不用了，你明天早上再来吧。”船长继续向他大声喊道：“我觉得还是先把乘客转移到我的船上好些。”亨顿仍然固执地说：“你先走吧，我正在修发动机，不会有什么大问题的。”船长还是觉得不放心，试着向他们靠近，可是那晚的风浪太大了，试了几次都失败了，于是船长他们就离开了那里。大约过了一个半小时后，船长得到消息说“中美洲”号出事了，亨顿船长和他的船员以及大部分乘客都葬身海底。

可能亨顿船长在面临死神的时候，会后悔当初机会就在眼前，而自己却视而不见，等需要的时候什么都晚了。由于他的盲目自信和优柔寡断葬送了多少无辜的生命啊！在我们现在的生活中，也有许多像亨顿船长那样的人，他们遇事盲目乐观，在困难面前又软弱无力，缺乏战胜困难的信心。等到事情无法挽回了，才火急火燎地寻找对策，那时什么都晚了。

有些人遇到事情时总把握不好机会，不是太早就是太晚。约翰·古夫说过：“这些人都有一个共同的缺点就是迟到，迟到对他们来说已经成为一种习惯了。”

当需要独立完成一些工作时，人们才感到知识的缺乏、能力的不足。有很多人总幻想着能回到从前多好，一定好好地把握机会，重新设计人生。可是，他们想过了没有，现在要是能把握住眼前的机会，不也一样能开创出一片新天地吗？

乔·斯托克是火车餐车上的一名司闸员。他为人乐观又乐于助人，大家都很喜欢他。

但是，乔·斯托克有一个非常不好的习惯，就是工作时经常偷偷喝酒。喝酒以后，就把自己的职责忘得一干二净。好心的朋友劝他时，他总是咧着大嘴，心不在焉地说：“谢谢你的关心，这不算什么，不用为我担心。”他完全没把朋友的忠告当成一回事，到最后连那些提醒他的朋友都觉得有点儿小题大做了。

在一个风雪交加的夜晚，他们的火车晚点了。乔望着车窗外，不停地埋怨道：“什么鬼天气，要是能早点回家，坐在火炉旁，美美地喝上两口该有多好。”说着说着，他顺手拿出酒瓶喝了起来。一会儿功夫，乔的脸开始发红，舌头也变大了，东一句西一句说个没完。火车司机和列车员却不敢掉以轻心，他们瞪大眼睛，密切注视着火车的前方。

遵守时间和把握机会是成功的关键所在。

当火车行驶到半路时，突然停了下来，原来是引擎坏了。可怕的是几分钟之后将有一辆火车要从这条轨道上经过，如果不能马上修好引擎，后果将不堪设想。列车员飞快地跑到后车厢，告诉乔马上打开红灯让后面的火车后退。乔睁着发红的眼睛，漫不经心地说：“急什么？火车过一会儿才能来，天这么冷总得让我穿上外衣吧！”列车员一脸严肃地说：“一秒钟都不能等，后面的火车马上就要开过来了。”乔满不在乎地说：“好吧，我这就去。”列车员又急匆匆跑回到司机那里。

可是，乔并没有马上去做这件事。他先慢吞吞地穿好衣服，把扣子扣得严严实实，又拿起酒来喝了几口。然后才拿起灯笼下了火车，嘴里哼着小曲儿，沿着火车道摇摇晃晃地走着。

刚走几步，他就听到火车呼啸而来的声音。他急忙跑下轨道，躲了起来。可怕的事情发生了，那辆飞驰而来的火车撞在了停着的餐车上，餐车被撞得支离破碎，旅客的尖叫声和蒸汽的嘶嘶声交织在一起，场面一片混乱。

人们清理现场时，发现乔不见了，究竟他上哪儿去了谁也不知道。第二天，人们在一间破旧的房子里找到了乔。他已经疯了，用一双无神的眼睛看着大家，手里拿着那只破灯笼，嘴里不停地重复着一句话：“看，我拿着什么？”

后来，乔被送进了精神病院。他遇着人就问：“看，我拿着什么？”可怜的乔·斯托克，因为自己平时工作散漫，使许多人失去了宝贵了生命，自己也为此付出了惨痛的代价。

在我们的生活中有许多错误是无法挽回的。迪恩·阿尔福特曾说过："在我们的一生中，总有一些事情让我们刻骨铭心。就事物的价值或重要性来说，世界上没有什么能和时间相比，一个小小的失误，可能就发生在瞬间，而谁又能预料到这就是人命关天的时刻呢？"

遵守时间和把握机会是成功的关键所在。在每个人的身边总是有无数个机会，如果能在关键的时刻抓住机遇，成功就会触手可得，一旦与机遇失之交臂，将会遗憾终生。阿诺德曾说过："所谓的转折点，其实就是平时的积累突然爆发的时刻。对那些勤于思考、工作认真、善于利用机会的人来说，这些突如其来的情况是非常重要的。"

有一些人总在不停地寻找那些"重要"的机遇，幻想着靠一个机遇一夜成名，或者一夜暴富，从来也不肯脚踏实地去争取、去拼搏。爱默生在《浅薄的美国主义》一书中的精辟论述，很值得我们去借鉴——我们不通过刻苦学习，能获得知识吗？我们不去认真工作，能有巨大的收获吗？

在我们的生活中有许多错误是无法挽回的。

现在，有许多年轻人为什么整日地东游西逛呢？是没有适合他们的工作，还是对生活失去了信心？是觉得没有任何机会了，还是懒得去寻找机会？是觉得世界末日到了，要及时行乐，还是已经掌握了所有事物的真谛，不用探索了？是觉得社会竞争太残酷，而意志消沉、心灰意冷了，还是只想平庸地度过一生？

我们所处的时代比任何时候都要好，机会时刻在你面前，只需你勇敢地伸出双手去牢牢地抓住它。如果你还要索取什么，那就会错过机会。路在你自己的脚下，鼓起勇气大步前进吧！

NO.6/ 为自己储备成功的力量

如果不积聚成功的力量，一个人在失败面前就会变得绵弱无力。很多人就是由于缺少足够的资本，结果经不起失败的打击。一旦被击倒，就再也没有爬起来的勇一个人能否抓住机会，依赖于他平时积聚的力量是否充足。

气。当代的青年应当为自己储藏相当的智力、体力和处理社会事务的能力，只有这样，才不至于无法应对社会中发生的种种意外事件，从而避免自己在人生旅途中遭受失败。

想要积累财富，就要敢于投资。一个人对自己的生命投资越多，他就能够收获越多的人生幸福。如果一个人不肯在教育上投资，他就不会得到专业训练，也就不会在其他方面积聚起成功的资本。

在每个人的一生中，总会有机会来临。而一个人能否抓住机会，依赖于他平时积聚的力量是否充足。在一个人的一生中，能不能获得成功，取决于积累的力量大小。平时积聚的力量越大，成功的概率也就越大。

善于积累，在平时看不出有什么特殊的用处，可是，一旦到了危急时刻，它就会显示出巨大的力量。在这里有一个例子，足以证明这个观点。美国历史上著名的政治家韦伯斯特有一篇很出名的演讲——答复海尼。当这篇演说辞在美国众议院发表时，全场为之轰动、掌声经久不息。可是，在这巨大成功的背后，又有多少人知道它诞生的真实背景呢？海尼在众议院发表完演说后，韦伯斯特自己也认为海尼准备得很精细，以至于无懈可击、无可辩驳。可是，当时在众议院讨论的，又都是关乎美国国运的重大问题，韦伯斯特又不得不对此做出答复，因为在第二天表决时，很多人将会由于他的演说而改变主意。但是，韦伯斯特又没有足够的时间去查翻资料。那时的情形，用他自己的话说就是千钧一发。可是，他却在第二天做出了那番精彩的演讲。事后他回忆说，当天晚上，他回到寓所，由于没有足够的时间到图书馆去，他就坐在桌前，凭借自己以前的积累开始写这篇答辩。很幸运，在书架上他意外地发现了一本自己平时做的思想札记，于是就对它进行了巧妙的利用。正是在这些平时积累的素材的帮助下，他才写出了那篇答辩，并且凭借那篇答辩，赢得了大多数议员的支持。

人要成就一番事业，需要体力、智力、精神、道德和毅力等多方面的积累。所以想要将来成就一番事业的青年人，一定要提前为自己做好这方面的积累。

普法战争中，普鲁士的著名统帅毛奇将军，就是一个善于在平时积累力量的人。为了赢得这场战争的胜利，他准备了许多年，从军力到粮草都做了精密的部署。所以，在战争一开始，普鲁士就能很快地抓住主动权，最终轻易击败了拿破仑三世，为德意志帝国立下了赫赫战功。现在的青年了解了这段历史后，也许会受到启发，重新规划自己的人生。

早在普法战争爆发前13年，毛奇将军就已经制定了精密的作战计划。他把全国的军官都集中起来，做统一的训练，让他们都知道自己的意图和熟悉自己的军事训令。并且他们也被告知，在战争中一旦遭遇意料不到的事情，应该怎样迅速做出回应。正是有了这样的训练，在战争爆发后，只要毛奇一声令下，全军都能步调一致地立刻执行。

由于这场战争的重要性，毛奇做的准备也是面面俱到的。在普鲁士全国每一个司令官的要塞里，都有一个毛奇亲自写的信封。在那个信封里，放着最机密的作战指令。比如，怎样调动军队、什么时候行动等作战方略。所以，只要各地的司令官接到战争动员令，就可以把信封打开，研究自己具体的作战方案，以确保完美地完成自己的任务。正是有了这种精密的计划，普鲁士才能赢得了许多宝贵的作战时间，抓住了战争胜利的机会。

对于已经制定的作战计划，毛奇并不是固执地要求他的下属机械地执行，而是常常要求他们根据战争的进程，适时做出相应的调整。正是做到了这一点，毛奇所率领的军队，才能够随机应变、处乱不惊。据说在普法战争中，普鲁士军队进退自如、攻守有序、秩序井然，所有的行动就像钟表里的发条一样精确。能收到这样好的效果，不得不归功于毛奇的深谋远虑。为了应付突如其来的战事，最后的战略早在1868年就决定了，而最初的战略早在1857年就制定好了。

如果我们能对普鲁士和法国的军事部署做一个对比，我们就会知道普鲁士赢取战争的原因。他们在战前准备上，简直有天壤之别。普鲁士是样样有准备，而法国当局则是样样无准备。

当战争开始后，远在巴黎的战时指挥部，每天都会收到许多前线将领的加急电报。在电报里，他们不是说自己缺乏供给，就是缺乏弹药，有些人甚至报告说自己的军队不能及时地调动。由此，我们可以看出法国的战前准备是多么的差劲。正是这种战前准备的不足，才导致了法国军队在战场上不堪一击，最终战败，留下了抹不去的耻辱。

有很多人认为自己的能力足以应付发生的任何事情，为人太过于狂傲。可是当危机真的来临时，他们又不能力挽狂澜，结果导致一败涂地、输得一无所有。这不能不引起我们的深思。

要想收获丰硕的果实，就要在播种时撒下美好的种子。想要在日后取得成功，就要在平时积聚起成功的资本。这是不可动摇的人生真理。

想要在日后取得成功，就要在平时积聚起成功的资本。

NO.7/ 利用闲暇时间创造财富

时间如此宝贵，然而，随意浪费时间的人却比比皆是。

在美国费城一家造币厂金粉处理车间的地板上，有一个凹下去、木制的格子。每天工作后清理地板时，这个格子就被拿起来，里面的金粉就被收集在一起，日复一日，每年收集起来的金粉价值上万美元。我们可以想象，每一个杰出人物都有一个这样的“格子”，他们把那些零碎的时间，那些被常人不注意的几分钟，都收集在一起。泡好茶的十分钟，如约而至的周末，坐车的途中等等，都被他们如获至宝般地加以利用，并足以取得令那些不懂得珍惜时间的人大吃一惊的好成绩。

日复一日，年复一年，时间就像一个精心打扮的朋友，悄悄来到我们身边，在它的背包里，放着世界上最珍贵的礼物。如果我们不好好对待它，它就会头也不回地离开。就像一滴雨水落在大海里——我们的岁月滴在时间的长河里，无声无息，无影无踪。

每一个鸟语花香的清晨，时间老人踏着一缕阳光，又给我们送来新的礼物。如果我们没有充分地欣赏和接受那些昨天和前天送来的礼物，那么我们接受今天的能力也就逐渐降低或消失，直到有一天，我们的这种能力全部丧失。不是有这样一段至理名言吗？“失去的财富可以通过励精图治、勤奋工作而重新获得；忘掉的知识，可以通过刻苦学习失而复得；身体的不适，可以通过合理的饮食、体育锻炼和高超的医术而痊愈；唯有宝贵的时间，一旦失去了再也不会回来。”

马利恩·哈伦德是一位非常忙碌的母亲，她每天既要照顾孩子们的吃穿，又要操持家务。可是她却能合理地利用每一秒钟，在紧张忙碌之余，来构思和创作小说和时事报道，经过不懈的努力，终于取得了令人瞩目的成就。尽管她成就斐然，令人赞赏，然而，她的一生中都在同各种各样的干扰抗争，这种干扰完全可能使大多数的妇女在料理家务之余无所作为。由于她超乎寻常的坚韧毅力和对待时间的吝啬态度，她最终化平凡为伟大。在妇女中很少有人能做到这一点。

哈丽特·斯托夫人也是一位日夜操劳的家庭主妇，但她就在那样的条件下写出了那部脍炙人口的名著——《汤姆先生的木屋》。这样的例子还有很多，比彻利用每天开饭前的短暂时间读完了长篇巨著——《大英史纲》。郎费罗每天利用煮咖啡的间隙翻译《地狱》，他的这一习惯从没有改变过，几年后，这部巨著的翻译工作，终于在无数个等待咖啡煮熟的十分钟里完成了。

在懂得了时间所能创造的奇迹之后，再仔细地看一看，我们周围还有那么多年轻人让时间任意在身边匆匆流逝，每天浪费两小时、四个小时，甚至六个小时的宝贵时间，这是一种多么痛心的浪费——简直就是慢性自杀啊！当行动不便、生命快要结束时，他们才痛心疾首，懊悔当初没有珍惜时间。但是，懒惰和无知的习惯已经深深地扎根于他们的意识当中，已是积重难返，无药可救了。

每一个年轻人都应该养成这样一种良好的习惯，珍惜和利用生命中的每一分每一秒，紧紧抓住任何一点零零碎碎的时间。你可以利用这些闲暇的时间改进本职工作，使之精益求精；你也可以将其用于自己喜爱的领域，让自己兴趣广泛，博学多才。不论是那一种，你都应该清醒地牢记“失去的时间不再来”这一道理。时间就像射出去的箭一样，无声无息不再回头，与其仰天长叹“人生苦短，生命宝贵”，不如从现在开始刻苦努力，珍惜每一寸光阴。

伯克曾说过这样一段耐人寻味的话：“我发现，阻碍一个人成功的最大因素就是得过且过，悠闲度日。不论什么人，如果他不懂得珍惜时间、懒惰成性，那么他永远也成为不了时间的主人，最终也就无所事事，虚度一生。”

有些人勤勤恳恳工作、勤俭节约、历经磨难最终成为商界叱咤风云的人物。同样，许多年轻人充分利用了别人随意丢掉的时间，在闲暇的时间里获得渊博的知识和令人尊敬的修养。

查尔斯·弗罗斯特在佛蒙特州是小有名气的制鞋匠，他每天工作之余都抽出一个小时学习新的知识。他洒下的辛勤的汗水终于得到丰厚的回报，他成为全美国最著名的数学家之一，不但如此，他还在其他的领域取得了令人瞩目的成就。

不论什么人，如果他不懂得珍惜时间、懒惰成性，那么他永远也成为不了时间的主人，最终也就无所事事，虚度一生。

病理解剖学创始人约翰·亨特为了从繁忙的工作中抽出时间来从事科学研究，他像许多名垂青史的伟人那样，每天只睡四个小时。为了整理亨特有关比较解剖学的资料，著名的解剖学教授——欧文用了整整十年的时间。他所处理和分类的材料包括两万四千多件标本，这些都是亨特用毕生心血积累下来的宝贵财富。对于一个几乎没有接受过正规学校教育，从一个木匠起步、靠自学成才的人来说，这是一个多么巨大的成就啊！

约翰·亚当斯在工作时最讨厌别人打断他的工作，尤其对无所事事、东游西逛的人更是深恶痛绝。意大利一位著名的学者在自己的门上写道："来访者必须与我的工作有关，否则概不接待。"由此，每位来访者都是他志同道合的朋友，他从不浪费每一秒钟。卡莱尔、丁尼生、布朗宁以及狄更斯都曾经对街边的琴师们极为不满，因为他们的琴声严重地影响了自己的工作。

在纺织厂里，织布时哪怕只有一根坏的细纱被织进布匹里，那么，整匹布就成了次品，使得所有的劳动前功尽弃，无法挽回。这时候，人们就会追究某位工人的责任，并让她承担所造成的损失。可是，谁又能承担我们生命之网中那些坏线头所造成的损失呢？我们不可能反反复复地摆弄一根没有穿了线的织针，每时每刻都会有某种线头被编织进了我们的生命之网。它有可能是那种由任意挥霍时间或把握不住机会构成的劣质线头，那么，这样的线头将使我们的生命之网千疮百孔，毫无用途；另一方面它也有可能是由惜时如金、拼搏进取构成的绚丽多彩的线头，它将会使我们的生命之网更加光彩夺目、结实耐用。光阴似箭，日月如梭，我们都无法让时间的脚步停止不前，也无法停下我们手中的织针，劣质的线头一旦被织进我们的生命之网，就无法更改，成为我们人生画卷中永久的瑕疵。

当一个年轻人埋头苦干时，没有人会为他的前途担忧。但是他午休的一段时间去哪里了呢？下班后又是和什么样的人在一起了呢？晚上在哪里吃晚饭？深夜才回到家里又是干什么去了？他是如何度过周末时光的？通过这样一些简单问题的答卷，我们就会发现，一个年轻人是如何利用他的闲暇时间的，而这更能直接地体现

浪费时间就意味着浪费生命，意味着对千载难逢的机会视而不见。

出这个人的品质。许多自甘堕落、误入歧途的年轻人都是在工作之外的那些闲暇时光里一步步走向堕落的。

与此形成鲜明对比的是，那些成就斐然、叱咤风云的杰出人物，绝大多数都是废寝忘食、锐意进取的工作狂，他们充分利用了那些闲暇时光，孜孜不倦地学习，勤勤恳恳地工作，坚持进行自我提高。在年轻人的人生征程中，每一分每一秒都是一种最严厉的考验。就像惠蒂埃那充满睿智的话一样——今天，我们用画笔描绘人生的图画，建造生命之舟；今天，我们的一言一行决定了明天是前程似锦，还是罪孽深重。

时间是无价的。谁能像一棵小草贪婪地接受每一寸阳光、每一滴雨水那样，珍惜每一分每一秒，一点一滴的积累，谁就能功成名就，位及顶峰。就像我们不会随便丢弃一美分一样，我们也不应该随便浪费生命中的每一分每一秒。浪费时间就意味着浪费生命，意味着对千载难逢的机会视而不见。好好想一想你是如何支配你的时间的吧，因为我们开启成功之门的金钥匙就在时间老人的手中。

爱德华·埃弗雷得曾说过："我们每个人的职责就是培养一种高尚的品质，像猎豹一样敏捷的行动抓住任何一个稍纵即逝的机会，挽回所有任意挥霍的时光，抛弃一切醉生梦死的思想，抵制一切低级趣味的诱惑，克制一切感官享受，使得自己成为一个有益于国家、备受敬仰、乐观向上、勇于进取的人。"

路线十五

锻炼自己的口才

NO.1/ 能够与他人沟通

哈佛大学的前任校长艾略特在一次毕业典礼上说，作为一个有教养的青年人，如果必须要具有一种能力，那就是要能流利而正确地讲纯粹的本国语言。

长于言辞，能够清晰明白地表达自己的观点，是最容易引起别人的兴趣和注意力的。这一技能，也是有望成就大事业的人，所必备的一种技能。善于谈吐，有许多益处。一个医生善于谈吐，就能吸引更多的病人；一名律师善于谈吐，就能多吸引一些诉讼的客户；一名店员善于谈吐，就能吸引更多的回头客。就算是最贫穷的人，如果善于谈吐，他也能凭借此达到衣食无忧的境地。

善于谈吐，并不等于满口的华丽辞藻。让人感到亲切自然，听起来饶有趣味的言辞才是最好的言辞。在与人交谈时，对别人感兴趣的事情，自己也应该表示出同样的兴趣，如果你的态度过于冷淡，说话不关痛痒，那么你就休想引起别人的注意。对于自己所要表述的问题，只要顺理成章，有根有据，逻辑分明即可。

与善于言辞的人谈话，是一种难得的享受。语言的魅力在于，无论在什么场合，清晰简洁的话语，抑扬顿挫、娓娓道来的语调，都能够吸引听众，打动别人。这是看不到摸不着的武器，但却威力无比，可以帮助你事业成功。开朗健谈、彬彬有礼的人，再加上优雅的举止，不论来到哪里，都会受到欢迎，不需要介绍，人物本身就是最好的宣传。只是，很多年轻人没有注意到语言的力量和表达的艺术，他们认为说话是人人都会的。其实恰恰相反，一流口才不是一般人具备的能力。巧妙地用词，得体地表达，会使相同的意思有着不同的威力。

在我们的学校里，考虑到了学生的方方面面，唯独忽视了对学生语言表达能力的培养。要知道，高超的语言表达能力会让人具有迷人的风采，富有感染力的声音已经具有了先发制人的优势。人与人交往时，社交技巧的威力是无穷的，而我们运用最多的，不就是语言吗？

在学校里，学生们可能会流利地说出拉丁文、希腊文，对精深的高等数学和深奥的理论也掌握得很好，可是，这些在实际生活中能够用到多少呢？对于学生来说，要想生活，就要与人交往，这与我们的生活息息相关、随时随地都需要。那么，培养学生的语言表达能力应该是最重要的了，可是，不管是学生还是老师都没有对此引起相应的重视，更没有想过把它作为一门学问来对待。

如果一个人的自我表达能力很差，那么会在很大程度上影响自己的发展。

谁都不能否认，在日常生活中，语言是用得最多的一种与人交往的方式。人们为了学习某一门科学文化知识，不惜花费时间和精力，却不愿意为了提高语言表达能力而进行专门的训练，结果呢，他们可能才识丰富，但更可能木讷呆板，成为典型的书虫。如果一个人在自己的专业领域有很高的造诣，可是不能很好地与人交流，与人说话时面红耳赤，表达不清，这是多么难堪的事啊！也许有人没有他们那么高的才学，却能够在公众场合滔滔不绝地发表着言论，赢得听众的赞赏。为什么会产生这么大的区别呢？关键在于他们的语言表达能力相差太多，而这不是一朝一夕可以改变的。

曾经有人在自己的专业领域取得了成就，但却不能通俗流畅地把它表达出来，如果除了自己没人能理解，那么这样的成就又有什么意义呢？这样的人即使拥有了身份与名望，但在社交生活中，人们很难感受到他们出色的才能，他们像个孩子似的，手足无措，更不能自如地与人交流。轮到他们发言时，尽管他们的头脑里拥有那么多的知识，但却提不起听众的兴趣，结果使自己陷入尴尬的境地。如果一个人的自我表达能力很差，那么会在很大程度上影响自己的发展。试想一下，连话都说不清楚的人，怎么与人沟通呢？而社会中永远不可能只有一个人存在，人必须要学会交流。表达能力不佳，会让你处处受窘，寸步难行。

有些人因为善辩的口才、准确的措词和优雅的谈吐，被人高看一等，也许，他们的实际能力并没有这么强。但不管怎么说，他们把有限的能力最大限度地利用了起来。他们懂得怎样调动自己的情感储备，以情动人，打动每一位听众。

有很多人的成功都得益于他们的口才。善于辞令的人，往往会给人留下深刻的第一印象。优雅的谈吐具有无穷的魅力，无论走到哪里，都会受到欢迎，这对于事业的成功是非常有帮助的。那些议员或高级官员，有哪个是口齿不清的呢？也许，凭借他们的实力，不一定能升到如此高位，但是，出色的口才帮了他们的忙，地位与财富，他们都拥有了。人们都愿意与幽默风趣的人交流，这样的人懂得说话的艺术，和他们说话，简直就是一种享受。

其实，语言表达能力并不只是简单的说话问题，它是一个人综合能力的反映。通过谈话，我们可以了解一个人的学识、才能、阅历和修养。从他说话的内容和方式中，我们可以触摸到他的思想，了解他的人生观、价值观。可以说，人的方方面面，都可以通过谈话表达出来，你拥有什么样的生活，掌握多少知识，取得多少成就，都可以从话语中反映出来。

如果年轻人胸怀大志，渴望成功，那么，注意培养自己的语言表达能力吧！高超的语言技巧，自如驾驭语言的能力，都是需要花费精力来训练的。在各种场合，谈吐优雅，从容不迫，应付自如，都有助于自己事业的成功。能够吸引别人，这本身就是一种很强的能力，不是人人都能达到的。提高自我表达能力，不管是对工作还是对生活都是有益的。拥有了这种能力，将会终生受益。我们会听到这样的意见："这个位置怀特先生比较合适。他说话得体，会给对方留下深刻而良好的第一印象，这对我们的公司形象是非常重要的。"

其实，在和别人谈话的同时，也是在和自己对话。语言表达能力强的人，说明他的思维敏捷，判断准确，精力集中。当然，一个人是心胸开阔、慷慨大度，

优雅的谈吐具有无穷的魅力，无论走到哪里，都会受到欢迎，这对于事业的成功是非常有帮助的。

还是心胸狭窄、心存偏见，都可以通过他的谈话体现出来。善于辞令的人，在交谈时，会避开对方不开心的话题，即使谈到对方的缺点与不足，也能够比较委婉含蓄地表达，让人容易接受；倾听时，他们会表现出强烈的兴趣，让人觉得被尊重。这样的人往往具有缜密的逻辑推理能力，过人的分析能力，对事物有着自己独到的见解，绝不会人云亦云，充当"复读机"。

但是，生活中也有一些实干家，他们有能力，但用语言表达时，却结结巴巴，

颠三倒四，很难让人明白他们的意思。当然，这会对他们的生活和工作产生不好的影响。所以，提高自己的语言表达能力对每个人来说都是必要的，而对于年轻人来说，尤为重要。能够自如地与人交谈，用词简练准确，表达有力，会大大提升自己的形象，受到别人的欢迎。

不管你是不是想成为律师、医生或商界精英，做哪一行，都需要与人交流，而语言表达能力的高低，会直接影响到你和他人的沟通效果。怎么样才能提高自己的语言表达能力呢？捷径是没有的，必须花费时间和精力去学习，掌握一些修辞手法，学会巧妙地表达自己的意思，那么，相同的意思，因为不同的表达方式，会收到意想不到的效果。用词丰富，谈吐优雅，尽可能多地增加自己的词汇量，注重平时的积累，这过程本身也是一个自我教育的过程，对个人的成长是非常有益的。

NO.2/ 表达要切中要害

纽约的一家企业，挂了这样一块警示牌："长话短说！时间有限，请自重。"从这条告示中，不难看出：现代生活节奏很快，每个人的时间都是宝贵的，做事高效快速是非常必要的。如果有些人只关心自己的事，罗罗嗦嗦唠叨个没完，无疑在浪费别人的时间。在生意场上，时间是什么？它意味着效率和财富！公文冗长、喋喋不休已经不再适应现代社会的要求了，简明扼要，开门见山，这样才可能提高工作效率。这条告示本身就言简意赅，用一种礼貌的方式，告诫那些说话拖泥带水的人。

与一个说话东拉西扯、漫无边际的人谈业务，简直是种折磨，听的人会感到厌烦甚至恼火。废话连篇，闪烁其词，让人如坠烟雾之中，哪个商家欢迎这样的人呢？确实有这种人，他们说话的时候，你永远也不明白问题的关键是什么。他们在问题的周围绕来绕去，旁敲侧击，避重就轻，不知要有多大的耐性才能与他们交流。如果是小孩子玩游戏时，因为担心被判出局而尽力绕开那些阻碍，是可以理解的，但如果一个成年人在说话的时候也犯这样的毛病，那么没人能忍受。

开会的时候，如果谁都可以悠闲自在、懒洋洋地坐在椅子上，云山雾绕地说个没完，那么这个公司离破产的日子也就不远了。现代企业，需要的是雷厉风行，出手如闪电，取舍都要干脆，拖拖拉拉、犹豫不定，只能坐失良机。自己难下决心的时候，人家已经有了主意，拖延时间无异于把机会拱手相让。在商业谈判中，事先必须经过认真准备、深思熟虑，一旦开场则要干净利落、直奔主题。然而，有些人绕弯子，兜圈子，拖沓成性。法官和律师最怕遇到这种人，因为没人能知道他们要表达的是什么。律师虽然有高超的表达能力，但是对这样的人却无能为力，因为他总是在无关紧要的问题上绕来绕去，遇到关键之处时，却含糊不清或者干脆避过不谈了。

说话转弯抹角、不着边际的人，十有八九是会被人讨厌的，而他们自己却浑然不知，仍然口若悬河地说个不停。如果你想做成一番事业，千万不要养成这样的毛病。否则，你会离成功越来越远。看看那些工作效率高、管理才能强的人，有哪个不是说话简练、干净利落的人呢？和语言表达能力强的人交流，简直是一种享受，他们不会无缘无故地重复，更不会浪费别人的时间，他们知道时间的宝贵。这样的人都是思维敏捷、做事果断、工作效率高的人。只有与人交往，才能了解他是个什么样的人。如果他写的信凌乱不堪、前言不搭后语，那么你也不要指望他办事干脆利落了。不过，一旦拖拉的毛病成了习惯，想改也是一件非常困难的事，即使有人提醒，甚至是监督，恐怕也很难奏效。

商业往来中，对信件的要求是非常高的，必须简洁、明了。看看那些商界的成功人士，有哪一个不是行文简练的？他们的信件内容全面、主题明确，没有一个字是多余的。普通人可能需要两页纸写清楚的东西，他只要十来行就可以说明白了。虽然未曾谋面，但我们可以通过他风格独特的信件，看出他的思想，了解他的特点。有这样一个窍门，写商业信件时，不妨把它想成在发电报，这样，就得字字计较了，可以用最少的字表达出全部的内容。久而久之，形成习惯，那就是一种风格了。写完后，多看几遍，多改几次，多余的话不要，多余的字都不能留，一字千金也不为过了。有话则长，无话则短，惜墨如金，慢慢地，我们的语言表达能力，思维能力，都会随之提高。

年轻人踌躇满志而来，却失望而归，为什么没能得到向往已久的工作呢？很关键的一个原因是，求职信写得乱七八糟。这当然会被淘汰。如果求职信写得整洁、严谨，那么在应聘之初，已经给招聘者留下了不错的印象。人事经理当然会在一大堆应聘材料中挑选那些简洁、干净、一目了然的信看。经验丰富的老板，

> **伟大的作家是知道珍惜读者的时间的，他们的作品里思想深邃、语言精练，主题深刻且很明确，耐人寻味。**

能从信中看出许多东西。见信如见人，虽然不完全准确，也能做到八九不离十了。试想，一封信拖沓冗长，充满自我吹嘘之词，怎么能获得别人的好感呢？真正有能力的年轻人，会注意求职信的质量的。

能否在商界获得成功，语言表达能力的高低是十分重要的。如果你说话不能直截了当，抓不住问题的实质，总是拖泥带水，那么，不要说经商，做哪一行想要成功都是十分困难的。成功人士都是说话干脆、办事果断的人。左右摇摆，犹豫不决，会使自己陷入不利的境地，最终辛苦奔波了半天，却一无所获。

人们喜欢阅读用词精练、语言简洁的作品。可是当下的年轻作者们流行的毛病就是行文冗长、小题大做，废话一大堆。可想而知，有多少人能够读懂他们的作品呢？常常是看了半天，还不知道他们要表达的是什么。那些有影响力的刊物，不会把自己的版面白白浪费在没有价值的文章上。而称职的编辑也会严守自己的职业道德，选择那些行文简洁、思路清晰、思想深刻的文章刊登，这是无可厚非的。

伟大的作家是知道珍惜读者的时间的，他们的作品里思想深邃、语言精练，主题深刻且很明确，耐人寻味。真正的好文章，可以让人百读不厌，每读一次，都会有新的发现。看看那些名著，有哪一本不是语言简明顺畅，思想深刻的呢？优美的文章，让人读起来轻松愉快，那些刻意堆砌的辞藻，只能让人看起来感觉劳累。会有人喜欢把时间浪费在毫无意义、没有价值的作品上吗？也许写的人会乐此不疲地埋头苦干，但是结果却不会有人欣赏，那些冗长不堪、意思模糊、思想凌乱的文章，看起来实在是让人头疼。相反，文章如果具有独到的风格、深刻的思想、生动的语言，那么读者会被牢牢地抓住。一些没有经验的作家，总认为自己的作品本身就具有深刻的思想，分不清文章的长短与质量的关系，怎么能写出好文章呢？例如，人们在生产乳品时，对黄油的质量要求是非常高的，哪怕一小块可能变酸的脱脂乳或其他杂质，都可能会影响到乳品的质量。所以，对于文章来讲，败笔是不允许存在的，那些平庸的思想、繁琐的语句，都要清除。用最少的语句表达出最准确的意思，有思想，有内涵，语言平实，条理清楚，结构严谨，才称得上好作品。

对于年轻作家来说，在创作之前，就要做到胸有成竹。那些可有可无的语句，甚至一个词语，一个字，都要大刀阔斧地砍去，做到行文简洁，短小精悍，要知道，读者比我们更珍惜时间。当然，对自己的严格训练，也能在很大程度上让自己成熟起来，尽快地掌握写作技巧，成为一个受大众欢迎的作家。真正有水平的作者，什么时候也不会认为自己的作品毫无缺憾，相反，他们会不断地对自己提出更高的要求，不断地给自己找毛病，甚至请人阅读自己的文稿，听取多方意见，反复修改，力图使自己的表达更有力、更清晰、更简洁。那些名家大师们的经典之作，有哪一本不是思想深刻，蕴含丰富，对后人影响深远的呢？他们可以明白无误地表达出自己的思想，做到惜墨如金，每一个词都精挑细选，反复推敲，精益求精。所以，这些作品能够经得起时间的考验，历时久远却光芒不减。林肯的葛底斯堡演说、朗费罗的《生命之歌》、莎士比亚的传世佳作，随着年代的推移，不但没有被人们淡忘，相反却越来越具有生命力。

一部成功的作品诞生之前，无一不经过长时间的酝酿。

一部成功的作品诞生之前，无一不经过长时间的酝酿。作者在布局谋篇上，不厌其烦、三番五次地斟酌尝试，力求找到最合适的表达方式，这样写出来的文章才经得起时间的考验，才能够万古流传。为什么那些名著可以不朽？因为它们是作者血汗的结晶，每一部作品里都渗透着他们无尽的爱，全身心地投入，将自己融入到书中，深思熟虑、精心锤炼，直至字字珠玑。

有不少年轻作家认为英国小说家吉卜林的成功是得到了上帝的恩赐。不可否认，他确实有着过人的文学天赋，但是，有多少人知道，吉卜林在写作时，为了表达准确、精练，几易其稿，甚至会在成稿前修改8到10遍呢？那些不知轻重的人，以为自己有了那么一点阅历，再加上聪明的脑瓜，就可以不费吹灰之力成为作家了，这不是很可笑的么？当他们收到附有感谢信的退稿通知时，就像被霜打了的茄子，蔫了下来，好像受到了莫大的伤害。不要去抱怨编辑们有眼无珠，其实，文章反映着作者的思想，编辑们慧眼识英才，正所谓书如其人，那些没有经过认真思考、没有反复推敲就匆忙出炉的作品，怎么能经得起推敲呢？经验丰富的编辑，随便扫上几眼，就能摸清作品的结构，那些毫无头绪、逻辑混乱、表达生硬的文章，当然会被毫不留情地退稿了。可是，那些对自己要求不高的作者们，只会去抱怨别人不懂得欣赏，却从不在自己身上找毛病，以为信手拈来的东西就能够成为经典之作，这不是白日做梦么？如果对花费心思遣词造句都嫌麻烦，又怎么可能写出好文章呢？其实道理谁都明白，没有辛勤的付出，怎么能有成功的喜悦呢？只是他们所缺乏的就是勤劳二字，不想为难自己，更不想委屈自己，无法严格要求自己，当然作品没有人欣赏也是正常的了。如果天资就不够聪明，后天再懒惰，不愿付出比别人更多的努力，那么也就不要奢望成功了。

同样的话题，不同的人写出来的东西给人的感觉千差万别。那些经典之作，文中的每一句话都蕴含着深意，甚至每个词都不可忽略。文章表达得清晰有力，读者的心灵受到震撼，情感引发共鸣，情不自禁地心潮澎湃，热血沸腾。这样的作品，让人百看不厌，每读一次心灵经受一次洗礼，情感得到升华，每个字都能动人心弦，那么真实，那么有力！阅读这样的作品，让人倍感亲切，仿佛与作者在进行心与心的对话，灵魂在交流，情感在互融。通过他们的作品，我们能够看到他们的全部生活经历，他们的思想，他们的内涵，尽在文字之中了。作品不仅反映了生活全景，而且细致入微到生活中的每一个角落，一切都被显现了出来。生活变得如此透明，作者与书中的人物已经难分彼此，仿佛呼之欲出。读者在和他们交流的过程中，更加清醒地认识了自我。

NO.3/ 成功需要高超的谈话能力

现实生活中，很多成功人士把自己的成功归功于高超的谈话能力。优雅自如的谈话会产生巨大的力量，会使一个人具有更强的人格魅力。这样的人就像磁石一样，在谈话过程中能够迅速引起别人的兴趣并牢牢把人们的注意力集中在自己身上。相反，一个在谈话过程中结结巴巴、逻辑全无的人，是不可能吸引别人的注意力的。尽管清楚地知道自己要做的事情、要表达的思想，但是他们总是无法明白地讲解给听众。像这样的人，在社会竞争中无疑会处于极端不利的地位。

我曾经认识一位出色的商人，每一个和他谈过话的人都说，和他谈话称得上是一种莫大的享受。他的谈话艺术几乎到了炉火纯青的地步，每一个词都经过了仔细的筛选，并力求准确、高雅。为此，他说出的每一句话都极其流畅优美，就像是山间潺潺流过的溪水。每当他开始讲话时，每一个在场的人都会受到他人格魅力的影响，被他深深吸引。那么，如此成功、高超的谈话艺术又来源于哪里呢？用他自己的话说，就是不断地阅读优秀的书籍。事实上，这个人终其一生都在阅读精美的散文和诗歌，并从中得出了适合自己的说话方式。

无论经过什么样的磨折，只要努力，每一个人都可以把自己锻炼成说话高手。也许你的生活一直贫困，根本没有机会、时间去接受高等的专业教育；也许受到来自各方面的阻力，你不得不处于令人沮丧的境地中；也许你被生活空间限制，一直无法施展手脚，可即使如此，你也可以通过自己不断的努力，使自己变成一个极富魅力、技艺高超的谈话者。只要你善于学习，机会就会无处不在。每当你想要说一句话时，你就可以思考采用最佳的表达方式；每当你读一本好书时，你就可以考虑从中吸取谈话的素养；当你与人接触时，你就可以思考怎样使人快速地接受自己的观点。在表达自己的观点时，很多人不善于选择经过思索的词语，而是选择那些随意跑到脑海中的语句。其实，任何一个有理智的人都应该明白，不经过深思熟虑、仔细斟酌的词句是不可能具有说服力的。

很多有机会接触到真正的语言大师的人，在回忆时都说："听他们说话，我们会感到一种极大的精神愉悦，如沐春风一般。"其实，语言本来可以成为极精湛的艺术的，可为什么我们很多人会在谈话时显得如此蹩脚呢？与人沟通，本来会给人带来无尽的愉悦，可为什么我们很多人会感到深深的担忧呢？

在我们的一生中，我们足以遇到很多改变我们一生的人。他们拥有极强的语言驾驭能力，他们自身的行为和魅力完全有理由使人相信语言是一种最精湛的艺术，并且这种艺术的高度甚至已经超越了其他一切艺术的高度。

在这些人中，温德尔·菲利普斯是最具有代表性的一个。现在我仍然清晰地记得第一次去拜访他的情形。站在他宽大的庭院中和他谈话，真是一种莫大的享受。

优雅自如的谈话会产生巨大的力量，会使一个人具有更强的人格魅力。

他那甜美的嗓音、清新自然的话语、优雅得体的举止、博大的知识储备，还有他那从体内散发出来的迷人魅力，都给我留下了深刻的印象。当时，他站在我旁边侃侃而谈，就像一个老朋友一样。在我以前的生命中，我还从没有体味过语言有如此大的魅力。在我以后的生命中，我又遇到过好几个这样的人，在他们那里，语言都有某种不可言喻的神奇力量，甚至，只要一听到他们说话的声音，你就会心甘情愿跟着他们走。

很多人都具有这种非凡的谈话能力，比如说：前哈佛大学校长艾略特先生，玛丽·利文莫尔夫人、朱莉娅·沃德·豪以及伊丽莎白·沃德……

当然了，谈话的质量永远是第一位的。现实生活中，很多人尽管能够用精练的语言和措辞来表达自己的思想，尽管我们也会被他们流畅的话语打动，但也就仅此而已了。这是因为在他们的谈话中并没有深邃的思想，这也是他们不能激励我们去立即采取行动的原因。没有深邃的思想包含在里面，导致了我们在听完他的高谈阔论后，我们也不可能比以前更愿意去做某一件事情，我们的思想没有任何改变，我们依然还是以前的自己。

与之相反，在我认识的人中，还有这样一些特殊的群体。他们虽然话语不多，但所说的每一句都具有实质性的内容，因而也就能够产生激励人心的力量。每次和他们谈话，我都感觉到自己很容易被他们的语言感染、激励和打动。

总体而言，当今时代的谈话艺术是退后了。人类现代物质文明的进步，某种程度上使得这个时代的谈话艺术和谈话精神不再具有过去时代的理性精神。在过去，人们相互交流思想的方式，似乎只有交谈。同时，在那个时代，日常的报纸、杂志以及各种期刊都是不存在的，人们所有类型的知识也只能通过口头的语言表述来进行传播。

然而，随着人类欲望的增强、野心的膨胀，蕴藏于内的巨大财富的发现，这一切都彻底改变了。新航路的开辟和美洲的发现，使得人类形形色

想要成为一个能言善辩者或者雄辩家，除了不断地练习如何精确、优雅地表达自己的思想，别无他法。

色的欲望有了实现的可能。于是，人们不再满足于片刻的温馨和安宁，他们拼尽全力，狂热地追逐财富和权势。在这种思想重压下，人们不再有充足的时间来思考，更别提来提高和发展自己的谈话技巧了。在这个日新月异、瞬息万变的时代，人们只需要花很少的一部分钱便能获得别人辛苦收集来的新闻和信息。于是，随着报纸和杂志的兴隆，原本习惯于阅读的人，也开始变得肤浅而无聊。慢慢地，在这种不良习气的影响下，依靠口头的语言交流来获得信息的历史结束了。

科技的进步，似乎不可避免地带来了信息的贬值。基于同样的原因，演讲学面临着日益没落的危险。在今天，人们只需要花几个美元，就能获取远比中世纪的国王和贵族们还要多的信息，可这并不代表我们比他们更有智慧和懂得生活。

如今，能够遇到一个高明的谈话者，那将是一件非常幸运的事情。现在，我们很少再能够有机会听到别人使用优雅、精湛的语言来传达他内心的感情了。因此，我们可以毫不隐讳地说，舒适而优雅的谈话现在已经成了一件奢侈品。

但是，要成为一名优秀的谈话者并不容易，你需要尽可能多地接受良好的教育，同时大量阅读有益的书籍。优秀的书籍不仅能够开阔我们的视野，而且会不断把新的创意强加给我们，而这些对于培养一个高超的谈话者是有非常大的帮助的。其实，在我们的生活中，很多人并不缺乏深邃的思想、独特的见解，只是苦于不能找到合适表述它们的词汇。他们的思维被局限在一片狭小的文字天地中，只知道一遍又一遍地重复着相同的词语，这样怎么可能成为一个能言善辩者呢？同时，你需要不断地和那些受过良好教育、具有良好人格素养的人交往。与之相反，如果你一直封闭自己，自我陶醉，那么，即使你受过良好的专业教育，你也不可能成为一个能言善辩者。

想要成为一个能言善辩者或者雄辩家，除了不断地练习如何精确、优雅地表达自己的思想，别无他法。生活中，我们都同情那些性格上胆小怯懦的人，因为他们总是不能很好地表达自己的思想。这样的情形，对一个抱负远大的青年人来说，一定会在内心里产生极端压抑和沉闷糟糕的感觉。事实上，这是很平常的事情，很多大学生在学校发表演讲时都有这种感觉，不仅如此，据许多大演讲家自述，他们在初次到某种公共场合演讲时，也会产生这种强烈的感觉。可是，这一切都是可以通过练习来加以改进的。

现实生活中，也许你会经常碰到这样的情况：当你想要表达自己的思想时，却发现以前精心准备好的观点不翼而飞了，整个脑海中一片空白；当你想要恰当地传达自己的信息时，却发现很难找到合适的词语，因而整个人也就变得手足无措了。在这时，你一定要告诉自己要冷静、镇定，同时，你也要告诉自己，即使这一次失败了也没什么关系，你一定会在下一次的演讲中更加挥洒自如。其实，做每一件事情最重要的是要不断地尝试。如果你能够坚持尝试，你就会对自己短期内取得的成绩惊奇不已。而一旦产生这种想法，你一定会克服自己心中原有的尴尬心理和自卑意识，并且更加自然、轻松地去生活。

NO.4/ 提高自己的谈话水平

高超的谈话技巧，会有助于一个人顺利摘取成功的果实。可是，很多人并没有注意到它的重要性。健谈的人都知道，人与人思想之间的碰撞，心与心之间的沟通，会产生巨大的能量，进而指引一个人顺利到达成功的彼岸。

高超的谈话能力，能够使别人，尤其是那些对我们知之甚少的陌生人，对我们产生好的印象。事实上，在这个世界上，你再也找不出任何一种其他的能力能够与之相比了。

高超的谈话技能，对一个欲想成功的人而言是非常重要的。巧妙地运用你非同一般的沟通能力，能够使别人的注意力迅速集中在你身上。不仅如此，高超的谈话技能，还能为你迎来真挚的友谊。它能打开人与人之间互相沟通的大门，拉近彼此心灵的距离；它能使你左右逢源，在各种人群中广受欢迎。作为生意人，如果拥有了这样一种非同寻常的本领，你的客户就会越来越多，生意也会日渐兴隆。拥有了这样一种能力，即使现在一贫如洗，你也可以凭借良好的交谈能力，顺利跻身上流社会。

现实生活中，很多人拥有渊博的学识，但是却无法轻松自如地表达自己的思想。这些人比之于那些拥有良好口才的人，无疑是缺少了一部分成功的资本。他们很难像那些人一样，运用滔滔不绝的口才、生动有趣的表达方式来迅速打动别人。

谈话技术比之于其他技能，有一个很明显的优势，那就是拥有者能够随时随地地表现出自己这方面的专业才能。在其他的艺术或技能方面，无论你有多深的专业造诣，也无论你达到了怎样一种炉火纯青的地步，你都不可能具有这方面的优势，相对而言，毕竟只有很少一部分人会欣赏你。如果你是一名音乐家，尽管你拥有很高的音乐天赋，尽管你花费了多年时间来提高自己的演奏技巧，可是能够听懂或欣赏你音乐的人，毕竟还是只有很少一部分。

或许，你是一名优秀的歌手，可是当你周游世界，向世人展示你的不凡技艺时，也许你的听众里根本就没有人知道你有专业技能。可是，如果你有高超的谈话技能，无论你在世界的哪个角落，无论你处在什么样的社会背景下，也无论别人对你做何评价，你都可以自由自在地发表言论，让别人注意到你的存在。

也有可能，你是一名画家，对绘画抱有宗教般的狂热，曾跟随画坛名家、大师刻苦学习了很多年。可是，除非你拥有过人的天赋，否则你的作品不可能被悬挂在沙龙或著名的艺术博物馆里供人欣赏，你也只能平平庸庸地过上一辈子。事

人与人思想之间的碰撞，心与心之间的沟通，会产生巨大的能量，进而指引一个人顺利到达成功的彼岸。

实上，即使你不属于这一类，很幸运地成为了上天的宠儿，这个世界上仍然只有很少的一部分人能够看懂你的作品。换一种角度来想，如果你是一个谈话方面的艺术大师呢？你将会向每一个和你接触的人展示你摇曳多姿的生命。通过谈话这一最古老、最实用的表现手段，任何人都会感觉到来自你体内的人格魅力。同样，通过此，你也能够判明与你接触的人到底是一个伟大的人，还是一个经验不足、拙劣不堪的人。

也有可能，你拥有百万家财，有一个温馨、美丽的家，可是这些仍然只有一小部分人知道。可是，如果你是一个善于言谈的人，那么每一个与你交往过的人，都会被你深深地感染，并且牢牢记住你的名字。

多年前，我曾认识社交界的一位知名的人物，每一个想要进入社交界的女孩子，都会受到她的鼓舞。成名后，面对许多前来求教的女孩子，她总是说这样一句话："最重要的事，就是要开口说话，不停地、不断地说话。对你而言，重要的不是你说什么，而是你能不能够学会轻松、愉快地说话。如果你是一个需要别人挑逗才能开心的女孩子，那我劝你趁早退出社交界。"

把宝贵的时间用于闲聊，对一个人的成功是很不利的。

听完这句话，我们应该从中至少得出这样一个启发：所谓的谈话艺术就是说话本身。在影响一个人顺利进入社交界并对自己产生充足自信心的诸多因素中，危害最大的就是自己默不作声，就是自己一直一言不发、无动于衷地听别人谈话。

无论在哪种场合，懂得如何说话的人总是会受到欢迎。一般情况下，人们更愿意邀请某个善于言辞、伶牙俐齿的夫人来参加宴会或招待会。因为主人明白，无论任何宴会或招待会，只要有她在场，就不会使人感到枯燥，就能给人带来愉悦之感。也许，在她身上有某些很难让人接受的缺陷和不足，但是，人们还是更愿意和她交往。在他们看来，她非常健谈，非常善于运用各种谈话技巧，有些方面甚至已经达到了炉火纯青的地步。

如果能够对人进行适当的谈话训练，那无疑将开发出蕴藏在人体内的巨大能量。谈话的同时大脑需要不断地思索，这样才能在表达自己思想、观点时做到不仅吐字清晰、言语流畅、简单明了，而且又不只停留在无聊、空洞的话题上。也只有这样的谈话，才能发掘出一个人蕴含于心的巨大能量。像这样的谈话，没有深邃的思想，单凭肤浅的常识是根本不可能做到的。

把宝贵的时间用于闲聊，对一个人的成功是很不利的。现实生活中，许许多多的青年人一边羡慕别人的生活比自己好，一边把自己最宝贵的夜晚时间和周末假期浪费在无聊的闲扯上，这是很可悲的。每天谈论一些肤浅、空洞、毫无意义的话题，最容易损耗一个人的雄心壮志，使他们远离自己人生追求的理想目标。一旦养成这种肤浅、浅薄和无价值的思考习惯，一个人就再也难以踏上成功的坦途。如果有时间在某个公共场所待上一阵，我们不难发现这种无价值的闲扯。那种漫不经心而又粗暴的声音，不时灌入我们耳中："你简直就是什么也不懂"、"我怎么可能知道那件事"、"我讨厌死那家伙了，他都要烦死我了"。

从一个人的谈话中，我们可以迅速断定他的文化修养水准：是阳春白雪还是下里巴人，是温文尔雅还是不懂人情世故。一个人说话的内容和方式，将向听众展示出他的所有秘密和他最真实的自我。此外，通过谈话，他生活的全貌我们也可以从中窥知一二。

同样，在所有的技艺和技能中，高明的谈话技巧是使用得最频繁的，它的效果也是最明显的，也是最能够给朋友们带来快乐的。不用怀疑，巧妙的谈话是一门很重要的艺术，可目前很多人并不明白它的重要性，也根本没有想到过如何去掌握它。

在谈话的艺术领域中，很多人都是蹩脚的外行人，他们并不把谈话看作是一门艺术，也没有为此付出过大量的精力。很多的时候，我们不习惯深入思考，更不用说精确、自如地表达自己的思想了。为什么会有这种现象产生呢？为什么人们对于重要的东西往往采取漠视的态度呢？其实，道理很简单，因为懒惰，他们放弃了能够抓住成功的机会。富有感染力的语言、深思熟虑的表达、优雅流畅的举止，无疑需要大量的时间和精力来练习，但是糊糊涂涂地生活，草草率率地度日则相对容易得多。

在许多人的心目中，往往存在着这样一个错误的观念：高明的谈话者都是天生的，并且这不是通过后天的努力可以达到的。很多人，尤其是那些不能自由、轻松表达自己思想的人常常以此来安慰自己疲弱的灵魂。他们不肯从自身去找原因，反而把一切都归功于上天的刻意安排。如果按照他们的逻辑进行推理，我们同样可以说，优秀的政治家、技术一流的工程师以及在商场自由驰骋的商人都是天生的，而不是通过后天努力得来的。而事实上，这是错误的。天下没有免费的午餐，世间也没有不经过努力就可以获得的成功。

NO.5/ 拥有一流口才的技巧

现实生活中，那些无法用合适的语言表达自己思想的人，在社交场合中是处于极端不利的境地的。每次公共聚会，大家都会对某一个问题展开激烈的讨论，可是，不可避免地每一次都会有一些学识渊博、满腹经纶的人，立在一旁侧耳倾听。这是由于受制于语言，他们无法让别人知道自己的观点，虽然他们可能比任何人更具有发言权。

这样的情况，在生活中并不少见。在某些场合，真正的饱学之士呆坐在一旁，而那些肤浅、无聊的人却在侃侃而谈。为什么会有这种现象产生呢？这是因为尽管他们对某个东西可能知之甚少，但却能以一种饶有趣味的方式讲述出来，因而也就能够抓住别人的注意力。与之相反，那些拥有渊博学识的人，往往会在陌生人面前感到手足无措。对他们而言，离开了那些真正了解自己的人，就等于封上了自己的双唇。他们虽然懂得很多，但却不可能就某一个话题展开有趣而智慧的讨论。在这些人中，很多人都已身为人妻，可正是由于她们的付出，她们的丈夫才会在一夜之间功成名就。

很多人，尤其是那些酷爱知识的专家学者，往往并不懂得，把自己掌握的信息恰当地表达出来和把那些有价值的信息输入到自己的脑海中同样重要。也许你在自然科学或人文科学方面有极深的造诣，可是，如果你不善于表达，别人就很难分享你的知识成果，当然你也就不可能获得尊荣的地位。不仅如此，如果你不善于用合理的语言来表述自己的思想，你将会在学术界中处于不利的地位。

人类的满足感更大程度上并不在于自身，如果没有外界的人欣赏你的这种能力或者承认你努力的价值，很难想象你会获得成就感。一颗钻石，在未经过精雕细琢前，任何人都不能断定它的真正价值。同样，即使你拥有渊博的学识、精深的造诣，如果你不能以一种引人入胜的方式表达出来，那也是无济于事，世人根本就不会承认它的价值。高超的表达技巧对一个人的重要性，就像雕琢对于钻石的重要性。古人说："玉不琢，不成器。"讲的也是这个道理。不经过雕琢，钻石的价值很难显现出来，同样，不通过高超的谈话技巧，外人也很难了解他的深刻内涵。高超的表达技巧，本身并不能增加人的任何内容，它所起的作用仅仅是把自己内敛的才华表现出来罢了。

高超的表达技巧对一个人的重要性，就像雕琢对于钻石的重要性。

培养一个人的说话能力，应该从孩提时抓起。可在现实生活中，有些父母对谈话这门艺术并没有给予相当的重视。他们的脑海中也根本没有想过，如果没有这种能力，孩子今后的生活中会有多大的损害。当今的家庭中，孩子们运用语言的能力、说话的方式及腔调都让人替他们的将来感到深深的焦虑和不安。

接受高等教育并不意味着就一定能够掌握高超的语言表达技巧。在我们身边有很多这样的人，他们虽然没有上过大学，但却有很多大学生无法比拟的语言驾驭能力，这不能不让很多大学生为之汗颜。对于开发一个人的智力和个性而言，最好的方式不是接受高等教育，尽管那也很重要。也许就某个问题，大家一起用某种生动、活泼的方式来讨论解决，更加有助于这种语言能力的培养。这是因为，在这种讨论的过程当中，我们本身就已经接受了很好的锻炼，并且这是其他途径所无法比拟的。

严格说来，大学教育只占用了人生极短的一段时间，而谈话这门艺术则需要你投入毕生的精力。相比较而言，人们在学校里接受的训练，远远赶不上在社会中的学习和锻炼，同时，也只有在社会上，我们才有可能获得最好的知识。

优雅的谈吐、流利的思维会给我们带来极强的自信心，使我们的自尊心得以不受伤害。和人交谈时，我们的大脑无时不在进行着激烈的思考，它能很好地开发出我们体内的每一分潜能，向我们展示各种各样的资源和成功机会。如果我们能够轻松自如地谈话，并能把别人的注意力吸引到我们周围，我们就会对自身的价值产生更强烈的认同感。

只有通过语言的表述，我们才有可能准确地知道别人身上到底具有什么。和人交谈时，只有全神贯注地听，认认真真地说，我们才能更好地接受别人，也才有可能更好地展示自己。如果我们能够坚持这样做，我们的感觉才会变得灵敏细致，我们整个人也才会更有魅力和热情。每当和一个善于言谈的人交流时，我们就会感觉到一股力量源源不断地涌入我们体内。它会激励我们不断地追求全新的奋斗目标，同时，也正是语言，使两个人的心与心之间，思想与思想之间相互碰撞，进而衍生出耀眼的火花和全新的力量。

学会谛听，是拥有一流口才的第一步。没有虚怀若谷、海纳百川的态度去聆听他人的谈话，我们就不可能成为一流的雄辩家。

由于缺乏聆听别人谈话的耐心，许多人不仅是糟糕的谈话者，也是不合格的听众。聚精会神地听一个人讲话，我们会从中获得许多有益的知识。与之相反，不善于谛听，不仅是对谈话者的不尊重，而且也是对自我生命的一种浪费。当我们把自己的时间浪费在无聊地敲击桌椅、烦躁地东张西望或机械地摆弄自己的手表时，我们的生命也在一点点地枯萎、沉沦。在这样的谈话中，我们的思想是如此烦躁，根本不可能留意对方讲了些什么，我们恨不得立即打断他的话语，然后逃之夭夭。可事实上，现代的人们太过浮躁，急功近利的心态折磨着人们脆弱的神经。我们失去了前进的目标，却还在盲目地前进、前进、再前进。在拥挤的人流中，我们想要拼命的给自己杀出一条路来，并想以此作为自己人生的起点。可是，我们有没有停下来想过，只要我们善于聆听别人的话语，也许某个不经意的时刻，机会就来临了，我们的命运也会因此发生很大的转折。除此之外，如果能够把自己培养成一举手、一投足都拥有超凡魅力的人，我们还怎么有可能不成功呢？可是，很多人总是说，我们的生活太紧张了，我根本就没有时间来考虑这些事情，我向来只注意能够给我带来现实意义的事物。这是多么可悲啊！

美国人身上有一个显著的特征，那就是精神上的急躁不安。任何东西都不再引起人们的兴趣，而只能让人感到发自内心的厌烦，当然了，那些能够给人们带来更多业务和金钱、名望的东西除外。更可悲的是，人们不再把朋友当作以前纯粹意义上的朋友，而是看做自己的进身之阶。同时，人们也不再以友谊为乐，眼光更多地盯在了名利、权势上。

这种情况和过去是完全不一样的。在过去，无论有多忙，无论这个城市多喧嚣，也无论人心的浮动有多么厉害，人们还是会千方百计地抽出一部分时间来专注于聆听智者的声音。在那时，高超的谈话、闪耀着智慧的讲演，都被认为是人生最大的奢侈和享受。有时 ，聆听一个智者的讲话，远胜于读一本枯燥的理论书，这是因为人们面对着的不再是呆板的文字，而是活生生的客观存在体。在面对面的交谈中，人们的思想更容易受到震动，更容易变得明亮持久。那些睿智的话语，也更容易点燃人们心中向上的激情。每一次聆听这样的声音，都不亚于享受了一顿精神盛宴。

可是，在今天一切都改变了。人们办事习惯于“蜻蜓点水”、“一蹴而

就”。可事实告诉我们这是不可能的。生活的压力和快节奏的生活，甚至使我们没有时间在街头和朋友驻足聊一会儿。见到熟人，简短的“你好”、“早上好”，或点头致意，代替了优雅的挥手致意和通过相互交流来营造的优雅和魅力。在当今的时代，一切的东西，都在滚滚物质大潮中退却了。

学会谛听，是拥有一流口才的第一步。

NO.6/ 谈话中机智的妙用

在法国历史上，由于在谈话中缺乏机智，拿破仑往往为很多人所诟病。在女士心目中，他那粗鄙不堪、不拘小节的个性，更是使他在她们心目中形象不佳。

在拿破仑时代的社交场合，有一个耀眼的明星，那就是雷诺特夫人。不用怀疑，她是一个风华绝代、气质优雅的大美人，她的绰约风姿和优雅举止令无数绅士淑女迷恋不已。但是，在一次盛大的宫廷宴会中，拿破仑却对这位大美人说道：“夫人，你知道吗？你现在真的衰老得好快啊！”可是，在当时，雷诺特夫人还仅仅只有28岁，恰值生命中的黄金时光。但雷诺特夫人天生具有机智应答的能力，于是她镇定而又礼貌地说：“陛下，你说得很对。承蒙你对我提出这样的忠告，我想如果到我需要为此担心时，我一定会十分感激你善意的提醒。”

还有一次，当拿破仑见到一位仰慕已久的女士时，他竟然欣喜若狂地说：“天哪！夫人，虽然我早就听说过你，可她们并没有告诉我你是如此漂亮啊！”

在现实生活中，我们可以看到很多这样的人。当他们对自己所看到的人或事不满意时，总是不能尽可能地显示出绅士风度，而更多地显示出了缺乏机智的遗憾。如果别人身上的一点缺点，都能使我们感到十分不快，那么我们肯定不适合在社交场上生活。如果不能对他人的缺点表现出宽容和理解，我们就要尽可能不去参加宴会，因为，在那时如果你用一张冷若冰霜的脸拒人于千里之外，肯定会引起很多人的不快的。

生活中，一条很重要的原则就是要学会善待他人。即使别人身上有很多我们不能接受的缺点，我们也要试着用自己博大的胸怀去包容。如果我们能够对那些我们不感兴趣的人和事，尽量表现出亲和力，那么我们一定能够提升自己的人格魅力。如果能够试着这样做，我们就会惊奇地发现，即使是在那些我们最排斥的人身上，我们也是可以找到一些共同点的。事实上，一个真正有教养的人，无论何时都能在别人身上找到自己的相同点。

经过长时间的交流，我们就会发现原来所谓的偏见通常是非常肤浅的，并且往往是由一种不稳定、不可靠的第一印象造成的。相互了解之后，我们经常会发现，原来那些我们极端排斥的人，也是有很多值得我们学习的地方的；那些表面看起来呆板、无趣的人，原来也是很可爱的；那些表面看起来与我们没有任何共同语言的人，原来也是可以成为我们的好朋友的。认识到这一点之后，我们就不难得出这样的结论：如果不经过仔细考虑，而是草率对某一个人做出判断，那么日后我们肯定会懊悔不已。事实上，如果能够给别人一次证明自己的机会，我们也就等于给了自己一次赢得友谊的机会。

生活中，一条很重要的原则就是要学会善待他人。

人都是有偏见的。我们常常会因为对某个人的误解，而不去了解他、喜欢他。之所以会有这些现象，根本的原因就是我们难以机智地去看待周围的人和事。当我们互相不了解时，他们身上那些优秀品质就被虚假的初次印象蒙蔽了。可是，一旦有过深入的交往，原来的偏见和误解也就消失不见了，也只有到那时，我们才愿意去欣赏他们身上的优点和闪光点。

经过思索，一位著名作家把那些有助于我们养成机智素养的做法进行了归纳，并得到了以下几点：

“要对人类的天性有深入的了解，其中包括忧愁、恐惧和期望。”

“要学会进行全面的思考，要学会为他人着想。”

“一定要注意不要使用那些可能冒犯别人的言词。”

“要有能够迅速觉察出哪些品质是有利于自己成功的品质，并愿意为此品质做出必要的牺牲。”

衡量一个人是否机智，一个最重要的标准，就是看他能不能在最短的时间内缓解压抑的气氛。

“要时刻牢记，人类的意见总是千差万别的，而你自己的意见只是其中的一种。”

“要有坦诚待人的友善，如果是这样，即使是你的敌人或债主也很难不对你表示好感。”

“要明智地知道在何种条件下做何种事情，并且有坦然接受现实的勇气。”

“待人友好、生活乐观、为人坦诚，这是永远都不能忘的总原则。”

现实生活中，那些患色盲症的人，无法对这个世界上的五彩缤纷做出感知。而那些患有机智色盲症的人，则对整个生活都无法感知。

“亲爱的，在今天的宴会上，你千万不要提那即将发生的处决，”在去赴宴的路上，一位妻子这样对她身边缺乏机智的丈夫说，“因为，那个将要处决的人和这家人有亲戚关系，尽管他们很不愿意承认这一点。”

这位丈夫牢牢记住了妻子的忠告，在宴会进行的过程中，闭口不提那件事，一切也都像想象中那样顺利进行，没有出现丝毫差错。可是，当宴会即将结束时，这位丈夫的一句话，还是打破了现场和谐的气氛：“噢，小姐，我想那位先生，想必现在已经被处死了吧。”

初次见面时，灵活机智的人总是会避免讨论那些令人伤心的话题。他们从来不会在自己的事业问题上喋喋不休，也不会在自己的私人问题上纠缠不休。这是因为他们知道，这个世界上最不能引起他人兴趣的东西，就是自己所谓的抱负和私人业务了。从另一个角度来说，那些缺乏机智的人，总是会翻来覆去地讨论他们的私人问题。殊不知，这样做，不仅常常会令陌生人感到厌烦，而且也常常令自己的朋友无法忍受。

能够使他人对你自己感兴趣，能够在人与人之间架起相互沟通的桥梁，能够在心灵和心灵之间拨动和谐的音符，是一种相当伟大的艺术活动。如果做到了这些，那些萍水相逢的人也能够在初次见面时，就感受到来自你身上的温暖。据说，那些聪明机智的女性，每一个和她谈过话的人，都会情不自禁地想要和她成为知音。

在谈话时，能够遇到一个聪明机智的人，是多么幸运的一件事啊！面对着他们，我们会感觉十分轻松。无论场面如何使人感到压抑、沉重或尴尬，他们总能使我们感到如沐春风。衡量一个人是否机智，一个最重要的标准，就是看他能不能在最短的时间内缓解压抑的气氛。一个聪明机智的人，总能够使那些羞怯胆小、拙于言辞的人摆脱束缚，变得轻松自然。不管你是不是学识渊博，也不管你是不是见解独到、深刻，你千万不要使他人产生头晕目眩、不知所措的感觉。如果想要赢得友谊，你就必须在极短的时间内知道对方的所思所想，然后才能解除心理包袱，使自己可以轻松自如地和旁人进行交谈。

NO.7/ 良好的表达能力是一笔财富

在今天，我们几乎丧失了自己动手来制造欢乐的能力。中世纪彬彬有礼的骑士精神，挥洒自如的绅士风度几乎消失殆尽，我们再也难以寻觅到它们的踪迹。我们现在的生活是与以往截然不同的一种生活：白天忘我地工作，辛勤地赚取面包和牛奶；晚上，坐在家里看电视或者冲进各种各样的娱乐中心，我们已经完全失去了以往自己创造快乐的能力。现在的我们习惯于自己付钱请别人来为我们制造快乐，我们自己则站在一旁默不作声，或在一边呆呆地傻笑。那时，我们就好比那些学校里的学生，唯有依赖于老师的帮忙才能安然过关。

源于本性的快乐、幽默和自然，在我们身上已经杳不可寻了。我们现在的生活虽然充满了各种迷人的色彩，但却是如此地被动，如此地远离自然。我们更像是一台机器，每天在超负荷地运转，根本没有停下来的时间。很多人已经不再习惯于过一种闲适、优雅的生活，迷人的个人魅力和深厚的文化修养，对他们而言更是一种奢望。

自私是导致现今谈话质量下降的一个重要原因。我们把过多的精力都放在了为自己的明天打拼上，每天都在为自身利益奔忙，在个人狭小的天地中，我们丧失了对他人的关注和同情。我们的心里除了热衷于个人的名望、权势，已经很少有余地

善于谈话者，总是留意着不去揭露别人的缺点。

去放置对别人的关注和同情心了。事实上，没有对他人命运和生活的热切关注和同情，我们是不可能成为一个善于言谈者的。只有真正抱着这种关注和同情心，我们才能明白其中的滋味，也才能成长为一个受欢迎的、成熟的人。

著名作家沃尔特·贝森特曾经谈到过这样一位女士，虽然她说话不多，但却享有盛名，深受人们爱戴。她非常聪明，又善解人意，是被公认的善于言谈者。在她面前，即使是最胆小怯懦的人，也敢于说出心中的真实想法。和她谈话，你根本就感觉不到丝毫的压力和紧张。她能用十分合适、得体的言辞消解掉你身上的担忧和疑虑，使你能够畅所欲言。为此，人们一致认为她是一个有趣的、成功的谈话者，因为她能够很巧妙地挖掘别人身上最优秀的品质。

如果你想成为一个像她那样的人，高超的谈话技能是必备的。如果你想使身边的每一个人都感到精神愉悦，首先你就要千方百计地知道你谈话对象的生活状况，然后再用合适的表达技巧来打动他们。同样，即使你对你的谈话对象了解很多，如果你不能用合适的方法使她对你的言谈感兴趣，你也不可能收到良好的效果。

自私自利和对世事漠不关心，势必会导致一个人言语呆板，词不达意。很多时候，我们可以在俱乐部中看到这样一些人，他们目光呆滞、神情麻木，显得笨拙而可笑。这就是因为他们完全沉浸在自己的个人天地中，无法全身心地融入到众人的谈话中去。每天的24小时，他们只知道如何算计自己的职业生涯、业务和前途。他们心中所想的也只是如何使自己的事业发展得更快一点，如何使自己爬得更高一点。

如果他是一个医生，他就在盘算着如何使自己的病人更多一点；如果他是一个商人，他就会盘算着如何使自己的业务、客户更多一点；如果他是一名作家，他也一定会盘算着如何使自己的读者更多一点。像他们这种人，根本没有可能成为优秀的谈话者，他们冷酷无情，而又对身边的事情漠不关心。虽然身处此地，但心却在千里之外。他们的头脑中永远都只关注自己和自身的事物。他们永远只关注两样东西，那就是自己的业务和狭小的个人天地。如果你与他谈论有关这两个方面的东西，他就会表现得兴趣盎然，否则则是漠不关心。向一个狂热急躁、自私自利、冷漠无情的人讲述自己的生活、经历或抱负，是注定不会引起他的注意的，同时我们也很难希望这样一个人的谈话水平能够达到一个很高的境界。

胸怀开阔、宽容他人，永远是一个高明谈话者应有的素质。

善于谈话者，总是留意着不去揭露别人的缺点。他们总是机智得体的，从来不会在逗趣的同时冒犯和得罪他人。这是一个普遍的规律，如果你想让一个人觉得你是优雅得体的，你就不能戳伤他们的痛处。像这样的人，都有一个显著的优点，那就是善于发现别人的闪光点。和他们在一起，你总会感到轻松自在，同时你也总会得到你想要的赞扬。但是，另外一些人则完全相反，他们总是取笑他人的缺点，并以此来作为提升自己地位的基点。他们的每一次出现，都会有人火冒三丈，很难想象，这样的人会受到人们的尊敬和爱戴。相比较而言，前者总能唤醒我们身上那些甜蜜、美好的东西，而后者则往往令我们想起那些不愉快、辛酸的回忆。

林肯就是善于谈话的人，无论是谁都承认，和他交谈你从来不用担心会有压力感。他就是一位运用语言学的非凡大师，诙谐、风趣永远在他左右。无论在何种情形下，他都能用有趣的故事和玩笑使得人们彻底放松紧张的心情。正是由于这种在谈话时的轻松自如，许多人才愿意向他倾诉自己内心的秘密。很多人都愿意和他交谈，他是如此的热诚和风趣，以至于每一个和他谈话的人都有一种如沐春风的感觉。

但是，如果你不具有这种幽默感，千万不要去盲目效仿，那样只会使事情适得其反，只会使你自己显得滑稽可笑。

当然了，一个过于严肃或不苟言笑的人，是不可能是一个高明的谈话者的。一定要记着，无论这件事情有多重要，你都不能过多地列举一些枯燥的事实，来证明你的理论有多正确。沉重的谈话者，和轻浮的谈话者一样，都是不受欢迎的，生动、活泼永远都是一个高明谈话者不可缺少的要素。

除此之外，想要成为优秀的谈话者，你还需要其他的一些优良品质。比如说：你要自然而不做作、活泼而不轻浮；你要富于同情心而不是口是心非；你要流露你心底最真挚的感情、意愿而不是惺惺作态；你要有乐于助人的真诚，把全部身心都投入到他人感兴趣的事物中去；你要有牢牢抓住他人注意力的同情心和共鸣；你要永远做到与冷漠、缺乏同情心和拒人于千里之外绝缘。我相信，如果你能做到这些，你肯定会是一名优秀的谈话者。

同时，作为一名高明的谈话者，你绝不能胸襟狭小、吝啬小气。胸怀开阔、宽容他人，永远是一个高明谈话者应有的素质。如果你紧紧关闭了任何一条通向自己心灵的途径，那么你的魅力和热忱也就被切断了。别人也就根本不可能了解你的活力和感情。当你处事马马虎虎、机械单调时，你也就把自己的个人爱好、个人判断力和鉴赏力紧紧埋藏了起来。

想要成为一个高明的谈话者，你首先必须敞开自己的心灵，使听众有机会靠近你。当你以一种最自然的状态去拥抱对方，毫无保留地向对方展示你自己时，你也必定会得到对方的呼应、理解和尊重。

对某些人而言，表达能力就是最大的财富。如果非要说成功有什么奥秘，那就是他的个性。如果一个人拥有了能够以强有力、生动有趣的语言来表达自己思想的能力时，他也就拥有了通向财富之门的金钥匙。像这样的人，从来不用担心金钱问题，因为只要他一开口，财富就会滚滚而来。

过人的天赋、高深的教育、漂亮的衣服和规模巨大的财产，都远远赶不上用优美恰当的语言来表达自己思想的能力。没有这种能力，一个人想要成功那简直是不可能的。

路线十六

多交良朋益友

NO.1/ 不可或缺的友情

对一个人而言，活在世界上，最幸福的事莫过于能有几个真正的朋友。能够拥有几个情深意切、忠贞不渝、可以携手走过风风雨雨的朋友，我们一定会在更深意义上理解生命的含义。不管我们是富有还是贫穷，他们对我们的情谊只会增加，尤其是当我们身处险境时，他们对我们的爱更是会有增无减。

美国内战爆发之初，恰逢美国大选。人们热衷于谈论几个总统候选人的竞选条件，当提到林肯时，大家的一致评价是：林肯除了朋友几乎一无所有。没错，林肯确实是一个物质生活十分窘迫、困顿的人，但在友谊上他又确实是无比富有。当他竞选州议员时，竟然没有一件得体的衣服可以使他在公众面前抛头露面。此外，竞选成功后，他竟然要步行一百多英里去就职，因为他根本就付不起车费。另外还有一件事，说的是当林肯当选美国总统之后，为了把家人迁到华盛顿，竟然不得不向朋友借钱。

朋友的鼓励，很容易在一个人心中产生震撼和感动。

某种意义上说，朋友就是另外一个自己。他们会对我们感兴趣的话题感兴趣，他们会竭尽全力地帮助我们取得成功，他们会对我们的事业鼎力相助，他们会为了我们的每一点进步欣喜若狂、欢欣雀跃。假想一下，在这个世界上，还有比朋友更忠诚、更崇高、更理想的东西吗？

如果没有来自朋友的鼎力相助，不管罗斯福有多大的魅力，他也不可能取得如此巨大的成就。事实上，如果没有朋友们的帮助，他根本就无法读完大学，更别提去竞选美国总统了。在他所组织的“旷野骑士团”中，有许许多多愿意帮助他的朋友。无论是竞选纽约州州长还是竞选总统，他的朋友、同班同学、校友都在为他不辞辛劳地四处奔波。正是由于他们的努力，他才能赢得了一场又一场竞选，并且最终问鼎总统宝座。

有朋友的生活和没有朋友的生活有很大的不同。正是因为有了朋友的支持，许多人才免于坠入绝望的深渊。在这个世界上，有很多人由于拥有友谊而走上了成功之路，同样也有很多人由于缺乏友谊而走上了轻生之路。不知有多少堕落的人，由于想到还有人深爱和信任着自己，从而回心转意，重新踏上了奋斗的旅途。朋友的鼓励，很容易在一个人心中产生震撼和感动。很多时候，就是由于他们的鼓励，我们才不至于陷入无法自拔的泥潭。正是由于他们的付出，我们的人生才能顺利通过一个个生命中的重大挫折。

为什么有那么多人始终怀着必将成功的信念？为什么有那么多人愿意忍受着贫穷、苦难而奋斗不已？为什么有那么多人愿意忍受着冷言冷语的折磨而不动声色？究其原因，就是他们心中有朋友在。如果没有朋友，恐怕他们早就趴下、无法动弹了。正是由于那些热爱他、相信他的朋友，他才能发掘出自己身上潜藏的优点，并且最终成就了一番事业。

他人的信任是一个人事业成功的永恒推动力。

他人的信任是一个人事业成功的永恒推动力。也许很多人都对我们的能力表示怀疑，但是不要紧，只要有朋友的信任就足够了。只要有他们的信任，我们就能在最大程度上发挥自己的能力。西德尼·史密斯曾经说过："我们的生命就是由友谊支撑起来的，一直以来，爱和被爱都是一件很幸福的事情。"

当一个人把自己与同伴完全隔绝开时，他也就失去了几乎一半的力量。人是社会的动物，只有在社会中人的价值才会得到显现。人性中美好的一面，通过与别人交流，日益显现出来。一定程度上说，人之所以成为伟人，就在于在和周围的人发生联系时，他能够通过自己的言行来影响、改变他人的生活。离开了群体，我们的生活就根本无法进行，我们也根本无法在这个世界上存活。在个人与社会之间有一根神奇的纽带，通过它，我们的生活才变得充实而丰富，瑰丽而妖娆。

一旦离开了群体，人的生命力就会日益枯萎。这就好比是，如果把鲜亮的葡萄从它的藤上切掉，不久它就会枯萎。离开了自己的力量之源，生命活力肯定也会随之消失。如果是这样，生命也就变得毫无价值可言。葡萄的价值来源于源源不断提供给它生命活力的藤蔓，同样，一个人的价值也只有在群体中才能够凸现出来。我们都应该扎根大地，并从中不断吸取丰富的营养。

其实，我们每一个人都像是葡萄藤上的一棵葡萄，一旦离开了社会这棵葡萄藤，我们也就失去了继续存在的价值。与同伴隔绝，只会使自己趋向于枯萎凋谢。当置身于社会的大集体中时，我们身体内的某种内聚力，会在不知不觉中发挥出来。这种力量不能单纯地以某些个人能力的相加来计算。著名作家吉普林说过："狼的力量只存在于狼群中。"同样，人的力量也只有在人群中才能发挥出来。脱离人群只会使自己的能力大打折扣。这就好比是钻石中的原子或分子，组合在一起时价值连城，分开则什么都不是。所以，在一定意义上说，我们个体的力量很大一部分来自于社会，如果没有其他人，我们的存在也没有什么价值。

一个人的成长需要不同的精神养料，而这些只有通过与各种不同的人交往才能得到。我们不仅是物质上的杂食性动物，更是精神上的杂食性的动物。所以，如果把我们与同伴完全隔离开来，我们自身的能力就会减退。就像那些一直被禁锢在狭小天地里的孩子，由于能力日益退化，最终他们往往成为了生活上的低能儿。

我们自身的力量与社会的交往程度成正比。和别人交往时，精神沟通和道德交流的程度越深，他的力量也就越大。相反，如果他总是把自己与他人隔离开来，那么他肯定会变得十分虚弱。

很多宗教人士，希望通过自己的苦思冥想，来达到道德和思想的制高点。他们把个人完全封闭起来，住在与世隔绝的修道院或隐居地，切断自己与外部世界的所有联系，过着苦行僧般的生活，并且想以此来完成整个人生伟业的架构，可事实证明，这种违背大自然本意的做法是十分荒谬的，是根本没有任何成功可能性的。

NO.2/ 善于学习他人的优点

单枪匹马地奋斗，是很难取得成功的。朋友对我们的成功，有极大的帮助。学会待人接物、结交朋友，是每一位青年人的必修课。有了朋友，我们才能够在前进的途中互相提携、互相借鉴、互相帮助。

活着的时候，钢铁大王安德鲁·卡内基就为自己书写了墓志铭：长眠于此的人

> **只有那些能够识别他人优点的人，才有资格坐上一个企业的领袖宝座。**

并不比其他人优秀，他只是善于利用比自己优秀的人罢了。

美国人有一个良好的优点，现在已经形成了一个强势民族心理，那就是：他们都善于观察别人，善于结交良师益友。正是这种优点，才使他们能够吸引一批优秀的人才聚拢在自己周围，从而激发出共同的力量。这是每一个美国人的成功经验，也是整个美国的成功经验。

只有那些能够识别他人优点的人，才有资格坐上一个企业的领袖宝座。一个人想要在某项事业上获得成功，首要的条件就是要具有一种鉴别人才的眼光。有了这种能力，我们才能够利用别人的优点，使别人的力量成为自己的成功助手。

很多人就是凭借着高明的鉴别力，才获得了巨大的成就。对于一个商界的著名人物或者银行界的领袖来说，这种能力显得尤为重要。有了这种能力，他们就能把每一个职员都安排在合适的位置上，从来不会让任何一个人的才华有所损失。不仅如此，他们还会使自己的每一个员工，都懂得自己岗位的重要性。这样一来员工们就不会养成办事拖拉或偷懒的坏毛病，他们总是会很明智地把事情办得有条有理、十分妥当。

很多人的失败，就是由于缺乏识别人才的眼力。但是这种眼力并不是每一个人都会具有的。这种人在工作时，总是不能准确把握自己属下的才能，总是把工作分派给不适当的人去做。这样一来，即使他们的工作再努力，也是不会收到良好效果的。由于职位是固定的，一旦让没有才能的人占据，那些有才能的人就会受到冷落。

要想有识别人才的眼力，首先就要对什么是人才有一个理性的认识。有很多人就是一直不明白这个道理，结果老是犯错误，弄得自己焦头烂额。其实真正的人才是那些在某一方面有杰出才干的人，而不是那些看起来什么都懂的人。有了正确的认识还不够，还要加以合理地区分，使他们在各自的岗位上发挥各自的才干。比如，你不能认为一个人的文章写得好，那么他的管理才能也一定好，这两者之间是不相关的，做一个好的管理人员，他必须有在分配资源、制定计划、安排工作、组织控制等方面的杰出才干。

大脑与大脑之间、心灵与心灵之间，通过人与人之间的交往，往往会产生极强的心灵感应力。虽然不知道这种力量的大小，但千万不要小看它，因为它能产生强有力的刺激作用，并且这种刺激作用，足以支撑或摧毁一个人的精神防御力。当与别人交流时，无数鲜活的血液会注入到我们日益干涸的胸膛中。如果关闭了整个心灵的补给站，肯定会导致我们才能的萎缩和力量的弱化。事实上，五官带给我们的知识只是很少的一部分，在我们身上还有一股很神秘的力量，它能够带给我们所需要的一切，如果你能够对他加以合理利用的话。它们是尚未被人类掌握的生命禁区，并且依赖心灵从其他地方吸取养料而活着。但是这些养料并不是随随便便就能得来的，这就好比是，当我们听到一首优美的歌曲并感动时，并不是由于听觉而来的；当我们看到一道美轮美奂的风景而欢呼雀跃时，也并不是通过视觉得来的。伟大的震撼力，并不来自于听觉神经和视觉神经，心灵的感知和领悟要远远大于这二者的总和。在这些美丽东西的背后，有更深刻的力量在影响着我们，比如说，艺术家个性中的强大感染力。试想一下，如果没有他们个性中的这些积极因子，谁又能够唤醒我们心灵深处的力量呢？

和那些品行美好的人交往，远比赚钱要重要得多。这样的人往往能够发掘出我们身上的美好品质，使我们的能力得到大幅度的提升。但是，并不是所有的人都能给我们带来好运，还有一些人，无论在何时我们都要保持高度警惕。他们是一群心胸狭窄、喜欢吹毛求疵的人，他们最喜欢做的事情就是在别人身上找寻缺陷和不足，要么就是含沙射影地贬损他人。这样的人是不值得信任的，对我们的成功也是有弊无利的。他们的心灵被埋没在阴暗、幽冷的失望之都，根本无法看到光明。他们也不相信别人身上有自己需要学习的地方，完全的自我主义遮蔽了他们的整个视线。嫉妒使他们的心灵永远是荒芜的一片，当看到别人取得成绩时，他们往往心如刀绞。当别人做了好事或受到赞扬时，他们总是会充满恶意地进行诋毁。在他们口中，“如果”、“假如”是出现得最多的词语，他们这样做一方面是为了掩饰自己的无能，另一方面则是为了贬损他人的成就。

一个心智健全、心胸开阔的人，是根本不屑于做这样的事情的。他们更多的是学着去发现别人的优点，然后对此加以鼓励。在他们眼中，每一个人都是天使，都有鲜活的容貌和高尚的节操。与之相对应，那些心胸狭窄、习惯贬损他人的人总是能够发现他人身上的丑陋之处。在他们眼中，世界毫无美感可言。对于生活，他们也一贯抱着消极的态度。在他们狭隘的眼光中，根本没有容纳美好、纯洁、善良和博大的地方。他们是天生的破坏者，但是却没有能力去创建更加美好的未来。

无论何时，也无论是何种场合，如果你听到一个人在肆无忌惮地贬损他人，那么你一定要毫不犹豫地把他从你的朋友清单中划掉。如果你没有帮他改过自新的把握，最好不要去接近他，否则，你肯定会受到他的不良影响。不要让自己迷失在述说别人缺点的陷阱中，那样只会使你更容易受人鄙视。如果你这样对待别人，当条件具备时，别人也会这样对待你。像这样的人，根本就无法赢得友谊，因为真正的友谊是建立在相互帮助的基础上的。相互攻击、责难只会使双方处于敌对状态。那些懂得友谊的巨大价值的人，从来不会吹毛求疵，他们总是怀着一颗宽广、仁爱的心来拥抱整个世界。在他们面前，每一个人都能感受到他们那种披肝沥胆、发自内心的真诚。

> 在他们眼中，每一个人都是天使，都有鲜活的容貌和高尚的节操。

人类一个显著的优点就是，我们善于发现别人的优点而非缺陷。基于此，我们能够相互团结、友爱，进而才能在早期的恶劣环境中存活下来。优胜劣汰的机制，使那些博大、可爱的灵魂很好地存活下来，而把那些自私、萎缩的人日益淘汰掉。所以，永远不要担心自己缺乏足够的爱心，能够走到今天，就足以说明你有理由活在这个世界上。无论在何种情况下，都要试着去做一个胸怀宽广、友爱仁厚、博大深刻的人，学着从他人身上发现自己的不足之处，然后改正，这样你就能够不断地前进。

生活中，我们总是无意识地用自己的价值标准来评判周围的人，这样很容易使我们陷入片面和偏激的泥潭中。解决这一问题的良方，就是要不断强化我们内心的宽广度，使自己尽可能多地接触各种各样的人。当我们看到一个人时，首先应该考虑的不是喜不喜欢，而是优不优秀。从什么样的人身上，我们都能得到正反两方面的经验和评价：正直、伟大和卑微、可鄙。如果只看到后者，那么你肯定不可能喜欢他们，更别提去帮助他们克服缺陷了。长此以往，这种观念就会得到不断强化和夸大，你也就会变得越来越趋向渺小。如果你能够经常看到别人的优点，并努力尝试着使自己向他们靠齐，那么，在这过程中，你的品质也肯定会得到进一步的发展，直到彻底把自己思想中的那些卑劣、阴暗的部分去除掉。

世界就是在力的相互组合、碰撞中形成的，无论在地球上的哪一个角落，这种无意识的互动作用都会发挥作用，根据人自身个性的不同，或是起着阻碍作用，或是起着促进作用。

NO.3/ 朋友是成功的资本

如果你有很多朋友经常在一起玩耍，如果你们能够长久地和睦相处，你就会不断地发现原来自己身上有如此多的才能。不与人交往，一个人根本不可能发现自己潜藏的才能。封闭自我，就等于把能量宝库之门紧紧锁上。在生活中，我们遇到的每一个人，都有可能给我们带来某些独特的东西。只要我们善于学习，善于总结，我们肯定能够获得新的知识。到了那时，你会发现原来成就一番事业也并不是难事。对任何人而言，朋友永远都是自己潜能的最好挖掘者。

拥有朋友真挚的友谊，是一件多么幸福的事情啊！他们总是会细心地关注着我们的每一个爱好，时刻留意着为我们服务。只要有机会，他们就不会忘记赞扬我们、鼓励我们。他们总是无私地支持我们，即使我们不在现场，他们也会毫不犹豫地维护我们的利益。他们会帮助我们克服身上的缺陷与不足，无论何时，如果听到有损我们形象的话语，他们肯定会挺身而出、加以制止和反驳。此外，他们还会努力使别人对我们产生好印象，或尽全力扭转他人对我们的消极印象。如果别人对我们有偏见，他们是不能容忍的，就好像是自己受到了污辱一样。总之，在漫漫前进的旅途中，再也没有人像他们一样，能够时刻陪在我们身边、助我们一臂之力了。

如果没有朋友，我们将会多么可怜啊！假如没有他们，有谁能够替我们抵挡那些无情的打击？又有谁能够抚慰我们受伤的心灵？没有他们，我们中又有多少人会落得声名狼藉、伤痕累累啊！

朋友不仅能为我们带来生意上的顾客、客户，还能给我们他们力所能及的帮助。我们中的每一个人都有可能遇到过经济上的困顿，假如没有朋友，那时的生活该怎么度过啊。

当我们身处懊丧、失败的泥潭中无法自拔时，朋友对我们而言是多么可贵的一根救命稻草啊！我们身上肯定会有缺点、短处，但如果没有朋友们宽广胸怀的包容，我们的生活肯定会十分压抑。

当朋友想方设法为自己掩饰缺点和错误时，当朋友在成绩面前善意地保持沉默时，当朋友为我们抵挡冷酷无情的批评时，当朋友大声宣传我们的美好德行时，我们能不为之感动吗？我们能不为之抱以由衷的敬意吗？

真正的友谊有如健康的身体，只有在失去时才会发觉原来它真的很重要。

此外，当经历过千万磨难，我们终于确定了自己一生的朋友时，那又是多么幸福的一件事情啊！

许多功成名就的人，如果当初没有受到朋友的鼓励和支持，恐怕到现在也是一事无成。当危险袭来，如果不是朋友劝他们继续坚守自己的阵地，恐怕他们早已放弃奋斗、偃旗息鼓了。生活中，如果没有友谊，我们的生命无疑将是一片贫瘠荒芜的沙漠。

有人曾说过："命运是由友谊决定的。"这话说得很有道理。如果你想在某一个行业或商业领域大展宏图，而又恰好拥有一大批忠实于你的朋友，那么他们无疑会给你强有力的支持，直到你获得成功为止。

如果我们能够对那些成功人士做一番调查，我们也许可以发现他们取得成功的秘诀。如果能够这么做，那将是一件十分有趣而有益的事。

我曾经做过类似的调查。通过长时期的仔细观察和研究，我得出了这样一个结论：在他的成功里面，至少应该有30%归功于他的朋友。在广交朋友方面，他有着非凡的能力。在他还是个小孩子时，他就刻意培养自己这方面的能力。他有一种可以把其他人吸引到自己身边来的魔力，很多朋友甚至愿意为他做任何事情。

刚开始开创自己事业的时候，他在中学和大学期间形成的友谊，就发他珍爱自己的朋友，就像守财奴珍爱金钱一样。

挥出了难以估量的作用。众多的朋友，不仅为他打开了不同寻常的机会之门，而且也大大提高了他的知名度。

由于朋友的帮助，他的能力在无形之中被放大了好多倍。他似乎拥有了一种神秘的力量，每做一件事，他都会获得朋友们无私而热心的支持。实际上，正是由于朋友们无时无刻的帮助，他才能全心全意地增进自己的利益。

很多成功人士都认为，自己之所以获得成功，是由于自身卓越的才能。他们之中，很少有人会对朋友的作用做出恰如其分的评价。这是很不应该的。他们的成功固然是个人奋斗的结果，可如果没有朋友，他们的个人奋斗又能产生多大的功用呢？每次讨论，他们总是侧重于津津乐道自己的辉煌业绩，好像自己的成功全部来自于自身的聪明、才智和精明。其实，他们根本就没有意识到，众多的朋友，就跟许多无须报酬而又无处不在的商人一样，在每一个合适的机会都会为他们的事业提供服务与帮助。

科尔登说过："真正的友谊有如健康的身体，只有在失去时才会发觉原来它真的很重要。"

选择朋友一定要慎重，因为他们的个性和立场会对你的生活产生巨大的影响。选择朋友时，要尽量选择那些比你优秀、在某个领域领先一步的人。无论何时，你都要试着去和那些你所仰慕和推崇的人交往，但这并不意味着他们要很富裕或手握重权。我指的更多是一些有着高深文化修养、受过良好教育、并有着良好信息来源的人。只有和这样的人交往，你才可能尽可能多地吸取那些有助于你成长和发展的养料。在与他们相互接触的过程中，你会不断地提升自己的理想，树立更远大的目标，并愿意为之付出艰辛的努力，直至有一天成为杰出人物。

有一些年轻人，他们也有很多朋友，可全是那些不能帮助或推动他们前进的那种。像这样的做法，我是不赞同的，因为他们选择了和比自己差劲的人做朋友，而不是和那些比自己优秀、高尚的人做朋友。

如果你习惯于和那些比自己低级的人交往，他们会在不知不觉中把你拖下水，并使你的远大抱负日益枯萎、凋谢。

朋友会对我们的性格成型和人格塑造产生很大的影响，只不过我们很少意识到这一点罢了。实际上，我们遇到的每一个人都会对我们造成某种不可磨灭的影响，并且这种影响带有某种深刻的个人风格。所以，我们一定要设法改进我们的友谊，只有这样，我们才会在不知不觉中养成一种不断追求完美、不断追求进步的习惯。

在追求成功的过程中，对生活我们一定要保持高标准、严要求。这是因为远大的理想会帮助我们取得成功。但对于朋友我们则不能如此要求，一味地追求完美只会使一切都失去。

一位作家曾经说过："要用现实的眼光看待你的朋友，而不是希望他们每一个人都十全十美，理想中的人物是不会在现实生活中存在的。"无论如何，先试着与他们交往。也许，过不了多久，你就会发现他们其实并没有想象中的那么糟糕。

通过观察一个人身边的朋友，我们可以大致了解此人的个性和品格。

拥有众多的朋友，不仅是我们自身情感的需要，而且也能给我们带来实际的利益。对那些拥有很多朋友的人来说，机会无处不在，幸运之门时常敞开。而这些是那些只拥有金钱的人永远也体会不到的，至于那些只把自己封闭在狭小天地里，整日孤苦伶仃的人，更是别指望能够拥有这份幸运。

无疑，如果一个人没有朋友，肯定会生活得十分可怜、凄惨。在这个世界上，还有什么东西能够代替友谊在我们心目中的地位呢？又有多少百万富翁愿意拿出自己钱财的一部分，使自己变得容易为人接受，并以此来弥补他们在疯狂追逐金钱过程中丢失的东西？

在纽约，一个大富翁去世，可参加他葬礼的人除了直系亲属以外，竟然只有不到六个。同一个地点，另一个人去世时，整个大教堂竟然被围得水泄不通，街道上到处是一些前来表示敬意的群众，尽管临死时他留下的钱财还不足1000美元。

后者之所以会得到如此巨大的荣耀，就在于他能维持良好的人际关系，朋友更是遍布各地。他珍爱自己的朋友，就像守财奴珍爱金钱一样。生活中，每一个认识他的人都可能成为他的朋友。尽管他一生都没有积累起巨额财富，可他却非常自豪，因为他拥有许多金钱买不到的东西。当朋友需要钱时，就算是自己手中没有钱，他也会真诚地请人和他一起分享手中的午餐。只要在自己的能力范围之内，他丝毫不吝惜为他人提供服务和帮助。终其一生，他把自己所有的一切都给了自己的

朋友。这种毫无保留、坦率正直的爱，也给他迎来了朋友们真诚的爱戴。在他的一生中，从来没有为自己的私心损害过别人。所以，当这样一个人逝世时，每一个人都会有发自内心的悲痛也就不足为奇了。

关于友谊，塞涅卡曾经这样说过："真正的友谊是毫无保留的。你一旦决定伸出友谊之手，你就要尽可能地付出你的一切。因为只有这样，你才能够希望对方能够以同样的方式来对待你。真正的友谊需要时间来考验，但无论如何你都要记得，一旦下定决心，你就应该让对方能够进入你的心灵深处。友谊的目的不是占有，但分享是完全必要的。如果我们能够找到一个知心的人，为了拯救他的生命，我们是不会吝惜自己的一切的。如果不能做到这些，你和别人充其量也只能是伙伴而已。"

友谊是无法用金钱买来的，因为它是无价的。

NO.4/ 提高自身素质是获得友谊的基础

西塞罗曾经说过，友谊是人从无所不能的上帝那里得到的最美好、最珍贵的礼物。友谊是无法用金钱买来的，因为它是无价的。生活就像是一列正在行驶的火车，如果你不在合适的时机结识你应该认识的朋友，等到以后想要再追寻时，已经是不可能的了。你不可能指望等你功成名就时再来寻找朋友，因为那时他们肯定不会待在原地等你回来。试想一下，生活中有多少东西，是你失去就不可能再找回的呢？

珍视友谊的人，从来不会为了金钱而疏远自己的朋友。呵护友谊，也许会耗去他们的部分时间和精力，他也可能因此会少赚一点。可是，作为回报，他们却能拥有很多情投意合的朋友。和那些忠实于你的朋友待在一起，会让你感到生活的美好，我相信这种感觉是无论花多少钱你也无法买到的。所以，如果是你，你是愿意拥有冷冰冰的金钱呢，还是愿意和一大群有头脑、心地正直的朋友待在一起呢？

友谊是双方面的事情，不是任何一方单独努力就可以维持的。可现实生活中的一些人并不懂得这个道理，他们自身很欢迎朋友们的到来，并且对此感到十分高兴。但是他们从来没有想到过自己应该对此做出回报，他们也从来没有想过自己该怎么做才能使双方之间的友谊更加坚固。

蔑视伪君子是人类的天性。

无论你的学识多么渊博，也不管你曾取得过多么辉煌的成就，如果你不能经常和别人保持紧密的联系，如果你不注意锻炼自己和别人合作的能力，如果你不去真诚地对待他人，如果你不学着去分享别人的痛苦与快乐，那么，你将永远都处在孤单寂寞、没有朋友的生活之中。

我曾认识一个年轻人，他连一个朋友也没有，为此他总是感到万分孤独。为了得到友谊，他也做出了相应的努力，可最终还是一无所获。但是，任何一个和他有过接触的人都会明白他为何会这么孤立，因为在他身上存留着许多惹人讨厌的品行。比如说，心胸狭窄、卑鄙龌龊、斤斤计较、爱在背后批评人、悲观厌世、牢骚满腹等。此外，对别人的成功，他总是心存嫉妒；待人既不友善也不宽容；无论何时，他都表现出自私、贪婪和目光短浅；当别人慷慨解囊帮助他时，却总是以小人之心度君子之腹。试想一下，像这样的人，怎么可能找得到朋友、获得纯真的友谊呢？

所以，如果想要赢得友谊，你就必须要培养那些令人羡慕的个人品质。开朗、大度和友好的天性是建立友谊的基础。在这个世界上，没有其他东西能够比宽宏大量、襟怀开阔、发自内心的友善和乐于助人更能吸引别人了。还有，除非你对他人的生活真正感兴趣，否则你是无法把他们牢牢吸引在自己身边的。

真挚的友谊不可能建立在虚伪和欺骗的基础上。两个没有共同点的人，是不可能走到一起去的。在很大程度上，友谊要靠仰慕和尊敬来维持。如果你不能做到让别人热爱你、仰慕你、尊敬你，那么，你就很难赢得别人的友谊。要给别人接近你、了解你的机会，只有这样，他们才会发现你身上的闪光点，你也才有可能发现他身上令你怦然心动的东西。

如果你是一个灵魂低贱、卑劣可鄙的人，那么，你就不要指望别人会对你和善可亲。其实，之所以有很多人无法拥有伟大的友谊，就是因为他们身上根本就不具备那种能够吸引别人的品质。

如果你是一个个性严酷、待人毫不宽容的人，如果你是一个心胸狭窄、冷漠无情的人，如果你是一个目光短浅、刚愎自用的人，如果你是一个缺乏同情心、卑劣吝啬的人，那么，你就不要指望那些抱负远大、心胸开阔、宽宏大量的人能够聚集在你身边，成为你的莫逆之交。如果你想和那些优秀而崇高的人做朋友，首先你就要培养自身的忍耐力、克制力和博大的胸怀。现实生活中，很多人几乎没有朋友，一个最重要的原因就是他们不懂得付出或付出得太少。友谊之花的盛开，需要多种力的相互作用，乐观开朗的性情、渴望欢乐的意愿以及乐于助人的心理，都是其中的重要组成部分。

一旦具有了这些充满魅力的可爱品质，你就会惊奇地发现，朋友竟然会源源不断地向你涌来。

最高层次的友谊必然要求双方的公正和真实。只有那些为人公正、忠于事实的人，才有可能赢得别人加倍的尊敬。尽管有时这种公正和真实，可能极大地损害我们的利益或自尊。无论何时，都不要不重视公正和真实，因为我们的生命就是建立在它们的基础上的。相比那些虽然知道真相，但却无法说出来的人，另外一些坦白、诚实的人则更有可能引起我们的尊敬和仰慕。公正和真实也是人的天性之一，违背天性去生活的人，是注定不会取得成功的。

蔑视伪君子是人类的天性。我们有可能忽略朋友身上的某种缺点，可是我们一旦发现他竟然欺骗和隐瞒我们，那么，我们就再也不可能恢复对他的信任。而两者之间的信任，恰恰又是真正友谊的开始。

“真正的朋友并不是短时间内可以得到的。友谊总是随着爱意的增加而日益深厚。酒放得时间越长，味道就越醇厚。同样，朋友也是如此。很多时候，我们能够维持一生的朋友，往往是那些年幼时陪伴我们一起欢笑、一起哭的人。越是那些陪我们一起肩并肩走过风雨人生路的老朋友越显得弥足珍贵。”

“人要学会感恩。如果你有一位情深意厚的朋友，永远也不要忘记对他为你所做的一切表示感谢。既然他能为你带来开心和快乐，你也一样可以通过自己的行为成为他快乐和幸福的源泉。”

朋友为我们做了一件事，我们不仅要心存感激，更要感恩图报。相反，忘恩负义和冷酷无情则是友谊的致命杀手。”

“真正的友谊，是金钱无法买到的无价之宝。如果你能有幸拥有它，一定要记得小心谨慎地呵护它、珍视它。千万不要做那些有可能玷污友谊的事情，破碎的友谊只能为你带来无尽的遗憾和懊悔。”

建立真正友谊的基础不是一时的狂热和情绪化冲动，而是彼此之间牢固的尊敬、仰慕和双方心灵上的息息相通。对朋友要爱，但千万不要溺爱。如果你的爱超过了一定的限度，那么，它往往会丧失公正性和真实性，这样，最终的结果只能是闹翻，或反目成仇。所以，如果想要拥有最深厚、最持久、最牢固的友谊，你就一定要记着它是建立在何种基础之上的。

深受世人尊敬的迈诺特·萨维奇在一次关于“友谊”的演讲中，说出了这样的惊世之语：“如果我的朋友待在地狱里的某种角落，那么，我情愿下地狱；如果我的朋友都被扔在了无边的黑暗之中，那么，我情愿不再看到光明。”

博维曾经说过：“虚伪的朋友就像影子。当我们在阳光下接受温暖时，他们会紧紧跟随着我们；而一旦我们步入黑暗之中，他们也就会立刻离开我们。”

可是，真正的友谊绝对不是这样的。无论我们是在阳光下，还是在黑暗中，真正的朋友永远都会陪伴在我们的左右。

信任那些忠实于我们的朋友，而不管他们是身处顺境还是逆境，这是真正的友谊的一个基本要求。如果能够对自己的朋友保持从未改变过的激情，那么，就足以说明我们具有培养真正友谊的珍贵品质。一般情况下，我们会信任那些对朋友永不背叛的人，而那些缺乏忠诚的人是不具备被信任的潜质的。

衡量一个人是否成功，可以把他所交朋友的数量和质量作为一个标准。对一个人而言，不管他积累了多么庞大的物质财富，如果没有朋友，他生命中肯定就会存在着巨大的空白和遗憾。明智的父母总会设法让孩子们知道这一点，孩子们必须从小接受这样的教育：朋友是这个世界上最神圣的事物之一。

要想使孩子们在将来拥有真正的朋友，就要从小训练、培养他们的交友能力。接受这种训练是必要的，也是其他任何东西所无法取代的，它不仅会丰富我们的个性、发展我们的优良品质，而且还会让我们的生活变得更加甜美。

作为一个人，最重要、最美好的一件事就是要拥有许多忠诚而真挚的朋友。罗伯特·史蒂文森曾经说过：“如果一个人还拥有一个真正朋友的话，那么，这个人就绝不可能是一个无用之辈。”

NO.5/ 多个朋友多条路

在这个世间，没有一个人能够完全地离群索居，人总是要依附于群体才能够生活。我们每一个人，就像是一株葡萄藤上的一个小枝杈，生命的维系，完全依赖于主藤的营养供给。枝杈是不能脱离主枝而单独存在的，一旦脱离，结果便只能是枯萎。一串葡萄之所以色香味美，根本原因是主枝扎根在肥沃的土壤中。不要看到葡萄都是长在分枝上，就误认为是分枝在支持着葡萄的生长。如果把结着葡萄的枝杈剪下来，那么，它上面的葡萄也会渐趋枯萎。

在社会中和人交流，能够结识很多人。这对于一个人的成功是有很大帮助的。如果一个人固执地将自己与群体分割开来，那么他的能力就会像离开了藤的葡萄一样，只会慢慢地枯萎，最终只剩下瘦弱的皮，在泥土中腐化。

接近那些伟大杰出的人物吧，他们往往能够增加我们的知识和才能。

只有经常和别人合作，才能发现自己的不足、吸取他人的长处。如果不愿意和他人有过多的交往，潜伏着的能量是永远不会被激发出来的。

静心聆听，是在交往中保持自己吸引力的最好办法。无论是谁，只要你静心聆听对方的谈话，对方也一定喜欢透露一点自己的事情给你。不要小看了这些事情，在这些事情里往往蕴含着巨大的商机。换言之，他们告诉你的那些事情，是可以转化为你成功进步的阶梯的。

在很大程度上，我们获得的成功，有很多并不是我们亲手开创的。借助他人的双手和其他有益的影响，我们常常会在无形之中获得进步。他们美好的话语和鼓励的言辞，常常能够抚平我们心灵上的创伤，使我们在精神上获得安慰。

只有从各方面吸收营养，我们的身体才能够健康发育，我们的生命也才会迅速成长。吸收这些营养的过程，有时是不太容易被我们察觉的，比如，我们对光和电的吸收，在自觉和不自觉之中，我们就使自己的心灵受到了美的洗礼。

教学相长，也是这个观点的有力佐证。无论是在课上，还是在课下，老师和同学之间的切磋琢磨，都会增进双方的知识和能力。在辩论的过程中，双方的思想会变得越来越锐利，雄心也会变得越来越大。更为重要的是，这种交流方式还能激发他们对未来的希望。书本上的知识固然很重要，可是，在交流中获得的知识，却能够让人记得更加牢固。

良师益友，可以改变一个人的一生。

如果一个人没有丰富的同情心，他就不可能会有真心和人交流的欲望。在和别人一起生活、互相往来的同时，只有培养自己丰富的同情心，才会对别人的事情产生浓厚的兴趣。如果缺少了这一点，既使一个人有再大的才华，也只能是孤芳自赏。

人应该向着更为高远的目标前进。多和比自己高明的人交往，他们丰富的经验、渊博的学识，就会在潜移默化中，对我们的人品、学识产生积极的影响。

处在一个团队中，如果能够时时做到心心相印，是会产生无法估量的能量的。这种力量对于自己获得前行的勇气是十分有益的。如果一个人只和比自己弱的人交往，就会减弱自己的精神水平和工作能力，让自己的意志和理想向着地狱的方向坠落。

不和比自己能力高的人交往是一个巨大错误。在和比自己能力高的人交往中，我们会得到获取名利的机会。因为在这样的交往中，会在无形之中提升我们的办事能力和与人交往的能力。所以在与他人交往时，万不可不选择对象。我们身体中的真、善、美部分，只有借着他人的启发，才能够完全被激发出来。在与优秀的人的交往中，才会使自己的力量增强百倍，才会使自己的才华得到充分的发挥。

伯利勋爵认为，如果一个人赢得了他人的信任，会因此获得支持和财富。对于年轻人来说，朋友是非常重要的。友谊会助他成功，当他遇到困难的时候，朋友的支持与鼓励，如同阳光，让他看到光明和希望，真正的朋友，会在他遇到困难时，伸出援助之手。生活中，我们和志同道合的朋友一起分享快乐与成功，一起承担痛苦与忧伤。朋友，远比我们拥有的金钱重要得多。

查理·詹姆斯·福克茨在他小的时候常与埃德蒙·伯克一起玩耍，他也因此而染上了许多恶习。这样的例子，举不胜举。要知道一个人什么样，看看与他交往的都是什么人就明白了。良师益友，可以改变一个

人的一生。如果一个人没有朋友，那么，在他遇到挫折和困难时，孤独感会使他更容易心灰意冷。如果他有幸拥有真正的朋友，那么，真诚的友谊、朋友的激励和帮助会使他坚强地站起来。仔细查看一下那些取得丰功伟绩的名人大家，在他们耀眼的光环背后，是妻子的付出、母亲和手足的支持、朋友的理解和帮助，正是这些热心的鼓励与无私的帮助，他们才一步步走向成功。

很多年轻律师在刚刚开始工作时，会花费大量时间和精力去结交朋友，培养友谊，这对他们来说是非常明智的。因为，他们的工作，要在很大程度上依赖于这些朋友的帮助。如果他能拥有众多真诚的朋友，那么成功将指日可待。相反，一个律师不管多么聪明能干，多么能言善辩，如果没有朋友的举荐和支持，是很难有人委托他承接自己的诉讼案件的，那么，他永远也没有成功的机会。

同样，这个道理也适用于一个年轻的医生。在他刚刚开始医生的生涯时，朋友的支持更是至关重要。因为，有谁敢把已经脆弱不堪的身体再拿去当医生的试验品呢？此时，朋友们的信任，会对他的事业起到推波助澜的作用。如果有人听到朋友称赞他的医术高超，很快医好了自己的病，慢慢地，就会有人来让他给看病，他的事业也会因此而蒸蒸日上。

再来看看那些以小本生意起家的商人，或者，他们最初只是白手起家。不管他本身是多么的诚实正直，毕竟对生意场上的事情不够了解，人们也不容易信任他们，他要想得到大家的认可，就要先赢得大众的好感。得到良好服务的顾客，自然会成为他的义务宣传员。有了他们做广告，别人会更容易接受他们的商品。所以，对于做生意的人来说，朋友多了路好走。朋友越多，在生意场上的消息越灵通，自己越容易挣得更多的财富。其实朋友也是互惠互利的，不管是精神上还是物质上。生意场上的朋友，可能更侧重于物质上互相帮助。但是，也不能把对朋友的理解简单地定义成物质需求上。如果一个人在与朋友相处时，只追求商业价值，那么这种纯粹地以利益为标准来选择朋友，也降低了朋友的含义。真正能够成为朋友，最终还是要依托于人高尚的品质，这样的朋友才能够天长地久。

人的一生中，有谁不希望拥有自己的朋友呢？有的人认识了一辈子，仍然停留在熟人的层面上，但有的人很快就能成为朋友。朋友，会对人的性格产生很大的影响，而且这种影响是潜移默化的。所以，一定要慎重地选择朋友。人都说朋友可以分成不同的种类，如果交友不慎，与那些酒肉朋友、狐朋狗友混在一起，哪里还有

真正的朋友，会使我们清晰地审视自己，从朋友身上，我们能够得到支持、理解，还有战胜困难的勇气和力量。

上进的希望呢？希里斯博士说："友谊能够左右人的一生。如果年轻人自以为是，对朋友的忠告听而不闻，那么成功的机会将大大降低。"一个人为人处世的时候，会不自觉地受到朋友的影响，甚至性格都会因此而有所改变。与高尚的人做朋友，还是与卑鄙的人交往，会使我们朝着不同的方向发展。

比彻说："我读了英国著名艺术评论家罗斯金的作品以后，感觉心灵受到了强烈的震撼，整个人像脱胎换骨了一样。那些伟大的作家，用他们的笔，他们的心，感染着人，教育着人，与他们成为朋友，是一生的幸事。高尚的友谊，崇高的灵魂，能够净化人的心灵。在这种神奇力量的感召下，人性中原本善良的品质会被激发出来，从而激励自我走向完善。"

和朝气蓬勃的人做朋友，他们身上的勃勃生机，让人感受到生命的活力，如同一股清新的风吹过大地。他们所到之处，人的心情也随之焕然一新。与他们在一起，生活会变得更加轻松和愉快，工作起来都会有精神。那些乐观向上、思想深刻的人，会带动人们一起去思考，去争论，在这过程中，人们的能力在提高，智力在发展，自信回到他们身上，封闭已久的心房被打开。不幸的是，如果与死气沉沉的人整天待在一起，人们的思想会越来越麻木，人也越来越懒，对什么都提不起兴趣。原本还抱有一点点的希望，也会逐渐被失望吞噬，热情的火焰越来越弱，直至熄灭——自我将被封闭，最后成为孤家寡人。

爱默生说："一定要想明白，我们需要的是什么样的朋友。朋友应该具有无私的品质，遇到困难时，可以为我们分忧，拥有成功时，可以与我们分享。竭尽所能地为朋友提供帮助，这才是真正的朋友，也是朋友应尽的责任。有了朋友，我们不再感觉到孤独，朋友的人格魅力吸引着我们，他们让我们生活的天空更加宽广。无论遇到什么，我们不再觉得无助，因为朋友会给我们最有力的帮助。对于我们的疑问，朋友会不厌其烦地解释给我们听，哪怕有时只是三言两语，也足以点开我们混乱的大脑。真正的朋友，会使我们清晰地审视自己，从朋友身上，我们能够得到支

持、理解，还有战胜困难的勇气和力量。”

人的潜意识里，都具有不自觉的效仿能力。因此，以良师益友作为我们的榜样，他们的鼓励与帮助，会对我们终生有益。比如，原本很普通的一个孩子，如果遇到了一位好老师，在老师的精心教导下，他的潜能将被激发，渐渐地，他会脱颖而出。其实，每个人身上都有闪光点，关键在于能不能被发现。如果老师没有留心，忽略了他们身上的长处，那么他的闪光点就可能永久地被淹没了，因为孩子有时自己也很难意识到自身的优势。所以，千里马能够独领风骚，还需要伯乐的发现！我们的朋友欣赏我们、帮助我们、支持我们、理解我们，他们才是我们生命中最可贵的财富！

菲利浦斯·布鲁克斯有着惊人的记忆力，很多人非常羡慕甚至崇拜他。他是个极为自信的人，对自己的能力毫不怀疑，正是这种信念，使得他在做事的时候信心百倍，精力十足。很多年轻人把他作为自己的楷模，在他的鼓舞下，胸怀大志，勇往直前，自身蕴藏的能量被挖掘出来，做到了以前想做而不敢做的事。布鲁克斯告诫人们：如果一个人具有过人的潜能，实际上却庸碌无为，能够挺胸前进，实际上却畏手畏尾，能够走得更远，实际上却原地踏步，那么这样的人是可悲的，甚至是可恨的。

NO.6/ 结交真正的良朋益友

关于友谊，爱默生说过一句十分经典的话：“一个真正的朋友比一百个狐朋狗友还要有用得多。”的确，在现实生活中，朋友对我们的成功有极大的帮助，除了自身的力量，朋友给自己的力量算是最大的了。

众所周知，在化学反应中，两种不同的物质如果在某种条件下相结合，就会产生另外一种新物质。并且有可能，这种新物质释放的能量，会远远超过这两种物质中的任何一种或两种的总和。同样的道理，两个人如果相互合作，产生的力量也绝对会大于其中的任何一个人。可这么简单的道理，很多人就是不明白。他们从来没有想到过要去这样做。许多作家都把自己最优秀的作品归功于自己的某个朋友，在

真正的好友，会增加我们的能量，给我们不达目的绝不罢休的勇气。

他们眼中，如果没有这个朋友，他根本就不会燃起写作的欲望。通常情况下，我们绝大部分能量都是潜藏在体内的，如果没有合适的人协助你把它们发掘出来，终其一生，你也不可能利用它们，使它们为你服务。就像那些作家，如果没有那个朋友帮助他将这份潜能挖掘出来，他就根本不可能写出不朽的作品来。

真正的好友，会增加我们的能量，给我们不达目的绝不罢休的勇气。那些了解我们、鼓励我们全力以赴的朋友，是会消除我们心里面的恶魔、为我们迎来光明的天使的人。

朋友是我们应对生存竞争的需要，朋友对我们事业成功有巨大的价值。那些无论在何种情况下都能交到朋友或和别人建立真挚友谊的人，都是拥有巨大成功潜能的人。

好朋友不仅能够给我们精神上的慰藉，使我们身心愉悦、道德水平提高，而且还会对我们的日常生活产生极大影响。

几年前，在伦敦有一家报社悬赏征求朋友一词的确切含义。在众多解释中，有一个参赛者这样写道："真正的朋友就是这样的一些人，当别人都离我远去时，他们还在我身边默默地为我祝福。"这个解释虽然有点不太典雅，但却道出了什么样的人才是真正的朋友。

真挚的友谊，在危难来临时显得尤为重要。在商场上经常有这样的事情发生，一个商人经历了意想不到的灾难，面临破产。就在他手足无措时，一位朋友及时跑来帮助他、鼓励他、支持他，从而使他重新振作起来，结果他才能力挽狂澜。像这样的朋友，我们是多么渴望能够有一个啊，并且这种伟大的友谊又是多么的宝贵啊！

对那些刚踏入社会的人来说，朋友显得更为重要。他们会给自己的工作和事业都带来极大的帮助。

结交一个朋友是件十分严肃的事情，千万不要把它当儿戏。那种以为朋友只要随随便便玩玩就行了的人，是永远也不会结交到真正的朋友的。

有些人，老朋友不经常联系，新朋友又不去交结，自然朋友就会越来越少了。

有很多人待人总是冷酷无情，根本不看重友情。在他们心中向来是“生意第一，友谊第二”。我曾经见过不少这样的人。一次，一个人满腔喜悦地去看望一个多年不见的老同学，可是很不巧，他的那位老同学正在工作。结果他的老同学就只是随随便便敷衍了他几句，就打发他走人了。像这种人，也许可以挣到一点小钱，可是他们却牺牲了宝贵的友谊，这未免也太不划算了。

一个没有朋友的人，是很难取得成功的，因为“一个人能否取得成功，很大程度上取决于他选择朋友是否成功”。一个能力超凡、智力过人的人，如果没有朋友，无论能够取得多大的成就，那也不能算是真正的成功。

没有朋友，万一遇上了什么祸患，处境将会十分悲惨。有些人说自己习惯于享受孤独，不愿意和人交往。这其实是一种很不好的习惯。如果你终日只顾埋头苦干、暗自钻研，对你身边的朋友也是不理不问，即使是他们来看望你，你也只是随意敷衍。那么长此以往，你的这些朋友也就不会再来了。换句话说，你也就没了朋友。处于这种情况，一旦遇到什么危急的情况，你再想去找朋友们帮忙，那也是不会有人搭理你的。到了那个时候，你就是哭也来不及了。

在社会这个大竞技场上，谁也无法单枪匹马地取得成功。一个人只有在朋友们的关心和支持下，才有可能赢得胜利、获得成功。一位很出名的美国作家曾经这样说过：“我们的社会是依靠一个规模庞大的信用组织在维持着的，而这个信用组织又是建立在友谊的基础上的。”如果我们能够对那些成功人士做一个调查，我们就会明白这句话的正确性。那些成功的商人，无一不是拥有真正朋友的人。

真正的朋友是无时无刻不在帮助我们的。他们不仅能够陶冶我们的性情，还能够在现实生活中给我们帮助。我们都是生活在人与人的关系链中的，朋友就是连接自己和别人的那个交点。通过他们我们可以交到更多的朋友。有了他们的帮助和提携，原本可能拒绝我们的单位会重新考虑接纳我们，原本对我们没好感的人也会重新考虑和我们做朋友。这些朋友帮助我们都是诚心诚意、不求任何回报的。如果你是一名医生，他就会告诉他的朋友，你的医术是多么的高明，或者你能够医好什么怪病；如果你是一名律师，他就会告诉他的朋友们你的水平有多么高，或者是最近你又打赢了什么官司；如果你是一名作家，他们就会帮你四处宣传你又出了什么书。总之，他们是无时无刻不在帮助你的。

能够得到别人的信任，对我们而言是一种极大的快乐。得到别人的信任，会让我们的自信心增强。而我们的朋友是永远信任我们的一群。我们的朋友，尤其是那些已经取得成功的朋友，是永远不会怀疑我们、轻视我们的。他们相信我们能够取得成功，就像是相信他们自己能够取得成功一样。有他们在我们身边，我们的事业无异于挂上了风帆，定会一帆风顺、马到成功的。

一个人能否取得成功，很大程度上取决于他选择朋友是否成功。

在恶劣的环境中奋斗，许多胸怀大志的人有时也会感到疲倦。但是，如果他们知道自己的朋友们正在期待着自己成功，他们就会激发出无穷无尽的力量，变得更有勇气、更有智慧。

人要成功就要不屈服于命运。在前进的道路上，由于危险重重，很多人会变得灰心丧气、准备半途而废。如果在这时，如果他能够想起年迈的母亲，母亲含泪再三叮嘱，不就是盼望着自己能够获得成功吗？如果他们在这时能够想起朋友的鼓励，自己的朋友们不是都很信任自己一定会有大的成就吗？如果他们能够及时想到这些，他们就会重新振作起来，以百折不挠的意志力，重新去奋斗，直至得到成功为止。

许多人认为那些激励人心的话语，对自己的发展没有什么帮助。但其实这是一个极其愚蠢的想法。

有很多本性善良、能力卓越的人，本来是可以取得很大的成就的。可就是由于在奋斗的过程中，缺少朋友的鼓励和信任，所以才最终导致了自己人生的失败。

没有人鼓励，是很容易使一个人过上不思进取的生活的。很多青年人本来具有成功所需要的一般条件，只要敢于奋斗，就能够取得成功。可就是由于他们的师长、父母都说他无用、无能、不孝，结果他们便失去了前进的勇气、不敢再对未来抱有任何希望。

如果这样的年轻人能够有一些真正的朋友经常爱护他、

关心他、鼓励他、信任他，他就不会落入失败的泥潭不可自拔。如果他们能够经常受到鼓励和赞扬，他们就一定会取得巨大的成就。

其实，每一个人都有获得成功的独特潜力，只要你信任他，他就能够将这份才能发挥出来，他就能够获得成功。因此，不要吝啬你的美好言辞，去尽量赞美你的朋友吧，你不妨老实告诉他，你很欣赏他，并且你相信他将来一定可以取得成功、一定可以成为一名大人物。你要知道，你这种率直坦诚的鼓励，有时比给他们物质上的援助还要有用得多。

在这个世界上，再也找不出任何一种比朋友更宝贵的东西了。现实生活中，很少有人能够像他们一样对我们的一言一行表示密切关注。

事实上，能够意识到自己的一言一行都会密切关系到自己或朋友荣誉的人是很少的。我们寄出的每一份报告，我们对人的每一份评价，都有可能影响到自己的事业成败。如果我们不注意自己的形象，任由丑闻毫无顾忌地传播，则很有可能损坏我们一辈子的名誉。

我曾见到过什么叫真正的友谊，在某种程度上说，那是一件触动人心的事：一个自我作践的人已经完全沉沦、堕落了，已经完全失去自尊和自制力了，甚至已经沦落成为不知廉耻的禽兽了，可他的一位朋友还在不遗余力地帮助他，为了他，有时竟然不惜牺牲自己的尊严。像这样的友谊才是真正的友谊。遭受巨大的打击后，我们有可能会自暴自弃，但我们的朋友绝不会放弃。他们会千方百计地说服我们重整旗鼓。

无论在何种情况下，真正的朋友都会忠诚地站在我们这一边。我就曾认识这样一个人，虽然他的朋友由于终日酗酒而被整个家庭抛弃，他还是一如既往地保持着他们之间忠贞的友谊。好几次，当他的朋友放浪形骸的时候，他都在远处默默地注视着他。当他喝醉以后，他把他抱回去，以免他被冻死。不知道有多少次，这位朋友离开自己舒适的家，到贫民窟去看望他的朋友，帮他抵御贫穷和饥饿的侵袭。在这种无私的爱和帮助下，那个堕落的人终于受到了感化，也终于找回了自己的尊严。试想，如果没有这位朋友，那个堕落的人还有可能存留在这个世界上吗？

查理·金斯利说："与谎话连篇的人混在一起，他会变得越来越不诚实。与尖刻的人在一起，他会变得越来越刻薄。与贪婪的人在一起，他会变成吝啬鬼。但如果与高尚的人结交，他会变得充满爱心！"

NO.7/ 友谊需要细心呵护

只有通过细心地耕耘和播种，我们才有可能收获甜美的果实。同样，不经过全身心的付出，想要赢得友谊简直是不可能的。只有那些愿意为对方付出一切的人，才有可能最终赢得别人的友谊。而那些只懂得索取却不舍得播种的人，是永远也没有办法体会到这种感情的。这样的人，就像是一个吝惜谷种而不愿意播种的农夫，他们老是幻想着明天就能收获满仓。可事实告诉我们，那是不可能的。不把种子播种到泥土里，就不会看到种子成熟后带来的收获。人生和友谊同样如此，不播种帮助他人的种子，就无法收获友谊的果实。

在我眼中，世界上最富有的人并不是那些名商巨贾，而是亚伯拉罕·林肯。他把自己的一生都奉献给了美国人民，自然也就赢得了美国人民的尊敬和爱戴。在价值选择上，他并没有把自己的才华出卖给资本家，而是选择了奉献全社会。在他眼中，金钱和物质生活根本就没有任何吸引力，他追求的是一种更崇高的生活方式。林肯永远都生活在历史中，他想得到的永远只是朋友，而不是鼓鼓的钱袋。就像农夫播种一样，林肯把爱和希望全都播种在了美国人民心中。这也正是他建立不朽功勋，永远名垂美国历史的原因。

美国人创造了历史上最多的物质财富，可是在人们追求物质利益的同时，精神上的贫乏却在扼杀着这个年轻的国度。对友谊的漠视，就是其中的一个重要表现。

紧张匆忙的生活节奏，虽然可以创造出巨大的物质财富，但却不适宜培养友谊。这也是美国和那些能够培养真挚友谊的国家之间的不同之处。通常来说，我们太喜欢追求物质生活，以至于我们根本就没有时间去孕育友谊之花。丰富的资源、众多的就业机会，只会使一个国家的国民情绪浮躁、野心膨胀。如果让它们过多地刺激我们的感官，唤醒我们身上粗俗野蛮的本能，我们就根本无法获得友谊。那时，人们都忙着以百米冲刺的速度去追求名利，哪儿还有人愿意驻足欣赏那些友谊之花的盛开？

这样一来，在美国就出现了一种奇特的现象。那就是在美国，你通常会有许多令人愉快的熟人，你们会在一起嬉笑打闹，也能相互帮助，但从严格意义上来说，你所拥有的朋友却一个都没有。

产生这种问题的根源在于，物质的丰富并不一定带来某些优良品性。与之相

真正的友谊就像是那些生长缓慢的藤萝，只有经历过逆境、厄运的考验，我们才能把它称之为真正的友谊。

反，有时它们反而会导致许多不良品性。很多时候，它们慢慢腐蚀掉了我们身上最令人满意的品质，也使我们的眼光变得越来越狭窄。

当我们口袋里的金钱越来越多时，我们有没有意识到，我们也在丢失自己的无价之宝。后商业化时代，我们习惯于把一切都商品化，殊不知友谊是不能这样做的。如果我们把友谊、能力、精力、时间和其他的一切统统都商业化，统统都以金钱来衡量，那么只能导致一个结果，那就是我们在金钱上十分富裕，但除此之外我们一无所有。为什么成千上万的富翁尽管在物质生活上煊赫一时，但每当夜幕降临时，还是会感到发自内心的孤单？就是这个原因。为了追求金钱，我们荒废了精神上的一切。我们的大脑没有得到充分的利用，我们自身的潜能也没有被全部挖掘出来。在赚取金钱上，无疑他们是一流的人才，但在其他方面，他们却连三流都算不上。在他们眼中，世间所有的东西都能转化为金钱，包括友谊、影响力乃至生活本身。

在这个世界上，还有比没有一个知心朋友更令人心寒的事情吗？如果我们穷得只剩下钱了，那么我们活着还有什么意思呢？在追求成功的过程中，如果失去了朋友，结果肯定是得不偿失的。也许，我们能够拥有一大批故交、熟人，但我们却无法和他们倾心相谈。熟人永远也取代不了朋友在我们心目中的地位。可是，很遗憾，在今天我们生活的国度里，几乎没有什么人能够意识到友谊的真正可贵之处了。

在现实生活中，还有这样一些所谓的“朋友”。当我们事业顺利、飞黄腾达时，他会给我们锦上添花。但到了我们穷困潦倒、山穷水尽时，我们却无法指望他来救苦救难。如果细究起来，这样的朋友反不如没有的好。华盛顿曾说过：“真正的友谊就像是那些生长缓慢的藤萝，只有经历过逆境、厄运的考验，我们才能把它称之为真正的友谊。”

我曾认识这样一个人，他一度觉得自己拥有许多朋友，可当他生意失败，债务累累时，那些所谓的朋友竟然全都消失不见了。随着人生际遇的不同，那些表面上忠诚的朋友，一个个都违背了他们原来的承诺。如今，这个可怜人对谁都不敢再相信了，他已经对那些所谓的朋友失望透顶了，以至于他的精神几近崩溃。

不过，幸好不是所有的人都背叛了他。当他的家庭和庞大的事业在一瞬间灰飞烟灭时，还是有几个朋友向他伸出了援助之手。听到他生意失败的消息，他的两个老仆人毫不犹豫地掏出了他们所有平日里的积蓄，并亲自把这笔钱交到他手里，以便帮助他东山再起。此外，过去一个为他工作的工程师，在他遭遇厄运时，也仍然是一如既往地对他保持忠诚，并且为了他献出了自己最后的一个美分。正是借着这些友人的帮助，这个人才能很快地重整旗鼓，并在短期内恢复了往日的辉煌与荣耀。

永远不要相信那些把友谊等同于金钱的人。在他们眼中，友谊只不过是一种商业资本，他们接近某一个人，也不过是由于暂时有求于他们罢了。

虽然我们不愿意承认，但事实是，现在的时代比以往的任何一个时代都缺乏友谊。友谊已经不是简单的精神需求了，它更多地成为了一种牟利工具。

现在的友谊已经完全不同于以前，那就是商业友谊的流行。这种纯粹金钱层次上的友谊，由于根本动机是自私，所以你别指望它会给你带来什么好处。此外，它造成的另外一个巨大危险，就是你很难把真正的朋友和那些虚假的朋友区分开来。

我曾认识这样一些人，他们交朋友的目的不是出自真心，而纯粹是为了商业上的目的。他们更多的是把友谊看成了促进自己成功的一种手段。表面上看来，他们对每一个人都十分友善、热诚，以至于每一个和他刚接触的陌生人都会觉得自己遇到了一个难得的朋友。可是，一旦他觉得你对他已经没有任何价值了，他们就会立刻换上另一副面孔，毫不犹豫地把你踩在脚下。在他眼中，别人以及所谓的友谊，全部都是他向上爬的垫脚石。

对那些自私的人而言，世间是没有什么真正的友谊可言的。任何人都无法成为他们的朋友，除非他们能够从你身上获得某些好处。

在美国，尤其是在那些大城市中，很多人是以贩卖友谊为生的。他们往往是一些具有非凡魅力的人，他们在短时间内就可以把人们牢牢吸引到自己身边。但是，他们并不珍视这份情意，而是无时无刻不在编织着自己居心叵测的蜘蛛网。可悲的是，那些受害者却很少能够意识到这一点，等到他们真的有所察觉时，已经太晚了。

朋友的数量、友谊的质量，对一个人的成功、快乐都有很大的影响。

世间再也没有比把别人作为自己的垫脚石更卑鄙、龌龊的事情了。有利可图时，他们卑躬屈膝。一旦无利可图，他们就会立即毫不犹豫地过河拆桥、卸磨杀驴。

不管你是为了促进自己的事业、扩大自己的影响力，还是为了获得更多的客户、病人或顾客，刻意去培养友谊都是很危险的。这样做，只会使我们进一步失去对真正友谊的感知力。

一生中，能够有几个真挚的朋友，是一件很令人快意的事情。他们不是为了利益而来，在必要的时候，他们甚至愿意为我们牺牲自己的安逸、时间和金钱。

西赛罗是古罗马著名的政治家、哲学家。他曾经说过："生活中没有友谊，就像地球上没有阳光。上帝把太阳赐予我们，让万物因此而得以生长，而友谊，是用于给我们带来最大的快乐。"朋友不能是一厢情愿的，只强调人为我，不会我为人，那么是不可能拥有朋友的。如果只知道要求别人，有便宜就占，有难处就退，那么最终会失去朋友。这样的"友谊"之花不会有生命力，枯萎是迟早的事。

想要拥有朋友，首先要培养自己的品质，如果不能让人钦佩，怎么能对人有吸引力呢？一个卑鄙、吝啬、自私的人，没有人会喜欢，更不会有人与你做朋友。悲观消极、胆小怕事、说话隐晦，只能越来越让人看不起。具有不可抗拒的人格魅力，人们会乐于接近你，愿意与你交往，更希望与你成为朋友。要让人感觉到，你是真诚地关心他，并不是有意要窥探他的个人隐私，这样，才可能得到别人的信任。逐渐地，他会接受你，然后，你们会成为互相关心的朋友。真诚和热情会使朋友的心越来越贴近，友谊越来越深厚。一个自私自利的人，一事当前，总是想着怎么样才能占便宜，他们想方设法地利用别人，嘴里对人称兄道弟，骨子里却算计着怎么样才能不吃亏，这样人的险恶嘴脸一旦被揭穿，还有谁愿意和他们做朋友呢？

朋友相处，贵在真诚。别再吝啬你的语言，要让朋友知道，你珍惜他这样的朋友。大声告诉他们，你佩服他们，热爱他们。爱一个人的时候，闷在心里很难受，为什么不说出来呢？那么，为什么不让朋友知道你在意他，尊重他，需要他呢？大胆讲出来吧，这对你不会损失什么，相反，你和你的朋友会因此更加亲密。

有一位女士，与性情古怪的人也能友好相处，别人想不通她怎么能做到这点。这位女士说："其实很简单，只要你努力去发现他好的一面就行了，至于你不喜欢的那些，别老死盯着不放。"是啊，求同存异，如果我们总是抓住别人的短处不放，哪儿还有功夫去欣赏他呢？记住，不管遇到什么，千万不要出卖自己的朋友，友谊是无价的。即便为此被人误解，也要让友谊之花常开。当与朋友的意见发生分歧时，要坦诚相见，以心换心，这样，不管有多大的矛盾，也可以化解。努力吧，让自己拥有更多的朋友，这是一笔无形的财富。朋友，当然也是多多益善，朋友的减少，其损失是无法估量的。要知道，朋友的数量，友谊的质量，对一个人的成功、快乐都有很大的影响。

NO.8/ 吸引更多的朋友的方法

没有朋友的生活是可怕的，孤寂的心在太阳下流浪，想要找一个人的臂膀靠一靠都不行。有很多孤独的人，在自己胸中都有这样的渴望：我要是有一些朋友，那该多好啊！但是，在现实生活中，由于他们性情孤僻，缺乏吸引朋友的魅力，才致使没有多少人愿意和他们接近。这是很可惜的。没有朋友，就失去了生活中的许多乐趣，也丧失了帮助自己成功的重要力量。

无论任何人，只要在日常生活中，注意自己的言谈举止，处处表达爱和善的讯息，他自身的吸引力就会不知不觉地增大。

拥有淳厚性情的人，处处会受到别人欢迎，在遇到困难时，也总会得到别人的扶助。这样的人在商场上，也许没有雄厚的资本，但是，由于其个人的人格魅力，反而能吸引更多的顾客。所以，只要有机会，他们的进展肯定要远远快于那些资本

雄厚、但为人缺乏吸引力的人。

在公共社交场合中，如果一个人，能够处处表现出与人为善的态度，在爱和被爱之间游弋，那么，他就会像一块磁石一样，牢牢吸引住大家的目光。

慷慨大度是获得朋友的重要保证。

在公共场合，还要注意，不要说别人的坏话。人都是有自尊的动物，一旦被人揭露得体无完肤，其愤怒之情是不言而喻的。如果一个人，总是喜欢找寻他人的缺点，那他一定是一个不可信赖的人，也是一个不值得交往的人。

要有健康的思想观念，对人要宽宏大度。我们不仅要敢于肯定别人的优点，也要敢于承认自己的缺点。轻视他人和嫉妒他人，既是一个人心胸狭隘的表现，也是一个人思想浅薄、不健全的表现。

想要吸引他人注意力的最好办法，就是对别人的事情表示出关心和兴趣。但前提是，你不能做作，你必须是真对别人的事情关心、感兴趣。

将自己人为地封闭起来，不去关注外界的事情。久而久之，就会使自己陷于孤独的境地中。

有些人很不受欢迎，在聚会中，几乎没有任何人同他说话，人人见到他都会退避三舍。所以，当别人在自如地交谈、其乐融融时，他只能一个人孤零零地坐在某个角落里。即使偶尔有人注意到他，前去和他搭讪，但过不多久，他又是孤零零的一个人了。在聚会中，他就像一块冰，没有一点温度，不能引起人的一点注意。

这类人不受欢迎的根本原因，是在与人交谈时，他们往往只注意到个人的乐趣。上段中的那个人，本身具有很大的才能，学习工作都十分勤勉努力，每天在工作结束以后，也喜欢和朋友们聚在一起，打打闹闹。可就是因为他只顾及到自己，在大家面前常常给人难堪，所以很多人一看到他就避让不已。

但是，他自己却从来没有想到，他不受欢迎的根本原因是自私。自私是他不能赢取朋友的最主要障碍。他总是只想到自己，从不顾及他人。在与人谈话时，他从不给别人开口的机会，从开始到结束，都是他自己一个人在滔滔不绝地讲着。他总是要把各种谈话的中心牵扯到自己身上。这样做，怎么可能不招人反感呢？

如果一个人只顾及自己，那么他就没有吸引别人的魅力。

如果一个人，真心对他人的事情感兴趣，他就会受到别人的欢迎，就有了吸引人的力量。这股吸引人的力量，与他自己对别人感兴趣的程度是成正比的。那么，怎样才能够使自己对别人的事情感兴趣呢？只要能够为别人着想，就一定更够引发

拥有淳厚性情的人，处处会受到别人欢迎，在遇到困难时，也总会得到别人的扶助。

自己对别人的兴趣和关心。

事实上，人生的最大乐趣并不是赚取巨额的财富，而是将自己的潜能发挥出来，将自己的美德表现出来。

只有具有了良好的德行，才能够真正地吸引一个人，任何自私、卑微、嫉妒之心都不可能赢得别人的注意。

很多穷苦的青年朋友在刚踏入社会时，往往对那些家财万贯的富家子弟羡慕不已。其实那些富家子弟只是无须为生计发愁而已，其他方面并没有什么高人一等的地方。只要你在日常生活中，善于培养自己磁石般的吸引力，将来你就一定能在社会中立足，这种卓越的品质带给你的财富，绝不仅仅限于金钱上的满足，更多的还是精神上的享受。

一个人在社交场合能否赢得别人的欢迎，还和他讲话的声音是否优美动听有很大的关系。事实上，美妙的声音可以真实地反映出一个人的修养和品性。

托马斯·希金森曾经这样说过："即使把我和一大群人共同关在一间黑暗的屋子里，我也可以根据人们声音的不同，分辨出谁是温文尔雅者，谁是暴戾恣睢者。"

据说在古埃及，法官只能看那些书面的辩护词。这是因为，人们担心法官容易受到罪犯言语的蛊惑，进而影响到法律的公平性。此外，宣判时，主持审判的大法官也只能用很少的语言来判决。由此我们可以想象，语言的作用到底有多大。

当我们看到人类的声音产生出巨大而神奇的力量时，难道我们不想把自己的孩子培养成这样的人吗？如果不让自己的孩子接受任何有关声音的训练，难道对我们而言不是一种侮辱吗？可以毫不夸张地说，如果我们不让孩子接受这方面的教育，就是对他们的一种犯罪。无法想象，一个可爱的孩子一方面接受着最优秀的教育，而另一方面却无法清晰地通过自己的语言把心中所想表述出来。当我们看到这种情形时，难道不会感到万分痛心吗？不用怀疑，那些扭曲的、只从喉咙里发出来的干涩声音，将会极大地影响他们未来的事业和前途。这种能力对于一个女孩子来说，

这类人不受欢迎的根本原因，是在与人交谈时，他们往往只注意到个人的乐趣。

显得尤为重要。

在现在的美国，就有这样的弊病。从大学出来的毕业生，他们一方面在重要的教育机构里学习着呆板的语言，另一方面却在学习着高深的数学、物理、艺术和文学。而这些本来是应该用动听优美的声音说出来的，而一经他们的嘴，竟然是那样地刺耳嘈杂。

还有很多女性，她们虽然接受过高深的教育、毕业于名牌院校，然而由于她们声音中充满了粗鲁和不协调的音调，以至于那些感觉敏锐的人几乎无法和他们进行正常的谈话。

其实，只要人类的声音经过合适的训练，并得到恰当的调整，肯定会十分富有感染力。当我们听一个人讲话时，如果他的声音十分清澈、简洁和富有韵律，那无疑将是一种莫大的享受。听他们说话，就像是在听从一件圣洁的乐器上弹奏出来的动人音符一样。如果是这样，难道你不觉得这是一种莫大的享受吗？

我就认识一位这样的女性，她的嗓音非常清脆圆润、和谐优雅，所以，无论她到什么地方，只要一开口，肯定能够迎来一片掌声。任何人都无法拒绝如此甜美的声音，而这种声音又使她显得格外有魅力。那些枯燥、沉闷的话语，一经她的嘴说出来，顿时具有了一种灵气。当她开始说话时，那种充满生命活力的声音，就会像流过干涸大地的溪流，清脆而悦耳。她那甜美圣洁的声音，使她的魅力无法阻挡。

在社交场合，每当听到那些女人们粗声大气的讲话，我就恨不得立即逃离。每次遇到那种情况，我就感觉自己的神经受到了巨大的压迫，情绪也受到了无端的烦扰。

纯洁、和谐、富有生气的声音，是内在修养和高雅品性的一种表现形式。如果你愿意，你肯定能够借助它的力量使自己变得更有魅力。如果你能够抑扬顿挫地把每一个音节、每一个字符和每一个句子都表达清楚，你肯定能够把自己的品位提高到一个更高的层次。语言的这种力量，会给人带来意想不到的好处，对于大多数女性来说，情况更是如此。

NO.9/ 做社交生活中的成功者

社交生活中，能够给他人带来愉悦感的人，自己也必将受到别人的欢迎。切斯特菲尔德勋爵就曾把这种能够给他人带来愉悦的能力，称为是自己最难得、最宝贵的财富之一。在社交活动中，最重要的就是要赢得别人的欢迎。欲达到此目的，首先，你要幽默风趣。假如别人对你的谈话不感兴趣，你就很难得到你想要的结果。他们会远远地避开你，就像远离洪水猛兽一样。但是，如果你身上具有活泼开朗、乐观向上和乐于助人等优良品质，你就能够给你身边的人带来阳光、欢笑和歌声，假若如此，很难想象人们会不喜欢你。

努力使别人对你感兴趣，是你在社交生活中取得成功的第一步。

努力使别人对你感兴趣，是你在社交生活中取得成功的第一步。但是，这并不意味着你可以矫揉造作、惺惺作态，因为你要赢得的是别人发自内心的兴趣。如果不是出自真心，自己则一定会招致别人的鄙弃和厌恶。

要想使别人贴近你的心灵，最好的方式莫过于让他感觉到，你对他自身以及他所说的每一件事都抱有很强烈的兴趣。在这个世界上，这个法则适用于任何人，尤其是那些初出茅庐的年轻人。

在社交场合中，什么都是对等的。你有拒绝别人的权利，别人也同样可以拒绝你。不要总是喋喋不休地谈论自己，不要老是述说自己以往的丰功伟绩，那样只会使人们更快速地远离你。因为和你在一起，他们不仅不能感到愉快，反而会有一种压迫感。

每个人都喜欢和善、愉悦的面孔。人类的天性就是要寻求快乐、阳光，远离悲伤、阴霾。如果你脸上永远都是一副忧心忡忡的表情，很难想象你身边的人会欢迎你。

在很多心目中，优雅的举止只不过是一种刻意的造作罢了。他们认为，最美的钻石永远是那些未经雕琢的钻石，最美的人性永远是那些未经修饰的人性。他们相信，如果一个人是真诚的，那么他就应该直来直去；如果一个人热爱真理，那么无论他的外表如何粗鲁，他也一定能够赢得人们的尊敬，也一样能够成为成功者。

不可否认，这种看法在一定程度上是正确的。可是，他们有没有想过，一块未经雕琢石头可能是一件稀世珍宝，可是不经过雕琢，肯定没有人能够认识到它的价值。对于普通大众而言，他们的眼光根本无法将它与普通的石头区分开来。一定程度上说，它们价值的大小和雕琢的仔细程度是成正比的。

如果让粗俗的外表遮蔽住了自己高贵典雅的品性，无疑是很可惜的。如果这样，一个人的内在价值肯定会大打折扣。如果对自己毫不留意，除了那些感觉敏锐、独具慧眼的聪明人，很难再有谁能够发现他们的真正价值。事实上，精心雕琢的美玉和粗糙的璞玉的区别，就在于前者易于被普通大众接受，而后者则不可能获此殊荣。如果你是一个可造之才，再加上高深的素养、迷人的个性和优雅的举止，那么你的价值将会增进不止千倍。

第一印象一旦形成，想要再改变，将会是一件非常困难的事。这就好比是烙印，不管是好的还是坏的，一旦打上，就难以改变。其实，我们并不知道，当我们初次遇到一个人时，我们的大脑正在进行着飞速的运转、计算。我们全神贯注地注视着我们的审视对象，根据他的各个方面来对其进行快速的衡量和评判。在那种情形下，我们的每一个细胞都处于高度紧张的状态。别人的一言一行，都会被快速地反映到我们的脑海中，与此同时，大脑会进行紧张的思考，得出的结果就是我们对这个人的最初判断。尽管这一切都是在一瞬间发生的，但是产生的影响却是极深远的，以至于很难再把它从自己心中彻底清除掉。

不在第一次见面时给别人留下好的印象，以后想要再弥补这项缺陷，就要被迫花去很多时间和精力。如果给别人留下了恶劣的印象，我们就不得不在书信中表达自己的歉意。可即使如此做，我们收到的成效还是微乎其微。和强烈的第一印象相比，事后的努力和道歉产生的效果都是十分苍白无力的。第一印象根深蒂固地盘桓在脑海里，以至于事后的弥补根本不会起到任何作用。所以，对于一个正要起步建立自己事业的年轻人，在第一次和别人见面时，一定要努力给别人留下良好的第一印象。否则，你的事业可能从一开始就遭遇不幸，而且日后的漫漫长路更是举步维艰。

如果你是一个真正的男子汉，具有高尚正直和光明磊落的性格，那么你肯定能够在第一次见面时给别人留下良好的印象。这些显著的特征就像灯塔一样，指引着人生的航船在茫茫大海上顺利航行。大方得体的仪表和优雅的举止，会让人从一个侧面看到你真正的格调和内涵，是你赢得这个世界信任的重要武器。

现实生活中，很多人不明白为什么别人会对自己敬而远之。每次出现在一个社交场合中，别人都对他退避三舍。当别人在尽情嬉戏、愉快聊天时，他却只能一个人默默地坐在角落里黯然神伤。即使恰巧某个话题适合他，使他成为了谈话的中心，他也会很快地丧失这种殊荣，就像是受到了某种外力的作用，开始慢慢地脱离这个群体，重新陷入寂寞中。他们好像永远只有向隅而坐、四顾茫然的命运，他们也很少接到别人的邀请，也无法邀请到别人。就像是一根冷冰冰的冰柱，他们让人感觉不到一点暖意，更别提什么魅力了。

这位男士对自己的处境感到十分困惑不解。他是一个工作认真也很有才干的人，一天的工作结束后，他也渴望能够使自己的身心得到放松，可结果往往不能如愿。在现实生活中，他四处碰壁，根本得不到一点快乐。而许多才能远不及他的人，却能够成为社交场上的宠儿，备受人们青睐。这不能不使他万分苦恼。遗憾的是，他根本就没有意识到产生这种情形就是由于自己的自私。在他心中，自己永远是最重要的，他永远都在为自己打算，根本不会在心中给别人留下位置。他们不管别人的喜怒哀乐，只知道关注自我，而忘记了大我、忘记了群体。和他谈话，用不了多长时间，他总会把话题重新扯到自己身上来。这不能不让很多人反感。

不懂得如何焕发自己的魅力，是他社交生活失败的另一个重要因素。事实上，我们每个人就像是一块磁铁，日常的思维习惯和动机决定了我们的磁性大小。但是斤斤计较和投机钻营往往使我们变成了以自我为中心的磁铁。这样，我们释放的磁性除了能够吸引我们自己以外，再也无法对其他任何人产生影响。在现实生活中，有些人释放的磁性只能吸引金钱，有些人散发的磁性只能吸引权势，这些人的人生观、价值观都是很错误的。在这些人眼中，除了金钱、权势外再也没其他了。另外，低级堕落、品行不端也多是由于这种磁铁的磁性太强。

与之相反，生活中还有这样一些人，他们拥有美好的心灵和完美的个性，以至于每一个和他们有过接触的人都会受到他们的感染，举止变得优雅而从容。他们身上有极强的亲和力，每一个人都热爱他们、尊崇他们。他们心胸宽广、深爱着身边的每一个人，作为回报，他们身边的每一个人也深深地爱着他们、尊敬他们、爱戴他们。他们有足以容纳山川海洋的胸怀，对每一个人都怀有美好的祝愿，他们就像是磁石一样，能够使各种各样的人聚集在自己周围。

通过观察，我们的本能就会告诉我们，在人群中哪些人身上有着占据主导地

大方得体的仪表和优雅的举止，会让人从一个侧面看到你真正的格调和内涵，是你赢得这个世界信任的重要武器。

位的品质。通过他的一言一行，我们可以大致看出他的品行，也可以大致猜出他到底是怎样的一个人：是孤高自傲、自高自大，还是谦虚谨慎、淡泊名利；是仁厚慈爱、襟怀坦荡，还是纯洁甜美、可爱宜人。在不同的人身上，我们可以体会到不同的气质。而根据不同的气质，我们会做出自己是否与其交友的抉择。所以，如果你想在社交场合中多交朋友，你最好养成优雅的举止和爱人的品质。

冷酷无情、性格乖戾、过分看重自我的人，是没有什么魅力可言的。这样的人不具有任何吸引力，生活中他们处处受人排斥，到处惹人讨厌。没有人愿意接近他，更没有人会想到去爱他。在这里我们就碰上了这么一个问题：我们到底要把自己塑造成一个什么样的人？其实只要能够用一颗爱人的心来观照整个世界，那么他身上立即就会显现出惊人的魅力。那时，他会感觉到自己仿佛置身于另一个环境中，在那里人人都愿意和他交谈。别人会对他产生浓厚的兴趣，总是会不自觉地把话题扯到他身上来，好像他就是令人景仰的英雄。其实，每一个人都一样，要想赢得别人的爱和帮助，只有一个途径，那就是用自己的真心去爱人。爱可以打破人与人之间的隔阂，创造祥和、安宁的气氛，使人抛弃自私自利的念头。我们要试着努力使别人对自己感兴趣，及时向别人表达自己的尊重和热爱。如果我们真的能够从内心深处去爱别人，那么我们肯定就能赢得他人的爱，并使自己受到广泛的欢迎。

很多人之所以遭人厌恶，就在于他们总是把自己局限在个人的小天地里，总是把自己放在第一位。他们封闭自己，使自己长久地与外界失去联系，正因为如此，他们也丧失了天性中最敏锐的触觉。由于长期过着一种完全主观的生活，以至于那种开放的、客观的生活方式对他们而言竟然成为了一种可望不可即的梦想。也许他们并没有意识到，正是由于长期过着离群索居、对外界毫不关心的生活，他们才完全丧失了活力和热力。他们就像是冷冰冰的冰柱，冷酷而严峻，以至于当他们出现在人群中时，别人会情不自禁地不寒而栗。

路线十七

坚持终身学习

NO.1/ 知识是无价之宝

在现实生活中，有很多天赋很高的人，他们本是可以做出极大成就的，可就是由于不注意对自己进行好的培养，结果前途黯淡、毫无希望，终其一生也只从事着极其平庸的工作，没有出人头地的一天。在工作中，他们唯一看到的就是薪水，没有给过自己丝毫获得其他方面发展的机会。

教育改变命运，知识创造力量。

受教育程度不同，人们做起事来，效率和结果也不相同。这就好比，没有受过专业训练的工人，是不可能胜任技术性工作的。

教育改变命运，知识创造力量。在生活中，无论自己的薪水是多么微薄，我们每天都要抽出一些时间去阅读一些书籍，获取一些有价值的信息。但是，千万不要小看了这每天一点的积累，它对你日后的成功，是有极大帮助的。我认识许多伟大的商人，他们原本都是商店里的学徒或公司里的小职员。他们之所以能够一步一步地走到今天，就是由于他们在平时注意一点一滴地积累。无论自己的薪水是多么低，他们也都会努力工作，并且在工作后的空余时间里，还经常自学其他知识，到各类补习学校里去增加自己的才干。就是靠着这些一点一滴的积累，他们才一步一步积累起了自己成功所需要的资本。

一个人的知识越多，力量也就越大，才能也就越丰富，生活也就越充实。

我认识一个青年人，虽然年纪轻轻，却已是哈佛大学的终身教授。他不仅学识渊博，而且人品极好，受到了身边人们的一致好评。就我所知，他的成功绝不是仅仅凭借天赋获得的，而是建立在不断学习、不断积累的基础上的。由于工作需要，他在外的时间要比在家的时间多。每一次外出，无论是乘火车，还是坐轮船，也无论他去哪儿，他总要随身带一两本书籍，以便自己随时翻阅。在这些书籍里，不仅有他自己专业所需的，还有许多其他门类的。就是在这样一点一滴的积累中，他最终成就了自己渊博的学识和高尚的品格。

那个年轻人是利用自己的零碎时间，完成了自己一生事业的积累。但是，在现实生活中，有很多人不仅不会合理地利用自己的零碎时间，反而在做着有损于自己身心健康的事。

善于利用自己的点滴时间求进步，奋发图强，自强不信，是一个人即将获得成功的征兆，也是一个人成就卓越品格的标志。

想要判断一个青年人将来是否会有美好的前途，只要看他是怎样利用自己的零碎时间、怎样消磨自己的冬夜黄昏就行了。

有些人的思想陷入了误区。他们认为自己的工资很微薄，无论怎样努力，怎样积聚节俭也是不会获得巨额财富的，于是他们就不再注意平时一点一滴的积累。同样，在获取知识上，他们抱着同样的思想，他们认为利用自己零碎的时间去读书，是不会获得多少知识和成就的。于是他们也放弃了平时对知识的积累。其实，这两种做法都是极端错误的。只要我们在平时注意多积累，就一定会达到一个崭新的高度。

随着人类知识的不断进步，人类对知识的重视也达到了前所未有的程度。在今天的社会中，如果一个人不时时补充知识，他就无法面对激烈的竞争，无法摆脱贫穷的命运。

任何东西的获得，都不是一蹴而就的。很多人想要在一夜之间成就丰功伟绩，那是不可能的。每件事情都有一个渐变的过程，只有用持之以恒的精神，每天坚持积累一点点，我们才能够获得最后的成功。

知识是任何东西也换不来的无价之宝，它能指引人们摘取成功的桂冠。可是，现在的许多青年人，根本不愿意多读书、多思考，他们无意于留恋书本和报纸，而是把自己宝贵的时间和精力都花费在了无谓的事情上。这实在是令人痛惜。

只要肯动脑筋、愿意付出艰辛的努力，什么时候行动都不算迟。我认识的一位农夫，他从一个极其懒惰的人手里买了一块地。但是，等到一切都收割完以后，已经是五月下旬了。由于原来主人的懒惰，没有在合适的季节播种粮食，只是种了一点蔬菜，所以在那个农夫拿到地后，亲友们都替他感到惋惜，认为今年肯定是一地荒芜，不可能再收到粮食了。但是，那位农夫是个善于动脑筋的人，他凭自己的经验知道，如果现在种些晚熟的稻子，是可以有好的收成的。于是，他就按照自己的想法做了，然后很细心地照料自己的庄稼。几个月后，果不出所料，他获得很丰盛的收获，甚至比邻家及时播种的收成还要好。这个例子对于我们每一个人都应该有借鉴意义的。

如果你有上进的志向，真心希望塑造自己，那么，无论自己早年受过什么样的教育都没有关系，因为一个人的成才，更多的是依靠学校之外的自学。那些没有受过高等教育但却有很多社会经验的人，会使你的知识和社会经验得到大幅度的提升。如果你碰到一个印刷工人，他就会告诉你关于印刷的技巧；如果你遇到一个农夫，他就会告诉你如何播种、如何收割；如果你遇到一个泥水匠的话，那你就会知道许多关于建筑的知识。

想要使自己的思想开放、学识渊博，就要善于从各个渠道吸取知识。那些善于从各个渠道吸取知识的人，会从他人的知识中，汲取自己需要的知识，从而使自己的思想深刻和学识广博起来。同各种各样的人打交道，在吸取知识的同时，也使自己的心胸更加开阔，兴趣更加广泛。这样我们就积聚起了足够的能量，去面对各种各样的社会问题。

现在的人普遍认为：如果想要成就伟大的事业，就要接受高等教育。有的人很不幸，由于家庭原因，没能够迈进大学的殿堂，他就认为自己是受了一辈子也无法挽回的损失，一辈子也不可能取得成功。这种想法其实是极端错误的。无论自己有没有上过大学，只要拥有一颗追求知识的心，努力去拼搏奋斗，就一定会有成功的一天。没有读过大学，是有许多补救措施的，自学就是一个好的办法。有很多人就是凭借自学，不仅拿到了大学文凭，而且还成了学识渊博的教授，这样的事例在我们的生活中比比皆是。此外，成功也不一定非要读大学，有很多取得伟大成就的人，根本就没有读过什么大学，有些人甚至连中学都没进过，可他们一样获得惊人的成就。

错过了受教育的机会并不可怕，可怕的是错过之后不知道补救。我认识一位历史学家，凡是与他有过接触的人，都对他的学问赞不绝口，都认为他肯定是受过精深的高等教育。可是，实际上他连小学教育都没有完成，他之所以取得成功，就是由于他在平时勤于自学、善于阅读、博览群书。在他年轻的时候，他就阅读了许多名人传记和历史著作，长大后，他就试着写一些东西，虽然没有受过系统的教育，文法上的条条框框也不是太精通，可是由于他阅读的书籍较多，英文极好，并且由

要想学习，要想获得知识，是随时随地都能办到的，只要你善于利用自己的点滴时间、善于抓住机会。

于受到别人著作的影响，自然而然地形成了自己的叙事风格。依靠自修他竟然能够取得如此巨大的成就，不能不令人吃惊。在现在的社会，每天有那么多的自修书籍出现，没有受过高等教育的人，获得成功的机会也肯定是会随之增大的。

利用自己空闲的时间去选读函授课程，也是使自己获得知识的极佳途径。许多早年失学的人，在自己的人生历程中，通过不断地学习函授课程，为自己补充了必要的知识，进而为自己的事业打下了坚实的基础。

很多人认为，一个人的学习时期，就是在青年那一段。一旦过了这段宝贵的时光，就很难再有学问上的长进。事实上，这种想法是不正确的。要想学习，要想获得知识，是随时随地都能办到的，只要你善于利用自己的点滴时间、善于抓住机会。

在人生的每一个阶段，都有接受教育的机会。只是看你能不能把握得住。其实，到了壮年以后，学习的条件比年轻时更有利。因为到了那时，我们不仅有更好的理性判断力，还知道了光阴的宝贵。为此，我们就更能抓紧每一分钟来学习。

年轻时，在学校有很多人不珍惜自己接受教育的机会，结果没有获得多少收益。但是到了中年以后，为了弥补自己的缺憾，他们奋发图强，最终都获得了惊人的成就。

更进一步说，我们接受教育的时机是无所不在的。我们的这个社会就是一个大学校，每一个人身处其中，都是有极大的机会的。只要你有一颗爱学习的心，时刻求进步，天天苦读书，就一定会使自己的知识增加，使自己的人生更加充实。注意在平时一点一滴的积聚，等到空闲时再反复咀嚼，就能将那些知识变得更为精湛，更有意义。所以，我们只要打开自己的心扉，用一颗开放的心，在每一天、每一分钟都去汲取有益的知识，我们就能获得成功，就能使生命爆发出耀眼的光彩。

NO.2/ 要善于学习

在现今社会中，所有的东西似乎都商品化了。商业的力量是那么强大，但许多专门从事商业的人却显得气度狭小、人格卑微。这与社会的进步是很不协调的。

不进则退，这是适用于各个方面的法则。人想要在多个方面取得进展，就需要接受多方面的锻炼。作为一名成功的商人，他所需求的素质是多方面的。他不仅要有丰富的常识和较强的办事能力，还要有驾驭技术人员的本领。幸好，现在的青年都刚刚毕业，年龄还很小，还有机会在社会中接受磨炼。

随着人类文明的进步，商业的地位也显著提高。在以前，经营商业是被人瞧不起的。但时至今日，商业的地位已经发生了翻天覆地的变化，它已经备受人们关注。

如果从事商业，有渊博学识和丰富经验的人的成功机率，要比那些碌碌无为、不学无术的人大得多。在踏入商界之前，一个人所做的准备越充足越好、经验越多越好。在生活中，只有懂得了一件事情的精髓，我们才能学着去做好一件事情。所以，当代的年轻人不必过早地要求升迁。只要努力学习、认真吸取经验，他就肯定会获得晋升的机会。一名商界的杰出领袖说过这样一句话："俗话说，对工作有利的，就是对自己有利的。我们的高层管理人员，都是从基层一步一步成长起来的。由于出色的表现，我们才获得了晋升的机会。如果一个员工能够时时记住这句话，把它当作是自己工作的推进器，他就可以学到很多的知识。凡是能够通过我们的职业考试，又能够努力工作的，我们就一定会给他应得的回报。"

在很多失败者的墓碑上，都刻着这样一句话："他因为准备不足，结果一败涂地。"这句话可以作为给刚刚踏入社会的青年人的最好警句。在现实生活中，有很多人虽然肯努力、也有过人的才华，可就是由于没有做好充分的准备，结果做起事来吃力不讨好，无法实现自己成功的梦想。

做一件事情，就要力求完美，万不可只停留在"尚可"的层次上。在华盛顿的国家工商专利管理局，每天都会有很多人来注册专利。可是由于他们的发明过于粗糙，还不具备应用的价值，结果就一直保存在那里、无人问津，这是很可惜的。这些"发明家"不仅浪费了自己的宝贵时间，而且还使自己的天赋无法更好地发挥出来。假如换一个角度来看，如果他们能够立志钻研高深的学问，凡事要求尽善尽美，那就不会使自己的心血白费了。

做事马马虎虎，又不肯努力学习的人是注定要遭遇失败的。在许多中介中心，我们可以看到这样一部分人的名字，他们不仅接受过高等教育，而且身强体壮。他们并不是缺乏进一步发展的潜力，而是不愿意前行。由于他们裹足不前，结果被人超越，最后丢失了工作。

喜欢学习的人在任何地方都是能够提高自己的学识的。在西班牙有这样一句俗话：“心不在焉的人，就是穿过整片森林也是不会看到一棵树的。”这个比喻十分恰当。很多心不在焉的人，他们只顾埋头做自己的事情，根本不曾留意其他人经手的事情，而那些好学善思的人就不一样了，他们不仅能够在自己的事上做出极大的成绩，还能够关注到他人的行动、学习他人的长处。

我有一位学习法律的朋友，刚开始时，在一家律师事务所里供职了三年。虽然在那里他没有得到晋升，可是由于他勤敏好学、乐于助人，在这三年中他把事务所里的一切工作都学会了。在这期间，他还利用业余时间自学，最后拿到了法学博士学位。现在我的这位朋友不仅开了自己的律师事务所，还在其他方面获得了极大的成就。除了他之外，我还认识许多律师朋友。他们或是毕业于名校的法律系，或是拥有了最老的资格，可是由于他们不善于学习，结果就一直待在律师事务所里，从事着极其平庸的工作，赚着低微的工资。两相比较，孰优孰劣不是很明显吗？

做事马马虎虎，又不肯努力学习的人是注定要遭遇失败的。

我认识一个年轻人，在他身上有很多优点，比如说，忠厚老实、为人热诚、能够恪守时间、从不偷懒等等，但就是由于他的反应太迟钝，从来不注意保持积极主动的学习态度，也不注意更新自己的经验、主意和思想，结果一事无成。

社会就是一所大学校，只要你愿意学习，你就会收获知识。我也曾经聘请过几个年轻人作为我的助手，其中有几个人能够保持良好的学习态度，随时随地专心学习，处处积累经验，因此他们收获颇丰。但是另外一部分人就不行了，他们不懂学习，只知得过且过。结果在这里混了两年，还是一事无成。

一个理智的青年，总是会利用各种机会来锻炼自己的工作能力的。在工作中，每个人都想高人一等，可是又总会感觉到自己学识不够，这是什么原因呢？不注意学习，不能对自己接触到的事物做仔细的观察、研究是其中一个最重要的社会就是一所大学校，只要你愿意学习，你就会收获知识。

原因。如果一个青年人能够把重要的东西都弄得一清二楚，那么他就能够随时随地锻炼自己。

工作的乐趣并不仅仅是为了赚取金钱，随时随地学习做事的技巧和待人接物的方法，会使自己的工作充满了活力和乐趣，从而在工作时不会感觉到累。有些极小的事情也有学习的必要，任何人身上都会有优点，只要能够详细地观察，你就能窥得他们成功的奥秘。这样，你就可以对照自己改正缺点，使自己变得更强、更有魅力。

晚上是一个最佳的学习时间。聪明的青年人总是善于利用这一空闲时间来总结自己一天来的收获，检查自己的失误之处，并且能够对第二天的事情提前做出安排。这样他们从其中得到的益处，不知要比白天工作拿到的薪水高出多少倍。这些人之所以这样做，是因为他们明白，只有积累才是获得成功的基础，只有学习才是一个人最宝贵的财富。

我们的社会就是一所处处可以求知识、时时可以积累经验的大学校。有很多人总是抱怨说自己的薪水太低、运气不好，感叹自己时运不济、怀才不遇。事实上，这是极端错误的想法。自己成功的一切可能性，都在于今日的学习态度和效率。换句话说，我们的成功是要靠我们自己去把握和创造的。

NO.3/ 提高阅读的品位

善于读书，善于选书——这是通过阅读进行自我教育的基础。

如果你只准备读几本书，那么你最好借鉴一下别人对书的选择。那些经过几代读者检验过的经典著作是最可靠的选择。如果只读几本书，那么，这几本书都应当是高质量的名著，并且这样的书并不难找，小型公共图书馆即可得到。

如果不喜欢这本书，那么，就不要阅读它，这是任何时候都颠扑不破的真理。别人喜欢的东西，自己不一定喜欢。任何书对人都有启发性，但是只会对珍视它的人起作用。

力的作用是相互的，你可曾想过，你正在寻找的东西，同时也在寻找你。

选择书籍有时就像是在选择食物，人们会回避那些枯燥、乏味的书籍，就像是拒绝那些令人恶心的食物一样。不同的人，肯定会对书籍和食物有不同的感觉。这两者之间并没有好与坏的差别，而只存在着类别的不同。身边所有的人可能都喜欢萝卜，但是我却可以只喜欢白菜。说到底，读书非得要经过读者的自行选择，也非得要去找适合他自己的书。要很快地选出一书架自己喜欢的书，并不是一件很容易的事。所以，我们不必羡慕那些书架堆满了书的人，即使有可能他的书架上都是好书，但也不一定是最适合他的书。

恶俗的书籍会对阅读者和整个社会造成极大的伤害。

古印度有一个非常博学的人，一天，他在读书时，突然觉得自己被什么东西刺伤了：一条小蛇从书中跑了出来，吱扭吱扭地溜走了。这个书呆子的手臂立刻就肿了起来，一个小时后，他就倒地而死了。

这个故事的寓意并没有表面看到的那么简单，很多读书人都没有注意到，书中也有精神毒蛇，它们能够通过自己的毒液改变一个人的品质。

恶俗的书籍会对阅读者和整个社会造成极大的伤害。在一个大城市中，克拉克博士看到了一则醒目的广告：“只要花五美分，一个真正的男孩就能读到西部原野强盗兄弟的精彩故事。他们打家劫舍、谋财害命的成功冒险，堪称前无古人。”第二天早上，克拉克博士就在当地报纸上读到了一则新闻，说的是七个小男孩因为盗窃，昨天晚上被捕了。他们洗劫了四个仓库，其中的头目年仅十岁。审讯过程中才知道，他们之所以犯罪，就是因为他们每个人都花五美分买了一本关于西部强盗犯罪的书。由此可见，诸如《红眼睛迪克

与恐怖的洛基兄弟》之类的书，损害了多少青少年的生活啊！此外，那些色情和不道德的书籍，更是使人颓唐丧志，走上犯罪道路。人性中原来拥有的那些甜美、健康的品行，在读过一本坏书之后，就荡然无存了。这是因为，它们激起了人们对被禁止欲望的强烈渴求，从而把真、善、美挤到了角落里。庸俗的文学读物，通常都充满了不纯的思想暗示，容易使人的行为出轨，这类读物对一个读者来说，不亚于一场灾难。

一次，别人给一个少年看了一本充满淫秽语言和图片的书，当时，他只不过拿在手里翻了短短几分钟。多年后，这个男孩在教会担任了高级职位。又过了许多年，他告诉自己的一个朋友说，如果当初他没有看那本书该有多好啊，现在他甚至愿意拿出自己一半的成就来作为交换条件。

庸俗肤浅的小说故事，曾经使我认识的一位优秀少女遭受了一场空前的思想灾难。她的大脑就像是被麻醉了一样，完全屈从于放纵的精神，好像失去了理智一般。向善的愿望被她自甘堕落的思想毁掉了。紧接着，她对生活的愿望和观念也都发生了彻底的改变。卑俗文字读物带给她的快感，竟成了她唯一的享受。

肤浅、庸俗的读物最容易伤害健全的头脑。人的天性都是美好的，但是那些虚伪、空洞、无聊、充满情欲、哗众取宠的书籍，则会在短时间内摧毁最优秀的头脑。

阅读过程中，不知不觉间，我们既喝下了令人振奋的玉液琼浆，也喝下了致命的毒药。某些书中的毒药极其危险，它们隐藏得如此之深，以至于事隔很久也难以察觉。于是，很多年后，罪恶的行径常常带着伪善的面孔出现。所以，我们一定要对那些全篇不带一个坏字，但却充满了不道德暗示的书籍十分小心。

一本书的精神内涵和影响力，都和作者写书时微妙的初衷难以分开。所以，尽量去读那些能够鼓励你不断振奋向上、不断成熟、不断进取的书吧！

尽量去读那些能够让你更加注重自我反省、更愿意信任自己和他人的书吧！对那些能够动摇你自信心的书籍，千万要小心。无论何时，我们都应该读那些能够加强精神力量的书，而回避那些具有腐蚀作用的书。有些作家故意破坏你对别人的信任，使你蔑视妇女，甚至嘲弄宗教，鼓励人们逃避责任和义务，那么，他们写的书尽量还是少看为妙。

我们平日最喜欢、最珍惜的书，应该能够显示出我们的品位和理想，否则，就没有必要去细细研读、认真分析了。

要去读那些能够使你开卷有得的书籍，而不要去碰那些内容贫乏、思想低劣的书。

要去读那些能够使你开卷有得的书籍，而不要去碰那些内容贫乏、思想低劣的书。生命短促、时间宝贵，我们每个人都应该尽力去阅读那些最优秀的书。

无论何时，你都要明白，阅读过一本坏书之后，想要再去读更好的书是很困难的。

很多人认为，阅读虚构的作品对年轻人没有好处。他们相信，如果年轻人阅读了虚构的东西，读了仅仅是想象的故事之后，他们的精神面貌就会发生扭曲。在这里，我必须申明，这种想法是极端狭隘片面的，也是非常错误的。说出这样话的人，并不明白想象力的积极作用。他们根本就没有意识到，许多虚构中的英雄，往往要比现实生活中的英雄对我们的影响大。

在我眼中，狄更斯笔下的人物，要远比现实中的人物更真实。在他们的陪伴下，千百万人温暖而平安地度过了一生。许多人受了他们的影响，变得积极有为、昂扬向上。试想一下，如果把这些虚构的人物彻底从我们的世界中清除出去，那么，我们将失去多少好朋友啊！

有时，读者会受到某一部虚构作品的吸引，变得胆识过人、勇气可嘉、深思熟虑、锋芒渐露。借着这种力量，他们能够完成过去因缺乏足够动力而未完成或根本无力完成的工作。这就是小说的巨大价值之一，也是它的魅力之所在。它能够磨砺人的精神与道德修养，增进人的勇气，激发人的热情，拂去人思想上的灰尘，使人在处理人生难题时，变得更加游刃有余。

不知有多少消沉颓唐的人，在读过一个浪漫的故事之后，变得重新振作起来。我记得有一本名叫《神奇的故事》的小说，就曾帮助过成千上万个颓唐消沉的心灵。在这些人准备放弃奋斗时，正是这些书，给了他们新的希望，进而造就了他们新的梦想。

阅读一本好的小说，对想象力是一种很好的训练。小说正是借助想象力，才能吸引人们的眼球。正是想象力，使它们能够经常保持鲜活、历久弥新。健全的想象力给每一个理智、健全的人，插上了腾飞的翅膀。此外，它们也在我们的生命中

起着重要的作用，它能使我们忘记以前的痛苦和错误，也能抹平我们所有悲惨的记忆。我们所有的烦恼忧愁，在它们面前立即就变得烟消云散。有了想象的能力，我们就能随心所欲地搭建属于自己的世界。有些时候，想象力能够代替财富、奢侈品和其他许多东西。无论我们是多么贫困、多么不幸，我们都可以借着想象的翅膀周游整个世界，并为自己创造想要的任何美妙事物。

读书能够给我们带来巨大的快乐。关于这一点，约翰·赫歇耳爵士讲过这样的一个故事：某个小山村里，有个铁匠得到了一本理查德的小说《帕美勒》。为了排遣空余的时间，他经常坐在门前大声给行人朗诵。可是，这绝不是一部很短的小说，但他们还是很耐心地听完了全部的内容。最后，当完美的结局落下帷幕时，人们齐声鼓起掌来。有人甚至打开了教堂的门，敲响了教区的钟。

《心灵》杂志的编辑前曾这样说："某个寒冷的冬夜，在一幢老房子里，往事像水一样涌进来。窗帘半开，炉火送出宜人的温暖，台灯柔和的灯光下，15岁的少年正在孜孜不倦地读着一本借来的航海故事。不知不觉中天黑了，他已经连续读了几个小时，专心致志、浑然忘我，直到他的父亲因为好奇而来到他身旁。站在旁边，慈祥的父亲看到男孩由于激动，全身都在战栗着。于是，父亲轻轻拿过那本书，并坚定地合上了它。然后，父亲警告男孩说，今后五年内不许看小说。夜深了，男孩躺在床上睡着了，此时的他内心里是喜忧参半，不知自己是从此获得了自由，还是戴上了枷锁。

"其实，两者他都得到了。那个不问青红皂白的禁令，虽然使他在一段时期内不能阅读那些动人的小说，虽然他的想象力和表达能力也可能得到了一定的阻碍，但是他避免了陷得太深的命运悲剧。在这段时间里，他也使历史上的英雄人物成为了自己的朋友，在想象的天空里，他迅速成熟起来。但是，这种想象不仅仅只会把人送上天堂，如果不适度，它也会很容易就把人送到地狱中去。

"从来没有哪个时代，像今天这样对小说有如此大的需求。在当今，它的力量也得到了淋漓尽致的发挥，在它的照耀下，人们的生活变得更有吸引力。但是，心灵的渴望并不等于生活本身，也不是心灵需要达到的高度。我们需要的是力量，而不是脆弱，是卓越，而不是平凡。创造小说的大师们，大都拥有最深沉的思想、最细腻的柔情和最圣洁的希望。在他们手中，平凡的东西能够被刻画得富丽堂皇、斗志昂扬。我们大家都看到了，在历史上，没有任何一部小说能够在一代之间完成使命。没有意识到这一点，我们就不能说我们真正理解了小说的精髓。其实，哪一个哲学家的理论，哪一个布道者的希望，哪一个圣徒的祈祷不是通过小说的形式表述出来的？逻辑说理太过于繁琐、沉重，玄学家又要花上很多时间去解释自己理论的前提，而在这段时间里，小说家早已通过叙事将意思表达得清清楚楚、明明白白了。”

NO.4/ 养成在家阅读的习惯

有选择地阅读书籍，对一个人的健康成长有极大的好处。

现代社会，每个家庭都必须有自己的书架。如果在古代，在各地兴建图书馆会被认为是一种奢侈，那么在现代，这就是保持一个社会和家庭健康运转的必需条件。一个没有书籍的家庭，就像一间没有窗户的屋子。无论外面的阳光多么美好，也是找不到进来的门户的。一个有很多书籍的家庭，孩子们会经常有机会接触到书本，自然而然地也就培养了他们爱读书的好习惯，在不知不觉中，他们的知识就获得了增长。

有选择地阅读书籍，对一个人的健康成长有极大的好处。聪明、有潜力的学生，在自己的学生时代就培养了自己的这种能力。课余时间，他们总是在图书馆里东寻西找，一旦遇到自己喜欢的书，就如饥似渴地阅读。这种良好的习惯，对他们一生的成长是有很大帮助的。

耶鲁大学的校长海德雷曾在一次演讲时说：“社会各界的领袖人物，无论是在商界，还是在政界，都有人这样对我说过，他们真正需要的是这样一些人，这些人不仅接受了大学里的专业教育，有良好的专业知识，而且还养成了善于选择书籍、活用知识的才能。”他们所说的那种善于选择书本、活用知识的能力的最初培养，一定是在自己的家庭中，尤其是在那些拥有大量书籍的家庭里。

一个足够聪明的孩子，如果能够常有机会接触书籍、使用书籍，那么他将从书本中获得惊人的智慧。有了这些智慧帮助，将来他一定能够取得极大的成就。

有书的家庭环境和没书的家庭环境对孩子造成的影响是很不相同的。如果在一个家庭中，有各种各样的书籍，孩子就会养成遇到困难自己查找资料的好习惯。另外，他们从书中获得的智慧，会时时提醒他们切莫浪费光阴。这样的理性知识是学校教育所不能给予的。除了以上的优点外，有书的家庭一般更具有吸引力，家居环境也更加典雅优美，因此，孩子们也更愿意待在家里，愉快地学习和阅读。与之相反，那些缺少书籍的家庭，孩子们是不愿意经常待在家里的，他们常常在外面闲逛，因而也就容易沾染许多坏习惯，碰到多种影响他们健康成长的事情。

家庭是我们最基本的生活场所。如果在家庭中我们就养成了阅读的习惯和志趣，那么我们就为以后的生活奠定基础，为以后自己的成功预备下了足够的资本。

无论自己需要在哪方面节省，也千万不要在书籍上节省。如果你没有使自己的孩子接受高等教育的能力，至少你还有使自己的孩子定期阅读报纸和期刊的能力。

美国著名的外交官亨利·克莱年幼时，家境十分贫寒，父母没有供他入学的能力。可即使如此，亨利的母亲还是将自己替人家洗衣服赚的钱，用来购置书籍，以方便自己的孩子们阅读，这种做法是很值得后人钦佩和学习的。

在新英格兰有一个家庭，他们家中的每一个人都有阅读的良好习惯。因此，他们的生活充实而美好。每天吃过晚餐后，全家人就会聚在一起或游戏、或聊天，共同度过愉快美好的一个小时，然后在接下来的几个小时内，他们就会全部都坐下来，安安静静地读书、做作业，这时是他们家里最安静的时候。环境是那么安静，以至于就算是一根针掉在地上，他们也会听得到。即使有时候，他们之中有人感觉不舒服，或没有兴趣读书，不读书的人也绝不大声喧哗，以免影响其他人。就是在这样的一个家庭环境中，才确保了他们每一个人最终都获得了可喜的成就。

阅读书籍的时候，一定要聚精会神。只有在自己的脑海中摒弃种种搅乱思想的事件，我们才会收到好的效果。

一个人的成功需要有良好的家庭环境。我认识很多志向远大的青年，都是由于受到恶劣的家庭环境的影响，结果导致自己一事无成。生在一个不喜欢读书的家庭里，对于一个有志于学习的孩子来说，是非常可悲的。在那样的家庭里，一天中的任何时候都是喧哗的一片，他想要安静地读一会儿书都不可能。更有甚者，有些家庭不仅自己不追求进步，反而去嘲笑那些爱读书的人。由此看来，一个人的成功，与外界环境是有着极其密切的关系的。

有些人把自己不读书的理由归结于没有时间。其实这只是一个托词罢了。即使是世界上最忙碌的人，如果把自己的工作安排得有条不紊的话，他也会有足够的时间来读书。只要能对自己的事情做出合理的安排，自然会节省出许多时间来。

有秩序和有条理是最能节省时间的。许多家庭主妇老是抱怨说，自己根本就没有读报的时间。其实，只要她们把家务事都安排得井井有条，就很自然地能节省出一部分时间来。

哈佛大学前任校长艾略特曾说过这样的话：要经常读书，要养成爱阅读有益书籍的好习惯。如果现在你还看不出它对你有什么影响，那就再等20年，到那时你就会发现它给你带来了多大的益处。在这里，我们所谓的有益的书籍，并不仅仅指世界名著，还包括杂志、报纸等小型出版物。

几乎每一个人都能够做到忙里偷闲。在自己的空闲时间里，如果一个人渴求知识、渴求进步，他就会用这些时间来阅读书籍，以此来换来自己生命厚度的提升。其实，不用抱怨时间不够，只要有了节省时间的强烈意志，时间是无论什么时候都有的。

一个人的成功需要有良好的家庭环境。

NO.5/ 通过阅读进行自我教育

阅读有一个巨大的好处，那就是能够放松人们的精神，使人无论在何种条件下都能镇定自若。

如果能够暂时忘记烦恼、忘记工作、忘记一切的不顺意，进而走入一个幽静典雅的世界，那该是一件多么美好的事情啊！

读书能够调节一个人的心理状态，它的劝谕力量是不可小看的。如果在重大的打击或痛苦面前，你变得心灰意懒，那么你就要尽快把自己带进一个理智的环境中去，以便早日把心情恢复到最佳平衡点。而阅读好书，是能提供这种积极向上、令人振奋的环境的。我曾认识一些人，他们也曾饱受折磨，心理几近失衡。

后来，正是伟大的好书和良好的阅读习惯帮助了他们。

相比之下，一些富有的人却不能享受到这种阅读带来的快感。在纽约，我们随处可见一些富有的老头，他们要么坐在俱乐部里，要么抽着烟茫然地望着窗外，要么就是四处旅行。他们根本就不知道自己该干什么，也不知道哪些事情是值得自己做的。之所以造成这种现象，就是他们在年轻时没有为以后的生活做好准备。年轻时只沉迷于工作，如今老了便觉得精神上十分空虚。

读书能够调节一个人的心理状态，它的劝谕力量是不可小看的。

与之相反，我还认识一位年老的绅士，他不仅是一个精力充沛的商人，还是一个出色的读者。多年来，他一直关注着某些重大事件的发展情况，虽然工作一直很繁忙，可他却能对世界上正在发生着的事情了如指掌。后来虽然退休了，可他每天依然快乐得像个小孩子。

当然了，也有很多人并不同意我的观点。比如，杜莱先生就曾说过："阅读不是思考，它只不过是大脑休息的一种方式罢了。"

但是，我更愿意引用罗斯伯里勋爵的话。这位多才多艺的英国绅士，在奇尔德镇卡内基图书馆落成典礼的发言中，就书籍的价值做了一番精辟的论述。他说："书籍的最终目的，可能就是能够帮助劳累的人恢复元气。在书籍的帮助下，人们能够变得神清气爽、意气风发。如果你真的能够在书的世界里自由驰骋，把纷扰世事抛诸脑后，那么，你就肯定不会只把书籍当作一种工具来形容。书籍的本身就是它的目的。疲惫不堪的人们，可以在无力支持时，躺在伟人的臂弯里小憩片刻。在他们伟大灵魂托举出的一片天地中，我们可以忘了伤痛、细心调养、恢复力量，当我们再回到这个世界上来时，精神面貌已经完全不同于以往了。"

阿特金森教授曾问道："世间有谁能够评估一本好书的价值？培根把书籍称作思想的纹理。在历史的长河中，它们不断滋润着干涸的心灵。它们负载着珍贵的货物，一代又一代地传下去。书籍是历史上最优秀的头脑赐予我们的最高智慧。书籍能够给予我们的远远超过了我们本身拥有的。”

爱好读书的人从来不会感到孤单。不管身在何处，他总能从书本中找到快乐；无论何时，他也总能找到有益的事做。

可是，有谁曾对发明印刷术的人心存感激呢？又有谁曾对那些赐予我们绝妙思想的作家抱着深深的感激呢？通过书籍与人交流，有时，远胜过面对面的交谈。因为，在一本书中，往往包含着他最出色的精神，而那些恶习、怪癖则被抹去了。所以，一本好书，代表的是一个优秀作家最优秀的时刻。他书中表述的思想也是经过他仔细筛选、提炼的。书籍是我们最可信赖的朋友，它永远默默地为我们效劳，却从来不打扰我们。无论我们多么紧张、疲累或沮丧，它们总能给我们安慰，并激励我们向前进。

有了书籍，即使是在夜深人静、辗转难眠时，我们也可以和那些伟大的作家进行对话。书籍是从来不会讨厌我们的，无论何时，它们总是乐意与我们相伴。通过书籍，我们可以把触角伸到世界的每个角落，无须预约就可以随时拜访历史上最著名的人物。与书籍对话时，我们更没有必要利用自身的影响力，刻意遵守某种繁文缛节。通过书籍，无需他人的通报，我们就可以去造访弥尔顿、莎士比亚、爱默生、朗费罗等伟大的思想家，而且也肯定会受到他们热情的款待。

某种意义上来说，一个巨大的图书馆就是一个社会。置身其中一个最大的好处，就是能够使你避免那些繁琐的礼仪和应酬。从那些书中，你可以尽情去挑选那些你喜欢的伙伴。在那些不朽的作品中，你不会读到任何骄傲与虚伪。在这些书籍中，最高贵的思想可以为最卑微的人服务，而且是无比谦恭地服务。你可自由地选择和别人对话，而不用担心会遭到拒绝。书籍是很有教养的，它对所有的人都一视同仁，绝不会带有丝毫偏见、更不会伤害到其他任何人的情感。

威廉·马修斯教授曾说过：“一个年轻人想要变得睿智，并不取决于他所阅读的书籍数量，而在于那些经过精心挑选的、已经被他消化吸收的书籍的数量。因为这些书中，每一本里面都有着一个高贵的灵魂。”

只有满怀喜悦，一遍又一遍地反复阅读，那些高贵的灵魂才会与你心心相印，进而为你所有。书籍会成为你忠贞不渝的老朋友，不论你是富贵显赫还是穷困潦倒，它们总会一如既往地支持你、鼓励你。一部伟大的著作、一首深沉微妙的诗、一本含蓄幽默的书或一卷风雅的散文，如果你只读过一两次，是根本不可能透彻理一个年轻人想要变得睿智，并不取决于他所阅读的书籍数量，而在于那些经过精心挑选的、已经被他消化吸收的书籍的数量。

解的。这些珍贵的思想，应该被存放到记忆的宝库中，并在闲暇时拿出来慢慢咀嚼、回味。

“人生有聚有散，而书籍却可以与你常相伴。无论何时，它们都能为你消愁、替你解忧。”

戈尔德史密斯曾经说过：“第一次读一本好书时，就像获得了一个新朋友，而当我再反复阅读这本书时，就像是正在和一个老朋友推心置腹地交流。”

威廉姆·钱宁曾说过：“只要有神圣的作家愿意陪伴我，住在我的屋檐下，如果弥尔顿跨过我家门槛、为我唱起欢乐颂，如果莎士比亚愿意为我打开想象的世界，那么即使被驱逐出整个所谓的上流社会，我也不会感觉到缺乏精神，萎靡憔悴。”

弥尔顿曾说过：“书籍弥足珍贵，它是生活智慧的结晶，深受生活智慧的滋养。一本好书应该是滋养伟大精神的宝贵精血。无论何时，我们都应该把它刻意珍藏起来，留给本体生命之外的那个生命。”

“书是最理想的伙伴，”亨利·比奇曾经说过，“它总是在你最渴望的时候出现，但从来不纠缠你。当你心不在焉时，它也并不生气。当你的兴趣转移时，它也不嫉妒。它是心灵的守护神，却从不索取报酬，也从不贪图爱意。因此，书籍显得更加高尚。书籍里的灵魂和精神会融进人的心里，并且像精灵一样牢牢俘获你的记忆。”

NO.6/ 用知识发现和提升自我

阅读还有另外一个极其重要的意义，那就是发现自我。对一个人而言，阅读鼓舞人心、塑造个性、磨砺人生的书籍是十分有必要的。

好书能够使人心胸博大，影响力有时甚至波及整个民族。那些能够激励人心的作品，其价值是无法估量的。比如说，戈登·马瑟的《为善》一书就影响了本杰明·富兰克林的一生。

难道我们不愿意和那些催人奋进的书待在一起吗？难道我们不希望把自己变得更好、更强吗？

我们都明白，当读过一本优秀的书后，它产生的巨大影响力，足以使我们的生活发生巨大的变化。

许许多多的人，正是通过阅读才找到真正的自我的。有些书能够打开人们的心灵之门，有些书则能使你看到真实的自己。我就曾认识一些这样的人，他们不惜耗费大量的时间来读一本好书，进而使自己的一生都受到它的影响。从此以后，他们的人生志向就发生了彻底改变，他们自身也不再沉溺于玫瑰色的空想，而他们的理想也开始变得更加崇高。

前康奈尔大学的赖特校长曾经说过："我们这个国家应该重视传记作品中的精华内容，因为从中，我们可以学习到真实、纯粹的道德观和是非观。我们应该让世人知道，这个世界上最伟大的既不是伟大的演说家，也不是诡计多端的政客，而是那些仁义的人。前者只会给我们带来祸患，而后者却能使我们重视高尚的义举和奉献精神。如果没有哪种书，能够增进那些肤浅男孩、女孩们的见解，那么，我们这个社会未免太奇怪了。"

如果能够把历史上伟人们的思想作为自己的精神食粮，那么，我们将永远都不会再甘于平庸或平凡。

如果每天都能获得一个具有启发性的思想，我们这一天就没有白过。每一天都应该读那么一两页书，比如，《圣经》、《日常需要的力量》之类的手册，埃弗雷特教授的《青年道德指南》之类的书，卢茜·基勒的《如果我重回少女时代》、艾玛·沃克博士编的《保健美容》、罗伯特·史蒂文森的《绅士》之类的小品文，约翰·拉斯金的《芝麻和百合花》，还有汉密尔顿·怀特·马毕几年前在《妇女家庭杂志》上声明为励志书的《奋力向前》……这些都有助于你养成忠信诚实、奋发向上的高贵品质。前进途中有书相伴，其实是一件很幸福的事。关于这一点，很多伟人早就意识到了，比如说马歇尔·费尔德和约翰·沃纳梅克曾说："在那些圣洁的思想和伟大的灵魂之间，我们可以永葆青春、斗志昂扬。"

爱默生、奥里利厄斯、爱尔克泰德和柏拉图这些伟大哲学家的作品，肯定能给读者带来巨大的精神享受。

一本好书，不仅能够升华人的精神、提高人的品位，而且还能使人摆脱低级趣味的影响，还能把我们的思考和生活提升到更高的境界。

除了小说，游记、诗歌以及有关自然和科学研究方面的书籍，都能使我们精神放松、颐养性情。其中有些书，比如说《自然科学》，还能升华我们的思想境界、开阔我们的视野。

好的诗歌就像是好的风景，它能带给我们欣赏世界的全新视角。阅读和研究诗歌，就像是在领略美景，维吉尔、朗费罗以及布赖恩特的诗歌都能给我们这样的感受。

与诗歌性质最接近的就是散文，它在清新可人、情感细腻等方面都颇具诗歌之风，只是在韵律上稍差点。阅读丁尼生、莎士比亚和其他才华横溢的英国诗人的作品，不亚于在大学校园里接受文科教育。罗尔夫公司出版的莎士比亚作品集是便携型的，最便于阅读。帕尔格雷夫编辑的英文诗歌《金库》得到了丁尼生协助，他编的《孩子的诗歌宝库》相当有魅力。爱默生的《帕尔纳索斯》、维吉尔的《三世纪的歌》都是历久不衰的著名诗集。

在家读书，不仅经济，而且还可以完全取代大学教育，因此，我们何乐而不为呢？只要你努力寻找，各种诱人的知识都能尽现眼底。今天，世界上最出色的文学作品被摆放在了成千上万的美国家庭里，而在50年前，那还只是少数富人才能享有的一种特权。

生活在如此好的环境中，如果一个美国人长大后却什么都不懂，那真是他的莫大耻辱。想一下，今天的我们要获取信息是多么的便捷啊！各个领域中最优秀的作品，都以不同的形式刊登在各种流行期刊上。为此，许多优秀的作家不得不跋山涉水、不吝时日地去旅行，去收集素材。而那些杂志出版商，也不得不花大量的金钱去买他们的佳作。而所有的这一切，读者只需要花10美分或15美分就能买得到。你想一下，世界上还有比这更划算的事情吗？

在纽约，一个家资巨万的商界精英曾带我去参观他的豪华别墅。那里面的每一间房子都布置得富丽堂皇、巧夺天工。有时，他会指着一间房子说自己在此花了多少钱。房间的墙上挂满了昂贵的油画，房间中摆放的家具和装饰品也极尽奢华，地面上的地毯美得让你不舍得下脚。为了感官享受，他不惜花费了大量的金钱，甚至达到了穷奢极欲的地步。可是，遗憾的是在整栋别墅里，你竟然找不到一本书。生活在这栋房子里的孩子，肯定能够拥有丰富的物资享受，但却不得不忍受着无穷无尽的精神饥饿。提到过去，他告诉我说，他刚来到这个城市时，还是个一无所有的穷小子，所有的财产也只不过才几美元。“没错，我现在是个百万富翁了，”他说，“可是，我想告诉你的是，如果能够让我获得一次接受体面教育的机会，我情愿为此付出我财产的一半。”

曾不止一个富翁向我透露过同样的渴求：只要让他们的孩子长成一个真正的男子汉，不沾染那些纨绔子弟的恶习，他们情愿不惜重金，如果有必要，他们甚至愿意倾其所有。他们之所以会如此痛下决心，就是因为他们不知道如何才能使自己的子女摆脱茫然和痛苦的深渊。

在如今的美国，即使是最穷的苦工，也能拥有古代帝王无法比拟的财富，那就是博览群书的机会。在这个到处充斥着报纸和杂志的时代，要想为自己的无知、粗鄙找借口，简直就是不可能的。如今，只要我们身体健康，每天都能找到蕴含着巨大财富的信息。书籍不仅能够充实头脑、提高修养，而且还能使我们脱离野蛮的生活状态、进入神圣的知识王国。无疑，谁要是抛弃了书籍，谁就会成为世界上最贫穷的人。

玛丽·蒙塔古说：“如今，再也没有什么娱乐比阅读更廉价了。但是，它所产生的影响却是持久的。”一本好书，不仅能够升华人的精神、提高人的品位，而且还能使人摆脱低级趣味的影响，还能把我们的思考和生活提升到更高的境界。

约翰·拉伯克爵士曾说过：“英国人花在书上的大量时间和金钱，为监狱和警察局省下了不少麻烦。”

只要花很少的一点钱，一个蒙昧无知的小伙子就能随心所欲地与世界上最伟大的哲人、科学家、政治家和文学家对话。即使是一个简陋窝棚里的住户，也可以经常阅读那些各国的故事、史诗和小说。世界发展到现在这种地步，不得不说是一个奇迹。

卡莱尔说过，一个图书馆就是一所好大学。可遗憾的是，许许多多雄心勃勃、

精力充沛的人在应该学习的年龄，却错过了接受高等教育的机会。为此，他们成为了精神上的残疾人。其实，他们并不明白，通过阅读可以改善自己的生活、提高自己的品位。

一个接受过良好教育、能够慧眼识才的雇主，从来不会问你读过哪些书。因为它们已经在你脸上打下了深深的烙印。你的谈吐、举止都会留下它们不灭的印记。相反，你那捉襟见肘的词汇量、缺乏文采的表述、满口的市井俚语，也会告诉他你是怎样把宝贵的时间一点点浪费过去的。很多年轻人抱怨时间紧张，根本没有时间读书。其实，只要你喜欢学习、乐于读书，不管事情多繁忙，你也肯定会设法找出时间来关注时事、进行有效阅读的。

书籍会不断给我们带来希望，唤起我们新的勇气与信仰。

赛奇先生曾这样说过：“在这个世界上，书籍是人类所有的创造物中最重要、最了不起和最有价值的东西。就算是那些沾有墨迹的残破纸张，也要比黄金贵重得多。”

康奈尔大学的舒曼校长，每次会客时都会指着书柜里的几本藏书说：“看，那就是当我还是个穷小子时，用几天没吃晚饭的钱买下来的。”说这话时，他那种自豪之情溢于言表。

伟大的德国教授欧根从不觉得邀请阿格西斯教授与他共进只有土豆的晚餐是不体面的，因为他可以省下钱来买书。

英国国王乔治三世曾说过，律师懂得的法律知识也许并不比旁人多，但是，他们很清楚到哪儿去寻找自己所需要的法律知识 。

到哪里去寻找自己需要的知识，从经济学的角度来考虑确实颇具价值。借助很少的一点知识，人们会和书相识，进而和它成为朋友。詹姆斯 · 克拉克说：“一些优秀的书籍，已经为这个世界做出了卓越的贡献，而且还将继续不断地做出贡献。书籍会不断给我们带来希望，唤起我们新的勇气与信仰。此外，它也能抚慰伤痛、给饥寒交迫的人们带去美好的生活理想。书籍通过把久远的年代和完全不同的土地联系在一起，进而创造了整个美丽的新世界。”

NO.7/ 不进则退，适者生存

在很多人的脑海里，教育就是通过书本和老师去开发大脑的一个过程。但是，如果因为没有机会而无法接受教育，那么，在剩下的时光中，便只能寄希望于通过自修来不断地完善自己了。其实，完善自我的机会就在我们身边，关键是看我们能不能把握得住。在如今这个书价低廉、图书馆免费开放、夜校众多的时代，一个人是很难为自己得不到好的发展找到借口的。因为，学习、进步的机会是无处不在的。

在书籍匮乏、书价昂贵、缺乏理想的照明条件的时代，人们求学的脚步举步难艰，加之艰苦的工作，更是使学习时间所剩无几。所以，我们一定会为那个时代竟然还能产生文化巨人感到不可思议。这些精神上的巨人，不仅要与生理疾病、健康恶化作艰苦的斗争，而且还要面对来自社会上的寒风苦雨。比之以前的人们，我们是不是应该感到羞愧呢?

在自我完善中包含着一种需求，那就是不断进取的愿望。有了愿望，我们就不难产生目标。有了目标，我们就容易战胜自我，尤其是那个只追求物质生活和享乐的小我。为了达到此目的，我们必须把小说、扑克牌、台球和闲侃统统抛诸脑后。在追求自我完善的人面前，都有一块绊脚石，那就是自我放纵。但是，也只有那些能够战胜自我放纵的人，才会有大的发展与进步。

怎样利用自己的闲暇时间，决定了一个人的生活态度。而一个人的生活态度，又决定了他的人生走向。或许，现在的你还不能体会到这句话的正确性，但是等你日后想要后悔时，你就可能再也没有回头的机会了。随便浪费掉自己的闲暇时间，只会造成自己良好品质的日益退化，而且这种退化是不易被察觉的。

正确利用自己的空余时间来学习，是卓越品质的一种表

自我完善，不仅要懂得时间的宝贵、善于抓住闲暇去自学，而且还要善于学习。

现。历史上很多的例子都说明，那些貌似闲暇的时间其实并未闲着。它们是从我们的睡眠、就餐和娱乐时间中节省出来的。

由于家境贫寒，埃利胡·布瑞特16岁时就去给一个铁匠当学徒。为此，整个白天他都要待在车间里干活，而且还要时不时地点蜡烛加班。假想一下，现在的男孩子想要成材哪里还需要这么多的磨难呢？他是利用闲暇时间的高手，每次吃饭时，他都要在面前摆上一本书。只要有空，他就要瞄上两眼。除此之外，晚上和节假日也是他学习的绝佳时刻。就这样，他利用其他孩子虚掷的闲暇时间，使自己接受了出色的教育。当那些纨绔子弟在休息玩耍时，年轻的布瑞特却在埋头苦读。

一生中，他都求知若渴、常思上进，并且凭借自学成功克服了人生路上的种种阻碍。后来，一个百万富翁愿意资助他到哈佛去读书，但布瑞特却说他能够很好地教育自己。即使每天他不得不在铁匠铺工作12或14个小时，他也不会忘记看书。这是一种多么强的毅力啊！他从不肯浪费自己的一丝时间，因为他相信，珍惜时间会让他获益匪浅，而浪费光阴则会使他庸碌无为。想一下吧，一个在铁匠铺工作的孩子，在短短的一年时间里竟然能够掌握七门语言，这是多么不可思议的一件事啊！

自我完善，不仅要懂得时间的宝贵、善于抓住闲暇去自学，而且还要善于学习。

在现今社会中，商人和企业家最渴求的是那些工作肯努力、反应灵敏、头脑清晰、意志坚定的年轻人。一个熟悉商业、有着丰富经验的青年人，肯定会在社会中获得自己的立足之地的。因为他们办起事来不仅速度快，而且会力求完美。

对于一个问题，切忌一知半解，既然研究就要研究透彻。对于一个初出茅庐的小伙子来说，尤其要注意到这一点。对于商业门径上的种种细节问题，万不可掉以轻心。有些事情虽然看起来微不足道，但是如果不注意了解，就可能会成为日后你获得成功的最大障碍。只要能够做到了这一点，即使前面是困难重重，我们也会有足够的勇气去面对、去迎接。也只有做到了这一点，我们才能够扫清前进路上的种种艰险，顺利到达成功的制高点。

迎着困难前进，会有意想不到的收获。我们经常可以看到许多青年人，做起事来总喜欢避难就易，对于前进途中的巨大麻烦、困难、危险都采取敬而远之的态度。这就好比是一队士兵去占领敌人的阵地，如果不愿意花费功夫去破坏掉敌人的炮台和堡垒，就会被炮台和堡垒打得东躲西藏、难以活命。

NO.8/ 持续彰显自己的生命之美

城市里的雕像一般都是对称结构，建筑师们想借此达到一种理想状态。但是，是否我们每个人的性格也是建立在这样的基础之上呢？我们会不会为了追求一种美好的品格，而努力去除那些不良习惯呢？

洪堡曾经说过：“我们每个人的努力目标，都应该是追求完美高尚的境界，力争使自己的力量保持高度和谐地发展。”

年轻人是有自己的独特优势的，他们只要简简单单、堂堂正正地活着，就能焕发出独特的生命之美。有抱负的年轻人总是追寻着这样的目标前行，不让自己的生活有丝毫偏差。他们也许不会像剖开一朵玫瑰花那样去分析自己的品格，他们也不会刻意记下自己成长过程中的点点滴滴，但是，他们的生命确实是最美的。

不管做什么事，都要全身心地投入，付出后才会有收获，执著的精神对于事业的成功是非常重要的。同时，精益求精是工作取得成绩的法宝。平庸和优秀、一般和出色之间的差别是巨大的。因此，做人做事首先要从思想上重视，行动上谨慎，小到在田里锄草、在路边修鞋，大到为国家立法，都要抱着严肃认真的态度，严格要求、一丝不苟才能做好。意志薄弱、目光短浅的人想要成功难如登天。只要不断地对自己提出新的要求，才能不断前进。只有勇往直前，顽强奋斗，超人的才华、过人的智慧才会被激发出来。

如果一个人无怨无悔地追求至善至美，那么他的个性中，会带有常人所不及的

我们每个人的努力目标，都应该是追求完美高尚的境界，力争使自己的力量保持高度和谐地发展。

气质。在他们心中，追求完美的信念是神圣不可侵犯的，面对各种阻挠，他们毫不退缩，敢于直面人生。他们做事光明磊落，做人真诚率直，竭尽全力追求完美。他们拥有自信，自我控制力极强，能够做到处变不惊。这些品质给他们的成功铺平了道路，扫清了障碍。相反，那些畏手畏尾、左右摇摆、做事懒散的人，想体会到成功的喜悦实在是痴心妄想。

有执著追求的人从不会敷衍了事，他们工作的习惯是努力再努力，提高再提高，仿佛工作中有无穷的乐趣。当一项工作圆满结束时，一种发自内心的满足感会油然而生，从而感觉自我价值得到了充分体现。一个人做到尽善尽美之时，自然会心安理得地欣赏着自己的成功，这种快乐是再多的金钱都买不来内心的快乐。同时，成就感又会激发人体内在的潜能，人的心智得到启迪、情操受到陶冶，甚至连身体都会因为内心的愉悦而更加健康。这就是成长与成熟，一种用言语无法形容的幸福感。

有这样一个人，他的事迹或许会给年轻人一些启示。小的时候开始，他就认真对待每一件事。如果他觉得哪件事还可以做得更好，就绝不会就此罢手，他会一直做到直到无可挑剔为止。久而久之，这成了他做人做事的准则。不管遇到什么情况，他都会让自己静下心来，认真细致地完成手里的工作，直到圆满结束才能放手。与他接触过的朋友，从没从他那里收到过因时间仓促而匆匆写成的信。他的每一封信都是一篇上好的文章，每一句话，甚至每一个标点符号都不会敷衍了事。或许是他拥有太多的成绩，因此招来很多人的嫉妒。不过这也恰恰说明了他具有非凡的能力，才会取得一次又一次成功。对待每项工作，他都会全力以赴，功夫不负有心人，成功对他来说也是顺理成章的事情。

如果一个很具有领导天赋的年轻人，因为缺乏刻意的训练，而不得不为另一个能力远不及他的人工作，那么，我们不得不说这是一个巨大的遗憾。

在现实生活中，我们随处可以看到这样的人，他们总是难以晋升到与自己天赋相匹配的位置上去。究其原因，或是没有受过足够的教育，或是不善于学习。他们缺少必要的生活知识，既不会正确书写，也不能熟练地运用母语。因此，他们卓越的才能就被掩盖了起来，有的甚至被永远埋没了起来。

在科学上，有条法则称为适者生存。所谓适者就是那些学有所成、学有所用者，他们通过斗争获得力量，使自己的能力不断增强，进而使自己在不利的环境中生存下来。

精益求精是工作取得成绩的法宝。

土壤、阳光、空气中富含花木生长所需的养料，但是，植物要想利用这些养料，首先还需要把它们转化为花、果实、叶子或其他东西需要的成分。换句话说，如果不能把这些养料转化吸收，土壤、空气、阳光中含有的养料再多也没有任何意义。不仅如此，这些养料被吸收得越快，植物的成长速度也就越快，养料的供应速度也会越快。

大自然对我们每一个人都是既慷慨又公平的，但是，我们必须要谨慎利用它所赐予我们的一切。如果违背了自然法则，我们就不能及时把养料转化为自己所需的力量。这样，我们能量的供应就被切断了，接着我们就会变得越来越虚弱、越来越无用。

自然界的一切都处在不断的运动之中，运动才能彰显生命的价值。

如果长时间不使用自己的大脑和肌肉，大自然就会把它们收回。如果不能有效地利用自身的能力，大自然也会把它们收回。所以，如果不想被大自然收回自身的能力，我们就不能停止锻炼自身的力量。

一个大学毕业生，多年后回忆起自己的大学生活时才惊奇地发现，原来自己所受过教育的总和就是他的毕业论文。很显然，那些曾经拥有，但不经常使用的能力，如今全都消失了。每当考试过后，他觉得自己所学的知识，从此就会常驻自己心间。可实际上，自从他停止使用这些知识后，它们就开始渐渐远离，直至彻底消失了。到最后，除了那些经常使用的知识还有所保留外，其他的都已经随风飘散了。

大学四年结束后，很多毕业生发现自己能够拿得出手的东西实在少得可怜。学过的知识由于不用，渐渐遗忘了。不知不觉中，他们失去了在社会上的竞争优势。很多大学生，经常在心底对自己说："我曾接受过大学教育，因此，我必然拥有某种能力，也必然会有所作为。"可是，一张堵在天然气喷口的白纸，是无论如何也不可能把天然气留在管道里的。同样，一张文凭又怎么可能留得住你大学里所学的知识呢？

对于知识和技能，要么使用，要么丢失。所有你不使用的东西，都终将离你远去。为此，保留能量的秘密就是——经常使用。

其实，自我完善的工具就掌握在你自己手中，你要做的就是不停地使用自己所拥有的一切。如果斧子钝了，砍伐时你就要付出更大的力气。同样，如果机会少了，想要成功你就要花费更多的精力、付出更多的艰辛。刚开始时这一进程会很慢，但是，只要持之以恒，你肯定能够得到成功。"循序渐进"是任何一种修炼都需要遵守的法则，如果有朝一日你未变弱，那就必将有所收获。

路线十八

做适合自己的工作

NO.1/ 如何去选择职业

每一个人都要选择职业。如果一个青年人不能选择到合适的职业，那么他的生活肯定就会十分无聊。“我选择哪种职业才合适呢？”这是每一个青年人早晚都要遇到的问题。

选择工作时，一定要选择那些利己又利人的工作。如果对自己选择的职业性质产生了怀疑，你就要尽快离开，不要再从事那样的工作。从事那样的工作，只会使你的心灵终日不得安宁。如果你从事的职业有很大的不正当性，即使你有钢铁大王安德鲁·卡内基的天赋，你也不可能取得成功。

在选择职业时，你完全没有必要为别人会怎么看自己而担心，你所需要做的只是去挑选自己喜欢的工作罢了。一般来说，对于一个人，一种适合自己的职业标准是：它能够发掘你的潜力，使你在才能上不断进步；它能让你学到相应的技能，使你感到前途无限，心情舒畅。如果可以的话，千万不要去选择那些会损害你的健康的职业。那些没有假日的职业，不仅对你的发展没有丝毫好处，反而会给你造成极大的伤害。

尽可能去选择那些适合自己的、高尚的工作。我们不能做鼠目寸光的人，要有远大的抱负，要学会深谋远虑。客观上来讲，我们选择职业的标准只有一个，那就是既要有益于自己，又要有益于别人。

无论是谁，在选择职业时，如果只图一时的快感，而不重视对自己的品格进行培养和发展，他就肯定会一事无成。

中国有句古话叫做：做人如逆水行舟，不进则退。这是所有青年人都应该铭记于心的人生格言。如果一个身强体健、极有才华的人，把自己所有的精力都浪费在卑微无聊的事情上，那么他的人生就是可悲的，他也就埋没了自己的理智与才干。

有很多人不懂珍惜自己的精力。世界上不知有多少身体强健、智慧绝伦、才干出众的人，他们本可以做出很大的成就，但就是由于把自己的精力都花费在了一些无聊至极、使人堕落的工作上，结果终其一生，也没有获得一丁点儿成绩。

要做一个明智的人。如果一个青年人，为了一点钱，就不惜牺牲自己的人格，去做那些有违道德的事，那么他还怎么可能做出有益于别人的事情呢？换一个角度来说，如果只是为了自己一时的快乐和欲望，而出卖了自己的灵魂，他们怎么对得

违背自己的良心和意愿，去做那些自己不愿意做的工作，是一件很可悲的事情。

起爱自己、培养自己的父母呢？

违背自己的良心和意愿，去做那些自己不愿意做的工作，是一件很可悲的事情。

永远不要为自己选择了不正当的职业找借口。很多有抱负的青年人，由于所谓的“时运不济”、“谋生艰难”，结果没能坚守住自己的本性，抛弃了宝贵的尊严，滑进了卑微的深渊，这是非常可悲的。

世界上有许许多多的职业，所以我们不用发愁自己找不到合适的工作。我们要有坚守自己人格的力量和骨气。我们宁愿去做那些开煤矿、挖沟渠、搬砖石的体力活，也不要去做那些损害健康、损害人格、损害尊严、违背天良的事情。

人的精力是有限。要想在有限的时间里，为自己赢得成功，我们就要首先拥有一个清晰可行的计划，然后才能集中所有的力量，全力以赴地去实现它。

古今成就大事的人，都会在心里这样问自己：我应该把自己有限的精力投放在哪里呢？投放在哪个领域才能收获最大的效益呢？正是有了这样的思者，他们才会遇事冷静、仔细考虑，从来不会轻易走错人生道路。

选择职业时，首先应该做的，就是选择一个最适合自己发展的环境。只有在这样的环境中，你才会有信心，才会竭尽全力把事情做得更好。什么样的环境才是最适合自己的呢？适合自己性格、才智和体力的环境，就是最好的工作环境。总之，只有一开始就选对了自己的工作环境，你才能大踏步地开展以后的工作。

对自己最终走哪条路，不要做过早的结论。很多人有这样一个误解，认为自己从小就对某项工作感兴趣，所以，就理所当然地认为，自己长大后做起这项工作来，就一定会如鱼得水。其实这是极端错误的，有很多人要直到中年，才能够最终明白自己的兴趣所在。因为一个人到了中年以后，经历过了很多事情，对自己和社会都有了一个全面的评价。所以他们在这个时候做的决定，一般都不会有太大的偏差。

固然，一个人应该尽早确定自己的前进方向，但是也不能因此就过于急躁、过于草率。在选择关乎自己一生命运的工作的时候，尤其要慎重考虑一下。当然，如

在选择自己的职业时，你一定要记住这样一条准则，你必须确保你选择的职业是自己最能胜任的。

果是那些才智出众的年轻人，他们当然不难做出决断。但是在选择职业的时候，我们中大多数人不够冷静。他们为了选择一个合适的职业忙得焦头烂额、不知所措，但最终还是不明白自己应该向哪边走。所以，为了避免日后后悔，我们还是应该慎重为好。

我们的人生是由许多偶然的不确定因素决定的。既然如此，我们也应该把握住每一个时机，把自己推到最适合自己的工作上去。有人曾经问过美国的银行家乔治·皮博迪："你是如何找到自己这份从事一生的职业的呢？"乔治·皮博迪笑着回答说："我并没有到哪里去找它，是它自己送上门来的。"在我们的生活中，有时一件琐碎的小事，都有可能改变我们的一生。读一本好书、听一次激动人心的讲演、吸取一次教训、接受一次朋友真心的批评，都有可能会促使我们在事业上取得惊人的发展。

不能坚定信念，是导致自己不能选择到合适的工作的重要原因。亨利·戴克教授曾经说过，一个人致命的弱点就是遇事犹豫不决、优柔寡断。事实上，只要是自己有兴趣、有把握做好的事情，我们就一定要当机立断、立即动手去做。在自己工作的时候，种种怀疑自己能力的考虑和担忧，只会妨碍自己获得成功。

托马斯·斯赖克博士曾在多方面取得过惊人的成就，他也有过相同的表述：我之所以能够取得今日的成就，就在于平时我没有考虑要怎么去做的习惯。而是只要我自己想做，我就会立刻动手，不达目的绝不罢手。

如果我们每一个人都能选择到自己合适的工作，我们的文明就能达到最优的状态。有很多人在选择职业的时候毫无头绪，总是怀疑自己的能力。他们经常这样问自己：我该做什么工作呢？做什么样的工作才最能发挥我的最大潜力呢？如果在现实生活中，能够有人替他们诊断这些问题，他们就能省去很多不必要的麻烦。

在选择自己的职业时，你一定要记住这样一条准则，你必须确保你选择的职业是自己最能胜任的。

在工作中，我们要努力追求进步，努力去学习别人是怎样为人处世、怎样发展自己、怎样待人接物的。这也是一门很精深的学问，只要你愿意，你就可以学到许许多多的知识。

其实，职业并不是一个人事业的终点，世界上很多人往往不能清醒地认识这一点。他们以为自己现在从事的职业，就是自己一生的事业。结果就老是抱着不丢，致使很多成功的机会白白流失。这是多么愚蠢和缺乏深谋远虑的想法啊!

在选择职业时，我们要考虑的东西有很多很多，所以当代的青年万不可草率行事，不可在匆忙之中决定了自己一生从事的职业。

NO.2/ 天性与职业的关系

公司的老板大声地向一个年轻人喊道："你走吧，你这个没用的家伙，作为一个推销员，这么长时间连一件商品都没有卖出去，我还留你干什么？"年轻人低着头，小声说："求求您，再给我一次机会，让我干什么都行，只要您留下我。""你能干什么？我觉得你什么也干不好。"老板仍然固执地说。年轻人昂起头，认真地说道："我能行，请您相信我一定能干好。"

老板被年轻人的执著打动了，用怀疑的目光瞅着他说："你先到会计室干吧，如果再干不好，那就只有走了。"

在那里，他在数字方面的天赋被发挥得淋漓尽致。几年后，他不但成为公司里会计室的主管，而且还成为一位出色的会计师。

很久以前，航海家们在广阔无垠的大海上航行，依靠罗盘来确定方向，指针总是指向北方。也许在它的外表你看不出什么，也不明白这其中的道理，因为它被一只神奇的手左右着。同样，当一个新的生命呱呱坠地时，上帝已经给这个生命的指针赋予了责任，因此他将要按照生命指针所指引的方向大步向前。即便是你用任何的方法使他转动起来，强迫他指向某个领域，或者是你认为前程远大的职业上，但我要告诉你："这只是徒劳无功，一相情愿而已，因为那不符合他的天性，当这个

伟大的人物和成功的人士，往往是在不知不觉中被一种无形的力量吸引到一种职业上去，而他本身就是为这种职业而生的。

生命的指针一旦获得了自由，他仍然会重新指向自己应该指的方向上。”

罗伯特·瓦特曾说过：“伟大的人物和成功的人士，往往是在不知不觉中被一种无形的力量吸引到一种职业上去，而他本身就是为这种职业而生的。这种职业是符合他的兴趣和爱好的，是他一生中孜孜不倦地追求的职业。不论是多么艰难，也不论多么的前途渺茫，他仍然会坚持不懈、努力追求。虽然不能使自己的生活好起来，而且当他发现自己仍然贫贱卑微、一事无成时，他也会感叹生活的艰辛，也常常回忆过去，设想着自己如果以前从事其他的职业，那么现在的境遇可能会好许多。但是，这只是偶尔的想法而已，他仍然会义无反顾地努力追求他所热爱的事业。”

设想一下，如果每一个人都选择了自己所钟爱的工作，这就标志着人类社会已经达到了一个顶峰。只有在选择了符合自己天性的职业后，人们才有可能功成名就、成绩斐然。就像一艘庞大的货轮一样，只有在浩瀚的大海中才能乘风破浪、勇往直前，但如果把它放在小河沟里，它就会寸步难行。

爱默生曾说过：“每一个人的童年时，就像在大江大河里航行的船一样，向着一个方向奋勇前进。也许来自不同方向的障碍很多，但他们都会巧妙地闪躲过去，在前进的道路上，他们会把它们一个一个全部清除掉，最终到达广阔的海洋。”

人的天性被巧妙地隐藏着，一旦被某种不可抗拒的力量激发出来，那么他获得的成就将是巨大的。斯图尔特之所以能由一名教师成为一名出色的商人，是因为一个偶然的机会，也正是这个偶然的机会，使他找到了人生的支点。斯图尔特的一个朋友曾经向他借了一笔钱做生意，由于朋友经营不善面临破产，无力偿还这笔钱，于是坚持把商店给斯图尔特作为赔偿，而斯图尔特也别无选择，只好辞去了教师的工作，一心一意地经营起商店。由此，他的天性得到了施展，年复一年，他的生意日渐红火，也越来越得心应手了。

人们常说，上帝派了两名天使到我们身边，一个到田间劳动，一个治理国家，他们之间不能随意更换。一个人如果在年轻时就得到一份梦想中的职业时，他是幸福的，可是，如果这份工作他做不好的话，那还有什么职业适合他呢？人的追求是无止境的，除非他找到了真正属于自己的位置，或是丧失了生活的信心。内在的天性会一直伴随着他，并使他奋勇向前，直到他的才能全部被释放，真正找到用武之地时才肯罢休。

许许多多的人不顾自己的天性随意选择职业，就像一头小毛驴偏要拉着一辆大马车奔跑一样。这是多么的滑稽可笑啊！在美国有接近半数的大学毕业生是学习法律的，这难道不滑稽可笑吗？有多少年轻人幻想着能够子承父业，像他们的父亲一样成就斐然，可是有几个能真正做到像他们父亲一样呢？同样道理，我们身边又有多少可怜又可悲的律师和医生呢？在我们当今社会中，不适应自己职业的人随处可见，多疑、困惑、失望、穷困是他们最真实的写照。

天性是指引你踏上征途的启明星，而成功则是评价你工作的尺子。

实际上，每一个大学毕业后能够功成名就的人，常常是依靠自身的顽强精神和精心准备，没有一个人从走出学校大门就能出人头地的。在学校里，老师们只能教给他们一些书本上的知识，一旦他们走出校门，书本上的知识已经不能满足他们的要求了，必须要重新学习能够令他们满足的新知识。

我们应该理智地看待一个人，不能过早地下结论。虽然一个人现在还没有成功，但他努力去做了，并且付出了自己全部的精力，这就表示他有可能成功。就像山崖下巢穴里幼小的雏鹰一样，虽然有一双翅膀，但还稍显稚嫩，也想展翅高飞，但还是跌跌撞撞，经不起暴风雨，还需要父母的精心呵护。直到有一天，它们的羽翼已经丰满，身体已经强壮，才能在刹那间直上云霄、自由翱翔。这时，父母的呵护反倒成为一个障碍。

当你付出全部精力努力工作时，却不能出色地完成它，那么你应该深深地反思一下，你所做的工作本身是否符合你的天性，或者再找一找是否还有更好的途径通向成功。考柏作为一名律师是相当失败的，他胆小怕事，性格内向，从

来不愿在大庭广众之下激昂陈词，甚至没有勇气为一个案件来辩护，但是，他在文学方面却有极高的天性，写出了许多脍炙人口的优秀诗歌。莫里哀觉得自己在律师方面将会无所作为，于是他选择了自己最热爱的文学创作，最后成为伟大的文学大师。伏尔泰放弃了法律而明智地选择了哲学；彼特拉克放弃法律而选择诗歌；克伦威尔在40岁时，毅然放弃了经营农场。

在这个世界上，只有极少数的人没有经历过生活的磨难和事业上的挫折，就能在工作中或者某些领域取得非凡的成就。然而，对于绝大多数的年轻人来说，即使随心所愿地给予他们心中所期待的职位，他们也很难就此确定一生的目标和方向。

每一个人在一段时间内总会在心灵深处无助地喊着："我能做什么，我适合做什么？"他们往往犹豫不决，徘徊不前，希望拥有一种奇迹般的天才来明确地告诉他该做些什么，但是，他们总是以失败告终，因为在这个世界上根本就没有这种天才。没有任何理由让你随心所欲、不负责任，也没有任何理由让你敷衍地完成你的工作。

英国的塞缪尔·斯迈尔斯在一段时期内被训练着从事一种陌生的、自己完全不适应的职业，可是，他却没有意志消沉，灰心丧气，而是非常愉快地从事这项工作。当他日后在文学界声名远扬时，他不无感慨地说："文学创作是我最热爱和适合的职业，而那一段经历对于我的创作来说是一笔非常宝贵的财富。"

只要用我们最真诚的心灵对待工作和身边的每一个人，总有一天，我们中的大多数人会前程似锦、成就斐然。

加菲尔德能够成为美国的总统，与他热心地教书育人、作为士兵时的艰苦寻训练、积极参加社会活动的经历是密不可分的。不论林肯还是格兰特，难道他们从婴儿时上帝就赋予了他们作为总统的天赋吗？所以，没有人因为自己在摇篮里没有得到上帝的垂青而感到失望。人的职责就是尽心尽力地做好每一件事，在自己天性的指引下，把握机会，创造奇迹。

有一句睿智的话是这样说的："天性是指引你踏上征途的启明星，而成功则是评价你工作的尺子。"

NO.3/ 知道自己能够做什么

一天，乔纳森对他的父亲说："爸爸，我非常讨厌学校的生活，一天也待不下去了。""好吧，那你明天就到机械厂上班吧。"他父亲回答说。工作一段时间以后，乔纳森发现在机械厂工作也不适合自己，于是他离开了那家工厂，开始寻觅适合自己天性的职业，后来，他凭借自己的聪明才智和演讲的天才，成为一名国会议员。

瓦特年轻的时候，经常一个人坐在火炉旁看着茶壶冒出的水蒸气发呆。有时候，他不停地倒换着壶盖，拿下一个，再换上一个，然后再拿下来，并且不停地用杯子收集水蒸气，然后就呆呆地看着杯子里的小水珠出神。

这时，瓦特的奶奶总是生气地说："詹姆士·瓦特，我从来没有看到过像你这样无所事事的人，你应该抓紧时间读书，然后找一个工作干。我发现在刚才的一个小时里你总是摆弄那些壶盖、杯子，一句话也不说，你到底想干什么？一个年轻人，就这么把宝贵的时间白白地浪费掉，你就不感到羞耻吗？"

但瓦特用行动证明了奶奶的说法是错误的，他不但不是无所事事的人，而且凭着执著追求和不懈的努力，终于成为一个伟大的发明家。

狄更斯在一部描写儿童被奴役的作品里列举了种种现象，非常耐人寻味：无知的父母们不顾孩子们的兴趣和爱好，把自己的想法强加到孩子的身上；孩子们稍稍有一些他们认为异常的行为，就被父母视为不求上进，或是异想天开；棱角分明、个性十足的孩子们被强迫钻进圆形的洞里，时间久了，孩子们的棱角被岁月磨平，也就失去了他们的天性；孩子们在法律、音乐、科学方面兴趣盎然，却被强迫学习其他的东西；被恶意扭曲了天性的孩子们，在不喜欢的工作中毫无进取心，也不能出类拔萃，并且在他们的心灵深处，从来也没有停止同命运抗争。

实践证明，那种让孩子按照父母的愿望，希望他们在某一领域能够出人头地的想法，是最愚蠢、最自私的表现。爱默生说过："世间有一个你已经足够了，何必还要把那个孩子变成第二个你呢？"约翰·阿斯特是一位商界叱咤风云的人物，但他小时候，父亲却希望儿子能够继承自己的事业——做一名屠夫，如果小约翰真的按照父亲的意愿成为一名屠夫的话，那将是一件多么悲哀的事呀！

世间万物，芸芸众生，从来不会有两个一模一样的人。每一个新的生命降临到

人间时，他就已经打破固有的模式，增加了新的内涵。大腓特烈国王年轻时对音乐和艺术情有独钟，简直到了如醉如痴的地步，因此他经常受到严厉的批评，他父亲希望儿子多读一些军事方面的书籍。但是他仍然我行我素，父亲把他关了起来，甚至要杀掉他。在他26岁时，父亲不幸去世了，毫无准备的他被大臣们簇拥着继承了王位。在每个人的眼里，他只是一个沉迷于音乐和艺术的无所事事的孩子，然而，他却使普鲁士王国变成欧洲最强大的国家。

世间有一个你已经足够了，何必还要把那个孩子变成第二个你呢?

卧在巢里的雄鹰是那么笨拙和毫不显眼，而一旦它展开强壮的翅膀，尽情地在蔚蓝的天空中翱翔时，你会看到它的目光犀利无比，身姿矫捷万分，这是一幅多么美丽的图画啊!

阿克赖特小时候被无知的父母送到理发店做了一名学徒工。但是他的天性却一直在脑海里闪现，并且以一种巧妙的方式隐藏着。一天，阿克赖特向父母问道："我不愿意继承你们的事业，难道你们就不能让我做自己喜欢的事吗？"

伽利略表面上按照家人的意愿学习解剖学和生理学，将来成为医生，背地里却潜心地研究欧几里得和阿基米德的著作，并且把许多深奥的问题一一弄懂。在他18岁时，通过对比萨大教堂的灯杆的研究，得出了著名的钟摆定律。使人们在宏观和微观世界大开眼界的望远镜和显微镜，也是他经过孜孜不倦的研究发明的。

米开朗基罗的父母最讨厌"艺术家"这个字眼，他们认为从事艺术的人最低级下贱，于是强烈反对儿子从事这个职业。他们曾经因为米开朗基罗在墙上作画而大发雷霆。可是，米开朗基罗热爱绘画的天性谁也阻止不了，它就像一团熊熊燃烧的火焰，在漆黑的夜晚放出耀眼的光芒。在圣彼得堡的建筑上、摩西的大理石雕像上和修道院的墙壁上都留下了他不朽的作品。

帕斯卡对数学和物理学兴趣浓厚，可是他的父母却想让他成为一名语言学的教师。但帕斯卡对数学知识的天赋战胜了一切，他不顾家人的反对，把语法书丢到一边，把全部精力都用到研究欧几里得上，最终成为一个著名的数学家和物理学家。

约舒亚·雷诺兹非常喜欢画画。有一次他画了一张画后，在上面写道：作者——大懒虫约舒亚。父亲看到这幅画后，严厉地批评了他。可是这个“大懒虫”却成为英国皇家美术学院的创始人。特纳凭着对绘画艺术的热爱，经过不懈的努力，终于成为一名伟大的风景画大师。可是你知道吗？他的家人当初却希望他能当一名理发师。这样的例子数不胜数：糕点师的学徒克劳德·洛兰，最终成为了一名画家；学习装修的莫里哀最终成为一名作家；在音乐学校学习的圭多最终成为一名著名的画家，他的最著名的作品是《从晨曦中走出来的女神》。

伟大的剧作家席勒的第一部作品——《强盗》，是他在斯图特军事学校学习外科医学时创作的。为了掩人耳目，他只能以一个普通观众的身份观看演出。他非常反感学校的管理，认为学生们就像一群被关在监狱里的囚犯一样，没有一点自由，而他的理想是成为一名作家，可以展开想象的翅膀，在蔚蓝的天空下自由翱翔。他宁愿丢下一份衣食无忧的职业，而选择了在清冷的文字世界里遨游。在一位善良女士的帮助下，他创作出两部伟大的作品，演出获得了空前的成功。席勒也成为一位知名的戏剧创作大师。

小韩德尔非常喜欢音乐，可是他的父亲却强烈反对。父亲希望他的儿子将来能成为一名律师，因此他千方百计地阻止儿子同音乐的任何联系。一天，小韩德尔得到一架破旧的竖琴，把它藏在一间茅草房里，当父亲外出看病时，他溜出家门到茅草房里偷偷地练习。有一次，韩德尔医生带着儿子在威斯菲尔德公爵的陪同下，拜访一位友人。在教堂的乐器旁，小韩德尔的眼里闪烁着兴奋的光芒，他一首接一首地弹奏着，仿佛是他在进行一场个人演奏会。公爵先生被这悦耳的音乐声惊呆了，是谁演奏出这么美妙的音乐呢？当小韩德尔被带到公爵的面前时，公爵丝毫没有责怪他擅自动了乐器，而是抚摸着他的头说：“小家伙，你可以成为一个伟大的演奏家了！”他又向韩德尔医生说道：“你应该为你的儿子感到骄傲，因为他是一个音乐天才。”

丹尼尔·笛福曾经在街头当过商贩，做过秘书工作，也经营过一家工厂，但都没有获得太大的成功，最终他凭借一部《鲁宾逊漂流记》声名远播。无独有偶，著名的鸟类学家威尔逊在没有找到适合自己的职业以前，做过的几种工作都

每一个按照自己天赋的指引下努力拼搏的人，都会成为某个领域的有用之才；每一个出色的人，如果把自己的天赋丢在一边，那么他最终也将会变得平庸。

以失败告终。

苏格兰著名的律师厄斯金当初并不是学习法律的。当他还是一名军人时，他所在的部队在一个小镇上驻扎。一天，他去拜访一位朋友——当地法院的法官，他的朋友邀请他参观法庭的辩论，并向他介绍了坐在辩论席上的一位著名的英国大律师。厄斯金聚精会神地倾听着他们的法庭辩论，脑海里在不停地思考着，他想："如果我是一名律师，比他们还会优秀。"于是，他借来大量的法律书籍，废寝忘食地研究。功夫不负有心人，他最终成为英国最著名的律师之一。

有很多人在人生的十字路口总是徘徊不前、举棋不定，他们大声地问："什么是我这一生中所要从事的职业呢？"

天性和内心的要求决定人的职业选择，如果你的天性和内心认为你适合从事教师的工作，那么你就应该在这方面下功夫，成为一名教师；如果你的天性和内心认为你适合从事法律工作，那么你就从事律师工作。坚信自己的选择，克服一切困难，努力工作，你一定能成功。但是，对于那些没有内在的天性，也没有什么内心要求的人来说，应该在自己最擅长的方面和最好的机会上做出慎重的选择。这个世界是由我们大家共同努力创造的，真正的成功并不是表面上的功成名就、风光无限，而是出色地履行自己的职责，扮演好自己在人生大舞台中的角色，这一点只要用心去做了，每个人都能做到。你来想一想，做一个一流的木匠和做一个三流的医生哪个更好呢?

有一段睿智的话是这样说的：每一个按照自己天赋的指引努力拼搏的人，都会成为某个领域的有用之才；每一个出色的人，如果把自己的天赋丢在一边，那么他最终也将会变得平庸。

NO.4/ 选择符合天性的职业

阿特密斯曾经向我讲过他所经历的两个故事："我正在帐篷里悠闲自得地看着书。突然，一个满嘴酒气的大块头闯了进来，他瞪着眼说：'小子，你出去，这个帐篷是我的啦！'我站在超过我半头的可恶家伙面前，大声地说：'滚出去，不然的话要你知道我的厉害。'大块头轻蔑地说：'来吧，孬种，还等什么？'我向他扑了过去，但是，大块头不费吹灰之力就把我抓了起来，扔到了外面。接着他开始追着打我，直到把我扔到臭泥沟里为止。我看着自己被撕破的衣服和满身的臭泥巴，知道打架不是我所擅长的。

"有一段时间，我曾坚信不疑地认为自己擅长玩马戏。于是，我不顾朋友和家人的强烈反对，来到一个马戏团。训练开始时，我拿着鞭子站在马群中间，大声命令着它们跑圈儿，但它们都不听从我的指挥，我刚刚把鞭子举起来，就觉得后背一阵钻心的疼痛，我后面的马扬起了蹄子重重地踢了我一下。我疼得大叫起来，趴在了地上，觉得头上和身体上又被重重地踢了几下，我眼前一黑就什么都不知道了。当我醒来时，见自己的身上青一块儿紫一块儿的，头上还缠着纱布，就对自己说：'傻小子，你并不擅长驾驭那些马。'"

阿特密斯·沃德最后说："每个人都有自己擅长的一方面，有的人擅长干这个，有的人擅长干那个。还有的人整天无所事事，他们擅长的是东游西逛。"

从这两个故事中，我们明白一个道理：不要把自己的天性丢在一边，去做那些不擅长的事情。如果做了，你就会发现自己像掉进沼泽地里一样，寸步难行。

读报是我一生中无可替代的习惯。一天，我看到这样一则广告，它与众不同，耐人回味。

它是这样写的："本人吃苦耐劳、勤奋肯干。如果您的印刷公司聘任我，那是您睿智的选择，因为我不但能胜任印刷工作，还可以承担其他部门的职责。作为一名教师，我可以传授任何专业的知识。想要学习装饰画、写作、测量等知识的人请尽快与我联系。本人虽然不是一位专业的教士，但可以为你们在神学方面答疑解难。作为医生的助手，我是最合适的人选，尤其在牙病方面。本人音乐知识丰富、嗓子好、吐字清，男低音到男高音都能唱。补充一条：如果当一名锯木工人，哪怕工资低一些，我也愿意接受。"

我想，这个人一定很快找到了一份工作，因为这则广告再也没有在报纸上刊登过。

你的天赋是什么？你的聪明才智就是你的天赋。那么，它通过什么方式表现出来呢？它通过真正适合你的职业表现出来。当你找到一份能使自己的天赋尽情发挥的工作时，它就会激发出你体内的潜能。

有效地利用自身的条件，充分发挥自己的长处，尽量选择那些可以利用现有的经验、并适应自己的兴趣和爱好的行业，那么，你就会拥有一份自己满意、做起来又得心应手的工作。

聪明的人选择职业，往往先分析自己的优点，弄清自己擅长做什么，也经常总结自己的不足，弄清自己不适合做什么。可以肯定地说，不论哪一个人在开创事业的过程中，都不可能前途一片光明。生活的艰辛、事业上的挫折、家人和朋友的不理解，都会成为你通向成功彼岸的绊脚石。有时候，你也不得不做一些违心的、毫无兴趣的事情，但是，一个人内心深处的激情总有一天会像火山爆发一样一泻千里、势不可挡。

马修·阿诺德曾说过："我们应该从自身的条件出发，扬长避短，踏踏实实地工作，不能好高骛远、不切合实际。不能把自己的天性丢到一边，去追求那些所谓的好职业。要宁可做鞋匠中的亚历山大，也不做对法律一知半解的平庸律师。"

为什么世界上那么多的人在工作中倍感身心疲惫、痛苦不堪呢？因为他们从事着与自己的天性格格不入的职业，就像本应该在广阔无垠的草原上奔驰的骏马，却被套上了枷锁在田里耕作一样。天性适合做伐木工的人在教室里对学生们侃侃而谈，而真正的教师正在挥汗如雨地锯着木头；擅长文学创作的人却让他管理一家工厂；天真的孩子们过早地远离学校，承担起生活的重担；天生的建筑工人硬是让他拿起画笔，在那里信手涂鸦；还有的人……这些人都觉得痛苦不堪、郁郁寡欢。

有一个故事非常耐人回味：一个非常优秀的石匠，在一次工作之余写了一篇小小的文章，送到报社后居然发表了，邻居和朋友都称他为"大作家"，于是他就把那些石头都丢在一边，用那双粗糙的大手拿起了钢笔，每天伏在桌子上搜肠刮肚地苦思冥想，准备创作出一部巨著来证明自己。过了一天又一天，他也没有写出什么优秀的作品。原本非常优秀的石匠终于在一天醒悟了：我的人生支点就在那些石头上呀！但他的手已经拿不动锤子了，技艺也生疏了。这样的例子还有很多——天才的政治家在田里挥汗如雨，而真正的农民却在讨论国家大事，夸夸其谈。天才的军

命运就像一艘航船，天性就像船舵，只有在船舵的指引下，航船才能乘风破浪、扬帆远航。

事家作为一名教士，正向人们布道，而真正的教士却在带兵打仗。有些人不禁要问："他们为什么不去做自己擅长的工作呢？"一句睿智的话是这样回答的："命运就像一艘航船，天性就像船舵，只有在船舵的指引下，航船才能乘风破浪、扬帆远航。"

富兰克林曾经说过："一个人只有选择了符合自己天性的职业，才会有所作为，上帝才会把鲜花和荣誉赐予给他。在田里辛勤劳作的农民比那些无所事事的贵族们要高大得多。"

职业对于一个人的影响，要远远大于其他事情。职业能使一个人衣食无忧，并且身强体壮，还能激发他的潜能；职业能使一个人心情舒畅，努力进取。但是，前提是这个人正在从事着真正适合自己天性的职业，只有这样，他才会觉得自己是一个真正的人，进而去承担真正的人所应该承担的责任，并会毫无保留地奉献自己的才华和勇气。相反，如果一个人从事着不符合自己天性的职业，他就会心情压抑、不思进取。一个身体健康却无所事事的人不是一个完整的人。他体会不到工作带来的乐趣，也无法通过工作来表现自己。那么，怎样才是一个完整的人呢？拥有健康的身体、富于思考的大脑，加上他正从事着适合自己天性的工作，并且敢于承担责任，不怕挫折和打击，向着心中的目标奋勇前进的人才是一个完整的人。

格莱斯顿说："不论你是体力劳动者还是脑力劳动者，精力都是有限的，能够胜任的工作也是有限的。如果谁违反这一准则的话，他注定不会成功。"格莱斯顿就是这样的人，他从来不把精力浪费在自己不能胜任的事情上。

卡莱尔有一句名言：明智的人知道自己的天性所在，不需要其他的恩赐。如果他选择了适合自己天性的职业，也就确定了自己的人生目标，他会向着这个目标大步前进！

做一个完整的人，实现自我，职业的选择非常重要。如果选择职业时，只关心能够赚多少钱，或者为了能够出人头地，那么，他将会成为一个金钱和荣誉的奴隶。选择那些适应自己的天性，能够发挥自己潜能的工作，你才会雄心勃勃，事业蒸蒸日上。金钱、地位、荣誉并不是一个人的最终目标，做一个完整的人、实现自我才是我们的人生目标，这比金钱还要宝贵，比荣誉还要实际。人去创造事业，而事业又磨练我们的个性和品格。

要想自己的才能不断地提高，就应该虚心求教，改正自己的缺点。没有尽善尽美的人，也没有一无是处的人。备受敬仰的伟人们也有这样那样的弱点，普通的人也有值得学习的长处。我们需要从一点一滴的小事做起，举手投足，一言一行，处处都能体现一个人的品格和内涵。坚强的信心、敏锐的判断力、明察秋毫的眼睛、果断有力的双手、善解人意的心灵和聪明才智是我们获得成功的保障。

当一个新的生命呱呱坠地时，虽然没有人明确告诉他一定要成为律师、医生、艺术家、科学家或者商人，也没有武断地让他必须成为其中一种人。但是，却有很多人希望他能认识自己、选择适合自己天性的职业。如果他正确地选择了适应自己天性的职业，那么工作起来就会精神焕发、信心百倍，业绩会突飞猛进。成就和荣誉就会接踵而至，所有的大门都将为他敞开。可是，如果他没有选择适合自己天性的职业，那么就会在工作中倍感压抑，做事常常半途而废，所有的大门都关闭着，前途也会一片迷茫。

卢梭曾经用一段精辟的语言诠释了人生的意义，他说："如果一个人真正知道自己的天性所在，并且在受到良好的教育后，就懂得一个人的人生价值并认真地履行自己的人生使命。那么，他在选择职业时，就会轻车熟路，工作起来得心应手。我并不在意我的学生将来选择什么样的职业，因为他们都是具有鲜明个性的人，只要能展示自我，实现人生价值就行了。我经常对学生们说的一句话是：要学会怎样生活。他们也许选择了那些不是很体面的职业，但他们都明白一个道理——做一个真真正正的人。世事难料、社会复杂多变，也许命运会经常捉弄他们，使他们在生活中和事业上历经沉浮，但他们总会正确地把握人生目标，找到自己真正的位置。"

在人生漫漫的征途中，可能你在天赋、财富、学历等方面得天独厚、条件优越，但你缺少的是人生的常识，它是指引人们前进的准则。如果你没有掌握人生常识和处世技巧，哪怕你的条件再优越，天赋再高，终究也只会成为一个平庸的人。

许多人为什么拥有各种令人羡慕的学历证书，却被远远地抛在后面呢？因为他们工作能力平庸，而又不切合实际，所以他们永远也跟不上社会前进的步伐。

英国的诗人乔治·赫伯特曾经说过："我觉得，我们做了什么并不重要，重要的是我们是什么。"选择一个目标时，不能头脑发热、随意确定，应该看它是否在正义、理性等方面存有疑问，如果存有疑问，那么就应该果断地放弃这一目标。在当今社会，有一种"艺术"非常深入人心，那就是把错误的、虚伪的东西加以粉饰，使它看起来金光闪闪、熠熠生辉。当一个人面对种种困难时，他内在的理性竟然会让天然的是非观念步步后退，无影无踪，这真是一种奇怪的现象。一位诗人曾说过："一个人如果敢于承受一些生活上的磨难、事业中的挫折、心灵上的创伤，并且坚定不移地向着这一目标前进，所谓的体面和尊严已经不重要了。因为他的理性告诉他，超越自我、实现人生价值才是最重要的。"当一个极具诱惑力而又似是而非的未来摆在面前时，一个人往往禁不住诱惑，千方百计地把错误的行为掩盖起来，使它看起来好像是正确的。可是，你们知道吗？世界上没有不劳而获的果实，失败的种子就藏在它的里面。这种失败会让一个人损失很多，既有心灵上的创伤，也有实际的代价。

在这个世界上，每个人都有自己的生活方式。只有极少数人，在他们很小的时候就树立了自己的人生目标，并且坚定不移地向着这个目标前进，这些人就是我们所说的天才。

读一读下面这些人的故事，你就会深有感悟的。

斯塔尔夫人小的时候与同龄的小女孩截然不同，小女孩们每天穿着新衣服玩弄布娃娃时，她却对政治学异常痴迷。音乐大师莫扎特的一些曲子至今仍然在广泛流传，可你知道吗？他四岁时就开始弹奏钢琴了。卡尔门斯很小的时候，就表现出神职人员的天性。12岁对一般的孩子来说，还是天真烂漫、稚气未脱的年龄，而歌德在12岁时已经开始创作悲剧了。格劳秀斯15岁时已经发表了数篇非常有说服力的哲学作品。蒲柏牙牙学语时，就已经深谙诗歌的韵味了。查特顿11岁时能够出口成章，而考利16岁时就出版了自己的诗集。拿破仑小时候与小朋友一起玩耍时，就表现出一种"将军"的气概。

以上这些例子都告诉我们，这些人在很小的时候，他们的天性就已经被表现出来，并且在以后的生活中，没有被各种各样的挫折吓到，他们都坚定不移地朝着心中的目标前进。也许你会说："他们是天才而我不是。"是的，从小就能表现出非凡才能的天才只是极少数的，但大多数的天赋和特长需要自己去发掘和探索，它不可能自己跳出来落在你的头上。打个比方说吧，如果你发现一座金矿，你会怎么样？欣喜若狂？我觉得它远远比不上你真正地发现自己的天性所在更为重要，对于一个人来说，发现自己天性所在就如同发现无价的宝藏一样。

一天，一位主教对一个年轻的教士说："孩子，你应该去做你所擅长的事情，并不是我阻止你当一名教士，因为你的天性不适合传道授业。"就像洛威尔曾经说过的那样："如果一个人不能真正地发现自己的天性所在，而去做一些自己不擅长的事情，那么往往付出了大量的时间和精力，最终却是一事无成。在人类的历史上，在我们的周围，这样的例子数不胜数。"

当一个人所有的聪明才智都被充分地发掘出来时，他才会懂得自己真正的天性所在。也只有当一个人的工作和自己的天性完全适应时，他才会在工作中身心愉快，得心应手。这时，他会聚精会神、废寝忘食，把自己的全部精力都放到热爱的工作中。相反，如果一个人从事着与自己天性不适合的工作，他就会垂头丧气，对工作也没有信心，也不可能在工作中得到乐趣。不可否认，一个人在一定的时间内，常常做着自己不喜欢而又不得不做的事情。但聪明的人，总会想尽一切办法，尽早地从这个泥潭里爬上岸来，跨过一切障碍，向着自己心中的目标前进。

有些人的天性适合做一些日常生活中的平凡琐事，如果他能用自己的全部热情和精力去做这些事情，那么他也一样会做得更好，也会把本来平常的事做得特别好，甚至使之成为一门艺术。只要刻苦努力、孜孜不倦地做事情，平凡的工作也会变得伟大而又意义非凡。对待工作要一丝不苟，无论多么平凡普通的工作，都要用自己的真心去研究它，并且领会其中所有的细微之处，就像雕塑一件伟大的作品一样。没有人一生下来就会有非凡的成就。非凡的成就只属于那些百折不挠、坚韧不拔、目标正确的人。

如果你想开创一番伟大的事业，就应该从事业的底层做起。目标确定后，要细心研究、发掘，只要是与自己的事业有关的细节，都不能视而不见，而是应该全部了如指掌。当有人问起斯图尔特和约翰·阿斯特成功的秘诀时，他们认真地说："没有什么深奥的道理，只要你把所有的工作中任何一点细节都完全掌握就行了。"

彼此相爱的男女步入婚姻的殿堂，携手走过风风雨雨的理由是什么？是爱情的力量。只有爱情，才能使他们互相欣赏，携手并肩去战胜一切困难。同样道理，只有把自己的全部热情和精力投入到工作中，坚韧不拔、不怕挫折，你才能到达成功的彼岸。

有这样一个故事很耐人寻味。

在英国，有一位头脑灵活、事业有成的知名人士，他知人善用、知识渊博。一天，他的侄子找到他，向他请教自己应该朝哪方面发展。他说：“你的天性急躁、盲目乐观，不适合做医生。如果你执意学医，我想，我们家族将会出现一位庸医。你也不适合做一名律师，即使做律师，你也不会成功的，因为没有哪个人会把自己的身家性命和财产纠纷等重要事情交给一个毛躁的年轻人。年轻人不但经验不足还盲目自信，完全意识不到这些事情的重要性。我觉得，你应该去做一名教士，因为你的天性适合做一名教士，即使你在布道时断章取义，或者宣讲有误，也不会造成什么严重的后果，你觉得呢？”

惠蒂埃说：“当我来到这个世界上时，上帝已经给我一个使命，所以我一定要努力完成它。”他感到有一种神秘的力量在指引着他。如今，成功对于一个人来说难上加难。而决定成功的关键因素是天性的召唤，对工作的执著和热爱、勇于探索、坚韧不拔、不怕挫折和困难再加上自己的聪明才智，它们是通往成功之路不可或缺的品格。医学、法学、文学、神学领域已是人满为患，想要在这些领域获得成功，必须付出常人难以想象的努力。只有真正有杰出天赋的人，加上他自己的努力，才会功成名就，出人头地。

选择职业时，应该顺应自己的天性和爱好，不能单纯地因为自己的父亲在某个领域事业有成就子承父业。如果家人希望你去选择你根本就不喜欢的职业，你还不如远远地离开，寻找适合自己的天空大显身手。如果你选择了一个适合自己天性的职业，只要兢兢业业，就会出类拔萃；如果你选择了一个不适合自己，却是人们公认的“好职业”，那你也将会默默无闻、一事无成。

在以前很长的一段时间里，结婚嫁人是女孩子们最好的归宿，单身的女性要受到很多人的白眼和责难。女性在结婚后只能操持家务，然后就无所事事。对女性抱有偏见的德国作家莱辛曾说：“女人如果像男人一样开创事业，就像男人们扔下手里的工作操持家务一样滑稽可笑。”但几年后

情况有所改变，有些勇于挑战世俗偏见的女性们，在做着家务的时候，偷偷地拿起书本认真学习。那些闭门著书的女性们一旦被人知道了，都矢口否认，好像文学创作是一件不光彩的事。格雷高利博士经常告诫自己的女儿："如果你对某些事情有什么独到的见地时，一定要把它深深地埋在心底，千万不要让男人们知道，他们对那些智慧高超的女性十分妒忌，会大加讽刺的。"

什么也阻止不了时间的脚步，而现在这一切也发生了很大的改变。

不论你在生活中从事什么职业，一定要充分发挥自己的天赋和才能。

美国著名的女教育家弗兰西斯·威拉德说："本世纪最伟大的发现就是对女性智慧的发现。我们解除了她们的枷锁，把她们从家庭的牢笼里解放出来，使她们能够在婚姻家庭之外的更广阔的天空里自由地飞翔。这也是人类的历史上最伟大的进步。现在女孩子们可以和男孩一样自由选择自己的职业。但需要明确的是，女孩子们既然获得了自由，可以选择职业了，也就必须承担相应的责任，也必须明确自己的人生目标。"

霍尔博士对女孩们说："上帝最欣赏这样的女孩——当客人走后，她是母亲最好的帮手，把杂乱的环境整理得干干净净；她们是除了母亲以外最善解人意和细心照料弟妹的人；当父亲拖着疲惫的身躯回到家里时，女儿的嘘寒问暖会令父亲倍感欣慰；她们能歌善舞，见解独到，却不喜欢大出风头。在生活中，这样一些姑娘很受我们的尊敬，她们不卑不亢，有知识有品位，自尊自爱，信守承诺；她们从不浓妆艳抹、招摇过市；她们不会为了讨取别人的欢心而让自己强作笑颜；她们不会把大量的时间和精力浪费在毫无意义的应酬上。"

对年轻人在工作和生活中遇到的不幸和挫折，爱默生说："踏踏实实干好本职工作，不切合实际、好高骛远是最愚蠢的。"罗塞尔·塞奇是妇孺皆知的金融界传奇人物，他在总结自己的成功经验时说："对于那些既没有社会经验又没有社会背景的年轻人来说，要想获得成功，先根据自己的天性选择工作，然后，要多听、多看、勤勉肯干，通过细心观察提一些合理化建议，让上司认为你是不可多得的人才。另外，一定要忠诚，不能见异思迁、朝三暮四。还要谦虚待人，懂礼貌、讲修养。"约翰·沃纳梅克的一句名言是："对做过的事情不要念念不忘，要精心准备去做下一件事情。"他的成功经验告诉年轻人："人品正直、细心观察、诚实待人、精益求精的人才能成功。"

我们的生活本来应该是丰富多彩的，但是为什么有那么多的人意志消沉、身心疲惫呢？因为他们在选择职业时随意确定，只把它们当作谋生的手段，根本不去考虑自己的天性所在及擅长什么。所以，不论你在生活中从事什么职业，一定要充分发挥自己的天赋和才能。只有这样，生活才会壮丽辉煌、硕果累累。那些把职业看作是谋生手段的人，胸无大志、卑微庸俗，他们没有勇气到广阔的天空里自由翱翔，也不可能成为一个对社会有用的人。而一个真正的人，他可以毫不吝惜地把自己的一切奉献给社会，就像太阳一样，把光和热洒向人间，让世界变得绚丽多彩！

NO.5/ 选择自己感兴趣的职业

世界上没有什么事比从事不适合自己的职业更能让人感到郁闷和悲伤的了。从事自己不喜欢的职业，只会践踏自己的自尊，使人丧失潜藏的能量。我们常常看到这样的事情，很多人不仅有优秀的学识，也有杰出的才能，但就是因为从事的职业不合适，结果久而久之竟然使自己的所有才能都丧失了。

从一个人的脸色上，我们就可以知道他的工作是不是顺心。那些工作不称心的人，别人从他们的脸色、举止和态度上就能看出他们非常不快乐。

每一个家长都希望自己的子女能成功，但是也不能由于这个原因，家长就强迫自己的子女做自己不喜欢的工作。有很多家长认为，他们这样做是为了自己的孩子好，于是就全然不顾孩子的个人脾性，替他们自己的孩子选择了自认为合适的工作。其实

要有自己的主见，要根据自己的兴趣和志向做出正确的选择。

这是极不应该的。他们这样做，不仅不会给自己的子女带来益处，反而会阻碍子女们的正常发展，使孩子丧失主见、葬送一生的大好前程。

我要奉劝那些即将选择职业的青年，在选择职业的时候，父母的意见可以参考，但不能唯命是从。要有自己的主见，要根据自己的兴趣和志向做出正确的选择。

有一名作家曾经这样说过，有些父母，尤其是在某些领域取得大成就的父母，他们往往把自己的个人观点强加给自己的子女。他们做出这种事情，就是自己凭以往的经验，丝毫没有考虑过自己子女的感受，这是极不应该的。

在选择职业的时候，有一句至理名言，那就是：做你最感兴趣的工作。当孩子选择了一份自己满意的工作后，家长就要时时地鼓励他，使他不要丧失了当初选择时的信心和勇气。如果父母对自己孩子选择的职业每天评头论足、喋喋不休，那么就只会给他们造成无形的压力，使他们丧失了前进的动力。

选择职业时，你一定要仔细分析自己的个性特征和兴趣所在，万不可听信别人的想法草率决定。当自己的父母、同学、亲戚都劝你去做一名律师、政治家、商人或者医生时，你千万要保持清醒的头脑。凡事你要三思而后行，选择那些与自己“性之所近”的工作。其实，我们不妨把各种工作都列出来仔细比较，然后再做出仔细的甄别。当我们选择了自己喜欢的工作时，就要问一下自己，我的性格是不是适合这项工作，我有没有足够的毅力和精力来应付这项工作。一旦确定了自己的工作，我们就要持之以恒地努力，直到取得胜利为止。

选择职业时，你要保证你的才能、体格和智力与你选择的工作相适合。此外，你还要保证自己的职业适合你自己的个性。但是，只要自己选择了，你就要愉快地去工作，绝不可再生抱怨。

如果很幸运，你选中了那样的工作。那么你就不必再有什么顾忌，尽可以去放开手脚大干一场了。

很多人在选择职业的时候，并不清楚自己真正需要的是什么。他们之所以选择这种职业，只是由于别人认为这种职业很体面而已。但是，我们要明白，如果选择的职业不适合自己的话，我们是肯定不会获得成功的。有时我们不仅不会成功，甚至还会丧失做人的兴趣。

现在的很多青年人，根本就不懂得成功的真正含义。他们毕生的追求，就是要有一份体面的工作。有些人甚至为了这份所谓的体面断送了自己一生的幸福。在这些人看来，如果有了体面的工作，就相当于有了成功的机会。其实他们根本就不知道，如果一份工作与自己的性格、才学很不相称的话，是只会为自己带来失败的。

一份合适自己的工作，是能够激发自己的潜能，使自己的才能充分发挥出来的。

如果你感觉到自己的才能不足以做好某项工作，那么你最好早点离开。一味地坚持、不知放弃，不仅会使自己陷入极端难堪的境地，还会使自己在日后回想起来懊悔不已。

想要选择一种适合自己的职业，并不是一件很容易的事情。想要选择一份自己满意的终身职业，肯定会费一些周折。在做出这个决策之前，我们最好先剖析一下自己的内心，看清楚自己的才能和志趣究竟是在哪个地方。这是因为只有选择的职业与自己的志趣和才能相符合，我们才能够胜任这份职业，也才有可能在这方面做出骄人的成绩。

一份合适自己的工作，是能够激发自己的潜能，使自己的才能充分发挥出来的。

年轻人一旦选对了职业，工作起来就会特别卖力，好像永远不知道疲倦似的。无论你在什么时候见到他们，你都能发现他们是神清气爽、精神饱满的。

只要自己做出抉择以后，就不能再有其他的想法。你所要做的只有打起精神，努力把自己手中的工作做到最好罢了。只有用坚定的意志、永不回头的决心、敢于挑战困难的勇气，去不断地勉励自己、训练自己、控制自己，我们才能够在自己的岗位上做出不平凡的业绩来。

在选择职业的时候，你要考虑到事情的方方面面。但是，你一旦做出了决定，就再也不要三心二意了。就像是只有把太阳光集中在一点，才有可能点燃火柴一样，我们也只有把自己的全部能量都集中到一点，才有可能获得成功。

在前进的过程中，你要不断地鼓励自己、永远相信自己；你要有不畏艰险、敢于拼搏的勇气；你要有不怕苦、不怕累、永远保持高昂的斗志的心态。唯有如此，你才有可能在各种考验中顺利胜出，获得成功的入场券。

无论你是在从事何种职业，只要有兴趣在里面，你就肯定不会一败涂地。在工作中，我们要投入自己的全部精力，否则，我们就有可能与成功失之交臂。那些在工作中常常受到外界的干扰、不能克制自己欲望的人，是注定不会获得什么成就的。

如果从事与自己的志趣相违背的工作，就会使自己丧失对工作与生活的兴趣，整日生活在埋怨和忧愁之中。

顺应自然、合理利用自己的天才是我们获得成功的必要准则。上天给了我们不同于其他人的独特天赋，只要能够对它加以合理地利用，我们就能够获取成功。如果偏离了这一准则，让有绘画天赋的人去学数学，而又让有数学天赋的人去经商，这就会酿成悲剧。

每个人在选择自己的终生职业前，都要问自己这样一句话："我的兴趣在哪种职业上呢？"

如果发现你在目前的工作上很难获得成功，你就要赶紧研究一下问题的所在，冷静地分析一下自己失败的原因。

只有做到了这些，你才能为下一步的计划提供可靠的借鉴，也才有可能开始新的征程、迎接新的挑战。

爱默生曾经说过这样一句话："当一个年轻人踏入社会时，就像是一艘小船驶进了大江大河，在这个时候他一定要注意选择好航向。因为只有选对了航向，才有可能闯过种种急流险滩，最终驶入平静的海湾。"

如果在一份工作上你感觉不到丝毫困难，做起事来精力充沛、斗志昂扬、信心十足，那么丝毫不用怀疑，你是选对了自己的工作。在剩下的时间里，你只要把自己的全部才能尽力发挥出来就行了，在这个过程中，你身边的人也会受到你振奋的精神、快乐的心情感染，变得幸福而又快乐。

NO.6/ 永远不要只为薪水工作

举世闻名的大商人查尔斯·齐瓦勃先生，早年出生在宾夕法尼亚州的一个小山村里。长大后他成为了一名卑微的马夫。可是谁也没有想到，这位马夫后来竟然成为了美国最著名的企业家之一。他凭借着自己的惊人魄力和独到见解，只手支撑起了钢铁事业的大厦，为此他赢得了世人的钦佩和敬仰，并且成就了自己的一世英名。

那么，齐瓦勃先生是如何取得成功的呢？年轻的朋友一定很想知道这一点。其实，他成功的秘诀并不复杂，那就是每当谋得一个职位，他最关心的不是薪水，而是这一份工作能不能够激发自己的潜能，使自己看到成功的希望。从来不会为了薪水而工作，是他获得成功的重要原因。

刚开始时，他在钢铁大王安德鲁·卡内基的工厂里做工。以卡内基先生为榜样，他树立了自己远大的理想。每天早上他都会对自己说："终有一天，我会成为这家工厂的经理的。我一定要努力工作，使自己创造的价值远远大于所得的工资，这样，我就能引起老板的重视，进而得到晋升。我是不会计较工资的高低的，只要能够学到东西就行。"有了这样一番雄心壮志，每天他都好像有无穷的精力似的，工作时从来不会感觉到疲累。在工厂里，人们经常可以看到他笑容满面地工作。乐观的生活态度，使他赢得了许多人的好评。

齐瓦勃先生的成长经历颇富传奇色彩。他的童年时代境遇十分糟糕。由于家境贫寒，他只接受了很短时间的学校教育，然后就不得不辍学。15岁时，他成了宾夕法尼亚一个贫穷小山村里的马夫。两年以后，他获得一份周薪是2.5美元的工作。在这期间，他无时无刻不在找寻着更好的发展机会。一个偶然的机会，他应某位工程师的邀请，加入了卡内基下属的一家建筑公司。工资也由原来的周薪2.5美元变为7美元。就是在那里，他体内的潜能被唤醒了。通过自己的努力，他一步一步地得到晋升，先是技师，然后是工程师、总工程师。在26岁那年，他就成为了那家建筑公司的经理了。又过了5年，他升任了卡内基钢铁公司的总经理，实现了自己刚进入这家公司时的诺言。但是他的好运似乎并没有结束，在39岁那年，他接过了全美钢铁公司的大权，出任总经理。后来，他又成了贝兹里罕钢铁公司的总经理。

齐瓦勃先生一步一个脚印，做事情认认真真，对自己的工作从不敷衍塞责，凡事都要求尽善尽美。所以，他的成功几乎是一种必然，没有什么需要怀疑的地方。只要获得了一个任务，他就一定会把它做到最好。在同行中，齐瓦勃先生从不甘居人后，要做他就要做同行业中最优秀的。在齐瓦勃先生身上，我们看到了努力工作的巨大力量，他就是一本活着的教科书，从他身上，当今的青年能够收获到许多成功的必备知识。齐瓦勃先生深知，一个人想要成功，就要有坚定的决心，并且肯付出艰辛的努力。事实上，他也一直都坚持那样做了。现在的很多年轻人，常常抱怨自己公司的待遇太差，自己没有得到很好的培养，也从来没有遇到能够成就一番事业的机会。其实他们应该向齐瓦勃先生学习，学习他那种在每一个工作岗位上都努力工作的好习惯。对于工作，齐瓦勃先生通常都是抱着乐观而愉快的态度，不仅如此，他还在业务上精益求精，凡事都追求尽善尽美，这样就保证了他自己和公司的良好信誉。

没有哪一个成功人士是需要别人来督促自己工作的。

没有哪一个成功人士是需要别人来督促自己工作的。能够得到快速晋升的人，总是那些能够积极主动地完成雇主交代的任务的人。反应敏捷、勤劳刻苦、行动迅速、果敢坚决是他们的共同优点。没有这些高贵的品格，一个人是很难取得成功的。

如果一个人像一个木偶一样，需要别人的牵引才能活动，那么，久而久之，他的所有才能就会逐渐丧失。他的所有天赋、智慧、创造力也都将归于死亡。如果是这样的话，他就永远也不会得到成功的机会。

做任何职业，你都不能有这样的想法——只要按照上司吩咐的去做就行了，不出纰漏就是最好的。如果你这样做，你的上司最多把你当作一名尽职的员工，而不是一名优秀的员工。真正优秀的员工，是会尽自己的最大能力，把雇主交代的工作做到完美无缺的。

喜欢等也不是一名优秀的员工应该具备的素质。优秀的员工从来不会等雇主给自己下达命令，他们总是抢先把应该做的东西都准备好的。如果你抱着这样的想法，反正雇主不在这儿，我偷懒一会儿省省力气也没关系！那么，你就不会使雇主对你另眼相看。因为一个老板最看重的是一个员工的平时表现，而不是在自己面前的表现。

完全为了工资而工作的人，是不会取得成功的。那些因为没有额外的津贴而不愿意在工作中加班的人，是不会得到雇主的青睐的。办事马马虎虎、处处投机取巧的人，是肯定会计较自己的酬劳的。从来不肯对自己的公司提一点建设性的意见，对自己的同事表现出轻蔑、冷淡态度的人，就算是有天大的本领，也绝不会有出人头地的一天的。

有人让我对即将要跨入社会的青年说几句话，提几句忠告。这本不是一两句话能够说得明白的事。但是最紧要的话只有一句，那就是，永远不要只为薪水而工作。青年人在刚起步时，千万不要把目光只定位在薪水的高低上，一定要注意工作本身所赐予你的财富，比如，熟练的工作技能、丰富的社会经验、健全的人格等等。

离开学校以后，进入不同的工作岗位。这时，学习的场所不再是学校，而是企业。事实上，雇主交给每一个年轻人的工作岗位，都足以发展他们的个人才能。

社会生活的快节奏化，客观上决定了我们一生中不可能只做一种工作。如果刚刚开始，我们就将自己的目标锁定在薪水的高低上，而没有更加高远的目标，那实在不是一个好的决策。如果这样做，受伤害最深的不是别人，而是我们自己。在日常生活中，我们做着违心的事，以欺骗自己的感情为代价来换取金钱。这样做的结果，只会使我们在失望的泥淖中越陷越深，最后浪费了宝贵的时间。

根据一个人的工作态度，可以知道他的人格品行如何。无论在什么样的工作岗位上，不管薪金是多么的微薄，如果一个人对待工作能够从不敷衍塞责，从不偷懒度日，那么日后，他定能取得极大的成就。

很多人之所以用敷衍塞责的态度来对待自己的工作，纯粹是为了报复雇主，纯粹是因为雇主给了他微薄的薪金。可是，如果你是一个理智的人，你就会明白，雇主支付给你的固然是金钱，但你在工作中，也取回了工作给予你的报酬——宝贵的经验、优良的专业训练、自我才能的表现机会，这是无论花多少钱也买不回来的。

不用怀疑，雇主决定晋升者的依据，只可能是雇员的业绩，没有一个管理者不喜欢优秀的雇工。所以，只要在工作中尽心尽责，凡事追求尽善尽美，就一定会有完全为了工资而工作的人，是不会取得成功的。

获得晋升的一天。

在现实生活中，有些本来薪水很微薄的员工，突然被提升到重要的职位上。这从表面看起来似乎很奇妙，其实，从根本来说这是因为，这些员工在做薪水微薄的工作时就付出了坚实的努力，因而能从中获得丰富的工作经验，进而得到雇主的赏识，最终得到了晋升。

许多年轻人不屑于做那些薪金微薄的工作，他们故意逃避这样的工作，要么干脆不做，要么就是在工作的时候敷衍塞责、草率了事。事实上，这样做是极不明智的，他们不满意自己的薪金，而且连比薪金重要得多的东西也抛弃不要了。

对薪金微薄的工作敷衍塞责，不仅埋没了自己的才华，也使自己丧失了许多优秀的才能，比如，敏锐的观察力、超凡的创造力。正是由于这种不负责任的态度，使得他们成为领袖的一切特性无法得到进一步的发展。为了表达自己的不满，当然可以敷衍了事地工作，可是长期这样做，无异于浪费自己的生命、断送自己成功的希望。

想要将来有所成就的人都应该这样想：我现在做工作，并不仅仅是为了金钱，更重要的是为了以后的发展。

一个人出去工作，固然要尽力多挣一些钱，可那只是一个小问题，最主要的是由此获得进入社会的机会，并通过自己的努力，在社会的阶梯中不断前进。

这才是一份工作真正的价值所在。

无论在什么样的工作中，都要发挥自己的主观能动性，积极主动地改进工作方式、节约劳动资源。

在工作中，要日日求进步，不能敷衍了事，更不能甘居人后。唯有这样，才能引起雇主的注意，获得晋升的机会。

现在的社会中，有许多人好像就是为了薪水而工作的，通过工作挣到面包固然重要，但更重要的是在工作中发展壮大自己、激发自己的潜能、获得丰富的工作经验。如果我们工作的目的只是为了薪金，那么我们的生命价值也未免太低了。

NO.7/ 明智地转变自己的事业

在这个世界上，不论是智力平庸还是地位卑贱的人，只要坚持不懈、努力拼搏，总会功成名就、位及顶峰的。当然，他们所经历的磨难和遭受的挫折也是可想而知的。

对于孩子们好的兴趣、爱好我们都应该给予支持，不要妄加谴责，要给他们一个平等的机会。

有些孩子处在不恰当的环境中，做了一些不合常理的事情，就是弱智、笨蛋吗？他们真的一无是处吗？

威灵顿小时候，他的母亲对他非常失望，因为他学习非常差，被认为是最没有出息的孩子。在伊顿公学时，他年年被列入劣等生的行列，他什么也不懂，被老师和同学称为“白痴”。人们都认为他应该从最基础的知识学起。

对于孩子们好的兴趣、爱好我们都应该给予支持，不要妄加谴责，要给他们一个平等的机会。

他没有在任何方面表现出天赋，也没有表现出对参军的强烈愿望。他唯一的优点就是刻苦勤奋和性格刚毅。他对能够成为一名军人也没有强烈的渴望，当兵后也没有表现出超人的天赋。

可是，他在46岁生日那天，收到了一份令他最惊喜的礼物——他指挥的军队战胜了号称“战无不胜”的拿破仑。

如果在一种工作上，你努力了很长时间，还是看不到任何成功的希望，那么，你就要反思一下，看看自己是不是选错了职业。

英国的文学家哥尔德斯密斯上学时是一个公认的劣等生，老师和同学们经常指着他的头说："这是一个永远也不会开窍的木头脑袋。"他曾经想当一名外科医生，但是外科医学班拒绝接收这个劣等生，认为他不可能成为一名出色的外科医生。后来他不得不改学文学。哥尔德斯密斯穷困潦倒、债台高筑，但他仍然伏案疾书，《小镇的牧师》一书就是在这时问世的。债主们天天登门要他还债，扬言不还清债务就把他送进监狱。约翰逊博士见他如此贫穷，就向他要来《小镇的牧师》一书的手稿，把它卖给出版商，还清了他所欠的债务。这部书的出版，使人们看到，文学界一颗耀眼的新星正在冉冉升起。

罗伯特·克莱武夫32岁时，在普拉斯战役中，以区区三千人的微弱兵力，把敌人五万人的军队打得望风而逃，奠定了英国在印度的统治基础。可你知道吗？他小时候经常被人称为"白痴"，在学校里，没有一个人认为他将来会有什么出息。

英国小说家瓦尔特·斯各特爵士上学时，是班里学习成绩最差的学生，每次考试总是最后一名，老师和同学们都叫他"大笨蛋"。在一次考试后，他居然排在第一名，老师嘲笑着对他说："上帝呀，难道你会魔法吗？"事实证明，老师的话完全错了，瓦尔特·斯各特创造了一个神话。

伟大的指挥家扬·林尼厄斯上学时被老师称为"蠢猪"。后来，他的父母让他去学习神学，希望他将来能成为一名教士。可是，他却让父母失望万分，他根本就不适合做一名教士，于是改学医学。后来，一名独具慧眼的音乐老师发现了扬·林尼厄斯在音乐方面的天赋，引导他进入了适合他的领域。从此以后，什么样的艰难困苦也不能阻止他对音乐的热爱。

如果有人要问当时的人们："谁是现在最伟大的指挥家？"人们会异口同声地回答："扬·林尼厄斯！"

美国南北战争时期的常胜将军理查德·谢里丹小时侯非常贪玩儿，他母亲曾经教给他一些最简单的基础知识，但每次都被他忘得一干二净，母亲为此伤透了心。

母亲去世后，谢里丹体内的天赋得以苏醒——一位军事奇才诞生了！后来，他的许多战争经历都被写进军事学校的教科书里。

1888年，银行家里凡·莫顿先生曾意外地被宣布为美国总统候选人。1893年某个夏日午后，美国农业部长詹姆斯·威尔逊先生到华盛顿探望里凡·莫顿。谈话中，里凡·莫顿笑着说起了自己的经历："当时的情况是这样的，我的布料生意相当平稳，平时没有太多的事情可做。有一天在我读书的时候，爱默生的一句话突然映入了我的眼帘。那句话说，如果一个人确实拥有一技之长，那么，在任何情况下他都不会被埋没。这句话给我留下了极深刻的印象，成为了我改变人生航向的推进器。

"生意人的信誉是很重要的。在这一点，我做得相当好。但长时间在商场奋斗，我越来越深刻地认识到：无论做哪个行业，难免都会为了某些款项和银行家打交道。看到爱默生那句话后，我仔细考虑了一下当时的种种职业。我觉得还是银行业的潜力最大。无论是人们的饮食起居，还是生意买卖，处处都需要交换金钱，处处都需要银行家来周转资金。

"一旦考虑成熟，我就放弃了布行，转投到银行业里去了。只要是在稳定可靠的情况下，我是乐意多向外放贷款的。刚开始时，我四处奔波去找贷款人。由于我做事公道，又有良好的信誉，所以不久之后，他们就都来找我了。"

由此看来，只要踏踏实实做事、勤勤恳恳做人，你就会收获丰硕的成果。

有时放弃也是明智之举。原本很多人可以取得成功，但就是由于他们被困于平凡的工作中，结果终其一生也没有取得什么成就。这些失败者中，有很多人拥有出色的才华和勤勤恳恳的办事态度，但最终他们一败涂地。为什么会产生这种现象呢？

这是由于他们不肯果断地放弃自己耕种的那块盐碱地，不肯再去寻找一块肥沃多产的田野。

在平庸的工作岗位上，他们白白浪费了大量精力。不能做自己适合的工作，是迟早要失败的。

如果在一种工作上，你努力了很长时间，还是看不到任何成功的希望，那么，你就要反思一下，看看自己是不是选错了职业。你需要对自己的目标和能力做一次全新的评估。如果确实是自己选错了路，那就赶快回头。

更改自己的目标不是随随便便就能进行的。它一定要建立在慎重考虑的基础上。

更改职业时，最忌讳三心二意。这样做的结果只能是一无所获。

在美国西部，有一个著名的木材商人。别人都认为他有惊人的商人天赋，可只有极少一部分人知道，他曾经做过40年平庸的牧师。在那期间，他虽然也小有成绩，可在内心里他总是感觉到没有发挥出自己最大的能量。思虑再三，他毅然放弃了自己的牧师职位，转投商界。结果，他很快就成就了一番事业、出了名。

两粒同样的种子，落在不同的环境中，就会有不同的遭遇。一颗也许会长成参天大树，蓬勃繁茂；而另一颗长成的树则可能异常矮小，瘦枝弱叶。由此可见，外界环境对一个人的成长的确是有极大影响的。

由于找错了方向，致使一个极富才华的人无法实现心中的理想，那是很可惜的。但是如果能够认识到这个问题，那还是会有东山再起的希望的。只要找到了正确的职业，一个人就肯定能在奋斗的路上不断前进，直至取得成功。

NO.8/ 学会慎重地对待创业问题

一位财产过千万的富翁，努力地劝说一个青年去创业，而当时这个青年手中所有资本加起来，也不过只有一万元钱而已。

当然了，如果拿这一万元用来做一个小本生意，是足够了。可是，到底这个青年应不应该听从他的劝告呢？

商场上的竞争从来都是十分残酷的，大鱼吃小鱼、小鱼吃虾米是铁定的规律。

在当今的美国，各行各业都被几家大公司、大托拉斯垄断着，它们四处兼并和收购小企业，不断地使自己发展壮大，结果就形成了富者越富、贫者越贫的现象。

所以，我还是主张，青年人在创业时一定要慎重，万不可把自己的所有积蓄都用来孤注一掷。

如果在自己没有把握、资金也不充足的情况下去开创事业是很危险的。

想要在商场中立稳脚跟，是需要很多卓越的能力的，比如说，艰苦卓绝的毅力、胆大心细的素养、不怕失败的勇气……可这些并不是每一个青年人都会具有的。

许多青年人就是由于在没有足够的把握时就开始创业，结果自己虽然付出了很大的努力，可最终却是自己还不如自己的员工。

因为员工们无论挣得到钱、挣不到钱，都不必有巨大的心理压力，他们的身心还都是健康的。

而那些创业者们就不一样了，他们每天都提心吊胆，唯恐失败，身心承受了巨大的压力，但最终他们还是一败涂地，这不得不说是一个人生的悲剧。

有些时候，创业者的生活远没有雇员们舒适。

据统计，在纽约年薪达到两万五千美元以上的雇员多达2000人。

他们不仅在乡下添置了田产，而且许多人还拥有了富丽堂皇的汽艇、小车。而许多创业者的生活就远不及此了。

如果在自己没有把握、资金也不充足的情况下去开创事业是很危险的。如今很多业务都染上了垄断的习气，垄断公司总是把小公司、小商家吞并掉。

在商场上，每年不知要倒闭多少这样的小企业。如果说在乡村和小城镇、小企业还有发展的空间，那么在大城市它们就肯定只会有失败这一条路。

举个例子来说吧，如果你经营的是一家大型百货公司，无论是开书店还是办药店都会十分便利。你只需要在自己的商场中开辟出一块地方来就行了。

这样做，即使是整个装修费用、工资费用、人工费用都加起来，也要比那些专营书店的商家要低很多。

并且大公司有一个最大的好处，那就是他们往往可以代销，卖不完或者是卖不出去的书籍都可以退回到出版社。但是那些专营书籍的小商店就不一样了，从租门面、置办书架、购置书籍到聘请专门的业务人员、销售人员，都要花掉很多的钱。最可悲的是，如果某本书的销路不好，他们根本就没有办法处理，退回去是不可能的，不卖又会赔本，这样就陷入了两难的境地。

再说，人们买东西总喜欢到种类齐全的地方去，又有多少人是专门奔着书籍去的呢？

准备经营商业的人，一定要养成凡事靠自己的习惯。

自己的公司如果太小的话，就会没有多少抵御风险的能力。这就很容易在激烈的竞争中失败。

在纽约发生了这样一件事情：有一家专门经营英国登特牌手套的小商店，由于店员的服务态度很好、价钱公道，生意十分兴隆。这引起了一家大公司的嫉妒，于是它就凭借着雄厚的财力，与这家英国公司签订了协议，在美国实行包销。

于是，这家小公司的货源就被无情地切断了。过了没多久，它就被这家大公司吞并掉了。

像这样的事情，每天都会出现。明智的商人对此都是心知肚明。

这种大鱼吃小鱼的惨烈竞争，还有越演越烈之势。所以为了青年们的健康成长，我不敢随便劝青年们去创业，因为那是有很大的风险在里面的。

在竞争中，资本雄厚、规模强大的公司总是占据着优势地位。

就拿现在遍地开花的广告公司来说吧，往往是一家大公司的销售额，十几家小公司加起来也没有它的多。由于拥有雄厚的资金，他们就能装修自己的公司，把它变得富丽堂皇、引人注目。

为了博得顾客的欢心，他们会修建豪华的游廊、舒适的休息室。而这些是一个小商人无法办到的。

他们的资产充其量顶得上人家的一个橱窗而已，哪里还能谈得上去和人家竞争呢？

小商店的创业者，最终都难免会失败。如果你去一家大公司的销售部去看看，那里的营业员就会告诉你，原来他也是一家小商店的老板，可是最后由于没有竞争力，就只得退了出来。

所以对于一个立志创业、想要在零售界发展的年轻人，都要在创业前做好打算、慎重做出选择。

也许有人会说我危言耸听，打消青年们的创业积极性。可事实上，我不仅没有这样的想法，而且还非常赞赏他们能够独立做出一番大事业来。

可是，在社会上我看了太多的失败者，我不愿意他们再重蹈覆辙。

如果一个青年人，已经准备好要去独立创业的话。那么，我还是要劝他首先对环境和自身条件做一个全面而充分的考虑。

没有一定的才能和资本，是很难做出一番事业的。我很理解当代的青年希望独立创业的热情。

为了提高自己的社会地位，过上独立自主的生活，他们不能一直屈居人下。可是要创业，非得有广阔的胸襟、远大的目光不可。只有这样，你才有可能应对种种可能出现的危机和困难。

你还要有不惧失败的勇气和信心，唯有如此，你才能冷静面对市场萧条、生意清淡的情况。我们如果要创业，就一定要保证把自己的每一分精力都花在生意上。千万不可贪慕虚荣，虚耗自己的宝贵精力。

经营商业是对一个人的最好锻炼。其实，只有商业才能使一个人头脑冷静、眼光敏锐、学会自立自主。并且也只有那些头脑清醒、自立自主的人才能够在商场上取得成功。

准备经营商业的人，一定要养成凡事靠自己的习惯。如果不能做到这一点，他还不如去替人家打工好。只有那些完全依赖自己、不求外援、不怨天尤人的人，才能拯救自己、成就自己。

处处依赖他人的人，是不可能激发自己的潜能、成就一番伟业的。习惯于别人的管束，就不会有全面发展自己的动力。完全靠着别人的指令办事，只会削弱自己的才华。只有那些在行动上、言谈上、思想上都自立自主的人，才有可能取得进步。

受雇于人，如果不发挥主观能动性，只知一味地听人摆布，是会使自己变成不动脑子的木偶的。

那些平庸的职员，每天只知道坐在办公室里熬时间。他们习惯于俯首听命，根本没有自己去考虑问题、思考问题、设计方案、研究对策的意识，这种人是一辈子也不可能获得成功的，因为他们根本就没有发挥出自己的全部才能。这样的人，根本不会去考虑自己企业的发展问题，他们只知道每天自己应该工作多少个小时，应该拿多少钱的工资。他们根本就不懂得什么叫做商机，怎么还谈得上去全面发展自己呢?

我在这里所说的“自主创业”，并非是要青年们去赚取大量的金钱。当然了，赚取金钱也是一个重要的目的，可是更为重要的是通过创业，能够学到更多的实用知识，并且把自己体内的潜能激发出来。

在我们的社会中，你会经常遇到或者是听到这样的事情：在一个普通营业员的岗位上，一个人并没有做出什么惊人的成就。但是，一旦被推上了高位，他就会像是换了一个人似的，智慧和才能都和以前大不相同。他能够带领一个企业走上发展的快车道、迎来辉煌的明天。

如果一个青年人手中没有资本，或者是只有很少的一点钱，那他要去创业将会是一件很困难的事。

有了资本，还要把自己的全部力量都集中到一点，养成良好的判断力，学会理智地去看待各种社会问题。

学会经商，比在大学里学习一种课程要难得多。那些在大专院校、高等学府学习的人，只要管好自己的学习就行了，根本不用考虑其他的因素。

但是作为一个商人，如果不能估计到所有的情况，并且做到把自己的精力集中到一点，那么，他就不可能取得成功。所以只有在商场中、只有在社会中，才能培养出卓越的人才。

任何一个硬币都有两面，凡事都会有弊也有利。凭借小额资本去创业，也有许多有利的方面的。资本额小，他们就会知道自己抵抗打击的能力不强，所以他们就会每一步都走得十分谨慎。

除了能够养成谨小慎微的良好习惯以外，他们往往还能够抓住许多细微却重要的机会，使自己尽快发展起来。

凭借小额资本创业的人，一般是不会干风险特别大的事情的，他们只会集中自己的全部精力，一步一个脚印地向前走。他们无时无刻不在积攒着自己的勇气和力量。

在创业时，没有一个人会轻易浪费自己的宝贵财产，他们总是把每一元钱都看得特别宝贵，不到万不得已绝不轻易使出。

他们就像是一名在战场上的士兵，对待金钱就像是士兵对待子弹一样。他们总是想以最小的代价，换来最大的成效。他们总是期望自己投出去的每一分钱，都能收到良好的效益。

一个人只要有了自立自主的信念，身边的每一个人都会很乐意地帮助他。别人看到他那吃苦耐劳、辛勤耕耘的样子就会肃然起敬，对他的信任也会油然而生。像这样的人，谁都愿意帮助他，会愿意帮助他做免费的广告宣传。

如果一个年轻人，不仅有强烈的成功愿望，还有种种卓越的才华，那么，他就可以放开胆子去做自己想要做的事情了。像他们这样不仅精通商业上的种种做法和技巧、对进货管理和人员组织都很有经验，而且善于计算、为人诚实守信、又肯刻苦努力的人，怎么会不成功呢？他们是已经具备了成功所要求的一切条件的优秀人才。